Biosphäre 3

Baden-Württemberg

Cornelsen

Biosphäre

Band 3 Gymnasium Baden-Württemberg

Herausgeber:
Stefan Auerbach, Karlsruhe; Dr. Werner Bils, Tübingen

Autorinnen und Autoren:
Astrid Agster, Reutlingen; Stefan Auerbach, Karlsruhe;
Dr. Werner Bils, Tübingen; Robert Felch, Mögglingen;
Dr. Horst Janz, Tübingen; Gabriele Rupp, Stutensee;
Dr. Stephanie Schrank, Ulm; Dr. Ulrike Schiek, Landau/Pfalz;
Dr. Matthias Stoll, Tübingen; Michael Szabados, Denzlingen

Redaktion:
Ina Albrecht, Dirk Boehme, Martin Vatter

Designberatung:
Katharina Wolff-Steininger, Ellen Meister

Layoutkonzept, Umschlaggestaltung,
Layout und technische Umsetzung:
SOFAROBOTNIK GbR, Augsburg & München

Grafik:
Karin Mall, Berlin; Tom Menzel, Klingberg

www.cornelsen.de

1. Auflage, 1. Druck 2014

Alle Drucke dieser Auflage sind inhaltlich unverändert und
können im Unterricht nebeneinander verwendet werden.

Druck:
Mohn Media Mohndruck, Gütersloh

ISBN 978-3-06-420004-3

PEFC
PEFC/04-31-1033

PEFC zertifiziert
Dieses Produkt stammt aus nachhaltig bewirtschafteten Wäldern und kontrollierten Quellen.

www.pefc.de

INHALTSVERZEICHNIS

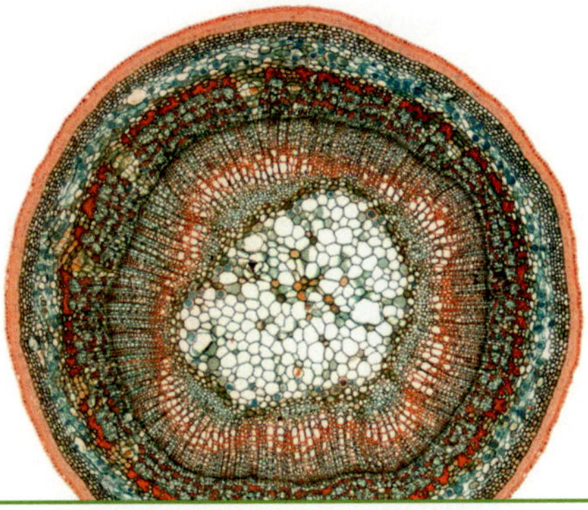

Zelluläre Organisation der Lebewesen 10

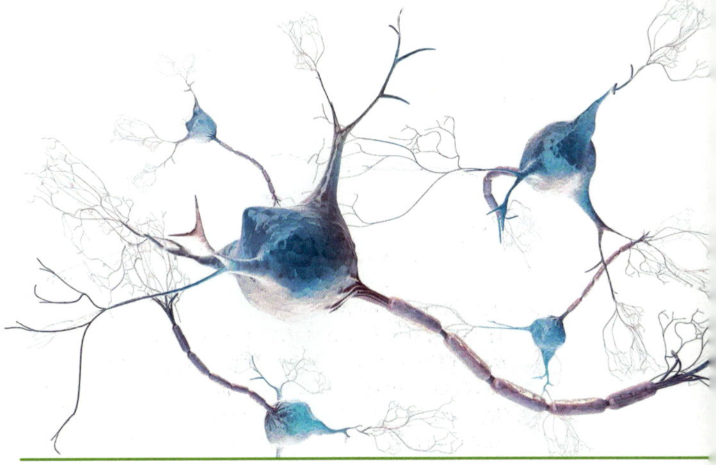

Sinne, Nerven und Hormone 30

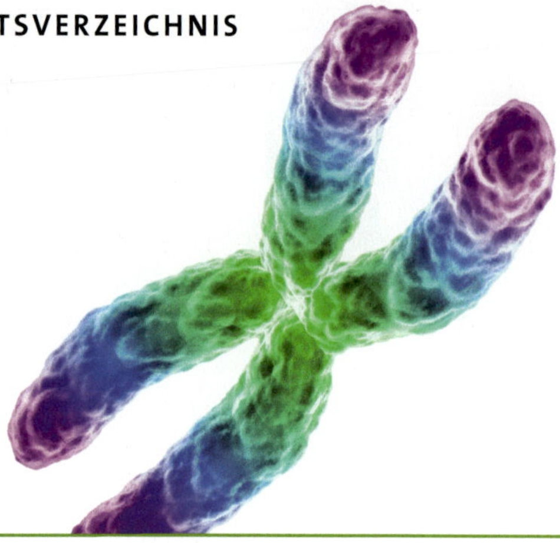

Reproduktion und Vererbung 102

Ökologie 164

Mensch und Umwelt 232

NOCH GEWUSST?

Biosphäre 2

Stoffwechsel der Pflanzen

- Fotosynthese und Zellatmung
- Wechselbeziehungen zwischen Pflanze und Tier

Krankheitserreger und Immunsystem

- Krankheitserreger
- Immunsystem

Lebewesen bestehen aus Zellen

- Zellen
- Einzellige Lebewesen

Körper des Menschen

- Ernährung und Verdauung
- Blut, Blutkreislauf und Atmung
- Knochen, Muskeln und Bewegung
- Organsysteme im Überblick

Methoden

- Mikroskopieren
- Herstellung eines mikroskopischen Präparats

Gesundheitsgefährdung durch Sucht und Drogen

- Sucht
- Drogen

Biologische Prinzipien

- Zelluläre Organisation
- Energieumwandlung

Fortpflanzung und Entwicklung

- Pubertät
- Sexualität und Fortpflanzung

BIOLOGISCHES PRINZIP: STRUKTUR UND FUNKTION

Die menschliche Hand ist sehr beweglich. Beim Spielen einer Gitarre werden zum Beispiel im schnellen Wechsel verschiedene Gitarrensaiten mit den Fingern gegen den Gitarrenhals gedrückt. Die Hand führt dabei sehr vielfältige, feine und schnelle Bewegungen aus, sodass sich die Finger beugen und strecken. Diese Funktion wird durch die Struktur der Hand, vor allem durch ihre zahlreichen Fingergelenke und Muskeln, ermöglicht.

Bei biologischen Strukturen ist ein Zusammenhang mit ihrer Funktion zu erkennen. Man spricht vom biologischen Prinzip Struktur und Funktion.

BIOLOGISCHES PRINZIP: VARIABILITÄT

Porzellanschnecken leben vor allem in tropischen Meeren. Es gibt etwa 200 verschiedene Arten. Je nach Art sind sie zwischen 1 und 20 Zentimeter groß. Vergleicht man die Schneckengehäuse einer Art miteinander, erkennt man, dass sie unterschiedlich aussehen können. Die Gehäuse der Zickzack-Kauri unterscheiden sich beispielsweise in ihrer Farbe und Zeichnung, sie variieren.

Der Begriff Variabilität bringt zum Ausdruck, dass Merkmale von Lebewesen einer Art unterschiedlich ausgeprägt sein können. Variabilität ist eine wichtige Ursache für die Vielfalt der Lebewesen auf der Erde.

BIOLOGISCHES PRINZIP: REPRODUKTION

Tigerpythons sind ungiftige Schlangen, die vor allem in Südostasien vorkommen. Ein trächtiges Weibchen legt im Durchschnitt 30 weichschalige Eier. Während der Entwicklung der Jungtiere schützt die Schlange die Eier mit ihrem Körper und reguliert so auch ihre Feuchtigkeit und Temperatur. Nach etwa 60 Tagen schlüpfen die Jungtiere, eine neue Generation ist entstanden. Ungefähr zwei Jahre später sind diese geschlechtsreif und können sich ebenfalls fortpflanzen.

Alle Lebewesen produzieren Nachkommen. Dies führt dazu, dass ihre Art erhalten bleibt. Man spricht vom biologischen Prinzip der Reproduktion.

BIOLOGISCHES PRINZIP: ANGEPASSTHEIT

Die Seerose ist eine Schwimmblattpflanze, die oft in Gartenteichen zu finden ist. Sie ist mit vielen ihrer Merkmale an das Leben im Wasser angepasst. Die Laubblätter sind so gebaut, dass sie nicht untergehen. Mit ihren lang gestreckten Sprossausläufern verankert sich die Pflanze im schlammigen Untergrund. Die Samen der Seerose besitzen Schwimmsäcke und können sich so im Wasser leicht verbreiten. Wenn sich die Schwimmsäcke auflösen, sinken die Samen auf den Grund und keimen zu einer neuen Pflanze heran.

Lebewesen sind in ihrem Bau und ihrer Lebensweise an ihre Umwelt angepasst.

BIOLOGISCHES PRINZIP: WECHSELWIRKUNG ZWISCHEN LEBEWESEN

Die Mistel ist eine Pflanze, die nur auf bestimmten Bäumen, aber nicht in der Erde keimen und wachsen kann. Aus ihren Blüten entwickeln sich weiße Beeren. Vögel, zum Beispiel die Misteldrossel, nutzen diese Beeren als Nahrung. Nach der Verdauung scheiden sie die unverdaulichen Samen mit dem Kot aus. Sie verbreiten somit die Samen von Baum zu Baum. Die Mistel und die Misteldrossel leben zusammen in einem Lebensraum und beeinflussen sich gegenseitig. Durch diese Wechselwirkungen sind sie voneinander abhängig. ***Man spricht vom biologischen Prinzip der Wechselwirkung zwischen Lebewesen.***

BIOLOGISCHES PRINZIP: INFORMATION UND KOMMUNIKATION

Nicht nur auf einem Hundeplatz kann man beobachten, dass ein Hund bestimmte Befehle seines Herrchens ausführt. Blicke, Worte und Gesten, wie das Senken einer offenen Hand, sind Möglichkeiten, mit dem Hund Kontakt aufzunehmen. Sie dienen als Informationen und stellen für den Hund einen Befehl dar. Der Hund nimmt diese Information auf und reagiert entsprechend. Zusätzlich kann er eine Rückmeldung geben, meistens durch seine Körperhaltung. Diese wiederum stellt eine Information für den Menschen dar.

Das Senden und Empfangen von Informationen dient der Verständigung unter Lebewesen und wird als Kommunikation bezeichnet.

BIOLOGISCHES PRINZIP: ZELLULÄRE ORGANISATION

Betrachtet man ein Blatt der Wasserpest unter dem Mikroskop, so ist zu erkennen, dass es aus vielen gleichartigen Pflanzenzellen aufgebaut ist. In ihnen laufen alle Lebensvorgänge ab. Eine Zelle ist die kleinste lebensfähige Einheit. Die Zelltypen eines Blattes erfüllen gemeinsam bestimmte Funktionen. Sie bilden zusammen ein Organ der Wasserpflanze.

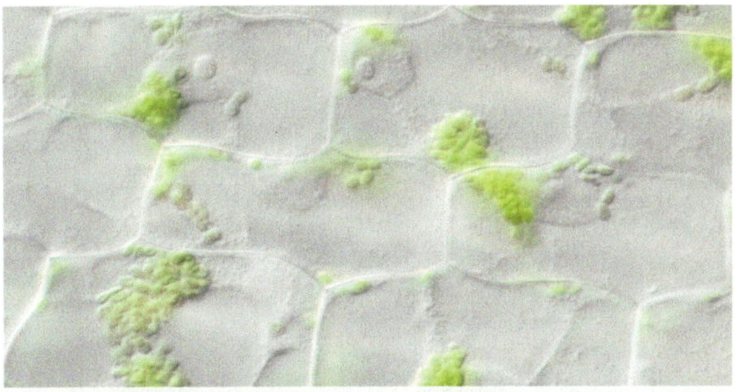

Unter dem Mikroskop erkennt man in einem Abstrich der Mundschleimhaut ebenfalls viele gleichartige Zellen. Diese Zellen unterscheiden sich von pflanzlichen Zellen. Aber auch hier finden alle Lebensvorgänge statt. Zellen organisieren sich zu Geweben, verschiedene Gewebe bilden Organe und Organe bilden einen Organismus.
Alle Lebewesen bestehen aus Zellen. Man spricht vom biologischen Prinzip der zellulären Organisation.

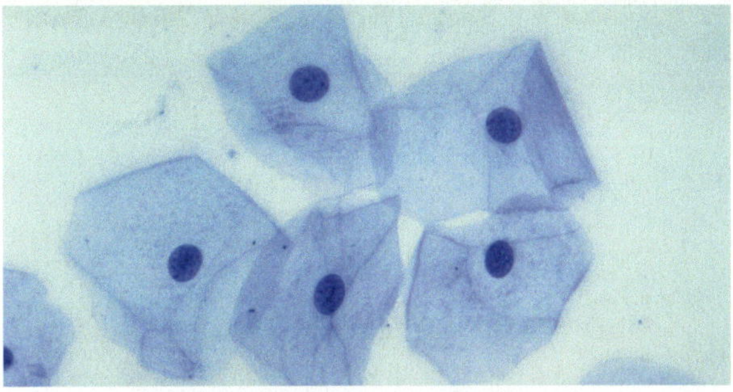

BIOLOGISCHES PRINZIP: ENERGIEUMWANDLUNG

Die großen Blätter der Bananenpflanze nehmen viel Sonnenlicht auf. Die Lichtenergie der Sonne wird mithilfe der Fotosynthese in chemische Energie, in Form von Glukose, umgewandelt. Große Mengen von Kohlenhydraten, wie Glukose und Stärke, werden in den Bananen gespeichert. Sie dienen der Pflanze als Energielieferanten für ihre Stoffwechselprozesse.

Aufgrund des hohen Kohlenhydratgehalts eignen sich Bananen als Energiequelle für Sportler. Die in Form von Glukose in einer Banane enthaltene chemische Energie kann der Körper des Sportlers mithilfe von Sauerstoff schnell in andere Energieformen umwandeln, zum Beispiel in Bewegungsenergie.
Die Umwandlung von Energie ist bei allen Lebensvorgängen notwendig. Man spricht vom biologischen Prinzip der Energieumwandlung.

Zelluläre Organisation der Lebewesen

In diesem Kapitel beschäftigst du dich mit

- dem Bau der Zellen von Pflanzen, Tieren und dem Menschen. Du lernst die Feinstruktur der spezialisierten Bereiche der Zellen kennen und erfährst, welche Vorgänge dort ablaufen.
- dem zellulären Bau von Geweben und Organen. Du erkennst, wie der Verbund von Zellen die besonderen Funktionen verschiedener Bereiche des Körpers von Tieren, Pflanzen und dem Menschen ermöglicht.
- dem Wachstum und der Entwicklung von Lebewesen. Du lernst die Vorgänge kennen, mit denen die Erbinformation bei der Bildung neuer Zellen weitergegeben wird.
- der Spezialisierung von Zellen. Du erfährst, dass Zellen während der Entwicklung von Lebewesen ihren Bau und ihre Funktion ändern können.
- Untersuchungsmethoden, mit denen man verschiedene Zelltypen und die Stadien der Zellteilung unter dem Mikroskop beobachten kann.

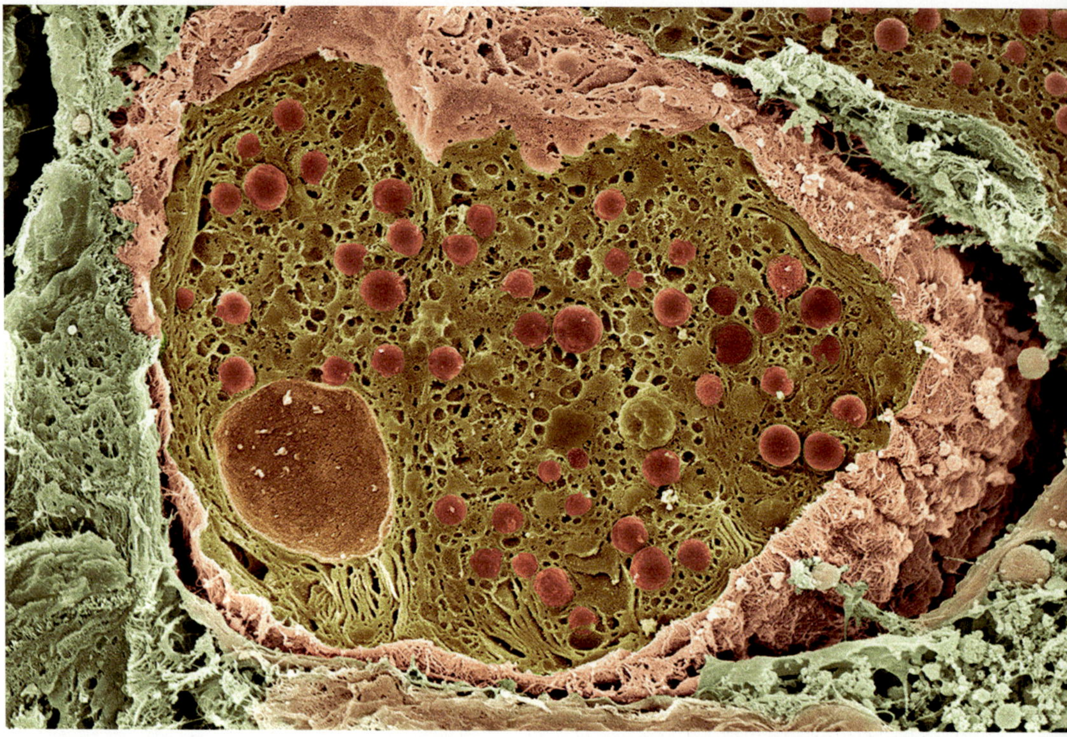

01 Aufgebrochene Zelle der Bauchspeicheldrüse im Rasterelektronenmikroskop, gefärbt

Feinstruktur der Zelle

Betrachtet man Drüsenzellen der Bauchspeicheldrüse unter dem Rasterelektronenmikroskop, werden Zellstrukturen sichtbar, die man mit dem Lichtmikroskop nicht erkennen kann. Diese Drüsenzellen ähneln in vielen Bestandteilen dem Grundtyp einer Tierzelle. Welche Bestandteile hat eine Tierzelle?

Rasterelektronenmikroskop, abgekürzt = REM

lateinisch membrana = Häutchen

Transmissionselektronenmikroskop, abgekürzt = TEM

FEINSTRUKTUR · Lebende Zellen lassen sich nur im Lichtmikroskop untersuchen. Man sieht dort allerdings nur wenige Einzelheiten. Die Feinstruktur wird im Elektronenmikroskop erkennbar. Ein dreidimensionales Bild liefert das Rasterelektronenmikroskop. Das detailreichste, allerdings nur zweidimensionale Bild erhält man im Transmissionselektronenmikroskop.

CYTOPLASMA · Die Grundsubstanz der Zelle besteht aus Wasser mit darin gelösten Stoffen, vor allem Proteinen, Fetten und Kohlenhydraten. Im Lichtmikroskop sieht sie körnig aus. Diese Flüssigkeit wird als *Zellplasma* oder **Cytoplasma** bezeichnet. Im Cytoplasma laufen die Lebensprozesse ab, und zwar je nach Art der chemischen Vorgänge meistens in besonders gestalteten Bereichen, den **Organellen.**

MEMBRANEN · Die gesamte Zelle, aber auch die meisten Organellen sind von einer hauchdünnen Schicht aus Fetten und Proteinen umgeben. Diese als **Membran** bezeichnete Schicht wirkt wie ein Häutchen, das nur bestimmte Stoffe durchlässt. So entstehen Reaktionsräume, die *Kompartimente.* Sie ermöglichen, dass in einer Zelle gleichzeitig verschiedene Prozesse ablaufen können, ohne sich gegenseitig zu stören.

ORGANELLEN · In der Zelle liegt ein kreisrunder, auch im Lichtmikroskop sichtbarer Bereich, der **Zellkern.** Seine Hülle besteht aus zwei Membranen. Diese doppelte Membran ist von Poren durchbrochen. Im Zellkern liegt die Erbsubstanz, die die *Erbinformation* trägt. Sie

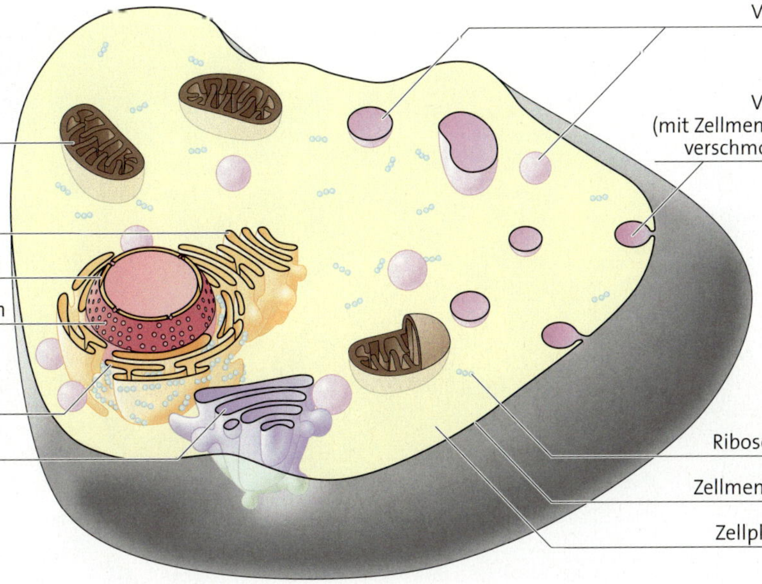

02 Bau einer Tierzelle (Schema)

steuert die Lebensvorgänge in der Zelle. Da diese chemischen Prozesse zum Auf-, Ab- oder Umbau von Stoffen führen, spricht man vom **Stoffwechsel.**

Ein Produkt des Stoffwechsels von Zellen der Bauchspeicheldrüse ist zum Beispiel das Hormon Insulin. Es senkt den Zuckergehalt des Blutes.

Die Kernhülle steht in Verbindung mit einem Netz von Kanälen und flachen Hohlräumen, das das gesamte Cytoplasma durchziehen kann. Dieses Kanalsystem, das **Endoplasmatische Retikulum,** abgekürzt ER, dient vor allem dem Stofftransport.

Auf der Außenseite einiger ER-Membranen liegen viele winzig kleine Organellen, die keine Membranhülle haben, die **Ribosomen.** Hier bildet die Zelle Proteine, auch Insulin. Ribosomen liegen aber auch frei im Cytoplasma.

In jeder Zelle gibt es kleine Membranstapel. Sie gehören zum **Golgi-Apparat.** In diesen Hohlräumen laufen vor allem solche chemischen Prozesse ab, durch die Stoffe in Endprodukte überführt werden.

An vielen Stellen im Cytoplasma liegen kleine, bläschenartige, von einer Membran umgebene Gebilde, die **Vesikel.** Viele von ihnen dienen zur Speicherung oder zum Transport von Stoffen. Vesikel können mit der Zellmembran verschmelzen und so ihren Inhalt abgeben. Eine Zelle der Bauchspeicheldrüse kann so Insulin ins Blut ausschütten.

Mit einer doppelten Membran umgeben sind längliche Gebilde, deren innere Hüllmembran an vielen Stellen tief eingestülpt ist, sodass ihre Oberfläche stark vergrößert wird. In diesen als **Mitochondrien** bezeichneten Organellen wird Glukose mithilfe von Sauerstoff in Wasser und Kohlenstoffdioxid zerlegt. Die dabei frei werdende Energie kann die Zelle nutzen. Die in den Mitochondrien ablaufenden Stoffwechselprozesse bezeichnet man als *Zellatmung.* Mitochondrien sind die Kraftwerke der Zelle. Mithilfe der durch die Zellatmung gelieferten Energie wird in den Zellen der Bauchspeicheldrüse zum Beispiel Insulin hergestellt.

Energie

$$C_6H_{12}O_6 + 6O_2 \longrightarrow 6CO_2 + 6H_2O$$

Glukose | Sauerstoff | Kohlenstoffdioxid | Wasser

A

B

03 Zellatmung: **A** Summengleichung, **B** Mitochondrium

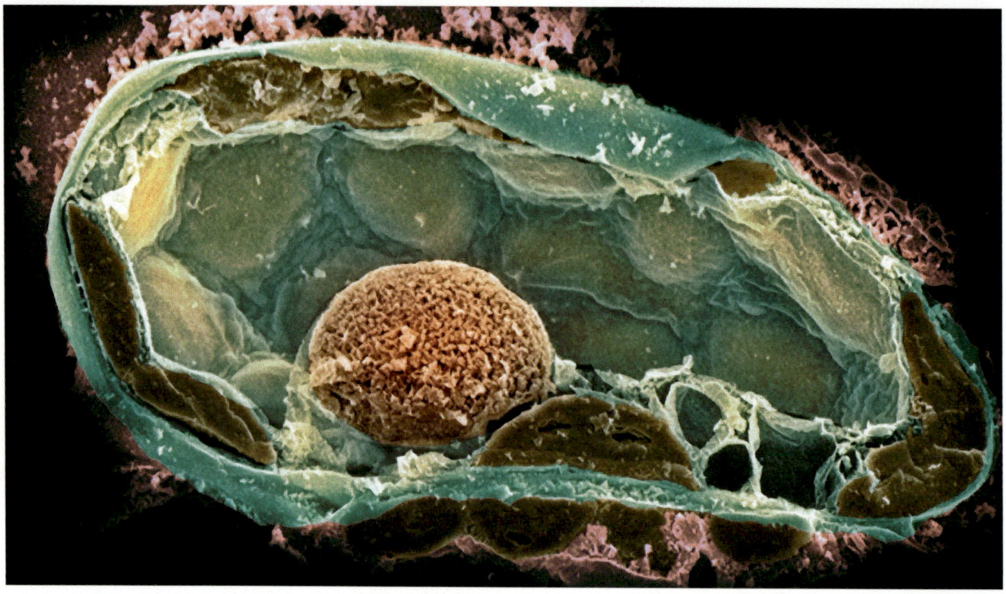

04 Aufgebrochene Pflanzenzelle im Rasterelektronenmikroskop, gefärbt

griechisch chloros = grün, griechisch phyllon = Blatt

griechisch phos = Licht, griechisch synthesis = Aufbau

PFLANZENZELLE · Außen auf der Zellmembran von Pflanzenzellen ist eine papierartige Zelluloseschicht aufgelagert, die **Zellwand.** Sie gibt der Zelle Halt.

Pflanzenzellen haben außer den Organellen, die man in Tierzellen findet, noch weitere. Ein großes Organell ist ein zentral liegender, von einer Membran umgebener Raum, der zur Lagerung von Abfall- und Farbstoffen dient, die **Vakuole.** Sie ist meistens prall mit einer wässrigen Flüssigkeit gefüllt, die die Zelle unter Druck setzt und so ihre Stabilität unterstützt. Bei ausgewachsenen Pflanzenzellen presst der Druck der Vakuole das Cytoplasma häufig bis auf einen schmalen Saum auf der Innenseite der Zellwand zusammen.

Außer den Mitochondrien gibt es bei Pflanzenzellen weitere Organellen mit einer Hülle, die aus zwei Membranen besteht. Die häufigste Form dieser als *Plastiden* bezeichneten Organellen enthält einen grünen Farbstoff, das *Chlorophyll.* Das sind die **Chloroplasten.** Die Oberfläche ihrer inneren Hüllmembran ist wie bei den Mitochondrien durch viele Einstülpungen vergrößert. Durch das Chlorophyll sind die Chloroplasten in der Lage, die Energie des Lichts in chemische Energie umzuwandeln. Das geschieht durch die *Fotosynthese.* Dabei bildet die Pflanze aus Kohlenstoffdioxid und Wasser die energiereiche Verbindung Glukose und außerdem Sauerstoff. In Pflanzenzellen wird also Glukose in den Chloroplasten aufgebaut und in den Mitochondrien wieder abgebaut.

Neben den Chloroplasten findet man aber auch Plastiden, die einen gelb-roten Farbstoff enthalten. Das sind die *Chromoplasten.* In den Speicherorganen vieler Pflanzen liegen Plastiden, die auf die Einlagerung von Stärke spezialisiert sind. Das sind die *Leukoplasten.*

Da alle Lebewesen aus Zellen bestehen, spricht man vom biologischen Prinzip der **zellulären Organisation.**

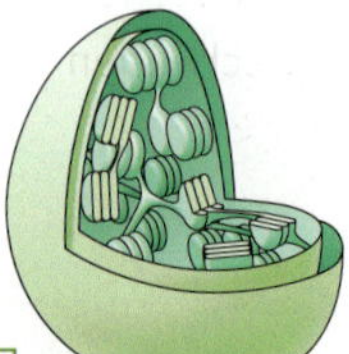

A

$$6CO_2 + 6H_2O \longrightarrow C_6H_{12}O_6 + 6O_2$$

Kohlenstoffdioxid | Wasser | Glukose | Sauerstoff

B

05 Fotosynthese: **A** Chloroplast, **B** Summengleichung

1 Nenne jeweils Organellen, die keine, eine einfache und eine doppelte Membranhülle haben!

Material A ▸ Pflanzen- und Tierzelle im Vergleich

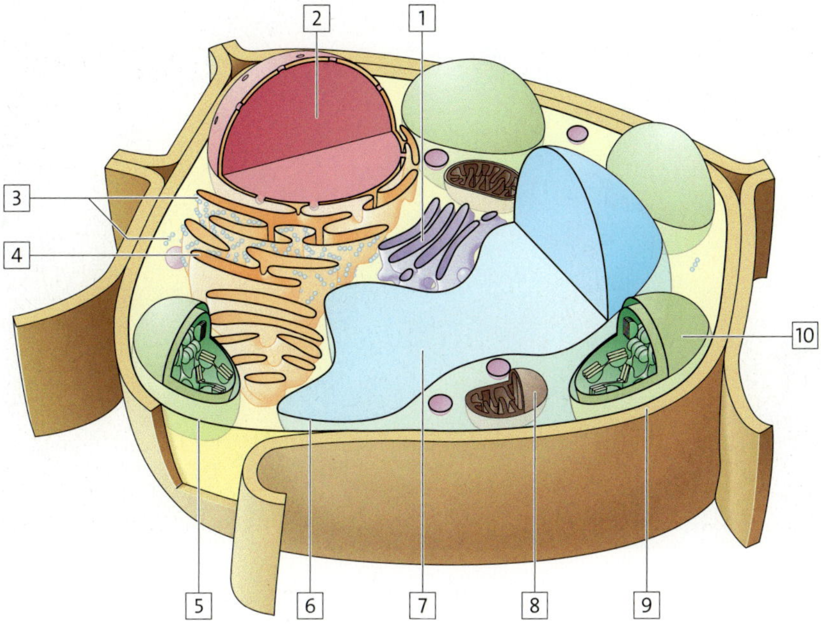

A1 Nenne die Fachbegriffe für die mit Zahlen gekennzeichneten Bereiche der Zelle!

A2 Vergleiche das Vorkommen von Organellen in Pflanzen- und Tierzellen in Form einer Tabelle!

A3 Ordne den Bereichen 2, 8, 9 und 10 jeweils ihre Funktion zu!

A4 Erläutere mithilfe der Summengleichung die Bedeutung der Zellbestandteile 8 und 10 für die Pflanzenzelle!

Material B ▸ Versuch mit Schirmalgen *(Acetabularia)*

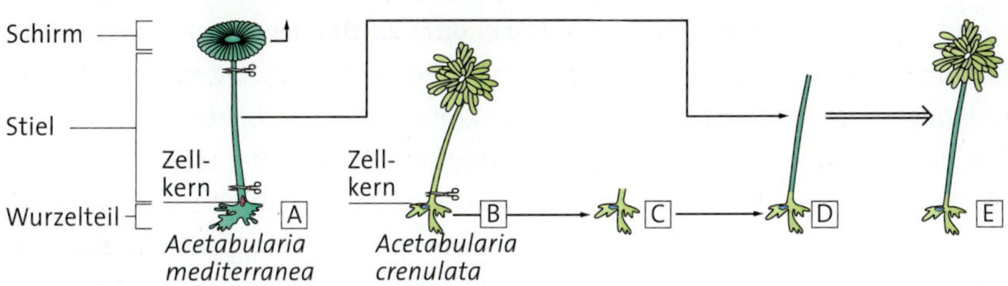

Die in einem Versuch verwendeten Schirmalgen *Acetabularia mediterranea* und *Acetabularia crenulata* bestehen nur aus einer Zelle. Die beiden Arten unterscheiden sich vor allem in der Form ihrer Schirme.

B1 Beschreibe den Verlauf und das Ergebnis des Versuchs!

B2 Erläutere, welche Schlussfolgerungen auf die Funktion des Zellkerns man aus dem Versuch ziehen kann!

B3 Beschreibe einen Versuch, mit dem man die bei B2 gezogenen Schlüsse bestätigen könnte!

Material C ▸ Zelle als Fabrik

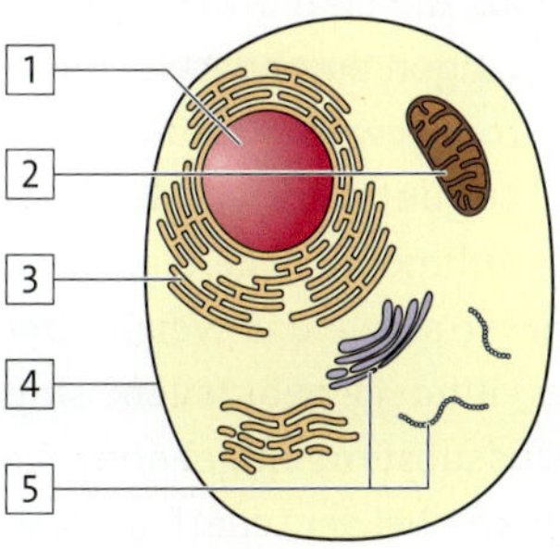

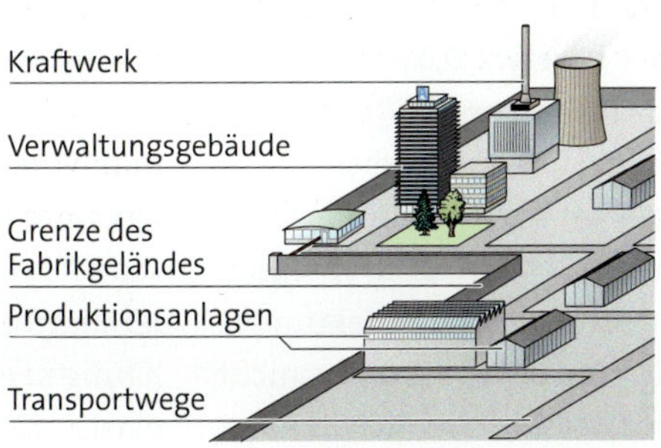

C1 Nenne die mit Zahlen gekennzeichneten Teile der Tierzelle und ordne sie den entsprechenden Bereichen einer Fabrik zu!

C2 Beschreibe Erweiterungen der Fabrik, die einen Vergleich mit den Bestandteilen einer Pflanzenzelle ermöglichen!

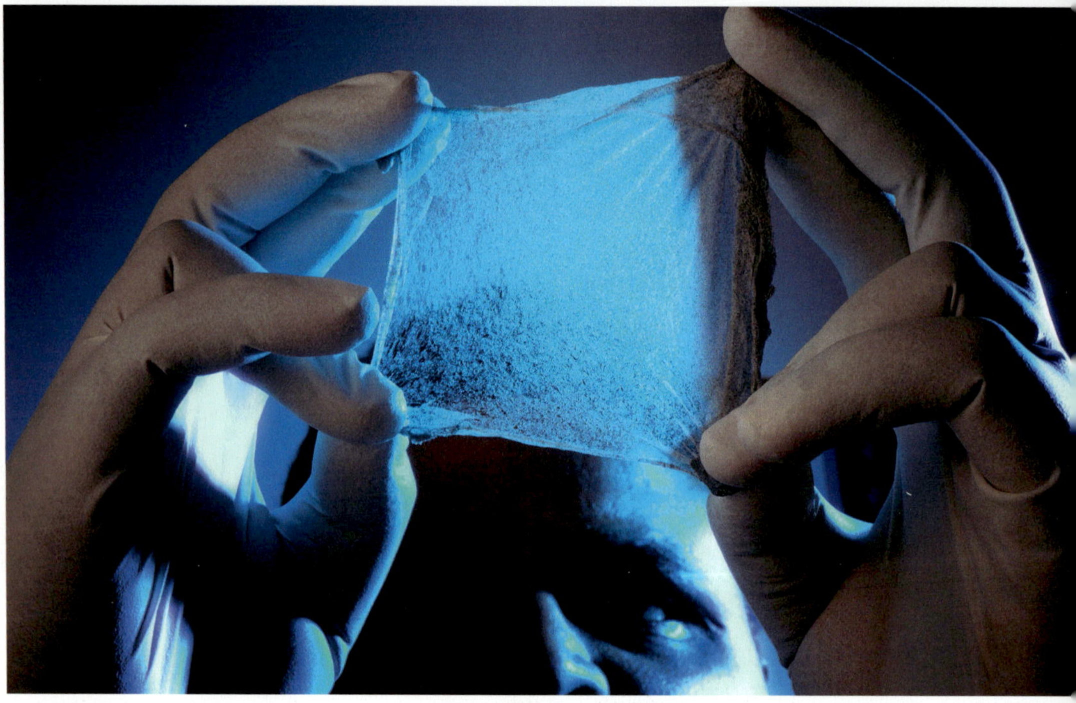

01 Künstlich hergestelltes Oberhautgewebe

Zellen, Gewebe und Organe

Aus Hautzellen eines Patienten kann man heute im Labor künstlich Oberhautgewebe herstellen. Solche Gewebe können für Menschen mit starken Verbrennungen lebensrettend sein. An der künstlichen Herstellung von Organen wird weltweit bereits geforscht. Was sind Gewebe und Organe?

GEWEBE · Im menschlichen Körper kommen etwa 200 verschiedene Zelltypen vor, die aufgrund ihres Baus für unterschiedliche Aufgaben spezialisiert sind. Verbände gleichartiger Zellen mit einer gemeinsamen Aufgabe bezeichnet man als **Gewebe.** Im menschlichen Körper unterscheidet man vier Grundgewebetypen. Die Oberhaut ist etwa 0,05 Millimeter dick und besteht aus mehreren Schichten miteinander dicht verbundener, gleichartiger Zellen. Diese sind auf der Außenseite von einer Hornschuppenschicht bedeckt und schützen den Körper vor Verletzungen und Infektionen. Solche Gewebe, die eine äußere Grenzschicht bilden, aber auch Gewebe, die Körperhohlräume auskleiden, gehören zum Grundgewebetyp **Deck-** oder **Epithelgewebe.** Epithelgewebe sind je nach Funktion sehr unterschiedlich gebaut. Sie können mehrschichtig sein, wie das *Oberhautgewebe,* oder einschichtig, wie das *Lungenepithel.* Ihre Zellen können sehr flach, kubisch oder zylinderförmig sein. Sie können Wimpern tragen, wie beim Luftröhrenepithel, oder viele kleine Ausstülpungen aufweisen, wie beim *Dünndarmepithel.* Außerdem können Epithelgewebe vorwiegend aus Drüsenzellen bestehen, wie bei der Bauchspeicheldrüse. Das *Riechepithel* der Nase aber besteht vorwiegend aus Sinneszellen. An die Epithelgewebe schließen Gewebe an, die eine Stützfunktion haben und Verbindungen zu anderen Geweben schaffen, die **Bindegewebe.** Zu ihnen gehören zum Beispiel das unter der Oberhaut liegende, etwa einen Millimeter dicke, elastische *Lederhautbindegewebe* sowie das weiche *Unterhautfettgewebe.* Bindegewebszellen sind häufig in einer Grundsubstanz eingebettet, die elastisch sein kann, wie bei der Lederhaut, fest,

wie beim *Knorpelgewebe*, oder hart, wie beim *Knochengewebe*. Eng mit Bindegewebe verbunden sind die für Bewegungen erforderlichen **Muskelgewebe.** Sind im Muskelgewebe noch einzelne Muskelzellen erkennbar, in denen die für das Zusammenziehen verantwortlichen Fädchen, die Muskelfilamente, wenig geordnet sind, handelt es sich um *glattes Muskelgewebe*. Dies kommt zum Beispiel in der Haut und im Darm vor. Dagegen sind bei der Skelett- und Herzmuskulatur die Muskelzellen zu größeren Einheiten verschmolzen, in denen die Muskelfilamente so geordnet sind, dass sich im Lichtmikroskop eine Querstreifung zeigt. Man spricht deshalb von *quergestreiftem Muskelgewebe*.
Das vierte Grundgewebe ist das für die Weiterleitung und Verarbeitung von Informationen verantwortliche **Nervengewebe.** Die Nervenzellen stehen über ihre zum Teil sehr langen Zellfortsätze miteinander in Kontakt.

ORGANE · Betrachtet man einen Querschnitt durch die menschliche Haut, lassen sich die verschiedenen Grundgewebe wiederfinden. An das Epithelgewebe der Oberhaut schließt das Bindegewebe der Lederhaut an. In dieses erstrecken sich tiefe Einstülpungen der untersten Zellschicht des Oberhautgewebes, aus denen Haare entspringen. Am unteren Teil eines Haarschafts setzen Muskeln an, und Talgdrüsen münden in den Haarschaft. Die unterste Hautschicht bildet das Unterhautfettgewebe. Durch alle drei Hautschichten hindurch verlaufen Nerven, die von unterschiedlichen Sinneszellen kommen. Durch die Unter- und Lederhaut erstrecken sich außerdem zahlreiche Blutgefäße.
Wenn, wie bei der Haut, verschiedene Gewebe eng miteinander verbunden sind und dadurch gemeinsam eine Aufgabe erfüllen, spricht man von einem **Organ.** Die Haut ist das größte Organ des menschlichen Körpers. Weitere Organe sind zum Beispiel die Lunge, der Magen, die Leber, der Dünndarm und die Nieren.

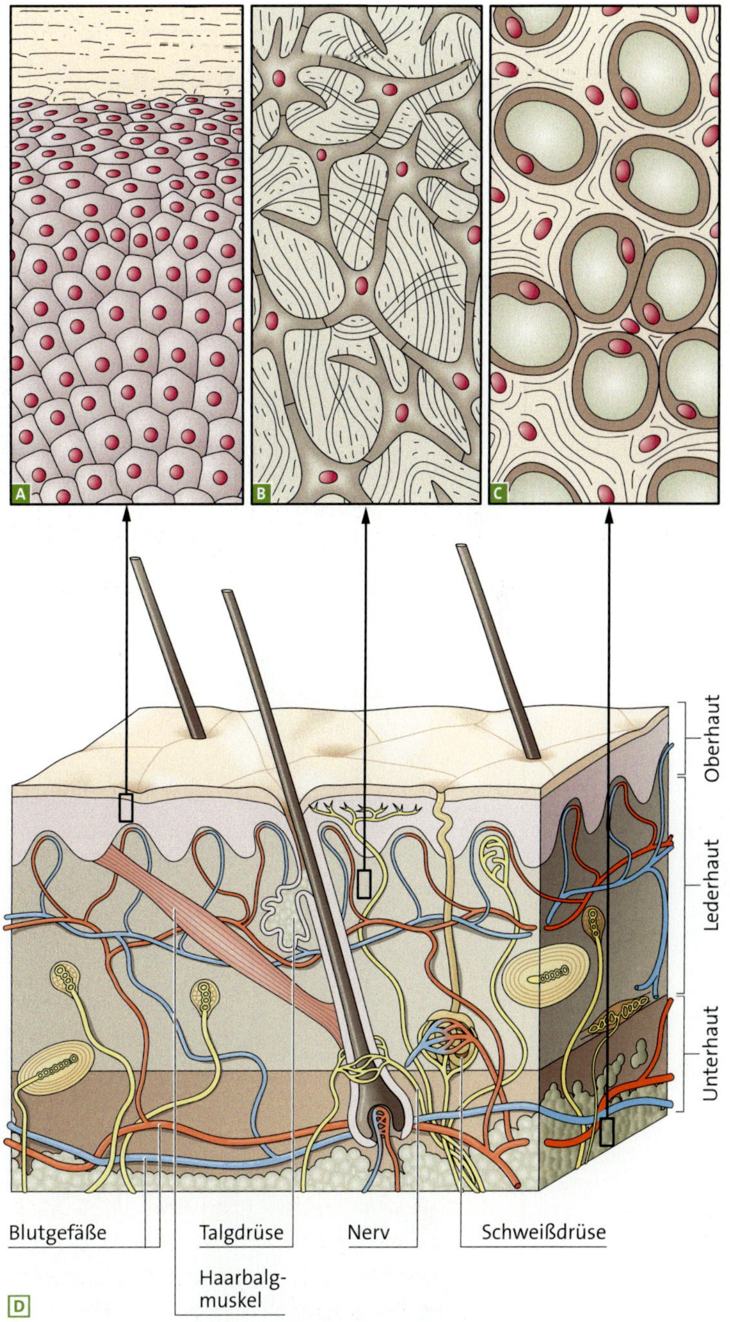

02 Gewebe und Organ: **A** Oberhautgewebe, **B** Lederhautbindegewebe, **C** Unterhautfettgewebe, **D** Organ Haut

1 Beschreibe zwei Grundgewebetypen des Menschen und ihre Funktion!

2 Beschreibe, wie sich ein Organ von einem Gewebe unterscheidet!

IM BLICKPUNKT EVOLUTION

Vom Einzeller zum Vielzeller

Vor etwa zwei Milliarden Jahren entstanden Einzeller mit einem Zellkern, die ersten mehrzelligen Lebewesen vor etwa einer Milliarde Jahren. Wie sich aus Einzellern im Laufe der Evolution Vielzeller entwickelt haben könnten, lässt sich modellhaft an heute in Tümpeln lebenden Grünalgen nachvollziehen.

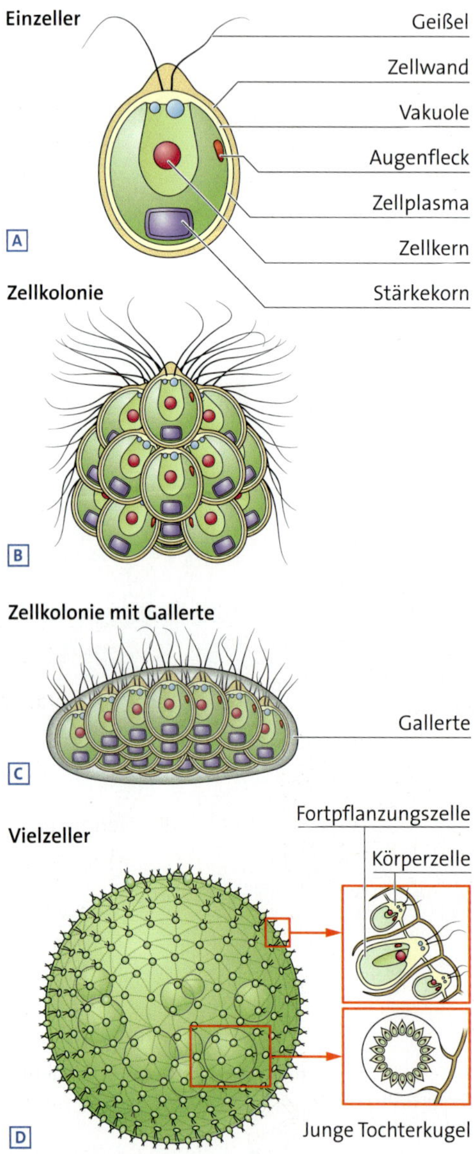

03 Modell einer Entwicklungsreihe:
A Hüllen-Geißelalge, **B** Wirbelnder Tannenzapfen, **C** Mosaikgrünalge, **D** Wimperkugel

Die **Hüllen-Geißelalge,** *Chlamydomonas,* ist ein **Einzeller.** Mithilfe ihrer beiden Geißeln und ihres Augenflecks kann sie sich zum Licht hin bewegen. Die Fortpflanzung erfolgt ungeschlechtlich durch Längsteilung.

Beim **Wirbelnden Tannenzapfen,** *Spondylomorum,* sind 16 Zellen des *Chlamydomonas*-Typs mit ihren Zellwänden verklebt und bilden eine **Zellkolonie.** Durch ungeschlechtliche Fortpflanzung entstehen aus jeder Zelle 16 Tochterzellen, die eine neue Zellkolonie bilden.

Auch die **Mosaikgrünalge,** *Gonium,* besteht aus 16 Zellen des *Chlamydomonas*-Typs und vermehrt sich wie der Wirbelnde Tannenzapfen. Hier sind die Zellen aber durch eine Gallerthülle noch enger zu einer Kolonie verbunden. Die Bildung solcher Zellkolonien aus Einzellern war in der Evolution vermutlich der erste Schritt zur Entstehung von Vielzellern.

Die **Wimperkugel,** *Volvox,* besteht aus 200 bis 20 000 deutlich kleineren Zellen des *Chlamydomonas*-Typs. Neben den Körperzellen gibt es spezielle Fortpflanzungszellen. Sie können sowohl Geschlechtszellen bilden als auch auf ungeschlechtlichem Weg Tochterkugeln, die ins Innere der Mutterkugel abgeschnürt werden. Diese werden später freigesetzt, wenn die Mutterkugel aufreißt und stirbt. Da die Wimperkugel im Unterschied zum Wirbelnden Tannenzapfen und zur Mosaikgrünalge zwei Zelltypen besitzt, ist sie ein **Vielzeller.**

Auch im Laufe der Evolution könnten aus Zellkolonien durch die Ausbildung verschiedener Zelltypen mit unterschiedlichen Aufgaben vielzellige Lebewesen entstanden sein.

Material A ▸ Gewebe und Organe des Menschen

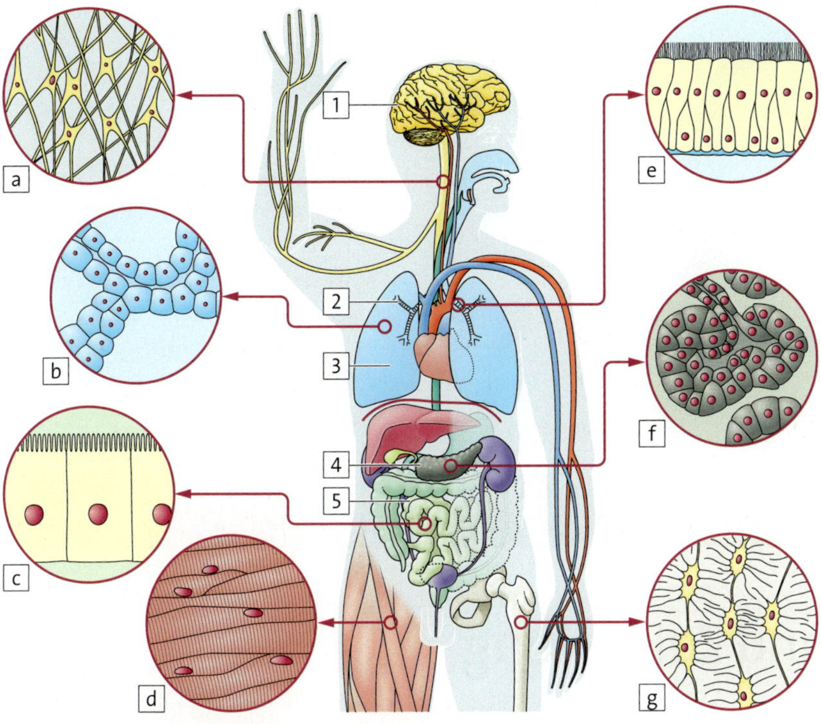

A1 Nenne die mit Zahlen gekennzeichneten Organe und die mit Buchstaben gekennzeichneten Gewebe!

A2 Beschreibe den Bau von zwei der abgebildeten Gewebe und ordne diese jeweils einem Grundgewebetyp zu!

A3 Erläutere das biologische Prinzip *Struktur und Funktion* an einem der abgebildeten Gewebe!

A4 Außer Oberhautgewebe ist auch die künstliche Herstellung von Knorpelgewebe sowie von Harnröhren gelungen. Stelle Vermutungen an, welche Schwierigkeiten bei der künstlichen Herstellung von Organen bestehen!

Material B ▸ Gewebe und Organe der Pflanzen

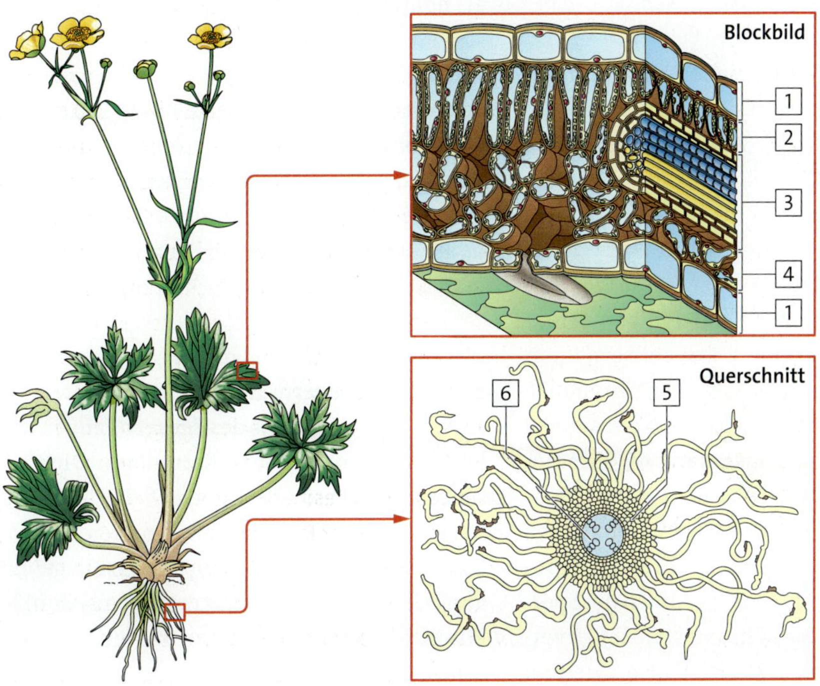

Auch Pflanzen bestehen aus Geweben und Organen. Die Pflanzengewebe unterteilt man in Deck-, Grund-, Festigungs-, Leit- und Bildungsgewebe.

B1 Nenne die in der Abbildung erkennbaren Pflanzenorgane!

B2 Beschreibe die mit Zahlen gekennzeichneten Gewebetypen!

B3 Vergleiche Bau und Funktion der abgebildeten Deckgewebe mit den Epithelgeweben beim Menschen!

B4 Stelle Vermutungen an, welche Gewebetypen der Tiere bei Pflanzen nicht vorkommen!

01 Erwachsene und Kind

Mitose und Zellteilung

Der Körper eines erwachsenen Menschen besteht aus etwa 100 Billionen Zellen. Ein Kind hat viel weniger Zellen. Wie entstehen beim Wachstum des Körpers neue Zellen?

CHROMOSOMEN · Eine neue Zelle kann nur aus einer bereits vorhandenen entstehen, nie aus leblosem Material. Wenn sich in einem Kind eine neue Zelle bildet, muss diese die Information erhalten, die bestimmt, wie menschliche Zellen gebaut sind und welche Vorgänge in ihr ablaufen sollen. Diese *Erbinformation* liegt im Zellkern auf fädigen Strukturen, den **Chromosomen.** Der Zellkern einer Körperzelle enthält zwei Sätze von Chromosomen. Ein Satz besteht aus 23 Chromosomen. Daher hat der Mensch insgesamt 46 Chromosomen in jeder Zelle. Das liegt daran, dass die Eizelle, aus der ein Mensch entsteht, durch die Befruchtung zusätzlich zu ihren 23 Chromosomen noch die 23 Chromosomen der Spermienzelle erhält. Jedes Chromosom der 23 verschiedenen Chromosomen ist also zweimal vorhanden, je eines stammt vom Vater und eines von der Mutter. Solche in Form und Größe gleiche Chromosomen bezeichnet man als **homolog.**

02 Chromosom (EM-Aufnahme)

MITOSE · Eine neue Zelle entsteht dadurch, dass sich eine bereits bestehende Zelle teilt. Man nennt den Vorgang der Zellbildung daher *Zellteilung.* Während der Zellteilung löst sich der alte Zellkern auf und es entstehen zwei neue. Die Bildung der Zellkerne bezeichnet man als **Mitose.**

Die Vorgänge während der Mitose lassen sich in Phasen gliedern. In der ersten Phase löst sich die *Membranhülle* des Zellkerns auf, in der letzten bilden sich neue Kernhüllen. Die Verteilung der Chromosomen auf die alte und neue Zelle geschieht entlang von feinen Proteinfäden, den *Spindelfasern.* Die Fasern gehen von kleinen, im Lichtmikroskop als dunkle Pünktchen erkennbaren Strukturen aus, den *Zentralkörperchen.*

DIE CHROMOSOMEN IN DER MITOSE · **Prophase:** Die langen, fädigen Chromosomen wickeln sich spiralig auf, verkürzen sich dadurch sehr stark und werden so dick, dass man sie im Lichtmikroskop sehen kann. So lassen sie sich in der Zelle leicht bewegen. Daher nennt man diesen Zustand die *Transportform der Chromosomen*.

Metaphase: Die Chromosomen wandern in die Zellmitte. Sie ordnen sich dort in einer Ebene an, der *Äquatorialebene*. Jedes Chromosom hat zwei Schenkel, die als *Chromatiden* bezeichnet werden. Man spricht daher von einem *Zwei-Chromatiden-Chromosom*. Die Chromatiden hängen an einer Stelle noch zusammen. Beide haben eine identische Erbinformation.

Anaphase: Die beiden Chromatiden jedes Chromosoms trennen sich. Jedes der so entstandenen *Ein-Chromatid-Chromosomen* wandert entlang der Spindelfasern zu gegenüberliegenden Polen der Zelle. So erhalten beide Bereiche jeweils 46 Ein-Chromatid-Chromosomen, sodass die genetische Information in beiden Bereichen identisch ist.

Telophase: Die Zelle schnürt sich in der Mitte ein, bis zwei getrennte, jeweils von einer Zellmembran vollständig umhüllte Zellen entstanden sind. Die Ein-Chromatid-Chromosomen entspiralisieren sich und werden dadurch wieder lang und dünn.

INTERPHASE · Nach der Zellteilung wachsen die Zellen. In der Zeit bis zur nächsten Zellteilung, in der *Interphase*, sind die Chromosomen sehr lang und so dünn, dass sie im Lichtmikroskop nicht erkennbar sind. Die Zelle kann die Erbinformation nur lesen und verwirklichen, wenn die Chromosomen in dieser Form vorliegen. Man spricht daher von der *Arbeitsform der Chromosomen*. Vor der nächsten Zellteilung wird in der Interphase aus jedem Ein-Chromatid-Chromosom ein Zwei-Chromatiden-Chromosom. Durch diese Verdopplung liegt die Erbinformation wieder zweifach auf dem Zwei-Chromatiden-Chromosom vor.

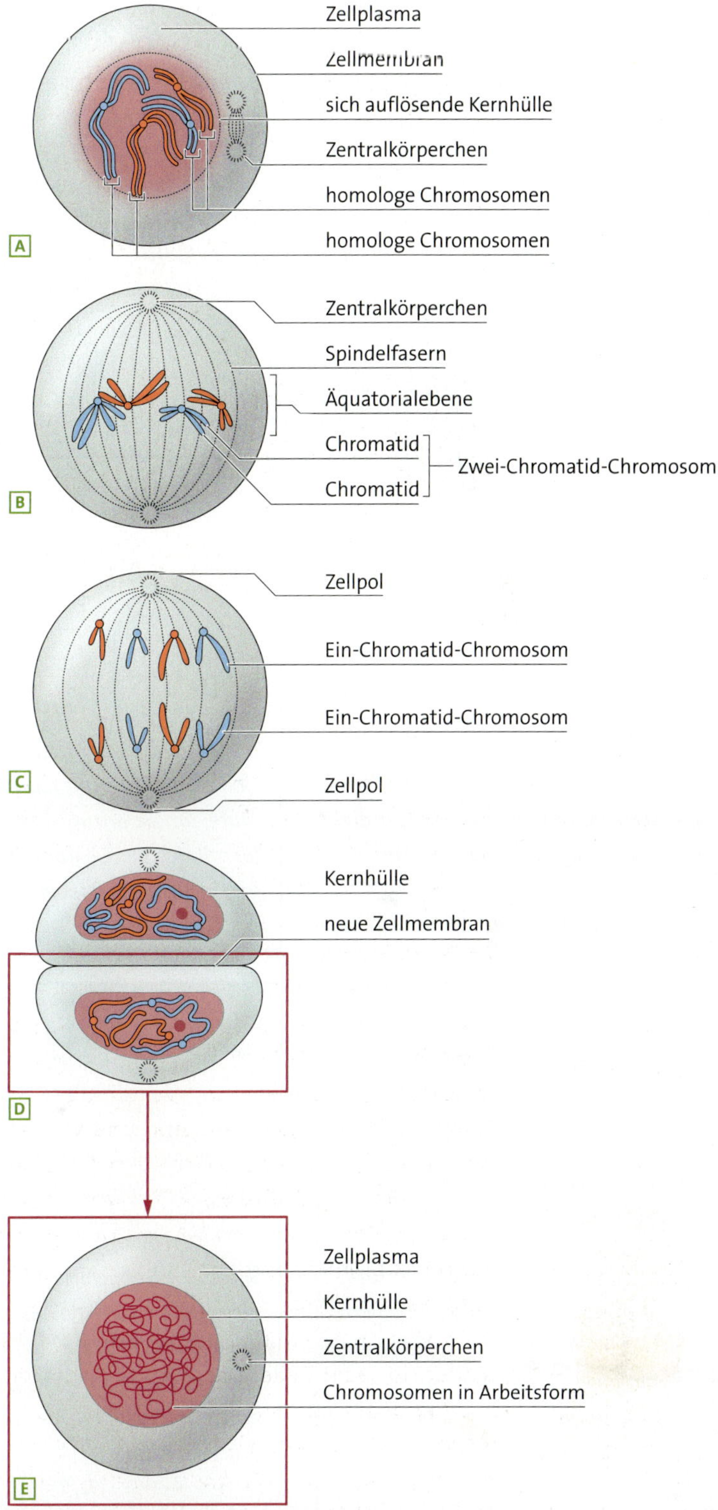

03 Phasen der Mitose einer Tierzelle: **A** Prophase, **B** Metaphase, **C** Anaphase, **D** Telophase, **E** Interphase

METHODE

Herstellung eines mikroskopischen Präparats von Mitosestadien

Material:

Küchenzwiebel
Weithals-Erlenmeyerkolben
Reagenzglas mit Stopfen
Reagenzglasständer
Reagenzglasklammer
Bunsenbrenner
Siedesteinchen
Skalpell und Schere
Pinzette, fein
Tropfpipette
Objektträger
Deckgläser
Karminessigsäure
Essigsäure, 50 %
Schutzbrille

Durchführung:

Hinweis: *Schutzbrille aufsetzen, Öffnungen von Reagenzgläsern beim Erhitzen nie auf Personen richten!*

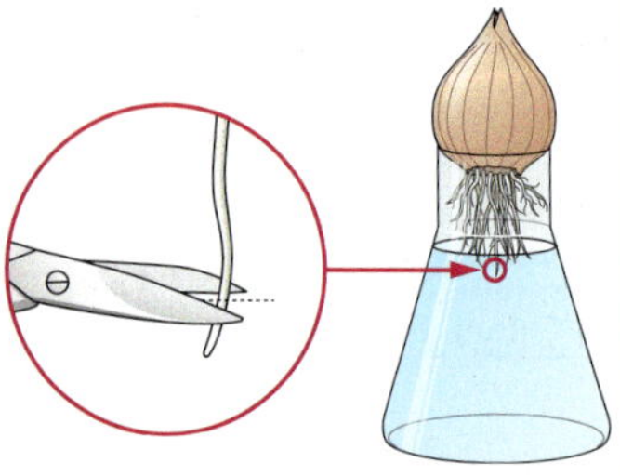

1) *Eine Küchenzwiebel treibt über einer Wasserfläche Wurzeln aus. Schneide von den Wurzelspitzen drei Millimeter lange Endstücke ab.*

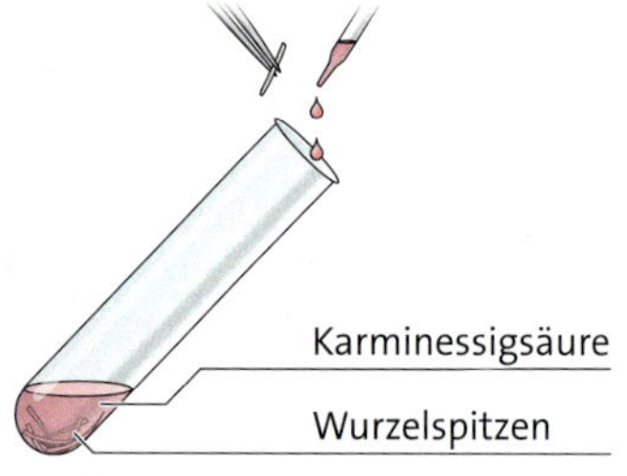

2) *Übertrage die Wurzelspitzen in ein Reagenzglas mit Karminessigsäure, um sie anzufärben. Lass sie für mindestens 24 Stunden im verschlossenen Glas stehen.*

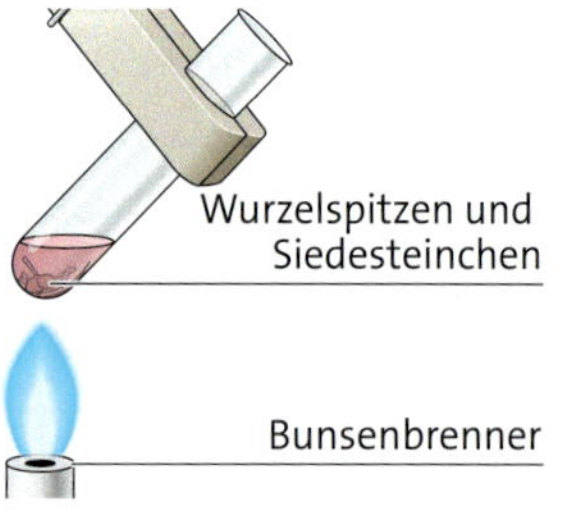

3) *Koche die Wurzelstücke in der Färbeflüssigkeit zusammen mit einigen Siedesteinchen über einem Bunsenbrenner kurz auf, sodass sie weich werden. Vorsicht: Die Essigsäure ätzt!*

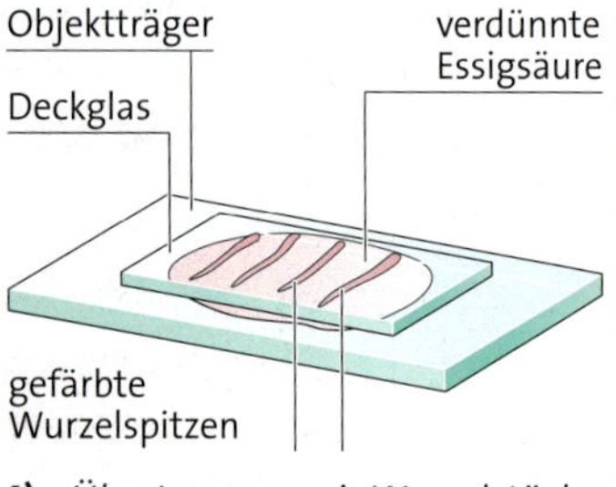

4) *Übertrage zwei Wurzelstücke mit einer Pinzette auf einen Objektträger und halbiere sie längs. Gib mit einer Pipette zwei Tropfen verdünnte Essigsäure zu und lege ein Deckglas auf.*

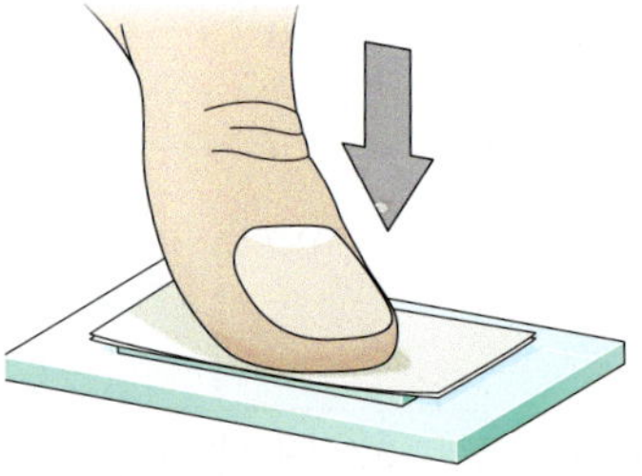

5) *Lege zwei Schichten Filterpapier auf das Deckglas und drücke mit dem Daumen auf das Deckglas, ohne es dabei zu verschieben. Es entstehen Flecke gequetschter Wurzelspitzen.*

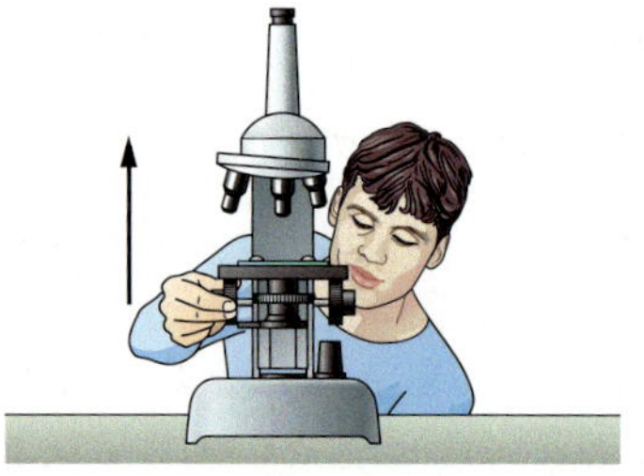

6) *Mikroskopiere. Schaue dabei erst durch das Okular, nachdem du den Objektträger so nah wie möglich an das Objektiv herangeführt hast. Zeichne eines der verschiedenen Mitosestadien.*

Material A ▸ Phasen der Mitose in Zellen der Königslilie

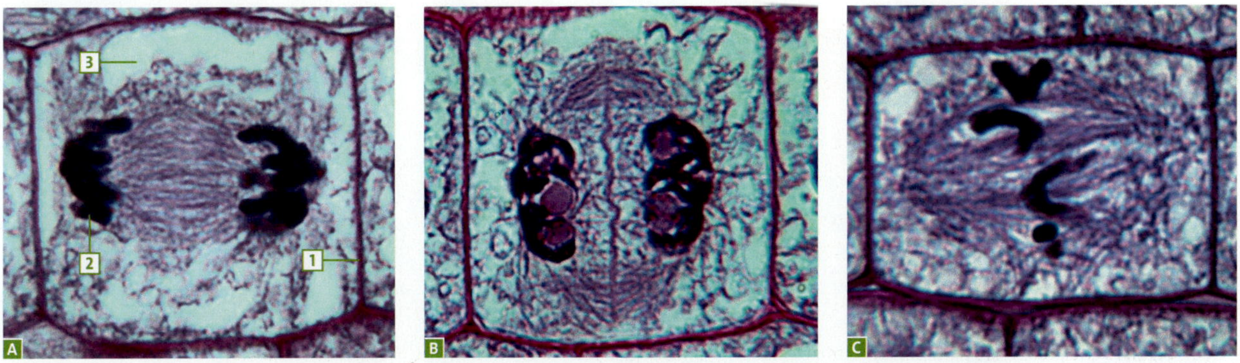

Die lichtmikroskopischen Fotos zeigen drei von vier Phasen der Mitose einer Pflanzenzelle in ungeordneter Reihenfolge.

A1 Beschrifte die mit Zahlen gekennzeichneten Bereiche!

A2 Nenne die Fachbegriffe für die dargestellten Phasen!

A3 Ordne die Phasen in der richtigen zeitlichen Reihenfolge an! Begründe!

A4 Nenne den Fachbegriff der fehlenden Phase!

A5 Beschreibe die Vorgänge, die zu der fehlenden Phase geführt haben!

A6 Vergleiche die Phase C mit der gleichen Phase der Zellteilung von Tierzellen!

Material B ▸ Interphase und Mitose

Dauer der Interphase und Mitose in Geweben des Menschen

Körperbereiche	Interphase (in Stunden)	Mitose (in Stunden)
Dünndarm	14	0,7
Leber	9998	0,7
Blutbildendes Knochenmark	10	0,7
Haut	998	0,7

Dauer der Mitosephasen

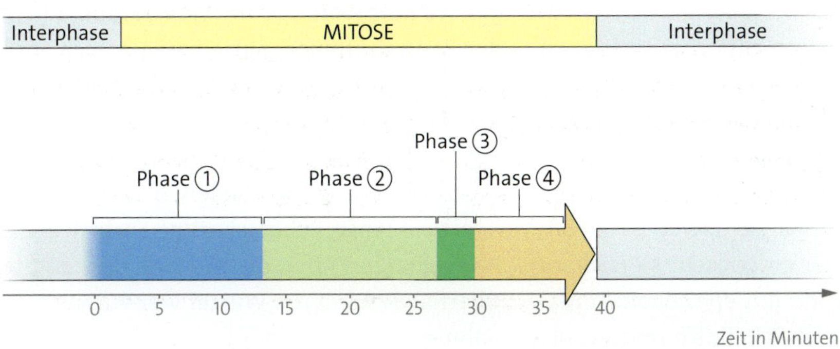

B1 Nenne ein Gewebe, in dem besonders häufig Zellen gebildet werden!

B2 Begründe, weshalb in mikroskopischen Bildern der Wachstumszone von Zwiebelwurzelspitzen nur wenige Zellen in der Anaphase zu sehen sind!

B3 Stelle die in der untersten Abbildung dargestellte Zeitdauer der Mitosephasen in einem geeigneten Diagramm dar!

B4 Wunden an den Lippen heilen sehr viel schneller als andere Hautverletzungen. Stelle Vermutungen an, woran das liegen könnte!

01 Buchenkeimling

Zellen wachsen und differenzieren sich

Wenn Pflanzen wie der Buchenkeimling wachsen, teilen sich an der Spross- und Wurzelspitze ständig Zellen. Bei jeder Zellteilung erhalten die Tochterzellen die gleiche Erbinformation. Trotzdem entstehen verschiedene Zelltypen, Gewebe und Organe. Wie ist das möglich?

ZELLDIFFERENZIERUNG BEI PFLANZEN · Im Unterschied zu Tieren können Pflanzen lebenslang wachsen. An der Sprossspitze und kurz hinter der Wurzelspitze besitzen sie Stellen mit teilungsfähigen Zellen, die *Vegetationspunkte*. Bei jeder Zellteilung entstehen in diesen *Bildungsgeweben* zunächst zwei etwa halb so große Tochterzellen. Durch Neubildung von Zellplasma wachsen diese zur Größe der ursprünglichen Mutterzelle heran. Weitere Teilungen in den Vegetationspunkten schieben die Tochterzellen immer weiter von ihrem Bildungsort weg. Dabei entwickeln sie sich zu bestimmten Zelltypen mit speziellen Aufgaben. Dieser Vorgang heißt **Zelldifferenzierung.**

Je nach Bildungsort entstehen durch Zelldifferenzierung unterschiedliche Zelltypen. Vom Vegetationspunkt der Wurzel werden zum Beispiel zur Spitze hin dickwandige Zellen gebildet, die als *Wurzelhaube* den Vegetationspunkt schützen. In der sich nach oben an den Vegetationspunkt anschließenden *Streckungszone* bilden die neu entstandenen Zellen Zellsaftvakuolen aus und werden länger. Die Zellen im Inneren der Wurzel differenzieren sich und bilden die *Leitgewebe* des *Zentralzylinders*. Dieser wird von einem einschichtigen *Kontrollgewebe* umgeben, das die Wasseraufnahme in den Zentralzylinder kontrolliert. Das sich nach außen anschließende mehrschichtige *Rindengewebe* ist ein *Grundgewebe*. Die äußerste Zelllage differenziert sich zum *Deckgewebe* der Wurzel. Seine Zellen bilden in der *Wurzelhaarzone* lange, schlauchartige Fortsätze, die Wurzelhaare. Durch die so stark vergrößerte Oberfläche kann die Wurzel viel Wasser aufnehmen.

SIGNALSTOFFE · Obwohl die differenzierten Zellen das gleiche Erbgut wie die Bildungszellen besitzen, haben sie sich unterschiedlich entwickelt. Entscheidend für die Art der Zelldifferenzierung sind die Nachbarzellen, die eine Zelle während ihrer Entwicklung umgeben. Diese geben Stoffe ab, welche die Entwicklung beeinflussen, die **Signalstoffe.** Sie aktivieren nur den Teil der Erbinformation, der für die entsprechende Differenzierung auf eine bestimmte Aufgabe erforderlich ist. Ähnlich wie beim Wachstum einer Pflanze bewirken Signalstoffe auch die Zelldifferenzierung bei der Embryonalentwicklung von Pflanzen, Tieren und dem Menschen.

ZELLDIFFERENZIERUNG BEI MENSCH UND TIER · Bei Wirbeltieren entsteht zu Beginn der Embryonalentwicklung aus der *Zygote* nach drei Zellteilungen ein achtzelliger Keim. Weitere Teilungen führen zu einem kugeligen Zellhaufen, dem *Maulbeerkeim.* Die Zellen des Maulbeerkeims sind zwar kleiner als die Zygote, sehen aber noch alle gleich aus. Nach weiteren Teilungen ordnen sich die Zellen am Außenrand des kugelförmigen Keims an, der sich im Inneren mit einer Flüssigkeit füllt. Man nennt dieses Entwicklungsstadium den *Bläschenkeim.* Erst danach wird die Wirkung von Signalstoffen durch die Ausbildung von drei verschiedenen Keimschichten erkennbar. Aus jeder der drei Keimschichten entwickeln sich unterschiedliche Gewebe und Organe.

Noch undifferenzierte, teilungsfähige Zellen nennt man **Stammzellen.** Bis zum Stadium des Bläschenkeims könnten sich noch viele Zellen zu allen Zelltypen differenzieren. Solche Zellen heißen *embryonale Stammzellen.* Im erwachsenen Zustand kommen in manchen Geweben, wie den Schleimhäuten, dem Knochenmark und der Oberhaut, auch Zellen vor, die noch teilungsfähig sind. Diese können sich nur zu dem Zelltyp ihres Gewebes differenzieren und heißen *adulte Stammzellen.* Sie ermöglichen die Erneuerung, die *Regeneration,* dieser Gewebe.

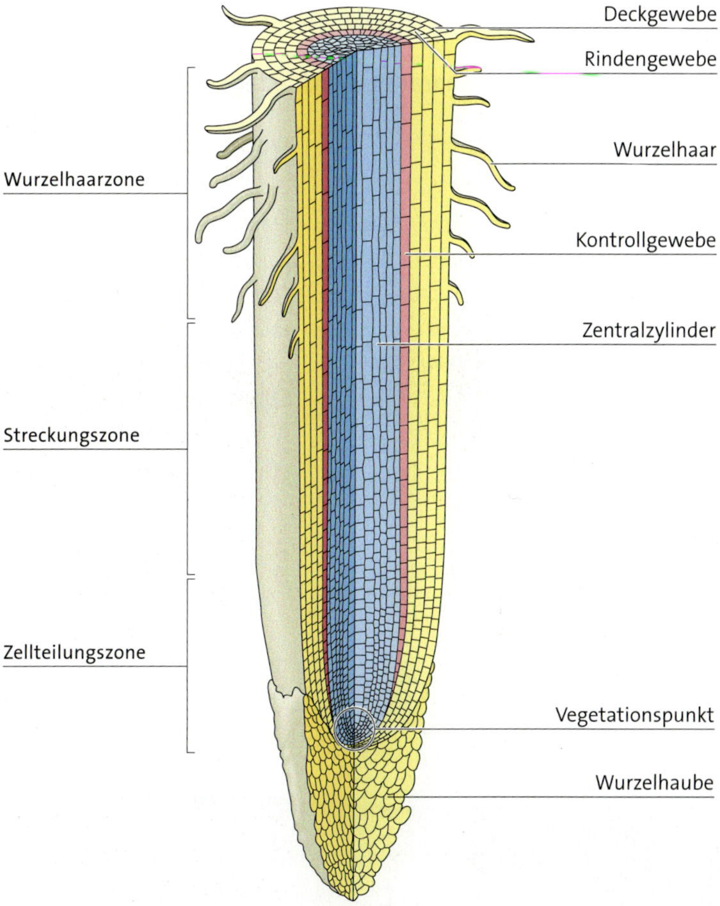

02 Längsschnitt durch eine Wurzel (Schema)

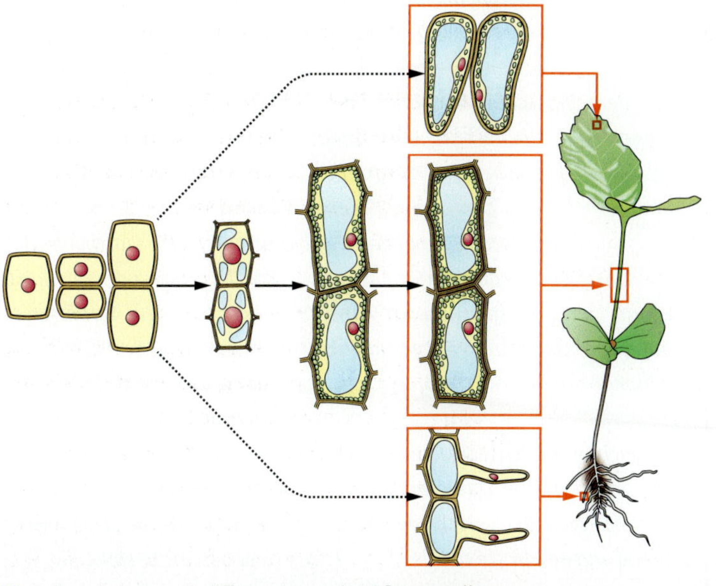

03 Zellwachstum und -differenzierung bei Pflanzenzellen

METHODE

Herstellung von Präparaten verschiedener Zelltypen

Querschnittpräparate

Material: *Styroporblöckchen, Skalpell, Objektträger, Deckgläschen, Pipette, Wasser, Pinsel, Mikroskop, Stängel einer Hahnenfußpflanze, Wurzel einer austreibenden Zwiebel und Blattstücke einer Christrose*

Durchführung:

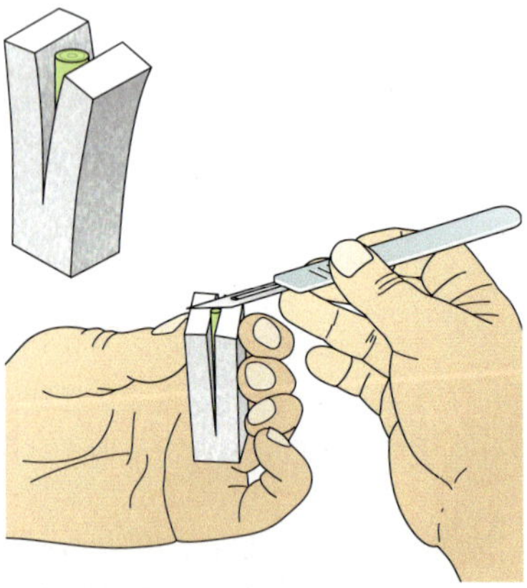

Schneide in ein Styroporblöckchen einen Spalt und klemme ein Stängel-, Wurzel- oder Blattstück so ein, dass es nur wenig aus dem Blöckchen ragt und die zu schneidende Fläche nach oben zeigt. Presse das Blöckchen fest zusammen und schneide mit dem Skalpell mehrmals ganz flach parallel zur oberen Fläche. Überführe die dünnen Schnitte mit einem Pinsel in einen Tropfen Wasser auf einem Objektträger. Lege ein Deckgläschen auf und mikroskopiere.

1) *Zeichne zunächst Übersichtsskizzen der angefertigten Querschnitte, dann Detailskizzen der verschiedenen Zelltypen und beschrifte sie!*

Oberflächenpräparate

Material: *Bleistift, Skalpell, Objektträger, Deckgläschen, Pipette, Wasser, Pinsel, klarer Nagellack oder Flüssigklebstoff, Pinzette, Mikroskop, frische Laubblätter verschiedener Pflanzen, zum Beispiel Christrose und Efeu*

Durchführung:

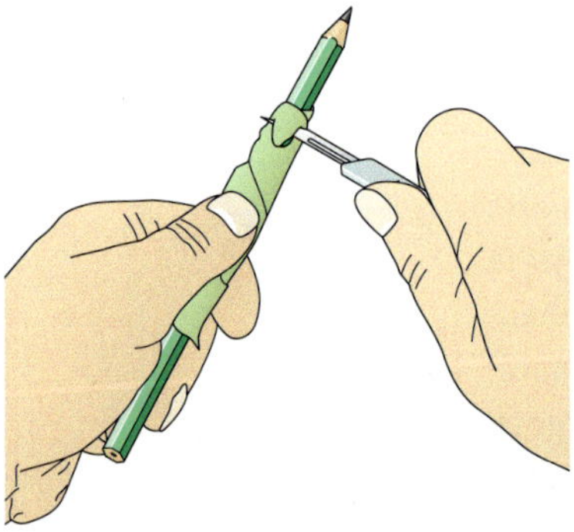

Lege ein Blatt über den Bleistift und schneide mit dem Skalpell sehr flach über die Blattoberfläche. Überführe die dünnen Schnitte mit einem Pinsel in einen Wassertropfen auf einem Objektträger. Lege ein Deckgläschen auf und mikroskopiere.
Bestreiche die Blattfläche dünn mit klarem Nagellack oder Flüssigklebstoff. Ziehe das nach dem Aushärten entstandene Häutchen mit der Pinzette ab und mikroskopiere es wie die Schnittpräparate.

2) *Fertige von der Ober- und Unterseite verschiedener Blätter Präparate an, zeichne die verschiedenen Zelltypen und beschrifte sie!*

Zupf- und Quetschpräparate

Material: *Objektträger, Deckgläschen, Pinzette, zwei Präpariernadeln, Skalpell, kleine Petrischale, Pipette, Bleistift, 0,9%ige Kochsalzlösung, Karminessigsäure, Mikroskop, ein kleines Stück Rindfleisch, ein Stück Leber*

Durchführung:

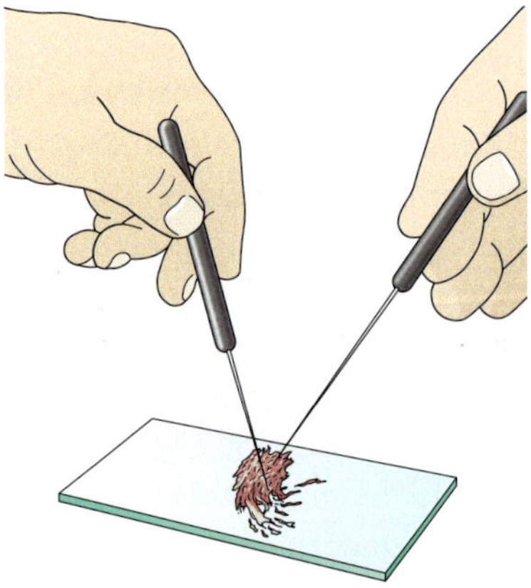

Lege ein kleines Stück Rindfleisch in einen Tropfen Kochsalzlösung auf einen Objektträger und zerzupfe es mit den Präpariernadeln möglichst fein. Lege ein Deckgläschen auf und mikroskopiere.
Zerschneide ein Stückchen Leber in einer Petrischale mit dem Skalpell, bis ein rotbrauner Brei entsteht. Gib einen kleinen Tropfen dieses Breis in einen Tropfen Karminessigsäure auf einem Objektträger. Lege ein Deckgläschen auf, quetsche es vorsichtig mit dem stumpfen Ende des Bleistifts und mikroskopiere.

3) *Zeichne Muskelfasern und einzelne Leberzellen und beschrifte sie!*

Material A ▸ Regeneration von Geweben

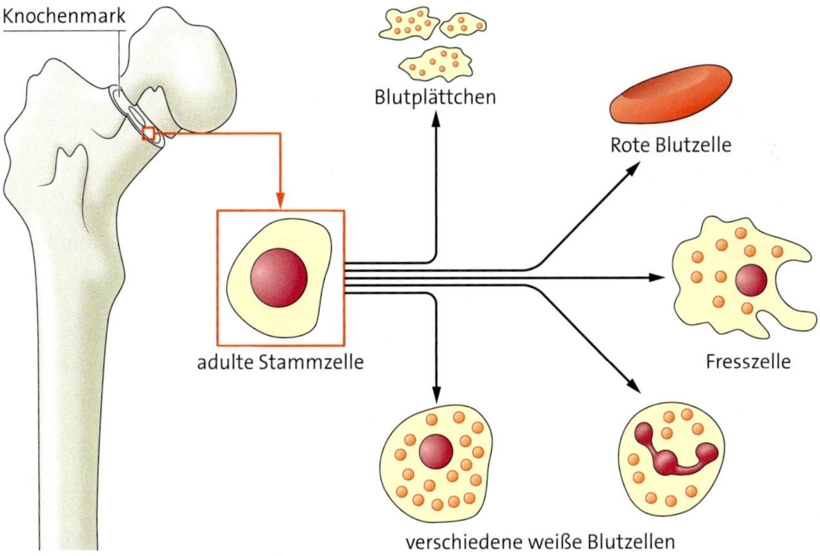

Auch im Körper eines Erwachsenen findet bei der Erneuerung von Geweben, der Regeneration, ständig eine Zelldifferenzierung statt.

A1 Beschreibe die in der Abbildung dargestellte Regeneration von Blut!

A2 Erkläre, weshalb die adulten Stammzellen des Knochenmarks trotz ständiger Bildung von Blutzellen nicht aufgebraucht werden!

A3 Nimm Stellung zu der Aussage: „Dein Körper ist heute ein anderer als morgen!"

Material B ▸ Historische Experimente

Versuch 1

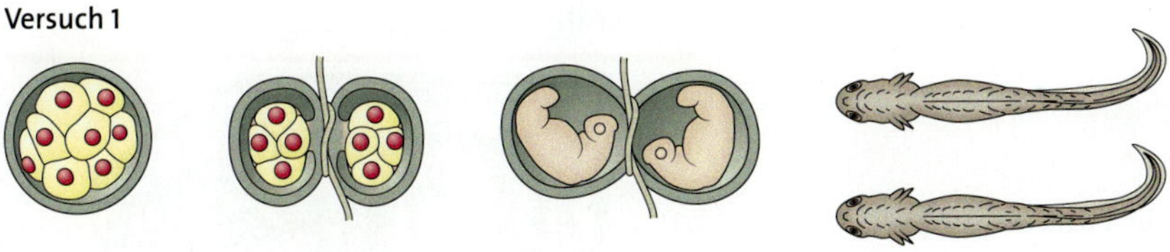

Versuch 2

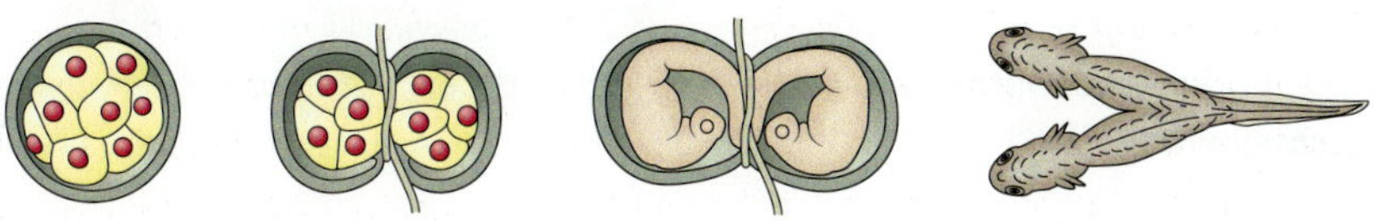

Versuch 3

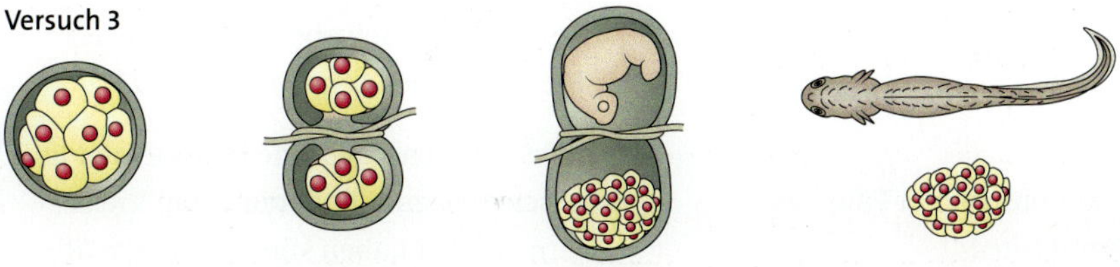

Zwischen 1897 und 1904 führte der Zoologe Hans SPEMANN Schnürversuche mit feinen Haarschlingen an Molchkeimen durch, die wichtige Erkenntnisse über die Zelldifferenzierung bei Wirbeltieren erbrachten.

B1 Beschreibe, welche Vorgänge abgelaufen sein müssen, damit das in der Abbildung als erstes Entwicklungsstadium abgebildete Achtzellstadium entstehen konnte!

B2 Beschreibe die Versuche 1 bis 3!

B3 Erkläre die Versuche 1 und 2!

B4 Stelle Vermutungen an, weshalb die Versuche 1 und 3 zu unterschiedlichen Ergebnissen führten!

A ▸ Feinstruktur der Zelle

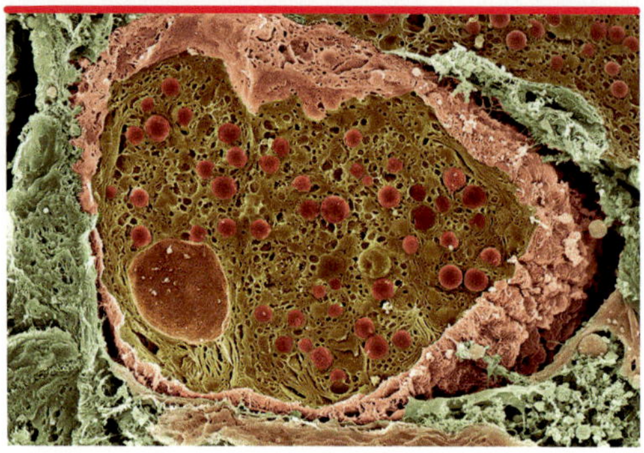

Kann ich …

1 die Vorteile von drei verschiedenen Mikroskoptypen nennen? *(Seite 12)*

2 eine Schemazeichnung einer Tierzelle anfertigen? *(Seite 12 und 13)*

3 die Zusammensetzung des Cytoplasmas beschreiben? *(Seite 12)*

4 die Funktion von Membranen einer Zelle beschreiben? *(Seite 12)*

5 die Organellen der Tierzelle nennen? *(Seite 12)*

6 den Bau und die Funktion des Zellkerns beschreiben? *(Seite 12 und 13)*

7 den Bau und die Funktion des Endoplasmatischen Retikulums, des Golgi-Apparats und der Vesikel beschreiben? *(Seite 13)*

8 den Bau und die Funktion eines Mitochondriums beschreiben? *(Seite 13)*

9 die Summengleichung der Zellatmung nennen? *(Seite 13)*

10 erklären, was man unter dem Stoffwechsel einer Zelle versteht? *(Seite 13)*

11 Gemeinsamkeiten und Unterschiede von Tier- und Pflanzenzelle nennen? *(Seite 13 und 14)*

12 eine Schemazeichnung einer Pflanzenzelle anfertigen? *(Seite 14)*

13 beschreiben, wie eine Pflanzenzelle ihre Stabilität erhält? *(Seite 14)*

14 den Vorgang der Fotosynthese beschreiben? *(Seite 14)*

15 die Summengleichung der Fotosynthese nennen? *(Seite 14)*

16 am Beispiel der Fotosynthese die in einer Pflanzenzelle ablaufende Energieumwandlung erläutern? *(Seite 14)*

17 die Summengleichung der Zellatmung mit der der Fotosynthese vergleichen? *(Seite 13 und 14)*

18 Organellen nennen, die eine doppelte Membran haben? *(Seite 14)*

19 das Prinzip der Oberflächenvergrößerung am Beispiel eines Organells erklären? *(Seite 13 und 14)*

B ▸ Zellen, Gewebe, Organe

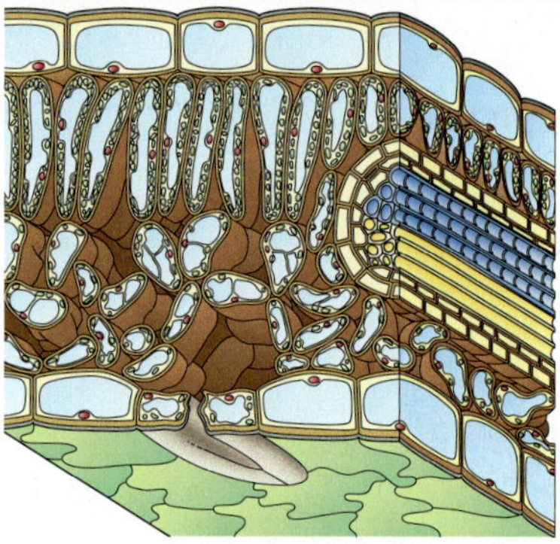

Kann ich …

1 die Kennzeichen von Geweben und Organen beschreiben? *(Seite 16 und 17)*

2 die vier Grundgewebetypen des Menschen beschreiben? *(Seite 16 und 17)*

3 Beispiele für Gewebe und Organe des Menschen nennen? *(Seite 16 und 17)*

4 die Stadien nennen, die im Laufe der Erdgeschichte zur Entstehung von Vielzellern geführt haben könnten? *(Seite 18)*

5 begründen, weshalb die Haut des Menschen ein Organ ist? *(Seite 17)*

6 begründen, weshalb man die Wimperkugel Volvox als Vielzeller bezeichnet? *(Seite 18)*

7 begründen, weshalb bestimmte Arten heute lebender Algen lediglich als Modell für die Entwicklung vom Einzeller zum Vielzeller dienen können? *(Seite 18)*

C ▸ Mitose und Zellteilung

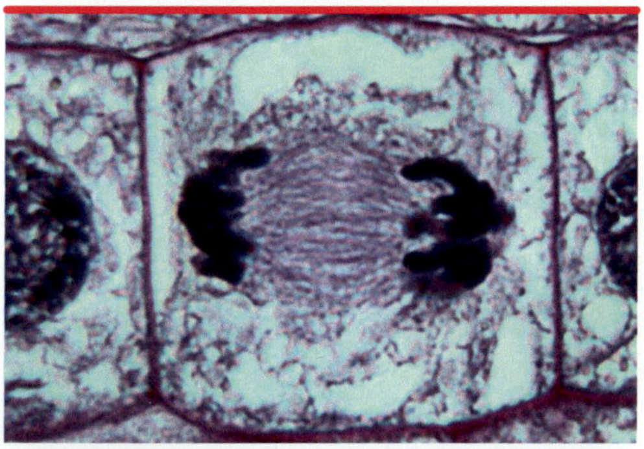

Kann ich ...

1 beschreiben, in welcher Form die Erbinformation in einer Zelle vorliegt? *(Seite 20)*

2 die Bedeutung der Erbinformation für die Bildung neuer Zellen beschreiben? *(Seite 20)*

3 begründen, weshalb die befruchtete Eizelle des Menschen zwei Chromosomensätze hat? *(Seite 20)*

4 begründen, wie es dazu kommt, dass jede Zelle eines Menschen dieselbe Anzahl an Chromosomen hat? *(Seite 20)*

5 die Phasen der Mitose in der richtigen Reihenfolge nennen? *(Seite 21)*

6 den Unterschied von Ein-Chromatid-Chromosomen und Zwei-Chromatiden-Chromosomen beschreiben? *(Seite 21)*

7 beschreiben, was homologe Chromosomen sind? *(Seite 20)*

8 die Phasen der Mitose beschreiben? *(Seite 20 und 21)*

9 Bau und Funktion der Chromosomen in der Interphase beschreiben? *(Seite 21)*

10 begründen, weshalb die Chromosomen während der Mitose einen anderen Bau haben als während der Interphase? *(Seite 21)*

11 erklären, was man unter Zelldifferenzierung versteht? *(Seite 24)*

12 Zellwachstum und Zelldifferenzierung bei Pflanzenzellen beschreiben? *(Seite 25)*

13 die frühe Embryonalentwicklung des Menschen, beginnend mit der befruchteten Eizelle, beschreiben? *(Seite 25)*

14 die Kennzeichen und die Funktion von embryonalen und adulten Stammzellen erläutern? *(Seite 25)*

15 beschreiben, wie mikroskopische Präparate von Mitosestadien hergestellt werden können? *(Seite 22)*

16 die Herstellung von drei verschiedenen Arten von mikroskopischen Zellpräparaten beschreiben? *(Seite 26)*

Kann ich aus dem Kapitel „Zelluläre Organisation der Lebewesen" Beispiele erläutern für das biologische Prinzip:

- Energieumwandlung?
- Struktur und Funktion?
- zelluläre Organisation?
- Reproduktion?
- Information und Kommunikation?

Sinne, Nerven und Hormone

In diesem Kapitel beschäftigst du dich mit

- dem Bau und der Funktion des menschlichen Auges. Dabei lernst du, welche Aufgaben die verschiedenen Strukturen des Auges haben. Außerdem erfährst du, welche Bedeutung das Gehirn bei der Wahrnehmung von Farben, Bildern und Bewegungen hat.
- dem Bau und der Funktion des menschlichen Ohrs. Hierbei erfährst du, welche Aufgaben das Außen-, Mittel- und Innenohr haben. Du lernst auch etwas über den Gleichgewichts-, Dreh- und Lagesinn.

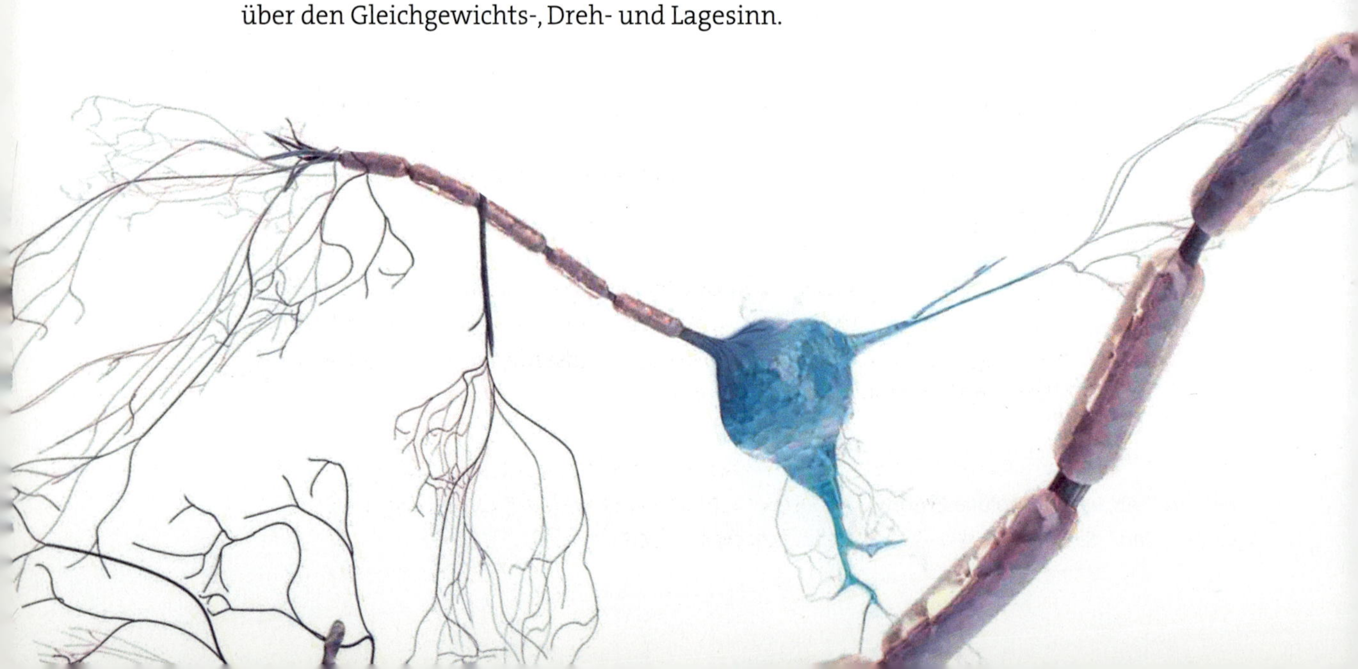

- dem Bau und der Funktion der Haut als Sinnesorgan des Menschen.
- Sinnesleistungen im Tierreich. Du lernst Beispiele für besondere Sinne bei Tieren kennen.
- dem zentralen und dem peripheren Nervensystem. Du befasst dich mit einer Nervenzelle, der Weiterleitung von Erregungen und der Verarbeitung von Erregungen im Rückenmark und Gehirn. Außerdem erfährst du, welche Bedeutung das Gehirn beim Lernen spielt.
- dem Hormonsystem des Menschen. Hier lernst du die Funktion von Hormonen kennen, wie sie reguliert werden und welche Bedeutung sie bei Mann und Frau sowie in Stresssituationen haben.

01 Livekonzert

Der Körper nimmt viele Reize wahr

Ein Livekonzert kann sehr aufregend sein. Der Körper ist dabei ununterbrochen vielen verschiedenen Einflüssen ausgesetzt. Wie kann er sie wahrnehmen?

REIZE · Bereits auf dem Weg zu einem Livekonzert ist die Vorfreude auf die Lieblingsband groß. Schon vor Betreten des Konzertsaals wirken auf den Körper unterschiedliche Einflüsse ein. In der Warteschlange, umringt von vielen Besuchern, ist der Körper sehr vielen verschiedenen Geräuschen, Gesprächen, Geruchsstoffen und Berührungen ausgesetzt.
Die ersten Blicke auf die Bühnengestaltung bei Betreten des Konzertsaals sind verbunden mit der Platzsuche, um eine gute Sicht auf die Bühne zu haben. Wenn immer mehr Fans in den Saal strömen, wird das Gedränge zwischen den Besuchern größer. Sie werden aneinandergedrückt und die Temperatur im Konzertsaal steigt. Bei einem Livekonzert wird nicht nur Musik gespielt. Auch Nebeleffekte, Lichtscheinwerfer mit verschiedenen Farben und Spezialeffekte werden eingesetzt. Dies führt zusammen mit der Bühnenperformance der Künstler zu einer facettenreichen Gesamtdarbietung. Der Besucher muss also ununterbrochen mit einer großen Fülle unterschiedlicher Einflüsse aus der nahen und fernen Umgebung zurechtkommen. Jeder Einfluss aus der Umwelt, der eine Wirkung auf den Körper hat, wird als **Reiz** bezeichnet.
Reize können sehr verschieden sein. Man teilt sie in chemische, physikalische und mechanische Reize ein. So sind Geräusche, Töne, Licht und Temperatur *physikalische Reize*. Geruchsstoffe und Geschmacksstoffe hingegen werden als *chemische Reize* bezeichnet. Druck, der zum Beispiel bei einer Berührung entsteht, stellt einen *mechanischen Reiz* dar.
Wie aber nimmt der Körper die Reize auf?

02 Sinne und Sinnesorgane des Menschen

SINNE · Der Mensch hat verschiedene Organe, mit denen er Reize aufnehmen kann. Die Fähigkeit unseres Körpers, einen Reiz aufzunehmen, wird als ein **Sinn** bezeichnet. Der Körper des Menschen verfügt über mehrere Sinne: *Gehörsinn, Sehsinn, Geruchssinn, Geschmackssinn, Tastsinn, Temperatursinn* und *Gleichgewichtssinn.*

Reize werden über besondere Organe, die **Sinnesorgane,** aus der Umwelt aufgenommen. Sie sind auf bestimmte Reize spezialisiert. Das Auge zum Beispiel ist nur für Lichtstrahlen empfindlich, nicht aber für Geruchsstoffe oder Schallwellen.

Der Mensch verfügt über Sinnesorgane wie *Haut, Ohren, Augen, Nase* und *Zunge.*

Ein Sinnesorgan besitzt spezialisierte *Rezeptoren*, die **Sinneszellen.** Diese spezialisierten Zellen empfangen Reize. Sie sind jeweils nur für einen bestimmten Reiz empfindlich. So haben auf die Lichtsinneszellen des Auges nur Lichtstrahlen eine Wirkung, nicht aber zum Beispiel Geschmacksstoffe.

Passt der Reiz zu einer Sinneszelle, kann diese ihn aufnehmen. Er muss *adäquat* sein. Schallwellen sind beispielsweise adäquate Reize für die Sinneszellen der Ohren. Geruchsstoffe hingegen werden nur von den Sinneszellen der Nase aufgenommen. Geschmacksstoffe wiederum sind adäquate Reize für die Sinneszellen der Zunge. Die Haut, unser größtes Sinnesorgan, besitzt mehrere verschiedene Sinneszellen und kann deshalb unterschiedliche Reize aufnehmen. Wärme- und Kältesinneszellen in der Haut sind empfindlich für die Temperatur, die Tastsinneszellen hingegen für Druck wie Berührungen.

Die Sinnesorgane des Gleichgewichtssinns liegen im Innenohr. Sie sind zuständig für Reize, die sich je nach Bewegung und Lage des Körpers verändern.

lateinisch aequus = angemessen

lateinisch recipere = empfangen

1 Beschreibe den Unterschied zwischen einem Sinn und einer Sinneszelle!

2 Erkläre, was man unter einem adäquaten Reiz versteht!

WAHRNEHMUNG · Um die aufgenommenen Reize als Informationen aus der Umwelt wahrnehmen zu können, müssen diese verarbeitet werden. Die Sinneszellen wandeln die Reize, für die sie empfindlich sind, in elektrische Signale um. Hierbei wird auch berücksichtigt, welche Eigenschaften und Stärke ein Reiz hat. Bei einem Konzert werden so zum Beispiel verschieden hohe Töne und verschieden laute Musik, die in Form von Schallwellen auf das Ohr treffen, aufgenommen und in ein jeweils anderes Muster von elektrischen Signalen umgewandelt. Diese werden dann als *Erregung* über den Hörnerv zum Gehirn geleitet.

Im Gehirn gibt es spezifische Bereiche, in denen die Nervenbahnen jeweils münden. Jedes Sinnesorgan hat seinen eigenen Weg zu dem für ihn zuständigen Bereich im Gehirn. So werden Lichtreize, die wir mit den Augen aufnehmen, als elektrische Erregung über den Sehnerv zum Sehzentrum im hinteren Bereich des Großhirns weitergeleitet. Dort wird die eingetroffene Erregung verarbeitet, sodass wir Formen, Farben und Bewegungen wahrnehmen.

Für die **Wahrnehmung** der Umwelt müssen also Sinnesorgane, Nerven und Gehirn zusammenarbeiten. Die Sinnesorgane wandeln Reize in Erregung um, die Nerven leiten die Erregung weiter und das Gehirn verarbeitet und speichert sie.

Wenn man ein Lied zum ersten Mal hört, nimmt man Töne wahr, erkennt das Lied aber nicht. Erst beim zweiten Hören kann ein Mensch die bereits einmal gehörte und gespeicherte Melodie wiedererkennen. Wahrnehmen und Erkennen sind Leistungen des Gehirns.

Das Gehirn filtert aus den von den Sinnesorganen kommenden Signalen die weniger wichtigen heraus. Daher nehmen wir immer nur einen Ausschnitt aus unserer Umwelt wahr. Einige Eigenschaften unserer Umwelt können wir gar nicht wahrnehmen. Wir haben zum Beispiel keine Sinnesorgane für Magnetfelder oder UV-Strahlen. Um uns herum sind immer Magnetfelder, wir können sie aber nicht bemerken.

3 Stelle in einem Pfeildiagramm den Weg von einem Reiz bis zur Wahrnehmung dar!

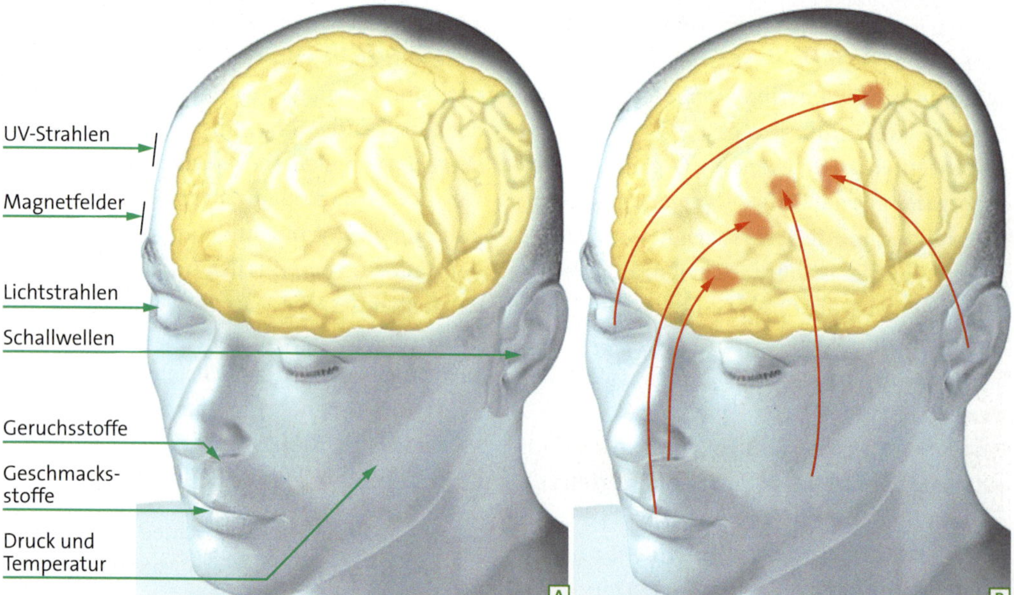

03 Reizaufnahme und Wahrnehmung: **A** Aufnahme und Umwandlung von Reizen in Erregung, **B** Weiterleitung der Erregung und Wahrnehmung

Material A ▸ Reize und Sinnesorgane

A1 Beschreibe die Situation der Personen!

A2 Nenne die Reize, die auf die Personen einwirken!

A3 Begründe, welche Sinnesorgane besonders aktiv sind!

Material B ▸ Wahrnehmung

B1 Erstelle mithilfe der vorgegebenen Begriffe ein Pfeildiagramm, das deutlich macht, wie Reize aus der Umwelt wahrgenommen werden!

B2 Ergänze das erstellte Pfeildiagramm durch mindestens vier Fachbegriffe!

B3 Beschreibe das biologische Prinzip *Energieumwandlung* bei der Wahrnehmung von Licht!

01 Augen

Das Auge

Wenn man seine Augen im Spiegel betrachtet, sieht man nur einen kleinen Ausschnitt von ihnen. Ein sehr viel größerer Teil der Augen liegt geschützt in der Augenhöhle. Wie ist das menschliche Auge gebaut und wie funktioniert dieses Sinnesorgan?

BAU UND FUNKTION DES AUGES · Von außen sind nur wenige Bereiche des kugelförmigen Auges hinter den schützenden *Augenlidern* sichtbar. Eine zähe weiße Außenhaut, die **Lederhaut,** verleiht dem Auge seine Festigkeit. An der Lederhaut setzen Muskeln an, die das Auge bewegen. Im vorderen Bereich ist die Lederhaut durchsichtig. Diese etwa einen halben Millimeter dicke Haut heißt **Hornhaut.** Fällt Licht auf das Auge, wird es durch die Hornhaut ein erstes Mal gebrochen und durchdringt anschließend die dahinterliegende, mit Flüssigkeit gefüllte **Augenkammer.** Die darauffolgende kreisförmige, farbige *Regenbogenhaut,* die **Iris,** hat in der Mitte eine Öffnung, die **Pupille.** Sie ist von außen als schwarzer Kreis sichtbar. Mithilfe der Muskeln der Iris wird die Weite der Pupille reguliert. Bei viel Licht wird die Pupille eng. Die Anpassung der Augen an die Lichtverhältnisse nennt man **Adaptation.**

Hinter der Pupille trifft das Licht auf die durchsichtige **Linse.** Sie ist elastisch und über Linsenbänder an einem **Ringmuskel** befestigt. Das Licht wird durch die Linse ein zweites Mal gebrochen und durchdringt anschließend den gelartigen, durchsichtigen **Glaskörper.** Dieser füllt nahezu den gesamten Innenraum des Auges aus. Er besteht fast ausschließlich aus Wasser und verleiht dem Auge zusätzlich Stabilität. Das Licht trifft schließlich am hinteren Ende des Auges auf die **Netzhaut,** auch *Retina* genannt. Dort liegen lichtempfindliche Zellen, die **Lichtsinneszellen.** Die hinter der Netzhaut liegende Pigmentschicht kann das Licht nicht durchdringen. Zwischen dieser **Pigmentschicht** und der Lederhaut befindet sich eine gut durchblutete Schicht, die **Aderhaut.**

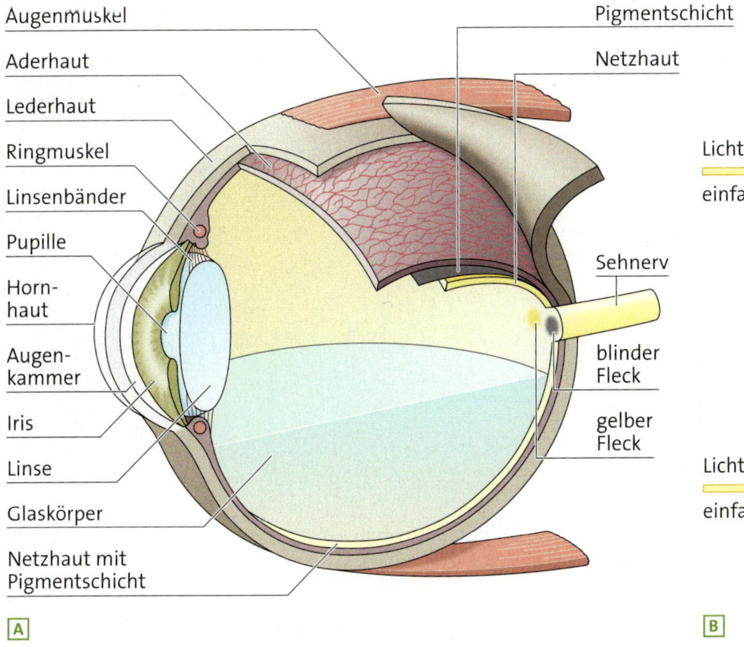

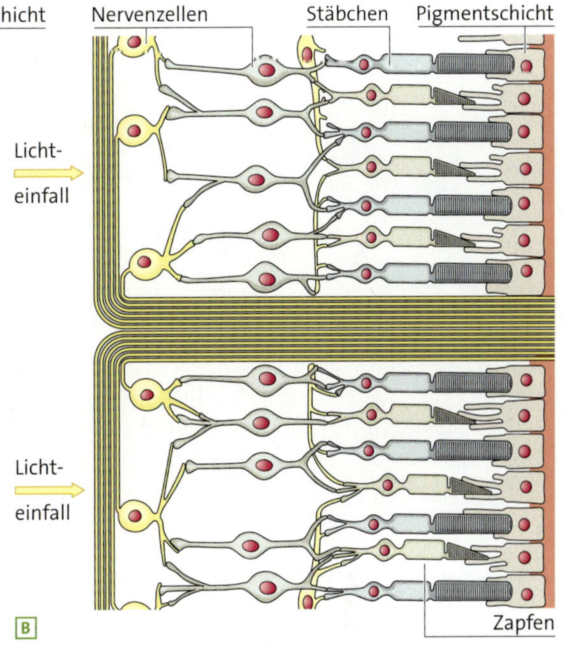

02 A Auge (Schema)
B Ausschnitt Netzhaut (Schema)

BAU UND FUNKTION DER NETZHAUT · Bevor die Lichtstrahlen auf die Netzhaut treffen, durchdringen sie viele Nervenfasern. Das sind lange Ausläufer von Nervenzellen, welche mit weiteren Nervenzellen stark vernetzt sind. Sie stehen in Verbindung mit den dahinterliegenden lichtempfindlichen Zellen, den **Lichtsinneszellen.** Diese ragen in die lichtundurchlässige Pigmentschicht hinein.

Aufgrund ihres Baus und ihrer Funktion unterscheidet man zwei verschiedene Grundtypen von Lichtsinneszellen. Die länglichen, dünnen **Stäbchen** sind für das Hell-Dunkel-Sehen verantwortlich. In der Netzhaut befinden sich etwa 120 Millionen Stäbchen, die bereits bei geringer Lichtintensität die Unterscheidung verschiedener Grautöne ermöglichen. Die etwas dickeren und kürzeren Lichtsinneszellen, die **Zapfen,** sind für das Farbensehen notwendig. Von ihnen gibt es etwa 6 Millionen. Während es nur einen Stäbchentyp gibt, unterscheidet man drei verschiedene Zapfentypen, die auf unterschiedliche Wellenlängen des Lichts reagieren. Es gibt grün-, rot- und blauempfindliche Zapfen. Grünempfindliche Zapfen reagieren vor allem auf den Grünanteil des Lichts. Ein adäquater Reiz für die rotempfindlichen Zapfen ist vor allem der Rotanteil im Licht und für die blauempfindlichen der Blauanteil. Im mikroskopischen Bild erkennt man, dass alle Lichtsinneszellen die gleiche Farbe haben. Trifft Licht der entsprechenden Wellenlänge auf eine Lichtsinneszelle, zerfällt der jeweils enthaltene lichtempfindliche Farbstoff, der **Sehfarbstoff.** Dabei wird Lichtenergie in elektrische Energie umgewandelt. Die Lichtsinneszellen geben sie als Signale in Form von elektrischen Impulsen an die Nervenzellen weiter. Danach werden sie über die Nervenfasern weitergeleitet. Diese treten gemeinsam als **Sehnerv** aus dem Auge aus. An der Austrittsstelle sind nur Nervenfasern, aber keine Lichtsinneszellen vorhanden. Man bezeichnet diesen Bereich als **blinden Fleck.** Der Bereich der Netzhaut, in dem ausschließlich Zapfen dicht beieinanderliegen, ist die Stelle des schärfsten Sehens, der **gelbe Fleck.** Über den Sehnerv gelangen die Signale ins Sehzentrum des Gehirns, wo sie verrechnet und als Formen und Farben wahrgenommen werden.

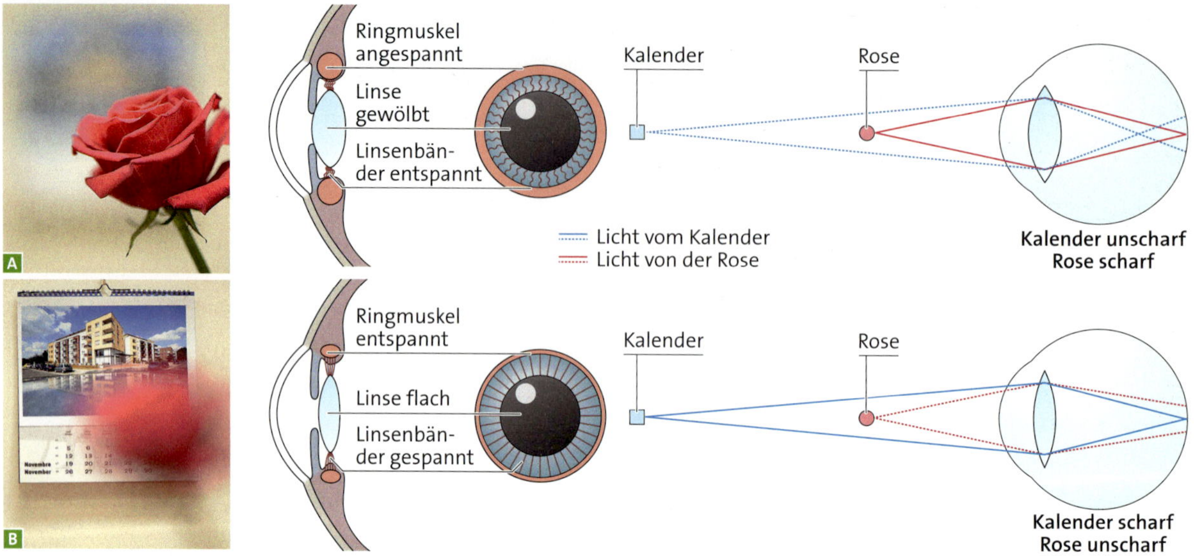

03 Anpassung des Auges an unterschiedlich weit entfernte Gegenstände: **A** Nahakkommodation, **B** Fernakkommodation

BILDENTSTEHUNG · Wenn man gleichzeitig eine nahe Rose und einen weiter entfernten Kalender betrachtet, kann man nur einen der beiden Gegenstände scharf sehen. Das Auge muss sich entweder auf den nahen oder den fernen Gegenstand einstellen. Diese Anpassung wird als **Akkommodation** bezeichnet. Welche Vorgänge laufen dabei im Auge ab?

Jeder Gegenstand reflektiert einen Teil des Lichts. Dabei gehen von jedem Punkt des Gegenstands viele Lichtstrahlen aus. Damit ein scharfes Bild dieses Punkts auf der Netzhaut entsteht, müssen sich alle seine Lichtstrahlen auch in einem Punkt auf der Netzhaut wiedertreffen. Vor allem die Hornhaut und die Linse sind dafür verantwortlich, dass das Licht gebrochen wird und punktgenau auf die Netzhaut fällt. Geschieht dies nicht, wird der Gegenstand unscharf abgebildet.

Die Linse ist ringsherum über die Linsenbänder mit dem Ringmuskel verbunden. Da die Linse nicht starr, sondern elastisch ist, kann ihre Form durch das Zusammenspiel von Linsenbändern und Ringmuskel verändert werden.

Wenn ein naher Gegenstand, zum Beispiel eine Rose, als scharfes Bild auf der Netzhaut abgebildet werden soll, dann müssen seine Lichtstrahlen stark gebrochen werden. Hierzu wird der Ringmuskel angespannt, dadurch wird er dicker und sein Abstand zur Linse geringer. Dies führt dazu, dass sich die Linsenbänder entspannen und weniger Zug auf die Linse ausüben. Durch ihre Eigenelastizität wölbt sie sich stärker, wodurch das Licht stärker gebrochen wird. Das Auge ist so auf nahe Gegenstände eingestellt, weit entfernte Gegenstände werden unscharf abgebildet. Dieser Vorgang wird als **Nahakkommodation** bezeichnet.

Um einen weit entfernten Kalender auf der Netzhaut scharf abzubilden, entspannt sich der Ringmuskel. Dadurch wird er dünner und sein Abstand zur Linse größer. So wird starker Zug auf alle Linsenbänder ausgeübt. Dies führt dazu, dass die Linse flacher gezogen wird und das einfallende Licht nicht so stark bricht. Dieser Vorgang wird als **Fernakkommodation** bezeichnet. Treffen alle Lichtstrahlen von allen Punkten eines Gegenstands genau auf die Netzhaut, so wird dieser Gegenstand durch die Lichtbrechung verkleinert, seitenverkehrt und auf dem Kopf stehend auf der Netzhaut abgebildet. Erst das Gehirn verarbeitet die Signale zu einem korrekten Bild.

Material A ▸ Pupille

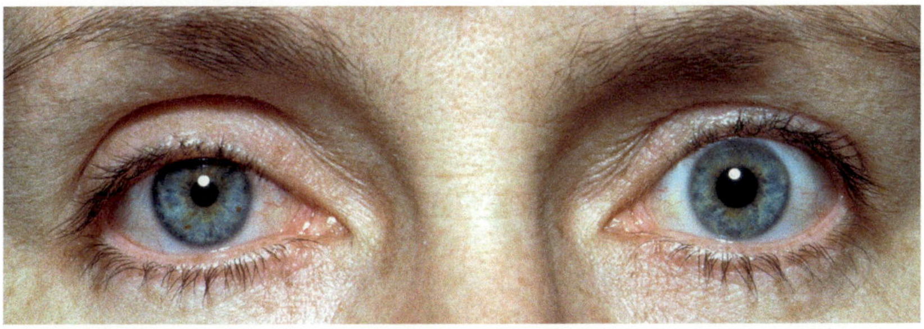

Die Pupille des linken Auges wurde für eine Augenuntersuchung durch ein Medikament erweitert. Das ist unabhängig von den Lichtverhältnissen möglich.

A1 Begründe, weshalb es sinnvoll ist, nach der Untersuchung eine Sonnenbrille zu tragen!

A2 Vergleiche das Bild mit dem Zustand der Augen bei der Durchfahrt durch einen Tunnel!

A3 Stelle eine Hypothese auf, wie die Veränderung der Pupille ausgelöst wird!

Material B ▸ Bildentstehung

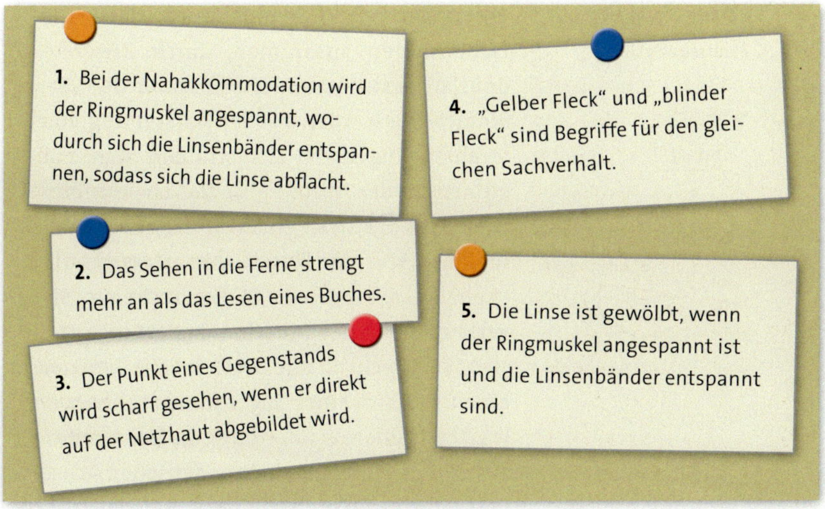

B1 Begründe, welche Aussagen falsch sind!

B2 Formuliere die falschen Aussagen in einem Satz fachlich korrekt um!

B3 Beschreibe am Beispiel der Netzhaut das biologische Prinzip *Struktur und Funktion!*

Material C ▸ Lichtsinneszellen

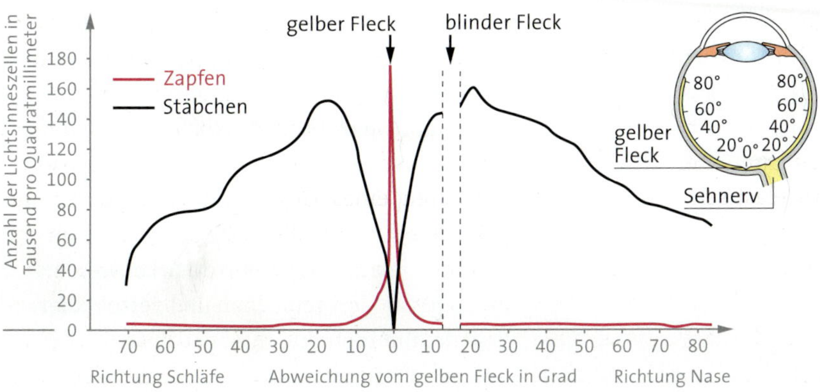

C1 Beschreibe die Verteilung der Stäbchen und Zapfen in der Netzhaut!

C2 Stelle eine Hypothese auf, die die unterschiedliche Verteilung von Stäbchen und Zapfen erklärt!

IM BLICKPUNKT PHYSIK

Strahlengänge

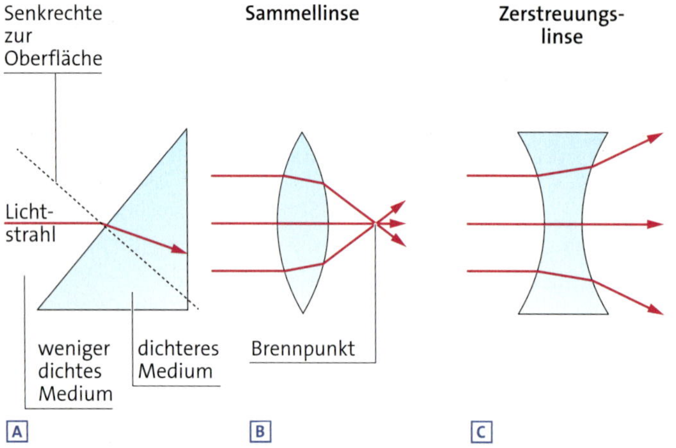

01 Lichtbrechung an: **A** Medium, **B** Sammellinse, **C** Zerstreuungslinse

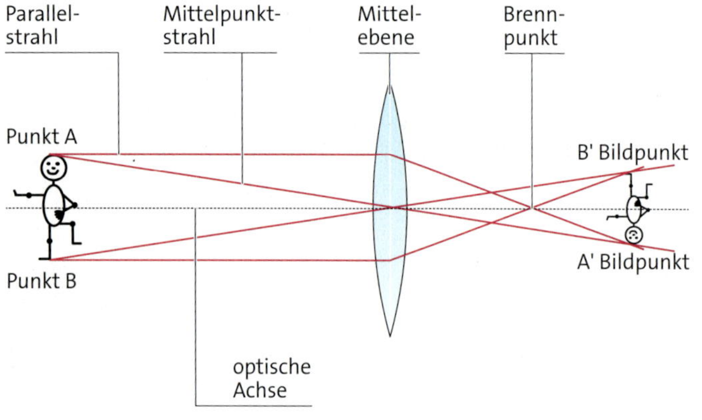

02 Strahlengänge durch eine leicht gekrümmte Sammellinse

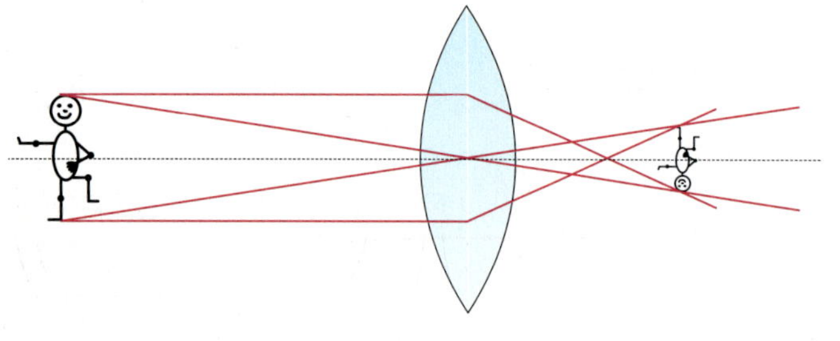

03 Strahlengänge durch eine stark gekrümmte Sammellinse

Das menschliche Auge ist ein Linsensystem, das ein scharfes, auf dem Kopf stehendes und verkleinertes Abbild von einem Gegenstand auf der Netzhaut erzeugt. Wie funktioniert das? Lichtquellen und angestrahlte Gegenstände senden Licht aus, das man sich als Lichtstrahlen vorstellen kann. Trifft ein Lichtstrahl auf ein lichtdurchlässiges Medium mit einer anderen optischen Dichte, beispielsweise eine Linse, dann wird seine Richtung geändert. Das Licht wird gebrochen. Beim Austritt aus der Linse wird der Lichtstrahl erneut gebrochen. *Sammellinsen* führen die Lichtstrahlen zusammen, durch *Zerstreuungslinsen* streben sie auseinander. Zur Vereinfachung werden bei der Darstellung von Strahlengängen die Lichtstrahlen aber nur einmal an der Mittelebene der Linse gebrochen. Um die Strahlengänge bei einer Sammellinse wie der Augenlinse zu verdeutlichen, ist die *optische Achse* hilfreich. Sie verläuft durch den Mittelpunkt der Linse und steht senkrecht zu ihrer Mittelebene. Von nur einem Punkt A eines Gegenstands gehen viele Lichtstrahlen aus, die durch die Linse gebrochen werden. Der parallel zur optischen Achse verlaufende Lichtstrahl wird *Parallelstrahl* genannt. Der Lichtstrahl, der durch den Mittelpunkt der Linse fällt, heißt *Mittelpunktstrahl.* Dort, wo sich alle Lichtstrahlen des Punkts A treffen, entsteht ein Bildpunkt A´. Alle Bildpunkte zusammen stellen den Gegenstand auf dem Kopf stehend, seitenverkehrt und verkleinert dar. Alle Parallelstrahlen des Gegenstands werden so gebrochen, dass sie sich hinter der Linse im *Brennpunkt* auf der optischen Achse treffen. Je stärker die Sammellinse gekrümmt ist, desto stärker werden die Lichtstrahlen gebrochen und desto näher liegt der Brennpunkt hinter der Linse.

Fehlsichtigkeit

Wird das Bild eines Gegenstands nicht scharf auf der Netzhaut abgebildet, spricht man von einer *Fehlsichtigkeit*. Die Ursache hierfür kann in der Größe des Augapfels liegen.

Ist der Augapfel im Vergleich zu einem normalen Auge leicht verkürzt, liegen bei der Betrachtung eines nahen Gegenstands die Bildpunkte trotz maximaler Linsenwölbung hinter der Netzhaut. Auf der Netzhaut entsteht so ein unscharfes Bild. Weit entfernte Gegenstände können hingegen scharf abgebildet werden, da die notwendige Lichtbrechung durch die Linse erreicht werden kann. Man spricht bei dieser Fehlsichtigkeit deshalb auch von **Weitsichtigkeit.** Mit einer Sehhilfe, wie einer Brille oder Kontaktlinsen, kann man die Weitsichtigkeit korrigieren. Hierfür ist eine Sammellinse notwendig, welche die Lichtstrahlen vor der Hornhaut bündelt.

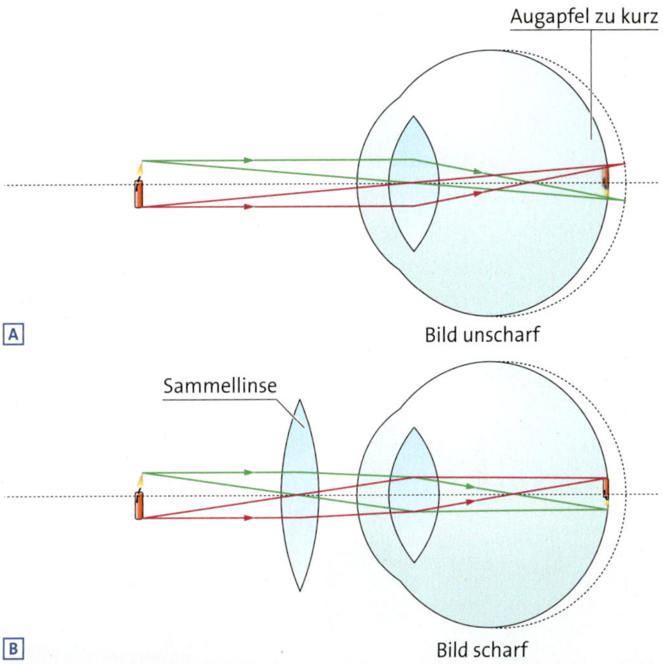

01 Weitsichtigkeit: **A** Ursache, **B** Korrektur

Ist der Augapfel minimal länger als normal, liegen die Bildpunkte eines weit entfernt betrachteten Gegenstands, trotz maximal abgeflachter Linse, vor der Netzhaut. Der Gegenstand erscheint unscharf. Nahe Gegenstände werden hingegen scharf abgebildet, da die für den verlängerten Augapfel notwendige Lichtbrechung gut möglich ist. Da man in die Ferne schlecht, in die Nähe jedoch gut sehen kann, spricht man bei dieser Fehlsichtigkeit von **Kurzsichtigkeit.** Eine Korrektur der Kurzsichtigkeit lässt sich durch eine Zerstreuungslinse erreichen, welche die Lichtstrahlen vor der Hornhaut streut.

Da die Hornhaut wesentlich an der Lichtbrechung beteiligt ist, kann man ihre Brechkraft durch eine Laserbehandlung verringern. Hierdurch wird die Hornhaut dünner. So lässt sich eine Kurzsichtigkeit in bestimmtem Umfang korrigieren.

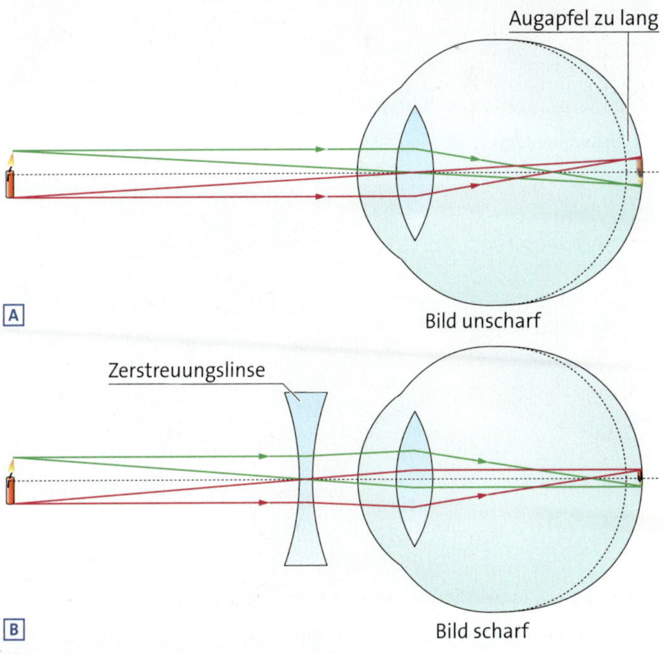

02 Kurzsichtigkeit: **A** Ursache, **B** Korrektur

METHODE

Präparation eines Schweineauges

Material:
Einmalhandschuhe, Schweineauge, Präparierschale, Präparierschere, Pinzette, Skalpell, Zeitungspapier, Augenmodell und Abbildungen des menschlichen Auges

Durchführung:
Beim Präparieren wird das Schweineauge vorsichtig in seine Bestandteile zerlegt. Dabei können anatomische Strukturen genauer untersucht werden. Um Verletzungen zu vermeiden, muss der Umgang mit scharfen und spitzen Arbeitsmaterialien besonders vorsichtig erfolgen. Das Tragen von Einmalhandschuhen ist aus hygienischen Gründen wichtig. Lies dir zunächst jeden einzelnen Arbeitsschritt genau durch und beginne erst dann mit der Durchführung. Dokumentiere die Ergebnisse der einzelnen Arbeitsschritte.

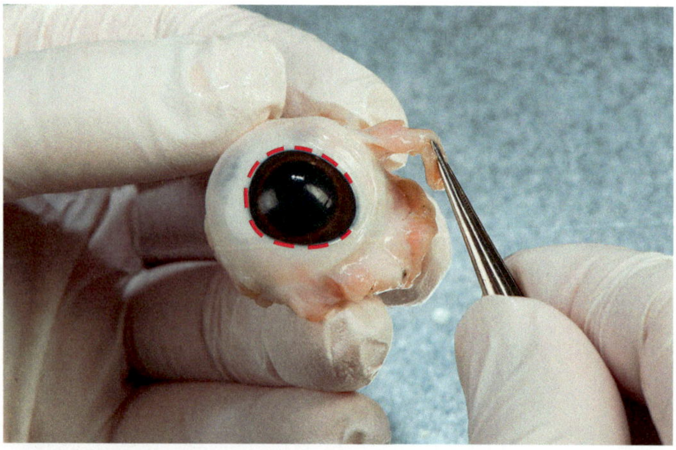
01 Schweineauge

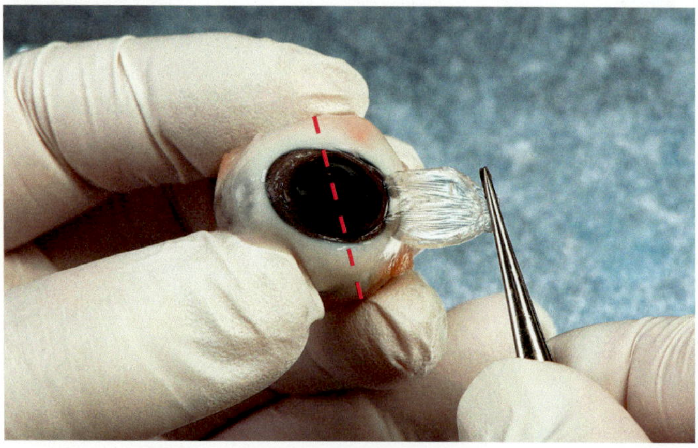
02 Schweineauge mit aufgeklappter Hornhaut

1. *Lege das Schweineauge in die Präparierschale. Betrachte den äußeren Bau und vergleiche ihn mit einem Modell oder einer Abbildung des menschlichen Auges. Identifiziere die Hornhaut, die Lederhaut, die Iris, die Pupille, die Ansätze für die Augenmuskeln und den Sehnerv. Beschreibe die Form und die Festigkeit des Augapfels.*

2. *Halte das Schweineauge mit Daumen und Zeigefinger fest und entferne vorsichtig mit der Pinzette und der Präparierschere das Muskel- und Fettgewebe. Achte darauf, die Lederhaut und den Sehnerv nicht zu beschädigen.*

3. *Öffne am Übergang von der Lederhaut zur Hornhaut das Auge mit einem kleinen Schnitt. Verwende dazu das Skalpell, ohne in das Auge zu stechen. Schneide nun mit der Schere die Hornhaut, wie in Abbildung 01 dargestellt, kreisförmig ab. Achte darauf, dass die Spitze der Schere nicht ins Innere des Auges sticht. Mit den Fingern darf nicht zu viel Druck auf das Auge ausgeübt werden, damit das Innere nicht nach außen gedrückt wird.*

4. *Blicke in das geöffnete Auge und beschreibe alle sichtbaren Strukturen. Nimm das Modell oder eine Abbildung des Auges zu Hilfe.*

5. *Bei der weiteren Präparation wird das Auge in zwei Hälften geteilt. Schneide mit der Schere die Lederhaut kreisförmig auf. Beginne an der bereits geöffneten Seite, wie in Abbildung 02 dargestellt, und führe den Schnitt am Sehnerv vorbei wieder nach vorne. Achte darauf, dass du nicht ins Innere des Auges stichst, da sonst der Glaskörper beschädigt wird.*

6. *Vergleiche die Strukturen des geöffneten Auges mit der Abbildung 03. Identifiziere die Linse, den Glaskörper, die Iris, die Pupille, die Hornhaut, die Lederhaut, die Netzhaut und die Pigmentschicht.*

7. *Übernimm die Dokumentationsvorlage aus Abbildung 04 auf ein Blatt Papier. Lege entsprechende Teile des Auges zur Dokumentation in die freien Flächen und notiere jeweils die Kennzeichen, zum Beispiel die Farbe, die Beschaffenheit und die Besonderheiten. Lege die Linse auf ein Stück Zeitungspapier und ziehe sie mithilfe der Pinzette langsam über die Schrift. Beschreibe deine Beobachtungen. Zur Dokumentation kann auch ein Foto angefertigt werden, da die Bestandteile des Auges nicht aufgehoben werden können.*

8. *Nach der Präparation und Dokumentation werden alle Reste des Auges sachgerecht entsorgt. Die Arbeitsmaterialien und der Arbeitsplatz werden gründlich gereinigt.*

Da ein Schwein ein Säugetier ist, sind viele Organe in Struktur und Funktion denen des Menschen sehr ähnlich. In der Medizin können deshalb die Organe von Schweinen als Forschungshilfen für die Humanmedizin dienen. Das menschliche Auge hat die gleichen Bestandteile wie ein Schweineauge. Auch die Funktionen der Bestandteile sind vergleichbar. Die Präparation eines Schweineauges bringt somit auch Erkenntnisse über das menschliche Auge.

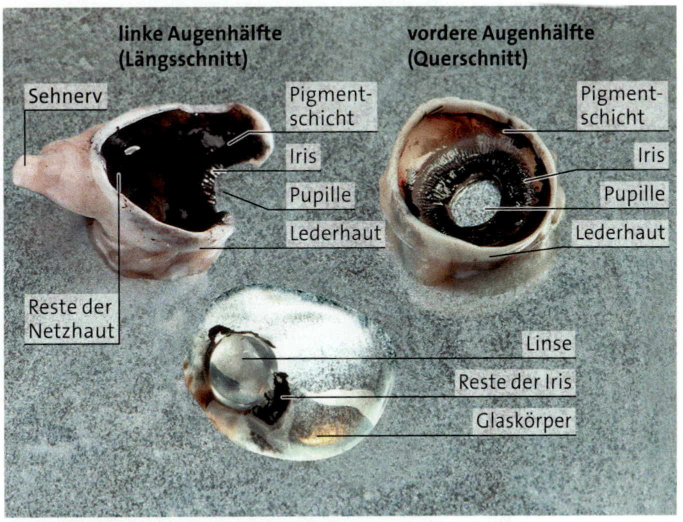

03 Bestandteile des Schweineauges

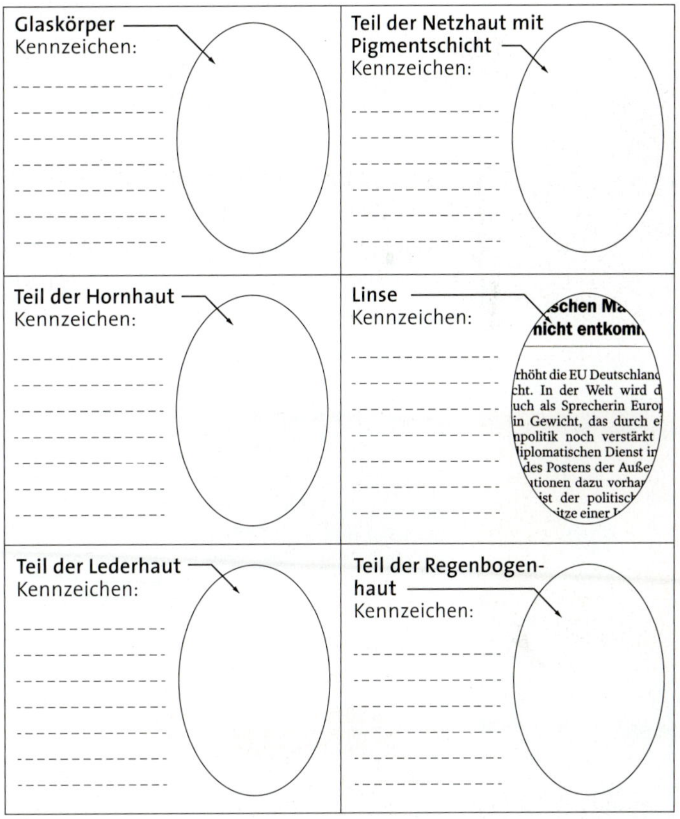

04 Dokumentationsvorlage

01 Fernsehen mit dem Tablet

Sehen – mit Augen und Gehirn

Auf dem Display eines Tablets können bei der Betrachtung eines Fußballspiels Bilder und Bewegungen in sehr vielen verschiedenen Farbtönen gesehen werden. Wie lässt sich erklären, dass wir farbige Bilder und Bewegungen wahrnehmen können?

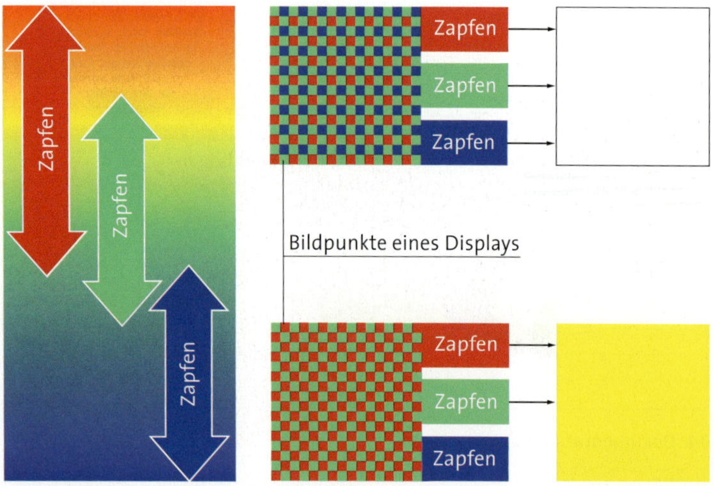

02 Farbwahrnehmung

FARBWAHRNEHMUNG · Farbige Bilder eines Displays setzen sich aus vielen verschiedenen Farbpunkten zusammen. Trifft dieses Licht auf unsere Augen, dann handelt es sich in der Regel um eine Mischung von verschiedenen Wellenlängen des Lichts.

Für das Farbsehen sind drei verschiedene Zapfentypen verantwortlich. Jeder der drei Zapfentypen ist für einen anderen Wellenlängenbereich empfindlich. Trifft rotes, grünes und blaues Licht gemeinsam auf einen Bereich der Netzhaut, dann werden alle drei Zapfentypen gereizt. Die Erregungen dieser Sinneszellen werden über den Sehnerv zum Gehirn weitergeleitet und dort verarbeitet. Dadurch wird das einfallende Licht als Weiß wahrgenommen. Trifft ausschließlich rotes und grünes Licht auf die Netzhaut, werden blauempfindliche Zapfen nicht erregt. Die Farbe Gelb wird wahrgenommen. Da die Erregung von Licht unterschiedlicher Wellenlänge verrechnet wird, spricht man auch von additiver Farbmischung.

Die additive Farbmischung macht die Wahrnehmung vieler verschiedener Farbtöne möglich.

RÄUMLICHES SEHEN · Fixiert man einen Gegenstand, zum Beispiel einen Pokal, einmal mit dem rechten und einmal mit dem linken Auge, so ergeben sich zwei leicht unterschiedliche Bilder des Pokals. Betrachtet man ihn jedoch mit beiden Augen, so verrechnet das Gehirn beide Informationen zu einem einzigen einheitlichen Bild.
Wenn der Betrachter die vorderen Bereiche des Pokals von den hinten liegenden Bereichen unterscheiden kann, dann wird der Pokal als dreidimensionaler Gegenstand wahrgenommen. Ist er zusätzlich in der Lage, seine Entfernung von ihm aus abzuschätzen, so ist auch eine dreidimensionale Wahrnehmung des Raums möglich. Man spricht daher vom räumlichen Sehen. Wenn beide Augen Informationen an das Gehirn liefern, ist die Messung von Entfernungen und damit räumliches Sehen am besten möglich. Mit nur einem Auge ist das räumliche Sehen stark eingeschränkt.

BEWEGUNGEN · Die schnellen Bewegungen eines Torhüters und des Balls bei einem Torschuss können wir als fließende Bewegungen auf dem Display eines Smartphones wahrnehmen. Wie ist das möglich?
Werden weniger als 16 Bilder innerhalb einer Sekunde auf dem Display gezeigt, dann nimmt der Mensch diese Bilder jeweils als ein Einzelbild wahr. Bei mehr als 16 Bildern pro Sekunde kann der Mensch die Einzelbilder nicht mehr einzeln wahrnehmen. Dadurch entsteht der Eindruck, dass die Bilder sich bewegen. Man spricht daher von bewegten Bildern. Sie setzen sich also aus einer schnellen Abfolge von vielen Einzelbildern zusammen. Das Gehirn nimmt die Einzelbilder dann als fließende Bewegung wahr. Die Wahrnehmung von Bewegungen und farbigen Bildern sowie das räumliche Sehen ist nur möglich, wenn die von den Augen aufgenommenen Informationen im Gehirn verarbeitet werden. Wir können nur sehen, wenn die Augen und das Gehirn zusammenarbeiten.

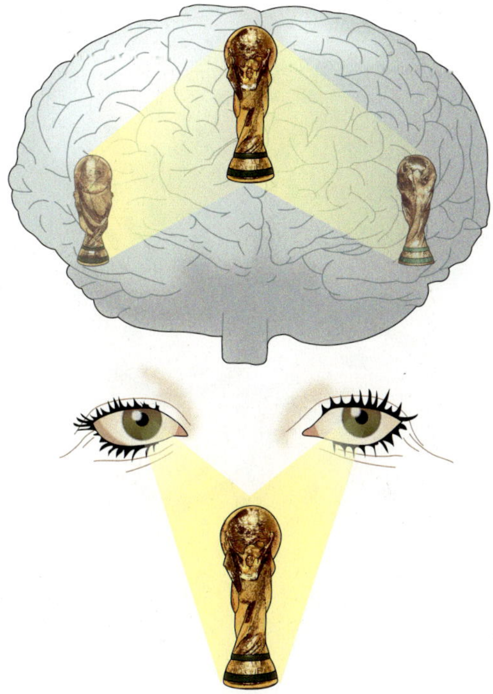

03 Räumliches Sehen

1 Beschreibe die Vorgänge bei einer additiven Farbmischung!

2 Beschreibe, was man unter dem räumlichen Sehen versteht!

04 Bewegungen

A

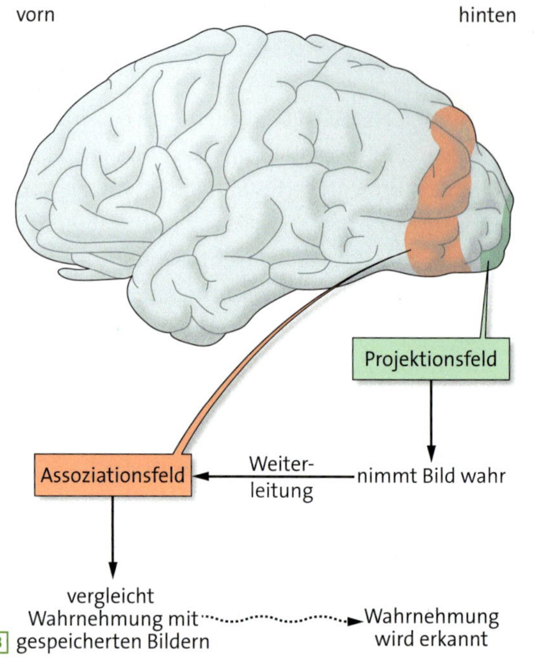

B

05 Wahrnehmung:
A unmögliche Anordnung von Würfeln,
B Projektionsfeld und Assoziationsfeld des Sehens

WAHRNEHMUNG · Würfel können aufeinander oder nebeneinander gelegt werden. In einer Zeichnung kann man Würfel so anordnen, dass der Eindruck erweckt wird, einige würden in der Luft schweben. Es entsteht das Bild eines *unmöglichen Objekts*. Die Art der Linienführung bei der Zeichnung eines solchen dreidimensionalen Objekts auf einer zweidimensionalen Fläche führt dazu, dass das Gehirn angeregt wird, das Objekt räumlich wahrzunehmen.

Die von den Augen aufgenommenen Informationen werden über den Sehnerv in einen speziellen Bereich des Gehirns weitergeleitet. Er ist für die Verrechnung dieser Informationen und das Erstellen eines Bilds verantwortlich. Dieses **Projektionsfeld des Sehens** befindet sich im hinteren Bereich des Großhirns. Hier wird das Bild wahrgenommen.

Die im Projektionsfeld des Sehens erstellten Eindrücke und Bilder werden dann mit bereits im Gehirn gespeicherten Erfahrungen und Bildern verglichen. Diese gespeicherten Informationen befinden sich in einem anderen spezialisierten Bereich des Großhirns, dem **Assoziationsfeld des Sehens.** Wird ein Bild im Projektionsfeld wahrgenommen und stimmt es mit einer gespeicherten Information im Assoziationsfeld überein, dann wird dieses Bild erkannt. Die Wahrnehmung und die Erkennung eines Bilds finden also in zwei verschiedenen Bereichen des Gehirns statt.

Vergleicht man das wahrgenommene Bild der unmöglichen Anordnung von Würfeln mit den Erfahrungen, dass Würfel nur nebeneinander oder aufeinander gelegt werden können, so gibt es keine eindeutige Übereinstimmung beim Abgleich der Informationen. Es kommt zu irreführenden oder falschen Ergebnissen des Verarbeitungsprozesses zwischen dem Projektionsfeld und dem Assoziationsfeld des Sehens im Großhirn. Eine solche Anordnung von Linien und Flächen in räumlichen Bildern scheint nicht möglich zu sein. Der Eindruck eines unmöglichen Objekts entsteht. Solche und ähnliche Phänomene, bei denen im Gehirn falsche, irreführende oder nicht eindeutige Sehwahrnehmungen entstehen, fasst man als **optische Täuschungen** zusammen.

1 Nenne die Aufgaben des Assoziationsfelds!

Material A ▸ Farbwahrnehmung

Die Farben in einem Malkasten nehmen wir unterschiedlich wahr, da jede Farbe einen Teil des Lichtspektrums absorbiert und einen anderen Teil reflektiert. So reflektiert die rote Farbe hauptsächlich rotes Licht, während die grüne Farbe hauptsächlich grünes Licht reflektiert. Der Rest des Lichtspektrums wird jeweils absorbiert. Mischt man Rot mit Grün, so reflektiert die Mischfarbe weniger Licht als die Einzelfarben, gleichzeitig werden mehr Teile des Lichtspektrums absorbiert als jeweils bei den einzelnen Farben. Die Mischfarbe nehmen wir deshalb dunkler wahr als die Einzelfarben. Es werden Wellenlängen des Lichts herausgefiltert. Dies gilt allgemein, wenn man zwei Farben mischt. Man nennt dies **subtraktive Farbmischung.** Diese Farbmischung erfolgt, bevor die Lichtreize auf die Netzhaut eines Auges auftreffen.

A1 Beschreibe die subtraktive Farbmischung am Beispiel der Farben Gelb und Blau!

A2 Beschreibe mithilfe der Vorgänge bei der additiven Farbmischung, wie es zur Wahrnehmung der Farbe Gelb auf einem Display kommt!

A3 Beschreibe Unterschiede zwischen der subtraktiven und der additiven Farbmischung!

Material B ▸ Farbsehvermögen

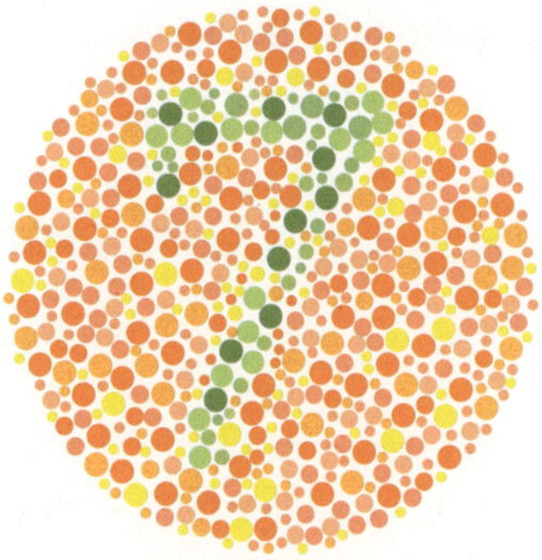

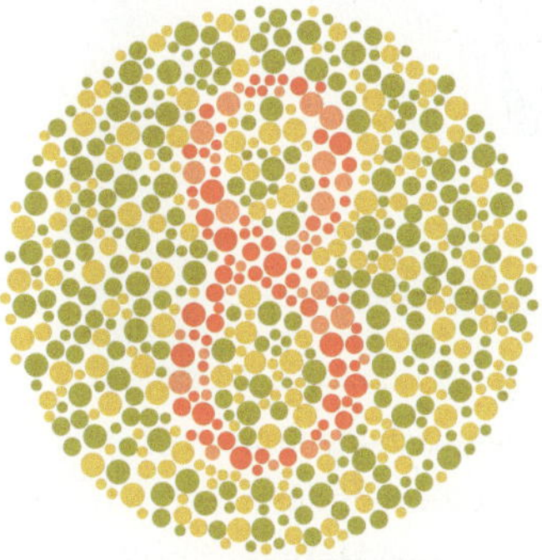

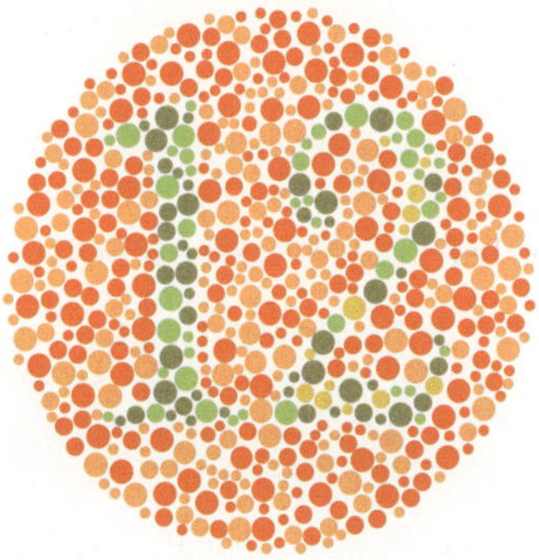

Eine Störung des Farbsehvermögens ist die Rot-Grün-Schwäche. Sie kann mithilfe spezieller Testbilder herausgefunden werden.

B1 Beschreibe die Gemeinsamkeiten der vier Testbilder!

B2 Stelle Vermutungen an, weshalb mithilfe dieser Testbilder eine Rot-Grün-Schwäche erkannt werden kann!

B3 Stelle Vermutungen an, welche Bedeutung die unterschiedliche Farbintensität der Farbabbildungen haben könnte!

B4 Beschreibe das biologische Prinzip *Energieumwandlung* bei der Wahrnehmung von Licht!

VERSUCH C ▸ Augen und Gehirn

Material: Abbildung

Durchführung:
Die Farben der Wörter werden von einer Person zügig nacheinander aufgesagt. Eine zweite Person dokumentiert die Anzahl der Fehler. In einem zweiten Durchlauf werden die Aufgaben getauscht.

C1 Beschreibe die Erfahrungen bei der Durchführung des Versuchs!

C2 Vergleiche die beiden Ergebnisse miteinander!

C3 Interpretiere die Ergebnisse!

VERSUCH D ▸ Sehen mit zwei Augen

Material: Papierblatt DIN A4

Durchführung:

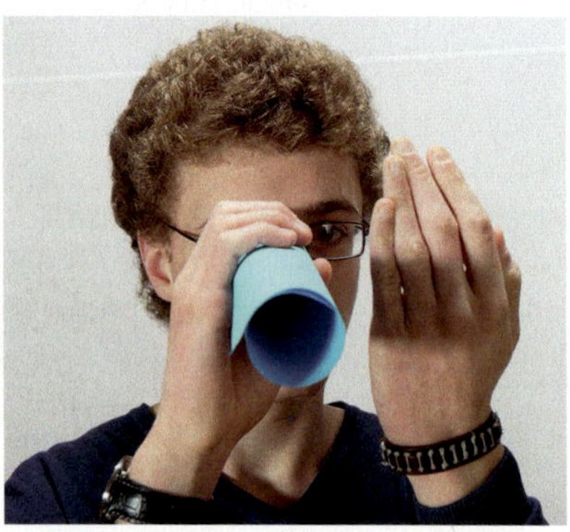

Rolle das Blatt Papier zu einer Röhre und halte sie mit der rechten Hand vor das rechte Auge. Schaue mit dem rechten Auge durch die Röhre, ohne das linke Auge zu schließen. Betrachte nun eine etwa zwei Meter entfernte Person. Führe dann die linke, flache Hand von links neben das letzte Drittel der Papierröhre.

D1 Beschreibe deine Beobachtungen!

D2 Stelle Vermutungen an, wie das Versuchsergebnis zustande kommt!

VERSUCH E ▸ Sehen mit einem Auge

Material: Abbildung

Durchführung:
Halte das rechte Auge mit einer Hand zu und schaue in einer Entfernung von etwa 30 Zentimetern mit dem linken Auge auf den schwarzen Kreis. Nähere dich immer weiter der Abbildung und fixiere weiterhin den Kreis.

E1 Beschreibe deine Beobachtung bei der Wahrnehmung des Sterns!

E2 Erkläre deine Beobachtungen!

Material F ▸ **Wahrnehmung und Erkennung**

A

B

C

F1 Beschreibe jeweils die Wahrnehmungen bei der Betrachtung der Bilder!

F2 Erläutere die Vorgänge im Gehirn bei der Erkennung der Bilder!

F3 Erkläre mithilfe einer Abbildung den Unterschied zwischen Wahrnehmung und Erkennung!

Material G ▸ **Optische Phänomene**

A

B

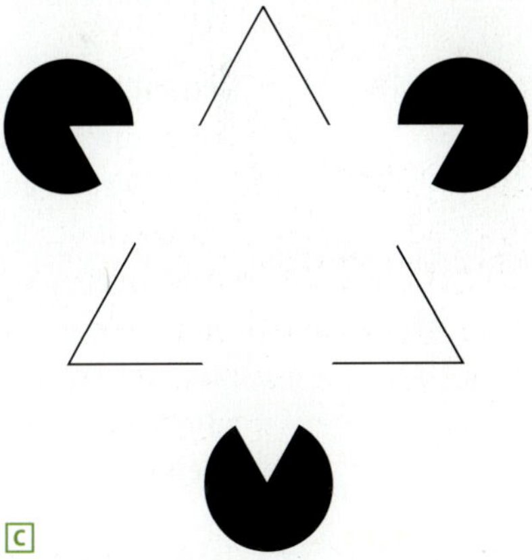

C

G1 Beschreibe die Wahrnehmung bei der Betrachtung der Abbildung A!

G2 Überprüfe deine Wahrnehmung mithilfe eines Lineals!

G3 Beschreibe die Wahrnehmung bei der Betrachtung der Abbildung B!

G4 Drehe das Buch um 180 Grad und beschreibe die Wahrnehmung der Abbildung B erneut!

G5 Beschreibe die Abbildung C!

G6 Beschreibe die Wahrnehmung bei der Betrachtung der Abbildung C!

G7 Stelle Vermutungen an, welche Rolle das Gehirn bei der Wahrnehmung aller drei Phänomene spielt!

01 Platzender Luftballon

Das Ohr

Der Knall eines platzenden Luftballons ist weithin zu hören. Wodurch können wir Geräusche wahrnehmen?

AUSSENOHR · Ein platzender Luftballon versetzt die Luft in Schwingungen, die sich als *Schallwellen* ausbreiten. Der äußerlich sichtbare Teil des Ohrs, die *Ohrmuschel,* fängt die Schallwellen wie ein Trichter auf und leitet sie durch einen Gang, den *Gehörgang,* in die weiter innen liegenden Bereiche des Ohrs. Zusammen mit der Ohrmuschel bildet der Gehörgang das *Außenohr.*

MITTELOHR · Der Gehörgang endet an einer nur 0,1 Millimeter dicken und etwa 60 Quadratmillimeter großen Membran. Die Schallwellen setzen dieses Häutchen in Schwingung, deshalb bezeichnet man es als **Trommelfell.** Je häufiger Schallwellen pro Sekunde auftreffen und je stärker sie sind, desto häufiger und stärker bewegt sich auch das Trommelfell hin und her. Dem Trommelfell liegt innen ein kleiner, etwa fünf Millimeter langer Knochen auf, der *Hammer.* Er ist durch ein Gelenk mit dem ebenso kleinen *Amboss* verbunden und dieser wiederum mit dem *Steigbügel.* Diese drei kleinsten Knochen des Menschen bezeichnet man als **Gehörknöchelchen.** Sie leiten die Schwingungen des Trommelfells weiter und verstärken sie dabei. Ein in der Nähe des Ohrs platzender Luftballon kann so starke Schallwellen erzeugen, dass das empfindliche Trommelfell reißt. Bei starken Verletzungen werden die Schallwellen dann nicht mehr weitergeleitet. Das Trommelfell und der mit Luft gefüllte Hohlraum, in dem die Gehörknöchelchen liegen, bilden den mittleren Bereich des Ohrs, das *Mittelohr.* Es ist durch einen Gang mit dem Rachenraum verbunden. Diese *Ohrtrompete* gleicht den Druck zwischen Mittelohr und Mundhöhle aus. Allerdings können durch sie auch Krankheitserreger vom Rachen her in das Ohr einwandern und zu einer *Mittelohrentzündung* führen.

02 Gehörknöchelchen

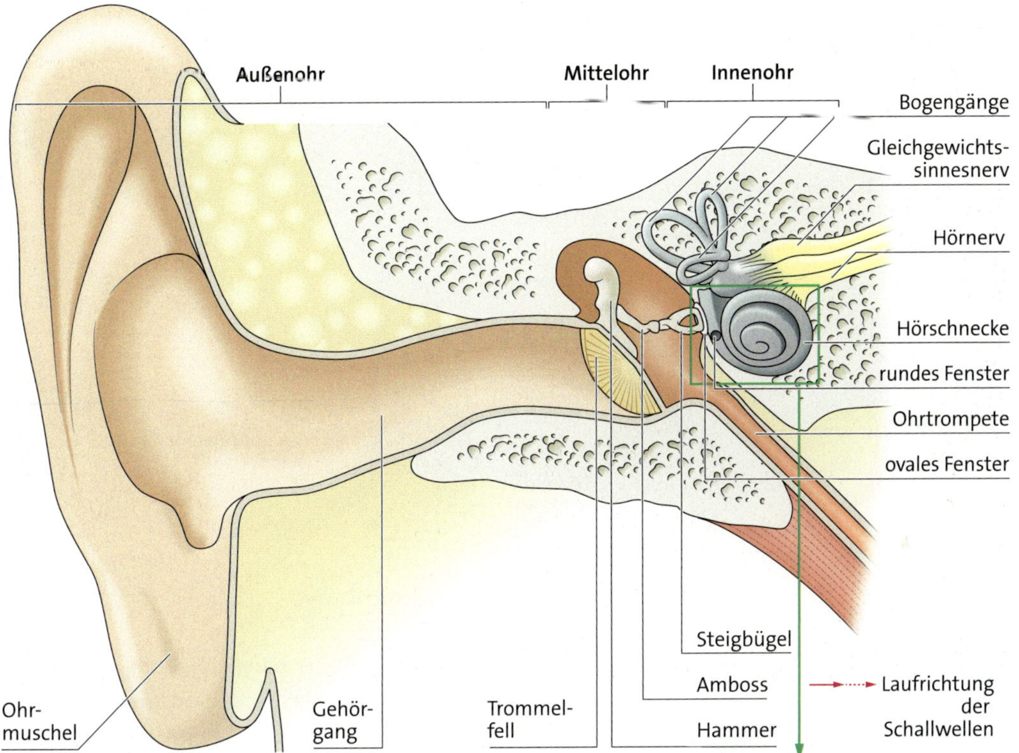

03 Bau des Ohrs (Schema)

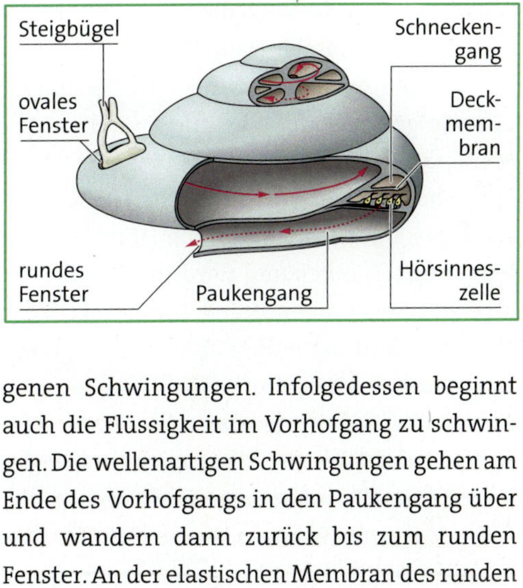

04 Hörschnecke

INNENOHR · Der innerste Bereich des Ohrs liegt gut geschützt im Schädelknochen. Über eine kleine, ovale Membran, das **ovale Fenster,** ist er mit dem Steigbügel des Mittelohrs verbunden. Hinter dem ovalen Fenster beginnt der erste von drei übereinanderliegenden Gängen. Diese sind mit Flüssigkeit gefüllt und durch dünne Häute voneinander getrennt. Der erste Gang ist der *Vorhofgang.* Er geht an seinem Ende in den untersten der drei Gänge, den *Paukengang,* über. In der Mitte zwischen diesen beiden Gängen verläuft der *Schneckengang.* An seinem Boden, der *Grundmembran,* liegen die *Hörsinneszellen.* Ihre haarförmigen Fortsätze, die *Sinneshärchen,* werden von einer dünnen Membran, der *Deckmembran,* wie von einem Dach abgedeckt. Die drei Gänge sind wie ein Schneckenhaus gewunden, deshalb nennt man sie **Hörschnecke.** In ihr liegen die etwa drei Zentimeter langen Gänge mit ihren etwa 16 000 Hörsinneszellen in kompakter Form und geschützt im Schädelknochen.

Das ovale Fenster übernimmt die von den Schallwellen ausgelösten und vom Steigbügel übertragenen Schwingungen. Infolgedessen beginnt auch die Flüssigkeit im Vorhofgang zu schwingen. Die wellenartigen Schwingungen gehen am Ende des Vorhofgangs in den Paukengang über und wandern dann zurück bis zum runden Fenster. An der elastischen Membran des runden Fensters wird der durch die Schwingung verursachte Druck an das Mittelohr abgegeben.

In der Nähe der Hörschnecke, ebenfalls in den Schädelknochen eingebettet, liegen drei bogenförmige Kanäle, die *Bogengänge.* Obwohl sie kein Bestandteil des eigentlichen Hörorgans sind, sondern zur Wahrnehmung der Körperlage und -bewegung dienen, bezeichnet man sie zusammen mit der Hörschnecke als *Innenohr.*

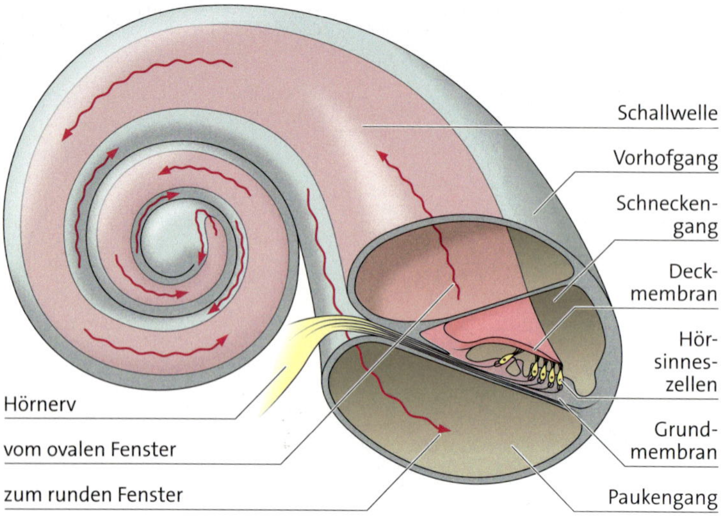

04 Hörschnecke (Schema)

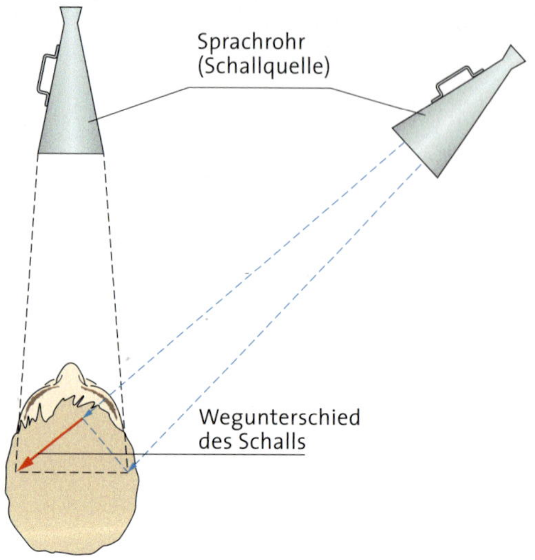

05 Richtungshören

HÖRVORGANG · Durch die Hin- und Herbewegungen des ovalen Fensters entstehen in der Flüssigkeit der Hörschnecke wellenartige Schwingungen, die auch die feinen Häute der Hörschnecke erfassen. Dadurch verringert sich der Abstand zwischen Grund- und Deckmembran. Je geringer der Abstand zwischen den Membranen ist, desto stärker biegen sich die Sinneshärchen der Hörsinneszellen in der Hörschnecke. Dadurch werden die Hörsinneszellen gereizt. Die Reizung wird in eine elektrische Erregung umgewandelt. Diese elektrische Erregung läuft dann über ableitende Nervenfasern, die sich zum *Hörnerv* vereinigen, zum Gehirn. Die Hörsinneszellen, die für die Aufnahme hoher Töne verantwortlich sind, liegen im vorderen Teil der Grundmembran, in der Nähe des ovalen Fensters, die für tiefe Töne im hinteren Teil, in der Nähe des runden Fensters. Je stärker die Schallwellen sind, die auf das Ohr treffen, desto stärker ist die Erregung, die ins Gehirn einläuft, und desto lauter ist das Geräusch, das wir wahrnehmen.

RICHTUNGSHÖREN · Um festzustellen, aus welcher Richtung der Schall kommt, sind beide Ohren erforderlich. Wenn eine Schallquelle rechts vom Kopf liegt, treffen die Schallwellen zunächst auf das näher liegende rechte und erst danach auf das weiter entfernte linke Ohr. Vom rechten Ohr läuft die Erregung daher etwas eher in das Gehirn ein als vom linken Ohr. Schon ein Unterschied von Bruchteilen einer Millisekunde reicht dem Gehirn, um daraus die Richtung der Schallquelle zu errechnen.

HÖRSCHÄDEN · Das menschliche Ohr ist sehr empfindlich und verletzbar. Bei lange andauernden lauten Geräuschen werden die Hörsinneszellen so stark gegen die Deckmembran gedrückt, dass ihre Sinneshärchen, später auch die Zellen selbst, zerstört werden. Weil der Körper den Schaden nicht beheben kann, sind unheilbare, dauerhafte Schwerhörigkeit oder sogar Taubheit die Folge. Wenn man häufig zu laute Musik über Kopfhörer hört oder sich in Diskotheken vor den Lautsprechern aufhält, ist die Gefahr besonders groß, schon als Jugendlicher schwerhörig zu werden. Aber auch ein einmaliges Ereignis, zum Beispiel der Knall eines in Ohrnähe platzenden Luftballons, kann dauerhafte Hörschäden verursachen.

1 Beschreibe, wie Schwerhörigkeit entsteht!

Schall

Bei Stille sind die Luftteilchen im Raum gleichmäßig verteilt. Nach dem Schlag auf eine Trommel gerät ihre Membran in Schwingung. Eine solche schwingende Membran drückt abwechselnd die Luftteilchen zusammen oder zieht sie auseinander. So entstehen Luftschwingungen, die sich als Schallwellen ausbreiten. Die Schallgeschwindigkeit beträgt in der Luft etwa 340 Meter pro Sekunde.

Schallwellen lassen sich als *Schwingungsbild* darstellen. Es besteht aus einer wellenförmigen Linie in einem Achsenkreuz. Ihre höchsten und tiefsten Punkte sind die *Umkehrpunkte.* Auf der Hälfte der Linie zwischen einem oberen und einem unteren Umkehrpunkt liegt der *Mittelpunkt* einer Schwingung.

Die Stärke einer Schallwelle lässt sich im Schwingungsbild als Strecke vom Mittelpunkt der Schwingung bis zu einem ihrer Umkehrpunkte erkennen. Diese Schwingungsweite wird als **Amplitude** bezeichnet. Je größer die Amplitude ist, desto lauter ist der Ton.

Aus der Anzahl der Umkehrpunkte kann man ablesen, wie viele verdichtete und verdünnte Luftbereiche in einer bestimmten Zeit erfolgen. Diese Häufigkeit, die **Frequenz,** wird in *Hertz,* abgekürzt Hz, angegeben. Eine Schwingung pro Sekunde entspricht 1 Hertz. 1000 Schwingungen sind 1 Kilohertz, abgekürzt 1 kHz. Die Frequenz hängt von der Entfernung zwischen zwei oberen oder zwei unteren Umkehrpunkten ab, der *Wellenlänge.* Je geringer die Wellenlänge ist, desto höher ist die Frequenz.

Je größer die Frequenz ist, desto höher ist der Ton, den wir wahrnehmen. Der Mensch kann Schallwellen mit einer Frequenz von 16 bis 21 000 Hertz hören. Höhere Frequenzen bezeichnet man als Ultraschall, geringere als Infraschall.

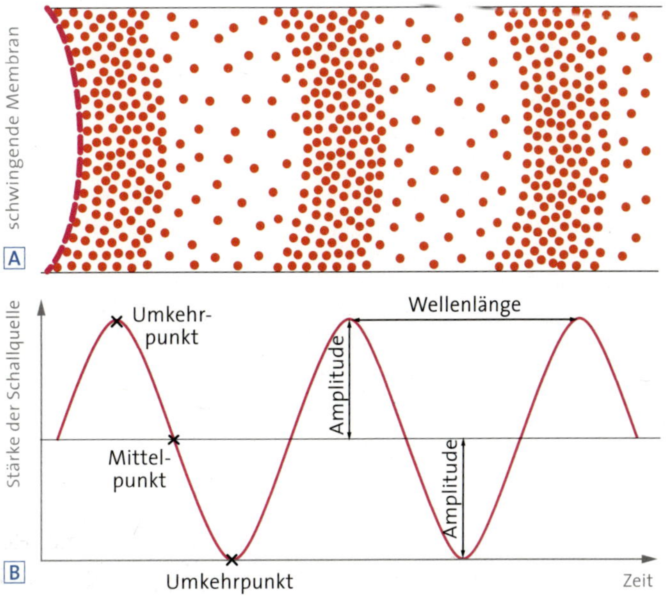

01 Schallwellen: **A** Entstehung, **B** Schwingungsbild

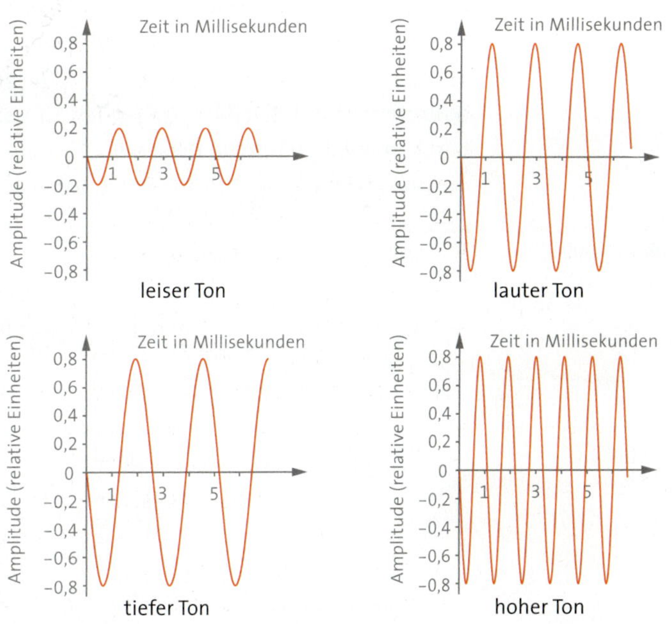

02 Schwingungsbilder von Tönen unterschiedlicher Höhe und Lautstärke

1 Definiere die Begriffe Amplitude und Frequenz!

2 Vergleiche das Schwingungsbild eines leisen, hohen Tons mit dem eines lauten, tiefen!

GLEICHGEWICHTSSINN · Im Innenohr, mit der Hörschnecke verbunden, liegen zwei Sinnesorgane. Sie zusammen bilden den **Gleichgewichtssinn,** der die Körperhaltung kontrolliert.

DREHSINNESORGAN · Eines der Gleichgewichtsorgane besteht aus drei kreisförmig gebogenen, mit Flüssigkeit gefüllten Kanälen. Aufgrund ihrer Form bezeichnet man sie als *Bogengänge.* Einer liegt waagerecht, die beiden anderen stehen senkrecht im Winkel von 90 Grad zueinander, sodass sie in den drei Ebenen des Raums angeordnet sind. Jeder Bogengang hat eine kleine, blasenförmige Anschwellung, die *Ampulle.* Darin liegen Sinneszellen, deren haarförmige Fortsätze, die *Sinneshärchen,* durch eine gallertige Masse, die *Gallertzunge,* zusammengehalten werden. Wenn sich der Kopf bewegt, bewegen sich auch die Wände der Bogengänge. Die Flüssigkeit kann diese Bewegung zunächst wegen ihrer Trägheit nicht mitmachen. Daher entsteht eine Strömung, die die Gallertzunge mit den darin liegenden Sinneshärchen abbiegt. Infolge dieses Reizes bilden die Sinneszellen elektrische Erregungen, die über einen Nerv ins Gehirn laufen. Das Gehirn errechnet aus den Meldungen der Bogengänge, wie sich der Kopf bewegt. Mithilfe der Bogengänge lassen sich keine geradlinigen, sondern nur Drehbewegungen wahrnehmen. Daher heißt dieses Sinnesorgan **Drehsinnesorgan.**

LAGESINNESORGAN · Das zweite Gleichgewichtsorgan liegt unter den Bogengängen. Dort befinden sich in zwei kleinen, flüssigkeitsgefüllten Anschwellungen Sinneszellen, deren Sinneshärchen in eine Gallertkuppel hineinragen. Eine der beiden Gallertkuppeln ist horizontal, die andere vertikal angeordnet. Eingelagerte Kalkkörnchen machen diese Gallerte schwerer. Die Schwerkraft sorgt dafür, dass sich die Gallertmasse verschiebt, wenn der Kopf sich neigt. Dadurch biegen sich die Sinneshärchen. Dieser Reiz führt zu einer elektrischen Erregung, die über einen Nerv ins Gehirn einläuft. Weil das Gehirn aus den eintreffenden Signalen die Lage des Kopfs errechnen kann, spricht man vom **Lagesinnesorgan.** Neben der Lage können wir mit ihm auch geradlinige Beschleunigungen des Körpers wahrnehmen.

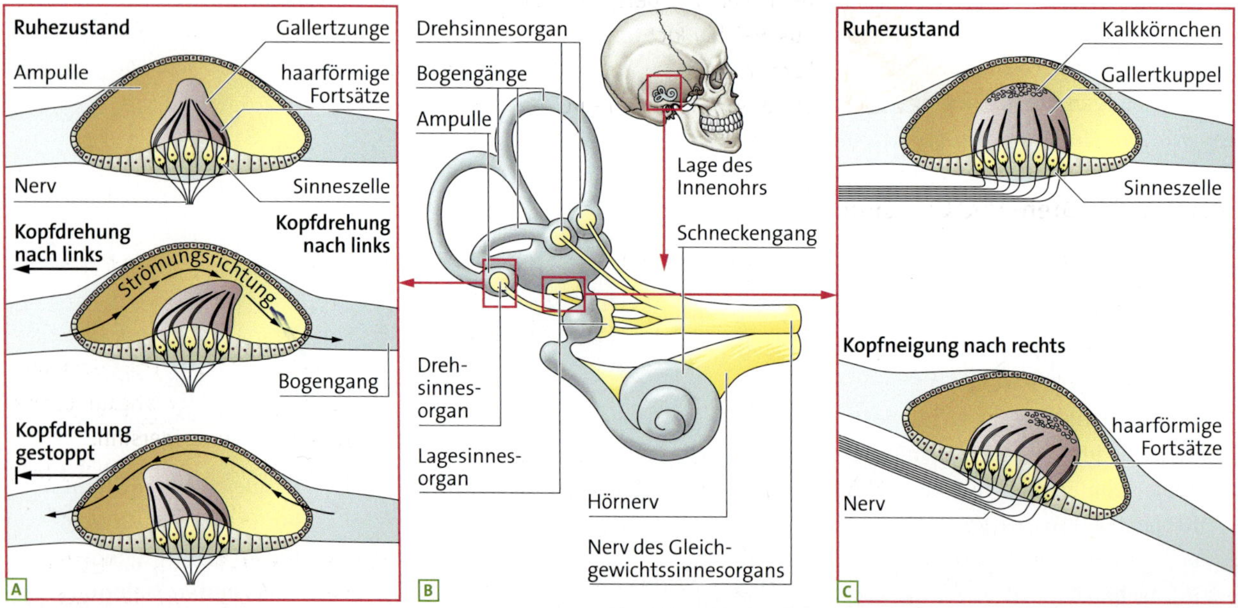

06 Gleichgewichtssinnesorgane: **A** Drehsinnesorgan, **B** Lage im Ohr, **C** Lagesinnesorgan

Material A ▸ Lärm

Lärmquellen	dB-Werte
Flüstern	30
laute Unterhaltung (1 m Abstand)	60
Radiomusik in Zimmerlautstärke	50
Musik über Kopfhörer	90 – 110
laute Musik (Disko, Pop- oder Rockkonzert)	120
Stadtverkehr auf Hauptverkehrsstraße	70 – 85
Düsenflugzeug im Standlauf	110
Düsenflugzeug beim Start	120 – 130

Die Lautstärke wird in Dezibel, abgekürzt dB, angegeben. 20 dB entsprechen der Zunahme der Lautstärke um das Zehnfache. Ab etwa 100 dB führt eine häufige oder längere Beschallung zu dauerhaften Hörschäden.

A1 Nenne die Geräusche mit einer hohen Gefahr von Hörschäden!

A2 Berechne die Unterschiede der Lautstärke zwischen:
1. Musik in Zimmerlautstärke und Musik über Kopfhörer!
2. einer lauten Unterhaltung und Musik in einer Diskothek!

Material B ▸ Richtungshören

Die Versuchsperson hält die offenen Enden eines Gummischlauchs an die Gehörgänge. Die Versuchsleiterin schlägt mit einem Stab kräftig auf eine Stelle des Schlauchs. Die Versuchsperson gibt an, ob sie den Schall von links, von rechts oder aus der Mitte kommend wahrnimmt. Auf dem Schlauch ist eine Skala aufgetragen. So kann man messen, ab welchem Abstand von der Mitte die Versuchsperson richtig angibt, aus welcher Richtung der Schall kommt. Bei vielen Menschen beträgt dieser Abstand etwa einen Zentimeter.

B1 Beschreibe, wie das Gehirn die Lage der Klopfstelle feststellt! Die Schallgeschwindigkeit beträgt in der Luft etwa 340, im Wasser etwa 1480 Meter pro Sekunde.

B2 Berechne mithilfe des Versuchsergebnisses den kleinsten Wert, aus dem das Gehirn die Richtung des Schalls noch feststellen kann!

B3 Begründe, weshalb man die Schallrichtung unter Wasser nicht feststellen kann!

Material C ▸ Dreh- und Lagesinn

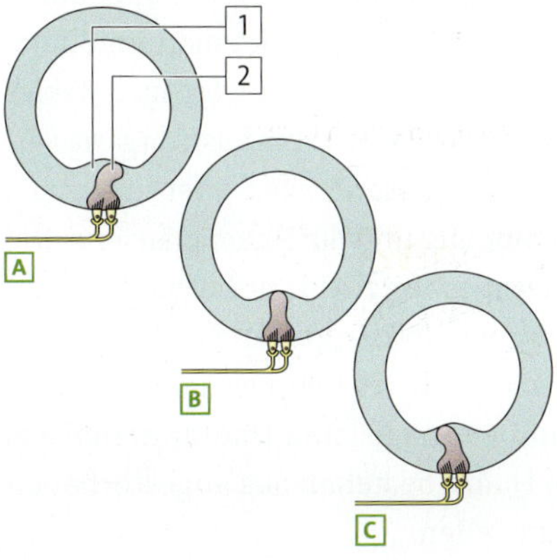

In einem Versuch wird eine Person auf einem Drehstuhl erschütterungsfrei gedreht. Die Schemata zeigen Zustände des horizontalen Bogengangs während des Versuchs.

C1 Nenne die mit 1 und 2 gekennzeichneten Bereiche des Bogengangs!

C2 Ordne die Schemata des Bogengangs folgenden Situationen zu und begründe deine Zuordnung:
1. zu Beginn von fünf schnellen Drehungen im Uhrzeigersinn.
2. zu Beginn von fünf schnellen Drehungen gegen den Uhrzeigersinn.
3. während fünf sehr langsamer Drehungen im Uhrzeigersinn.
4. bei plötzlichem Stopp nach 15 schnellen Drehungen im Uhrzeigersinn.

C3 Stelle Vermutungen an, weshalb der Versuchsperson die Augen verbunden wurden!

01 Hautkontakt zwischen Mutter und Kind

Die Haut

Nachdem ein Kind das Licht der Welt erblickt hat, nimmt es Kontakt mit seiner Umwelt auf. Für die gesunde Entwicklung eines Babys ist Hautkontakt besonders wichtig. Welche Informationen über seine Umwelt erhält der Mensch über die Haut?

BAU DER HAUT · Auch als Erwachsener werden über die Haut Empfindungen wahrgenommen. Die Haut schirmt den Körper aber auch von seiner Umgebung ab. Sie schützt vor Verletzungen und Austrocknung und verhindert das Eindringen von Krankheitserregern. Die Haut muss also so gebaut sein, dass sie beide Aufgaben, den Kontakt und den Schutz, erfüllen kann. Der äußerste Bereich der Haut, die *Hornschicht,* besteht aus abgestorbenen Zellen. Die Hornschicht wird regelmäßig abgestoßen und von darunterliegenden lebenden, verhornten Zellen erneuert. Diese Schichten werden als **Oberhaut** zusammengefasst. In der Oberhaut sitzen pigmentbildende Zellen, die den dunklen Farbstoff Melanin produzieren. Dadurch bekommt die Haut ihre bräunliche Farbe. Melanin schützt darunterliegende Schichten vor zu starker Sonneneinstrahlung. Sonnenlicht löst eine stärkere Pigmentbildung aus.

Eine Schicht aus festem Bindegewebe unter der Oberhaut sorgt für Elastizität und Festigkeit der Haut. Diesen Bereich der Haut nennt man **Lederhaut.** Darin eingelagert sind Blutgefäße und die meisten Sinneszellen. Hier liegen auch die zahlreichen *Schweißdrüsen*, deren saures Sekret, der Schweiß, einen Säureschutzmantel auf der Hautoberfläche bildet. Er verhindert die Vermehrung von Bakterien und kühlt den Körper durch Verdunstung. Außerdem findet man im Bindegewebe Drüsenzellen, die ein fettiges Sekret absondern, die *Talgdrüsen*. Ihr Ausführgang verläuft entlang der Haare. Das Sekret macht die Haut geschmeidig und die Haare glänzend. Die darunterliegende **Unterhaut** enthält Fettgewebe, die dem Körper als Energiespeicher, als Polsterung und als Schutz vor Wärmeverlust dient.

Finger- und Fußnägel sind Hautanhänge aus Horn. Die Haare bestehen aus abgestorbenen verhornten Zellen.

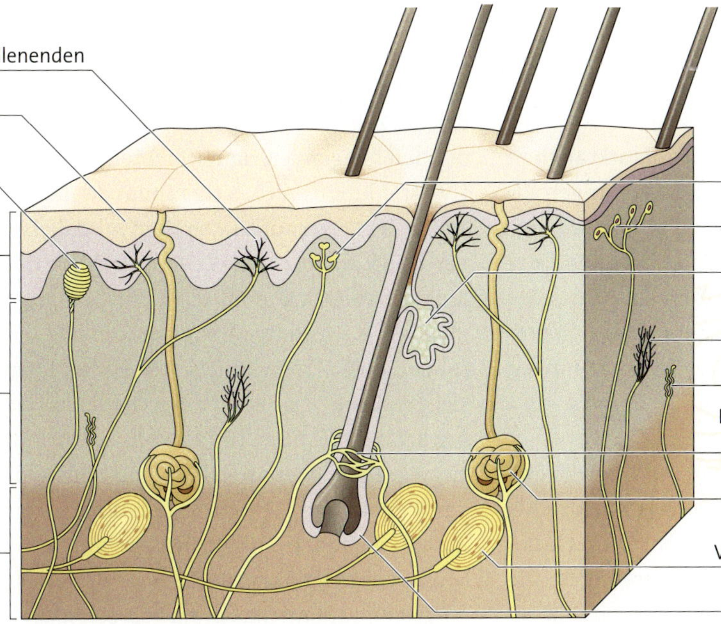

02 Bau der Haut (Schema)

DIE HAUT ALS SINNESORGAN · Mit einer Fläche von zwei Quadratmetern und einem Gewicht von mehr als zehn Kilogramm ist die Haut das größte Sinnesorgan. Im Gegensatz zu anderen Sinnesorganen können wir mithilfe der Haut verschiedenartige Reize wahrnehmen. Die dafür verantwortlichen Bestandteile der Haut bezeichnet man als *Rezeptoren*.

In der Haut liegen Rezeptoren, die auf leichte Berührungen ansprechen, die *Tastrezeptoren* und die *Berührungsrezeptoren*. Die in geringerer Anzahl vorkommenden *Druckrezeptoren* werden erst durch stärkeren Druck gereizt. Im Unterhautfettgewebe finden sich vereinzelt Rezeptoren, die für die Wahrnehmung sich schnell ändernder Druckrichtungen erforderlich sind, die *Vibrationsrezeptoren*. Um den unteren Bereich der Haare, den Haarbalg, verlaufen Enden von Nervenfasern. Sie werden bei Krümmung der Haare gereizt und lösen so ebenfalls Tastempfindungen aus. All diese Strukturen der Haut, die durch mechanische Einflüsse wie Druck gereizt werden, bezeichnet man zusammenfassend als *Mechanorezeptoren*.

In der Haut befindet sich auch eine Vielzahl von *Wärme-* und *Kälterezeptoren*, die entweder auf Kälte oder Wärme spezialisiert sind. Mit ihrer Hilfe können wir Temperaturunterschiede wahrnehmen, allerdings nicht die tatsächliche Temperatur feststellen.

Die Anzahl und die Verteilung von Wärme- und Kälterezeptoren unterscheiden sich je nach Körperstelle stark. Auffällig ist, dass es deutlich mehr Kälterezeptoren gibt. Während die Kälterezeptoren eher dicht unter der Hautoberfläche verteilt sind, liegen die Wärmerezeptoren tiefer in der Haut. Das Absinken der Außentemperatur nehmen wir daher stärker wahr als einen Anstieg.

Reize wie starker Druck, Stiche, Schläge oder Temperaturen unter 18 Grad Celsius und über 44 Grad Celsius werden über freie Enden von Nervenfasern aufgenommen. Weil eine solche Reizung zu einer Empfindung von Schmerz führt, bezeichnet man diese Rezeptoren als *Schmerzrezeptoren*.

1 Beschreibe den Bau der Haut von innen nach außen!

2 Beschreibe die Aufgaben der Haut!

IM BLICKPUNKT MEDIZIN

Hautkrankheiten

AKNE · Akne ist die weltweit häufigste Hautkrankheit und tritt vor allem bei Jugendlichen und jungen Erwachsenen auf. Die typischen Pickel entstehen aufgrund von Vergrößerungen und Entzündungen der Talgdrüsen. Besonders betroffen ist meistens das Gesicht und der Nackenbereich. Akne entsteht durch hormonelle Veränderungen während der Pubertät. Jungen sind häufiger betroffen als Mädchen.

HAUTKREBS · Zu intensive UV-Strahlung kann die pigmentbildenden Zellen so verändern, dass Krebszellen entstehen. Sie teilen sich oft und unkontrolliert. Man erkennt diese krebsartigen Hautveränderungen, die *Melanome*, an ihrer schwarzen Färbung und ihrer Struktur. Nur rechtzeitig erkannte Melanome lassen sich gut behandeln. Sie werden operativ entfernt. Nicht oder zu spät behandelte Melanome sind sehr gefährlich, da die Krebszellen sich im ganzen Körper ausbreiten und in lebenswichtigen Organen Tumore bilden. Muttermale oder Leberflecken sind gutartige Wucherungen der Pigmentzellen, die sich aber in bösartige Krebszellen umwandeln können. Sie sollten deshalb regelmäßig untersucht werden. Nimmt ein solcher Fleck an Größe zu oder verändern sich seine Farbe und Struktur, sollte ein Hautarzt aufgesucht werden.

SONNENBRAND · Bei starker Sonneneinstrahlung bilden die Zellen der Pigmentschicht Melanin zum Schutz der tiefer liegenden Hautschichten vor der schädlichen UV-Strahlung. Gleichzeitig nimmt die Teilungsrate von Zellen der Oberhaut zu. Die Haut wird dicker und brauner. Ist die Haut längere Zeit ungeschützt der UV-Strahlung ausgesetzt, kommt es zu Entzündungsreaktionen in der Haut. Die Blutgefäße erweitern sich, die Haut wird rot und heiß. Zudem bilden sich Blasen. Später schuppt sich die Haut. Diese Symptome werden als *Sonnenbrand* bezeichnet. Häufige und intensive UV-Bestrahlung können Hautzellen in Krebszellen umwandeln. Besonders hellhäutige Menschen sollten stets Sonnencremes mit einem hohen Sonnenschutzfaktor verwenden. Der Sonnenschutzfaktor drückt aus, wie viel länger man die eingecremte Haut der Sonne aussetzen darf, ohne dass sie geschädigt wird. Ohne Sonnencreme darf man bis zu 20 Minuten sonnenbaden. Mit Faktor 30 eingecremt, wären es $20 \times 30 = 600$ Minuten, also 10 Stunden.

HAUTPFLEGE · Die Pflege hängt vom jeweiligen Hauttyp ab. Für trockene Haut sollte man nach dem Waschen Hautcremes verwenden. Fettige Haut, deren Talgdrüsenausgänge vergrößert sind, benötigt besondere Reinigungsmittel, die der Haut nicht noch mehr Fett liefern. Wichtig ist, dass durch die Waschmittel der Säuremantel der Haut nicht beschädigt wird.

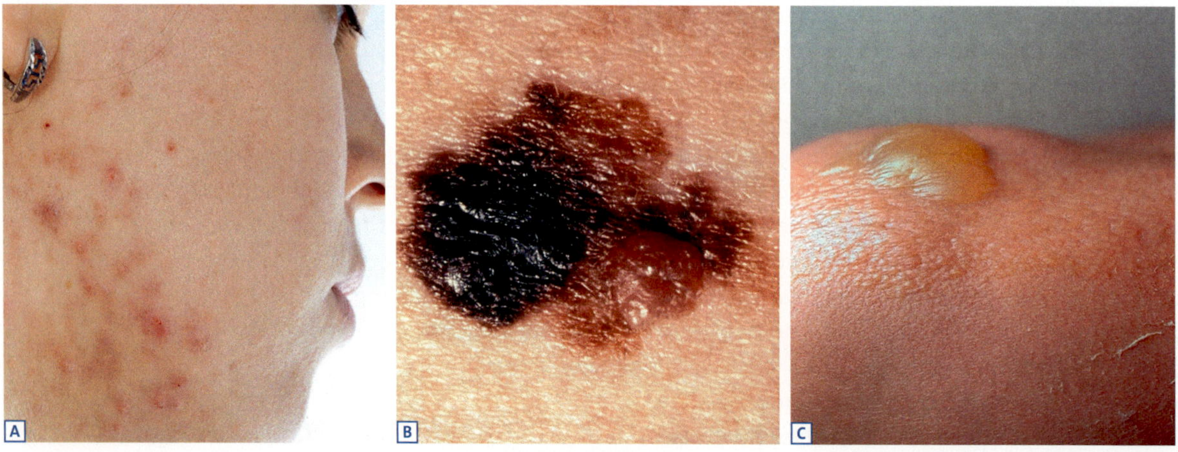

01 Hautkrankheiten: **A** Akne, **B** Hautkrebs, **C** Sonnenbrand

Material A ▸ Tastsinn

Körperstelle	Geringster Abstand von zwei als getrennt wahrgenommenen Berührungspunkten
Stirn	22 mm
Zunge	1 mm
Lippe	4 mm
Fingerkuppe	2 mm
Arm	18 mm
Rücken	50 mm
Oberschenkel	68 mm

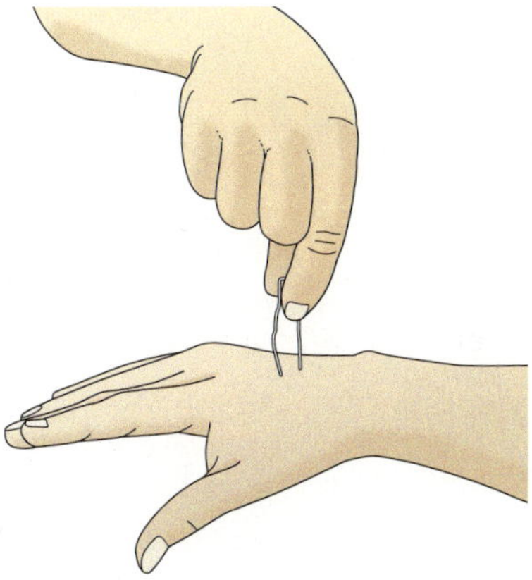

A1 Beschreibe mithilfe der Abbildung einen Versuch, der die Versuchsergebnisse der Tabelle liefert!

A2 Stelle die Versuchsergebnisse in geeigneter Form grafisch dar!

A3 Erkläre die Versuchsergebnisse!

A4 Erläutere das biologische Prinzip *Struktur und Funktion* am Beispiel der Daten für die Zunge und die Fingerkuppe!

Material B ▸ Temperatursinn

Körperstelle	Kälterezeptoren	Wärmerezeptoren
Mund	19	9
Nase	13	1
Stirn	7	2
Finger	8	2
Handfläche	6	1

In einem Versuch wurde die Dichte der Kälte- und Wärmerezeptoren an verschiedenen Stellen festgestellt. Die Ergebnisse des Versuchs sind in der Tabelle dargestellt und zeigen die Anzahl der Temperaturrezeptoren pro Quadratzentimeter.

B1 Berechne das prozentuale Verhältnis zwischen Wärme- und Kältepunkte an den verschiedenen Körperstellen!

B2 Stelle die Ergebnisse von B1 als Kreisdiagramme dar!

B3 Stelle Vermutungen an, welche Bedeutung die unterschiedliche Anzahl von Wärme- und Kältepunkte an der Nase hat!

Material C ▸ Wärmeregulation

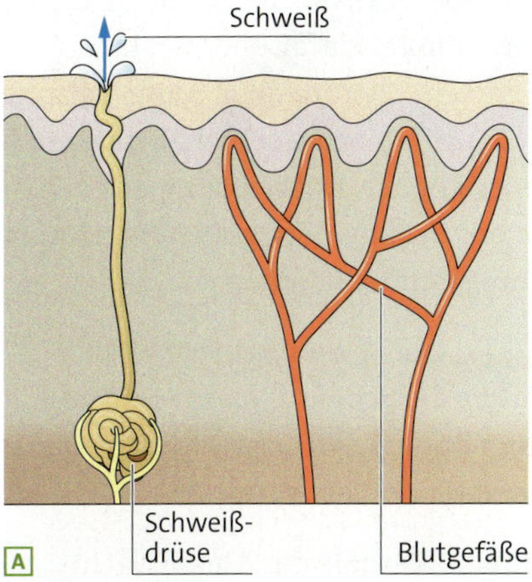

A

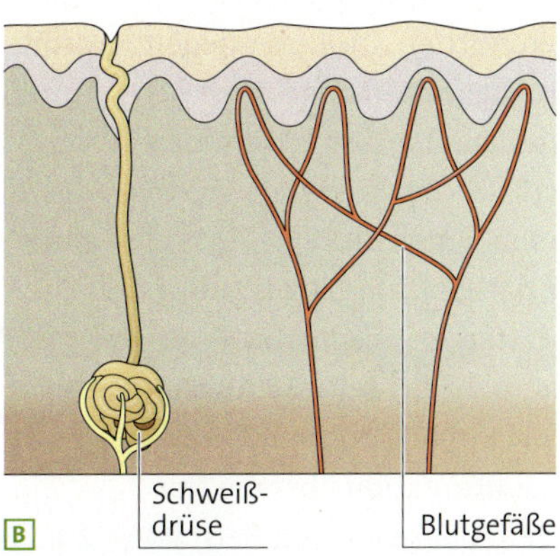

B

Mithilfe der Haut kann man die Körpertemperatur senken, wenn die Außentemperatur zu hoch ist, oder anheben, wenn die Außentemperatur zu niedrig ist.

C1 Vergleiche die beiden Abbildungen!

C2 Erläutere die Vorgänge der Temperaturregulation durch die Haut mithilfe der Abbildungen!

C3 Stelle Vermutungen an, warum wir bei 30 °C frieren, wenn wir aus dem Wasser steigen!

01 Kleines Nachtpfauenauge

Sinnesleistungen der Tierwelt

Das Kleine Nachtpfauenauge trägt am Kopf fächerartige Antennen. Bei den Männchen sind sie im Gegensatz zu denen der Weibchen besonders groß. Welche Aufgaben haben diese Antennen?

RIECHSINN · So wie das *Kleine Nachtpfauenauge* tragen viele Nachtfalter Antennen, deren Oberfläche mit vielen Sinneshaaren besetzt sind. Die Oberfläche dieser Sinneshaare ist von kleinen Poren durchbrochen. In ihnen liegen die *Riechrezeptoren.* Die fächerartige Struktur und die vielen Sinneshaare bilden zusammen eine große Oberfläche, auf der sehr viele Riechrezeptoren Platz haben. Durch die hohe Anzahl von Riechrezeptoren hat das *Kleine Nachtpfauenauge* einen leistungsstarken Riechsinn.

Duftmoleküle binden nach dem **Schlüssel-Schloss-Prinzip** an die Riechrezeptoren. Passen sie, wird die Geruchsinformation über die Nerven zum Gehirn geleitet. Binden zum Beispiel Moleküle des Sexualduftstoffs an die Riechrezeptoren erkennt das Männchen ein Weibchen seiner Art. So ist es möglich, dass die Männchen auch über Kilometer weite Entfernungen die Weibchen finden.

Auch Haie haben einen leistungsstarken Riechsinn. Links und rechts neben der Schnauze liegen die Nasenkammern. In der Oberfläche der Nasenkammern sind die Riechrezeptoren eingebettet. Ihre Anzahl ist sehr hoch, da die Oberfläche durch Einfaltungen stark vergrößert ist. Ein Zitronenhai zum Beispiel nimmt Duftstoffe noch in einer Verdünnung von 1 zu 10 Millionen wahr. So können Haie in der Weite der Ozeane über große Entfernung hinweg ihre Beutetiere finden.

1 Erläutere die Bedeutung des Schlüssel-Schloss-Prinzips für den Riechsinn des Kleinen Nachtpfauenauges!

2 Begründe, weshalb das Kleine Nachtpfauenauge-Männchen nur ein Weibchen seiner Art erkennen kann!

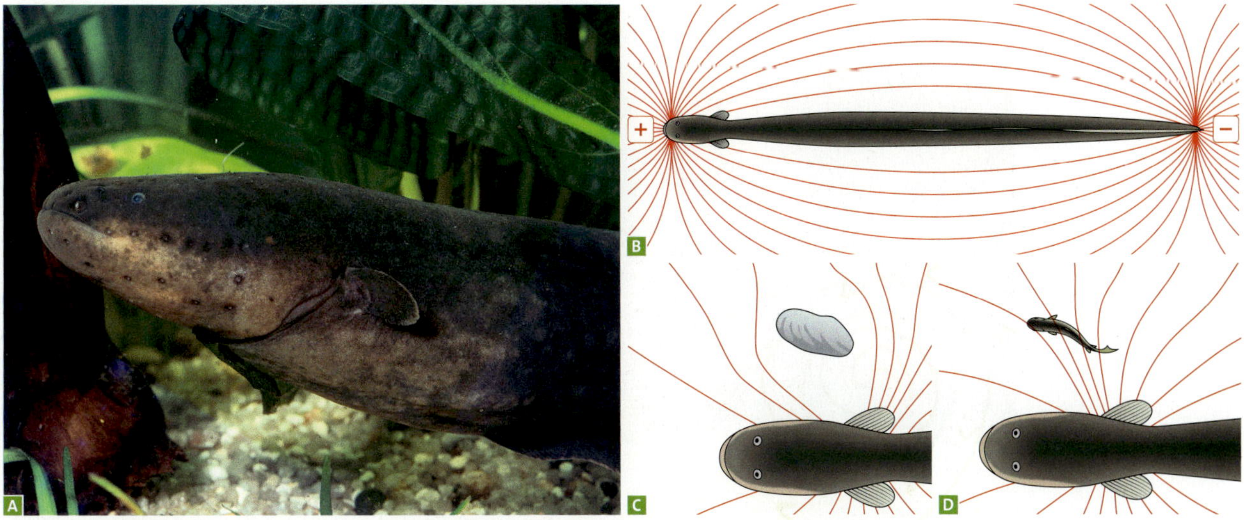

02 Elektrosinn: **A** Zitteraal, **B** Feldlinien, **C** Feldlinienverlauf bei einem Stein, **D** Feldlinienverlauf bei einem Fisch

ELEKTROSINN · Der Zitteraal und auch der Hammerhai haben die Fähigkeit, elektrische Ströme über spezielle Rezeptoren aufzunehmen. Zunächst erzeugt der Zitteraal mithilfe von umgewandelten Muskelzellen ein elektrisches Feld um seinen Körper. Ein Stein oder ein Beutetier beeinflusst das elektrische Feld. Je nach Leitfähigkeit werden die Feldlinien nach innen oder außen abgelenkt. Bei einem Stein werden die Feldlinien nach außen gebogen. Bei einem Fisch rücken sie näher zusammen. Diese Veränderung des elektrischen Felds kann der Zitteraal über Elektrorezeptoren aufnehmen.
Elektroortung ist zum Beispiel dann von Vorteil, wenn in trüben Gewässern der Sehsinn der Fische nicht ausreicht, um die Beute zu erkennen. Sind die Rezeptoren im Seitenlinienorgan durch turbulent fließendes Wasser beeinträchtigt, kann sich der Fisch mithilfe des *Elektrosinns* orientieren.
Der Hammerhai spürt mit seinen *Elektrorezeptoren* am Maul und am Unterkiefer die schwachen elektrischen Ströme, die zwischen dem Körper des Beutetiers und dem salzigen Meerwasser entstehen. Tiere verursachen unvermeidlich elektrische Ströme durch ihre Muskelaktivität. Der Hammerhai kann sie sogar wahrnehmen, wenn die Tiere unter dem Sand vergraben sind. Der Mensch besitzt keine Rezeptoren, mit deren Hilfe er elektrische Felder wahrnehmen kann.

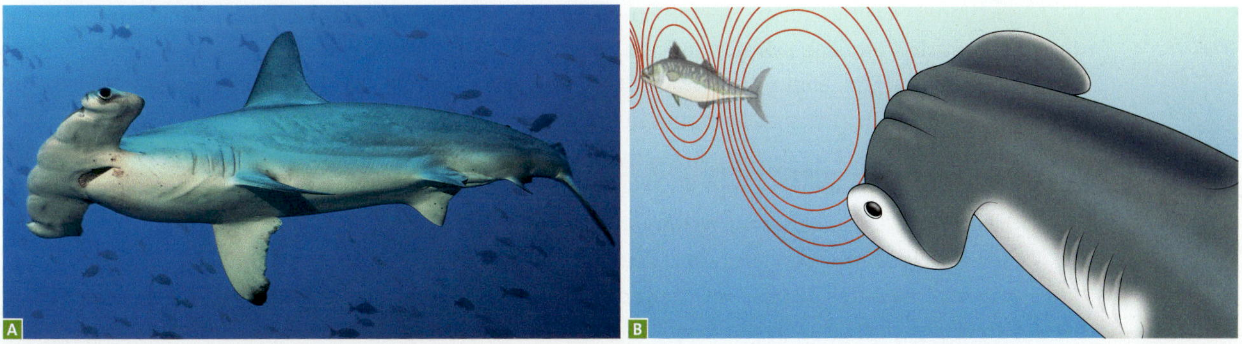

03 Elektrosinn: **A** Hammerhai, **B** Elektroorgan (Schema)

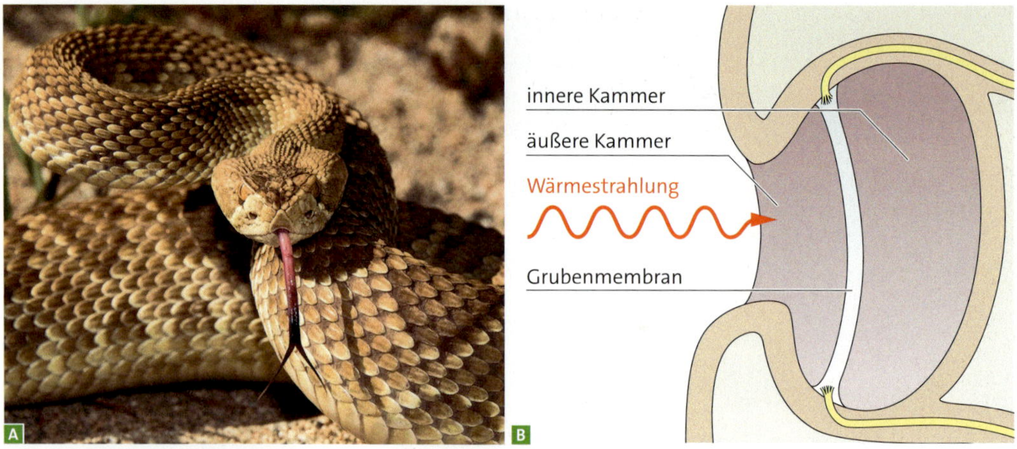

04 Wärmesinn: **A** Mojave-Klapperschlange, **B** Grubenorgan (Schema)

WÄRMESINN · Eine Klapperschlange kann auch bei Nacht ihre Beute erkennen, gezielt mit einer raschen Bewegung zubeißen und sie mit ihrem Gift lähmen. Danach löst sie den Biss, entfernt sich ein Stückchen, wartet, bis sich das Beutetier nicht mehr bewegt, und kriecht dann wieder auf die Beute zu. Die Orientierung ist durch ein besonderes Organ der Klapperschlange und aller übrigen Grubenottern möglich. Diese *Grubenorgane* liegen zwischen den Nasenlöchern und den Augen. Sie bestehen aus Vertiefungen, die durch eine dünne, gut durchblutete Membran in eine äußere und innere Kammer unterteilt sind. In dieser Membran liegen zahlreiche Rezeptoren, die auf Wärmestrahlung, die **Infrarotstrahlung,** reagieren. Mithilfe dieser Rezeptoren können Grubenottern Temperaturunterschiede von nur 0,003 Grad Celsius wahrnehmen. Diese Informationen werden über Nerven ans Gehirn übermittelt und in ein dreidimensionales Wärmebild ihrer Umgebung umgewandelt. So kann die Schlange ein warmes Beutetier in ihrer Nähe auch im Dunkeln erkennen. Ebenso dienen die Grubenorgane dazu, Ruheplätze mit der passenden Temperatur zu finden. Wir Menschen haben im Vergleich zur Grubenotter einen schlechten *Wärmesinn.* Veränderungen der Lufttemperatur von unter einem Grad Celsius können wir nicht mehr wahrnehmen.

MAGNETSINN · Mehr als die Hälfte der bekannten Vogelarten ziehen in weit entfernte Überwinterungsquartiere. Der Vogelzug gibt der Wissenschaft immer noch Rätsel auf. So ist immer noch nicht klar, wie Vögel auf ihren langen Flugrouten den richtigen Weg finden. Einige Vögel können das Magnetfeld der Erde nutzen, um sich zu orientieren. Wo dieser Magnetsinn bei den einzelnen Vogelarten zu finden ist und wie er funktioniert, weiß man allerdings noch nicht.
Auch Bienen und Forellen nehmen magnetische Felder wahr. So orientieren sich zum Beispiel Honigbienen beim Bau ihrer Waben und bei der Navigation am Magnetfeld der Erde. Auch Langusten nutzen das Erdmagnetfeld zur Orientierung. Man nimmt an, dass die großen Krebse bei ihren nächtlichen Wanderungen, die bis zu 30 Kilometer betragen können, über *Magnetsinneszellen* die Position ihres jeweiligen Standorts feststellen können. Wir Menschen haben keine Rezeptoren, mit deren Hilfe wir Magnetfelder wahrnehmen können.

3 Nenne Sinnesleistungen, über die der Mensch nicht verfügt!

4 Beschreibe die Bedeutung des Grubenorgans für die Lebensweise der Klapperschlange!

Material A ▸ Gleichgewichtsorgan des Flusskrebses

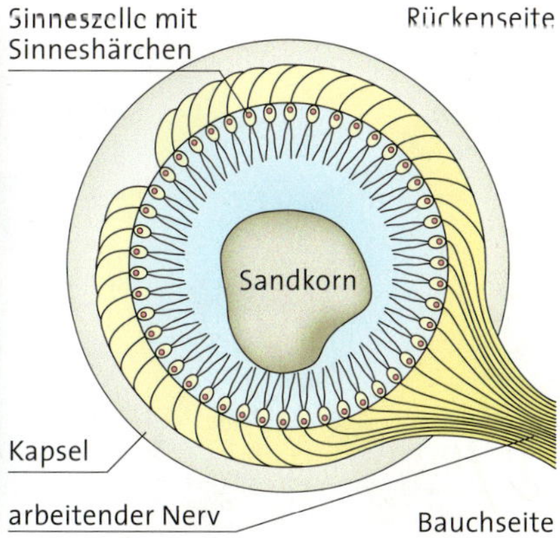

Der Flusskrebs häutet sich, wenn er wächst. Dabei gehen mit der Haut die Sandkörner verloren, die sein Gleichgewichtsorgan benötigt. Nach der Häutung ist die neue Haut noch weich. Der Krebs wirbelt dann Sand auf und drückt einige Sandkörner in das Gleichgewichtsorgan, die Statocyste. Die Körner drücken nach unten auf die Sinneszellen, sodass der Krebs oben und unten unterscheiden kann.

A1 Beschreibe den Bau der Statocyste!

A2 Erkläre, wie der Krebs die Lage seines Körpers wahrnimmt!

A3 Entwickle einen Versuch, mit dem man einen Krebs mit Eisenkörnchen und einem Magneten aus dem Gleichgewicht bringen kann!

Material B ▸ Rufen und Hören

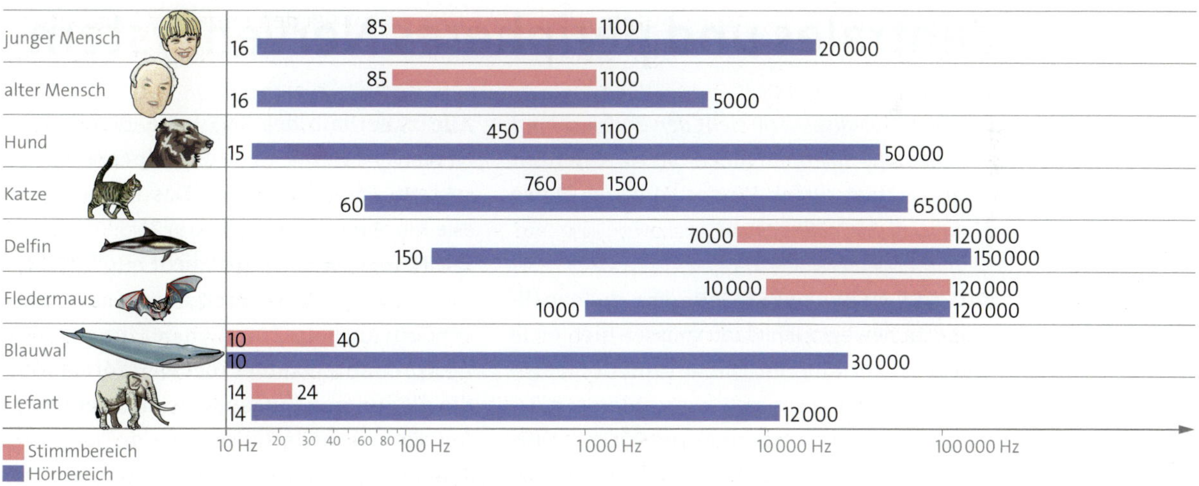

Die Frequenz, die Häufigkeit der Schallschwingungen pro Sekunde, wird in Hertz gemessen. Den Frequenzbereich unter 16 Hertz, den Infraschall, und den über 20 000 Hertz, den Ultraschall, können Menschen nicht hören. Einige Tiere kommunizieren mit Infraschallrufen. Diese haben eine große Reichweite. Ultraschall dient einigen Tieren zur Orientierung im Raum.

B1 Nenne die Tiere, die mithilfe von Infra- beziehungsweise Ultraschall kommunizieren!

B2 Begründe, ob Menschen die Rufe von Fledermäusen hören können!

B3 Stelle Vermutungen an, weshalb die Stimmbereiche der Blauwale und der Fledermäuse eine Angepasstheit an ihre Lebensweise darstellen!

01 Volleyballspielerin

Zentrales und peripheres Nervensystem

Die Volleyballspielerin sieht den Ball, läuft auf ihn zu und spielt ihn innerhalb kürzester Zeit zielgerichtet zurück. Welche Vorgänge laufen dabei in ihrem Körper ab?

griechisch peripheros = außen liegend

lateinisch vegetare = beleben

BAU DES NERVENSYSTEMS · Die Volleyballspielerin bewegt sich, dazu müssen sich viele Muskeln kontrahieren. Die Information darüber, welche Muskeln sich kontrahieren müssen, kommt vom Gehirn und vom Rückenmark. Hier liegen sehr viele Nervenzellen dicht zusammen. Gehirn und Rückenmark bilden das **Zentralnervensystem,** das *ZNS.*

Das ZNS erhält Informationen von den Sinnesorganen. Die Verbindung zwischen Sinnesorganen und Zentralnervensystem sowie zwischen Zentralnervensystem und den Muskeln stellen **Nervenzellen** her, die lange Fortsätze haben.

Alle außerhalb des ZNS liegenden Teile des Nervensystems werden als **peripheres Nervensystem,** *PNS,* bezeichnet. Das PNS verbindet alle Körperregionen mit dem ZNS.

Das Nervensystem regelt nicht nur das Zusammenwirken von Sinnesorganen und Muskeln, sondern auch die Funktion der inneren Organe. Fortwährend empfängt es Informationen, die die inneren Zustände des Körpers betreffen. Es verarbeitet diese Informationen zum Teil und leitet sie weiter.

Da dieser Teil des Nervensystems vor allem für Organe zuständig ist, die den Körper am Leben erhalten, bezeichnet man es als **vegetatives Nervensystem.**

ARBEITSWEISE DES NERVENSYSTEMS · Die Volleyballspielerin sieht den herannahenden Ball. Dieser Reiz wird in den Lichtsinneszellen der Augen in elektrische Signale umgewandelt. Die Signale laufen als Erregung über lange Fortsätze der Nervenzellen, die **Nervenfasern,** zum Gehirn. Das Gehirn verarbeitet die eintreffenden Informationen, sodass die Spielerin den herannahenden Ball erkennt. Alle Nervenfasern, die von den Sinneszellen ausgehen und zum ZNS führen, nennt man **sensorische Nervenfasern.**

Die Volleyballspielerin hat schon häufig Bälle zurückgeschlagen, sodass ihr Gehirn über gespeicherte Bewegungsmuster verfügt. Diese sendet das Gehirn in Form von elektrischen Signalen an die entsprechenden Muskeln. Dies geschieht über **motorische Nervenfasern.** Die Muskeln kontrahieren sich dadurch fein aufeinander abgestimmt, sodass sich der Körper der Volleyballspielerin bewegen kann. Dieses Zusammenspiel von Nervensystem und Muskulatur, das zu einer zielgerichteten Bewegung führt, nennt man **Steuerung.**

Jede Muskelaktivität verändert die Position der Spielerin zum Ball. Von den Sinnesorganen erhält das Gehirn laufend Rückmeldungen darüber, wie vorangegangene Bewegungen die Körperstellung verändert haben. Es vergleicht ständig die gegenwärtige Position mit der erforderlichen und ermittelt daraus, welche Muskelgruppen sich wie als Nächstes kontrahieren müssen. Durch solche Vorgänge, die man als **Regelung** bezeichnet, kann die Spielerin die gewünschte Stellung zum Ball erreichen und ihn letztlich zielgerichtet schlagen. Die Vorgänge vom Eintreffen eines Reizes über die Verarbeitung bis zur Reaktion laufen in ähnlicher Weise ab. Man spricht von einem **Reiz-Reaktions-Schema.**

1 Nenne die Aufgaben des Zentralnervensystems und die des peripheren Nervensystems!

2 Beschreibe die Vorgänge, durch die sich Steuerung und Regelung voneinander unterscheiden!

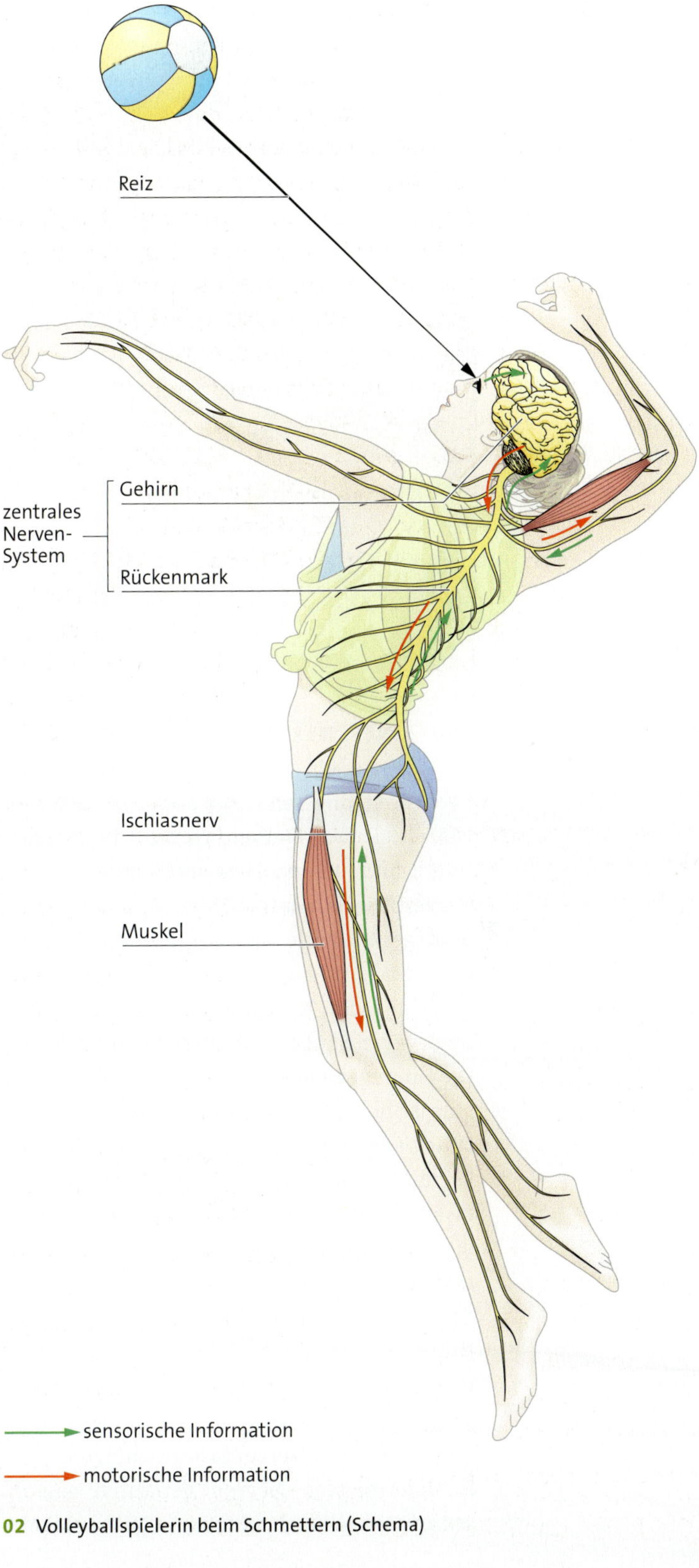

02 Volleyballspielerin beim Schmettern (Schema)

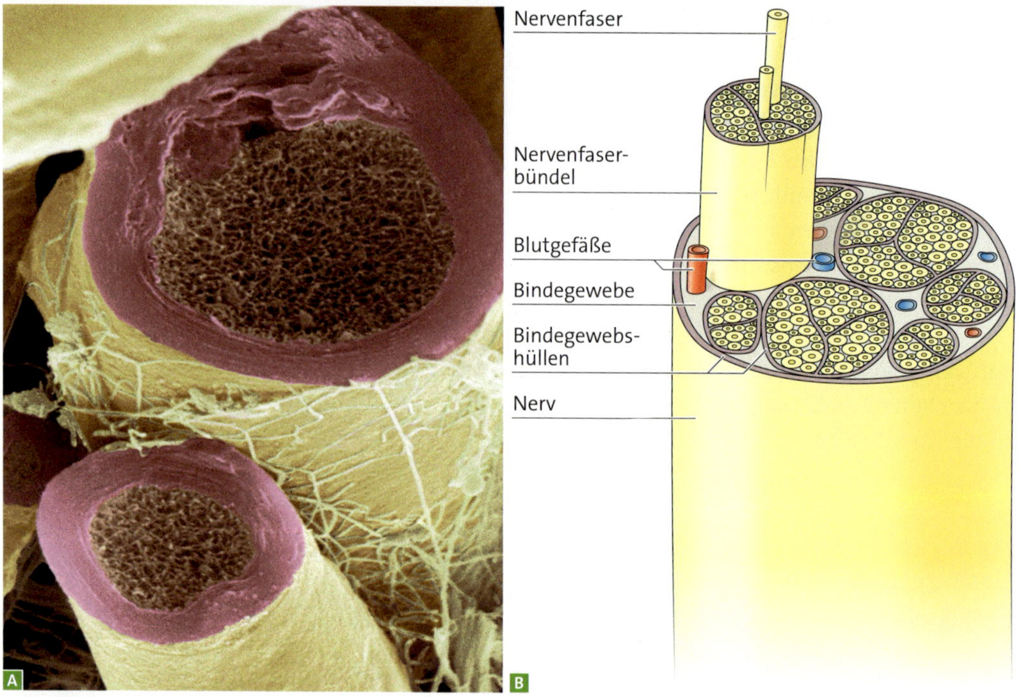

03 Bau eines Nervs:
A *REM*-Aufnahme,
B Schema

BAU EINES NERVS · Ein Nerv ist ähnlich gebaut wie ein Kabel. Den Leitungen des Kabels entsprechen lange Fortsätze von Nervenzellen, den **Nervenfasern.** Die Nervenfasern sind zu Bündeln zusammengefasst, den **Nervenfaserbündeln.** Diese sind von einer **Bindegewebshülle** umgeben. Mehrere Nervenfaserbündel sind wiederum zusammengefasst. Sie bilden den **Nerv,** der ebenfalls von einer Bindegewebshülle zusammengehalten wird.

Die Bindegewebshüllen verleihen dem Nerv eine hohe Elastizität und schützen ihn vor Druck, sodass er bei Bewegungen des Körpers keinen Schaden nimmt. Zwischen den Nervenfaserbündeln laufen Blutgefäße. Sie versorgen die Nervenzellen mit Sauerstoff und Nährstoffen.

Die Bündelung der Nervenfasern zu einem Nerven ist vorteilhaft. So reichen zum Beispiel wenige Blutgefäße aus, um viele Nervenfasern zu versorgen und eine einzige Bindegewebshülle kann viele Nervenfasern schützen.

In den meisten Nerven verlaufen sowohl *sensorische* als auch *motorische* Nervenfasern. Im gleichen Nerv kann also Information vom ZNS in den Körper übermittelt werden und gleichzeitig aus dem Körper in Richtung ZNS.

Unter den Nervenzellen findet man die längsten Zellen des Körpers. Der längste Nerv im Körper des Menschen ist der Ischiasnerv. Er verläuft vom Rückenmark ausgehend zum Gesäß und weiter entlang des hinteren Oberschenkels bis zum Fuß. Die Nervenzellen des Ischiasnervs sind bis zu einen Meter lang. Seine Aufgabe ist es, Meldungen von den Sinneszellen des Beins an das ZNS zu leiten und Befehle des ZNS an die Beinmuskulatur zu senden. Die Volleyballspielerin erhält zum Beispiel über die Ischiasnerven Informationen darüber, welche Stellung ihre Beine haben, und über dieselben Nerven schickt ihr Gehirn über das Rückenmark Erregungsmuster, die ihre Beinmuskeln dazu bringen, sich zusammenzuziehen.

3 Nenne die Bestandteile eines Nervs von innen nach außen!

VERSUCH A ▸ Reaktionszeit

Material:
Lineal (30 cm)
Durchführung:
Lege deinen Arm so auf den Tisch, dass die Hand über seinen Rand hinausragt. Deine Partnerin hält das Lineal und lässt es mit dem unteren Ende über deiner leicht geöffneten Hand zwischen Daumen und Zeigefinger hängen.
Dann lässt sie es ohne Vorankündigung los. Greife das fallende Lineal, ohne die Stellung der Hand zu verändern, mit Daumen und Zeigerfinger.

Hinweis:
Die Fallstrecke in Zentimetern dient als Maß für die Reaktionszeit.

A1 Führe den Versuch fünfmal mit der linken und fünfmal mit der rechten Hand durch und notiere deine Messwerte in einer geeigneten Tabelle!

A2 Stelle Vermutungen darüber an, wie sich Unterschiede in den Messwerten erklären lassen könnten!

A3 Berechne deine durchschnittliche Fallstrecke!

A4 Vergleiche deine durchschnittliche Reaktionszeit mit der deiner Mitschüler!

A5 Erläutere mögliche Gründe, wie es zu unterschiedlichen Werten kommen kann!

Material B ▸ Reiz und Reaktion

B1 Stelle die Vorgänge, die im Körper des Torwarts ablaufen, in Form eines Pfeildiagramms dar!

B2 Begründe, weshalb ein Elfmeter schwerer zu halten ist als ein Fernschuss auf das Tor!

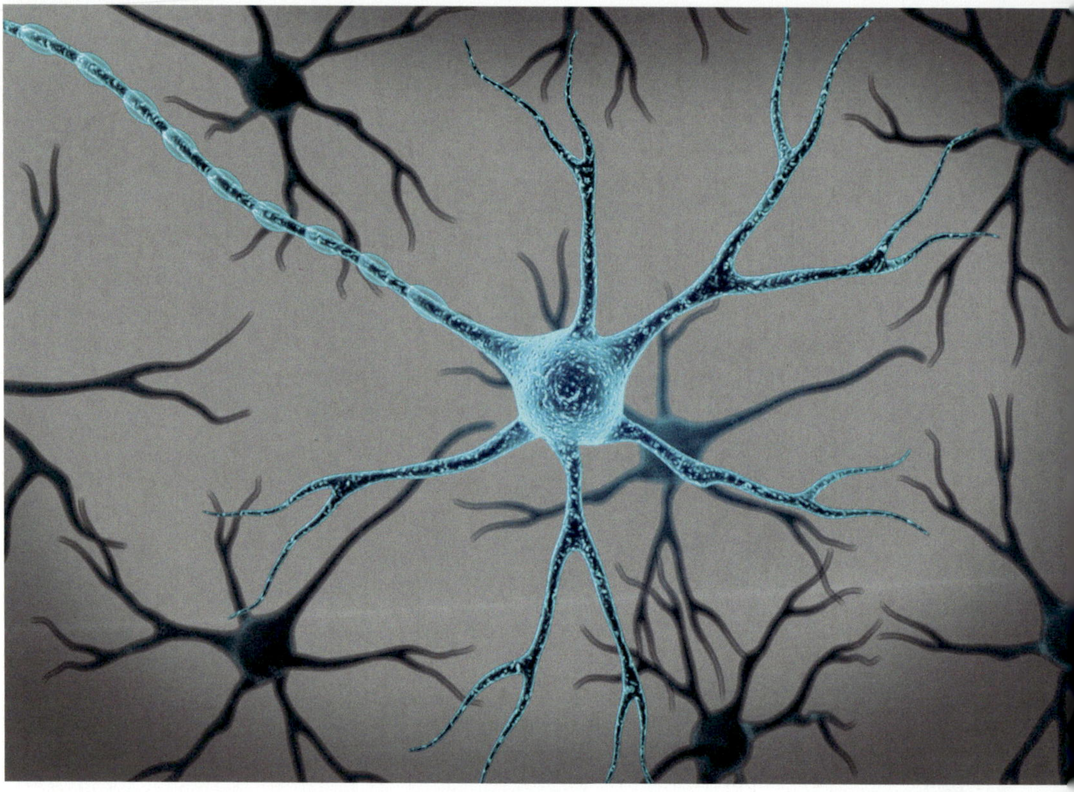

01 Nervenzellen

Die Nervenzelle

Nervengewebe besteht aus Millionen von Nervenzellen. Diese verzweigen sich und stehen untereinander in Verbindung. Dadurch bilden sie ein dichtes Netz. Welche Strukturen weist eine Nervenzelle auf und welche Vorgänge laufen dort ab?

BAU EINER NERVENZELLE · In ihrem Grundbauplan gliedert sich eine Nervenzelle, auch **Neuron** genannt, in mehrere Abschnitte.
Der dickste Bereich einer Nervenzelle hat einen Durchmesser von etwa 0,01 Millimetern bis zu 0,1 Millimetern. In diesem **Zellkörper** liegen der Zellkern und sehr viele Mitochondrien. Die große Anzahl der Mitochondrien ist mit dem hohen Energiebedarf der Nervenzellen zu erklären. Am Zellkörper fallen zahlreiche dünne Fortsätze mit einer Länge von 0,2 Millimetern bis 0,3 Millimetern auf. Wegen ihrer baumartigen Verzweigung werden diese Fortsätze **Dendriten** genannt. Dendriten nehmen Informationen in Form von elektrischen Signalen von benachbarten Nerven- oder Sinneszellen auf und leiten sie entlang ihrer Zellmembran an den Zellkörper weiter. Auf der Zellmembran des Zellkörpers laufen die elektrischen Signale dann zu einem besonderen Fortsatz. Dieser kann bis zu einem Meter lang sein. Er wird als **Axon** bezeichnet.
Die meisten Axone sind von Hüllzellen umgeben, die zusammen die *Markscheide* bilden. Diese enthält fettartige Substanzen, die das Axon elektrisch isolieren. Die Zwischenräume zwischen den Hüllzellen bezeichnet man als **Schnürringe.** Am Ende bildet das Axon Verzweigungen aus, die in Verdickungen münden, den **Endknöpfchen.** Hier werden die elektrischen Signale auf benachbarte Nervenzellen, auf Muskel- oder Drüsenzellen übertragen. Diese Kontaktstellen heißen **Synapsen.**

ERREGUNGSLEITUNG · Wenn eine Nervenzelle von anderen Nervenzellen oder einer Sinneszelle elektrische Signale erhält, dann ändert sich die elektrische Spannung an ihrer Membran. Diese Veränderung bezeichnet man als **Erregung.** Ist die Erregung stark genug, kommt es am Beginn des Axons zu einer kurzzeitigen stärkeren Spannungsänderung. Diese Form der Erregung, das **Aktionspotenzial**, setzt sich an der Membran des Axons in Richtung Endknöpfchen fort. Die Weiterleitung der Erregung geschieht dadurch, dass immer wieder neue Aktionspotenziale an den Schnürringen gebildet werden. Dadurch werden an der Membran des Axons Geschwindigkeiten der Erregungsleitung von bis zu 120 Metern pro Sekunde erreicht.

Wenn ein starker Reiz eine Erregung auslöst, entstehen viele Aktionspotenziale pro Sekunde. Löst ein schwacher Reiz eine Erregung aus, entstehen nur wenige Aktionspotenziale pro Sekunde. Dabei verändert die Stärke eines Reizes nichts an der Form eines Aktionspotenzials. Die Information darüber, ob ein schwacher oder ein starker Reiz die Erregung ausgelöst hat, wird also über die Anzahl der Aktionspotenziale pro Sekunde bestimmt.

Um welche Art von Reiz es sich handelt, lässt sich nicht durch die Aktionspotenziale erkennen, da diese alle gleich sind. Die Information erhält das Gehirn dadurch, dass die Erregung auf jeweils anderen Axonen im jeweils anderen Bereich des zentralen Nervensystems einläuft. Das Gehirn erkennt Meldungen aus den Augen daran, dass die von den Lichtreizen ausgelöste Erregung über den Sehnerv einläuft, während die auf Schallwellen zurückgehende Erregung über den Hörnerv ins Gehirn gelangt.

1 Beschreibe die Erregungsleitung an einer Nervenzelle!

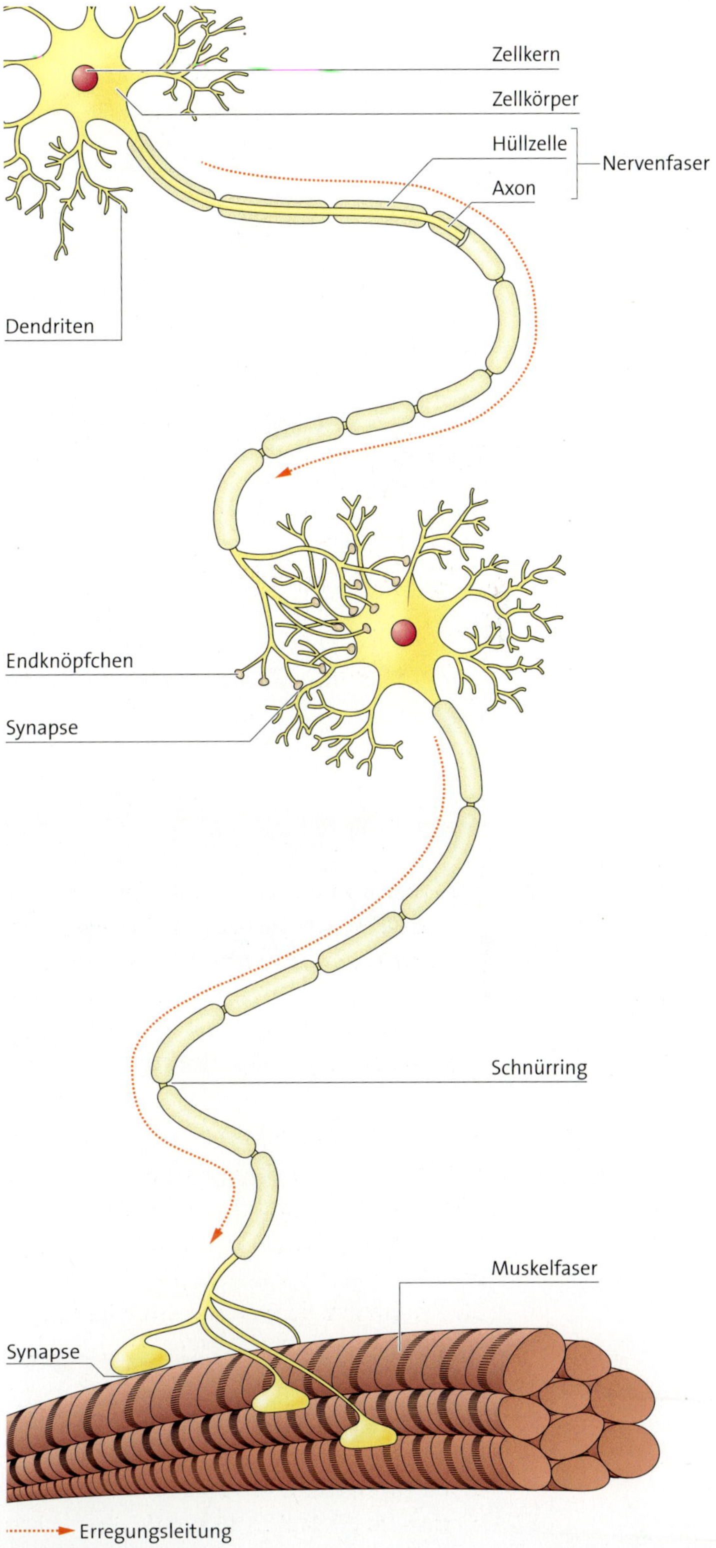

02 Erregungsleitung

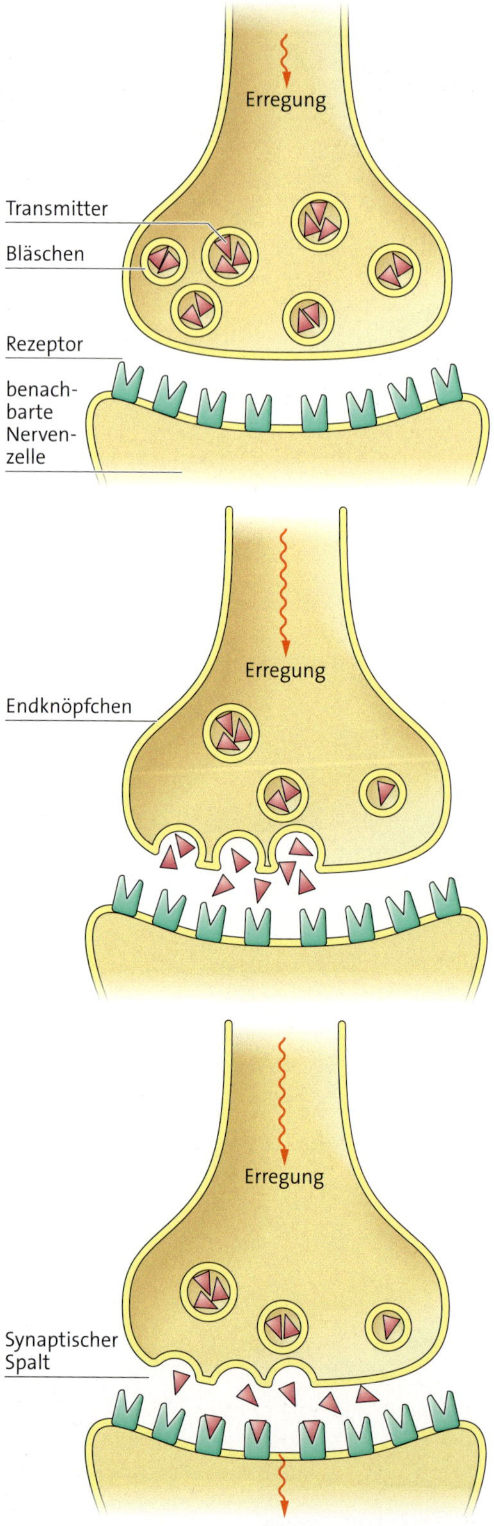

03 Erregungsübertragung an einer Synapse

SYNAPSE · Der spanische Mediziner Santiago Ramón Y CAJAL entdeckte Ende des 19. Jahrhunderts, dass zwischen dem Endknöpfchen und der angrenzenden Zelle ein sehr schmaler Spalt liegt, der **synaptische Spalt.** Wie kann die Erregung diesen Spalt überwinden?

Im Endknöpfchen liegen zahlreiche von einer Membran umgebene Bläschen. Eine im Endknöpfchen einer Nervenzelle eintreffende Erregung bewirkt, dass einige dieser Bläschen mit der Zellmembran des Endknöpfchens verschmelzen. Dadurch entleeren sie ihren Inhalt, eine chemische Substanz, in den synaptischen Spalt. Diese durchquert den synaptischen Spalt. Sie wird daher als *Überträgerstoff* oder **Transmitter** bezeichnet. Da der synaptische Spalt sehr schmal ist, nur etwa 0,000 02 Millimeter breit, läuft dieser Vorgang sehr schnell ab. Die Transmittermoleküle binden auf der anderen Seite an spezielle Rezeptoren der Membran der angrenzenden Zelle. Nach dem *Schlüssel-Schloss-Prinzip* passen die Transmitter und die Rezeptoren genau zueinander. Infolge dieser Bindung wird die Membran der Zelle erregt. Ist die Empfängerzelle eine Muskelzelle, so löst die Erregung eine Kontraktion aus. Die Transmittermoleküle werden nun von Enzymen zerlegt und damit unwirksam gemacht. Die dadurch entstandenen Teilstücke werden in das Endknöpfchen aufgenommen, dort wieder zu Transmittermolekülen zusammengesetzt und erneut in Bläschen gespeichert. Die Erregungsleitung verläuft also über den synaptischen Spalt hinweg auf chemischem Weg. Viele Medikamente, die auf das Nervensystem wirken, greifen in die Erregungsübertragung an Synapsen ein.

2 Erstelle ein Pfeildiagramm, das die Erregungsübertragung an der Synapse darstellt!

Material A ▸ Nervenzellen im Gehirn

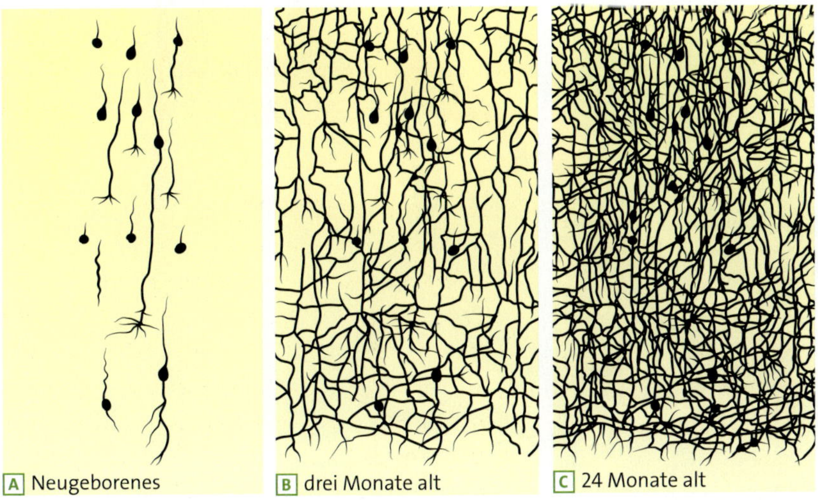

In der Abbildung dargestellt sind Nervenzellen des gleichen Gehirnbereichs in unterschiedlichem Alter eines Kindes.

A1 Beschreibe die Entwicklung des dargestellten Gehirnbereichs im Laufe der zwei Jahre!

A2 Fertige je eine beschriftete Schemazeichnung von drei Nervenzellen der Stadien A und B an, die die Veränderungen deutlich machen!

A3 Stelle Vermutungen an über die Veränderungen der Leistungsfähigkeit des dargestellten Gehirnbereichs!

Material B ▸ Synapsenfunktion

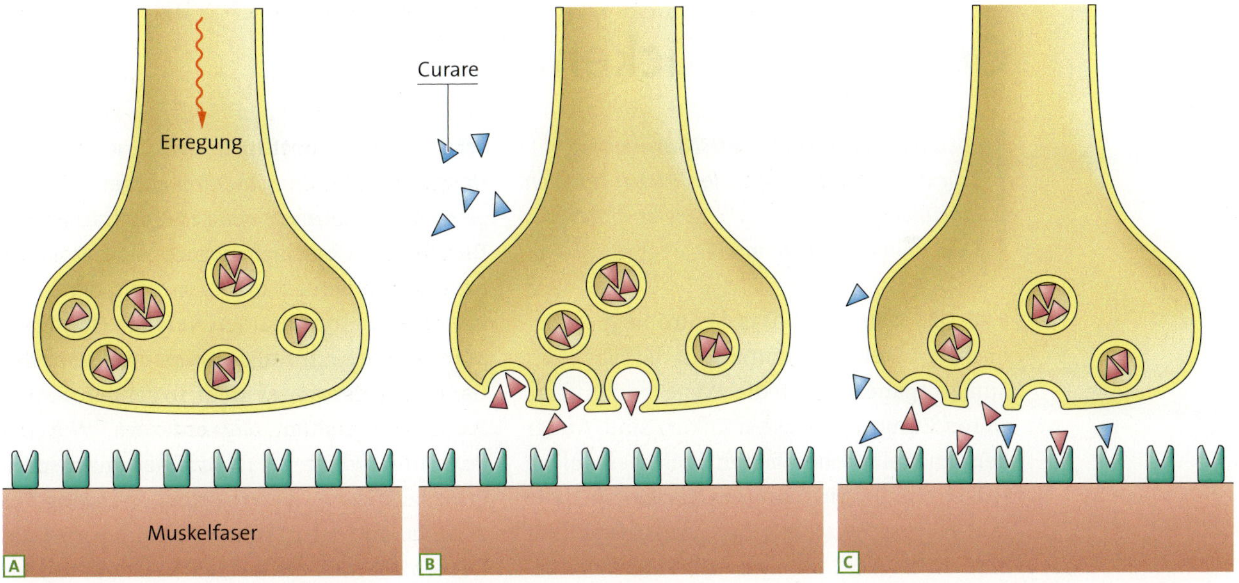

Curare, ein Gemisch aus verschiedenen Pflanzengiften, wird von den Indios Südamerikas als Pfeilgift genutzt, um Tiere zu töten. Früher wurde Curare auch bei Operationen zur Muskelentspannung eingesetzt.

B1 Beschreibe, wie die Erregung den synaptischen Spalt überwindet!

B2 Beschreibe die Wirkungsweise von Curare anhand der Abbildungen!

B3 Erläutere, weshalb die Verwendung bei Operationen erst möglich war, nachdem Patienten künstlich beatmet werden konnten!

B4 Nikotin, ein pflanzlicher Giftstoff in den Blättern der Tabakpflanze, bewirkt an der Synapse eine Dauererregung.
Stelle Vermutungen an, welche Wirkungen Nikotin an der Synapse haben könnte!

01 Startender Sprinter

Gehirn und Rückenmark

Sobald ein Läufer den Startschuss gehört hat, drückt seine Muskulatur den Körper aus den Startblöcken. Welche Rolle spielen dabei das Gehirn und das Rückenmark?

BAU DES GEHIRNS · Das Gehirn liegt an der höchsten Stelle des Körpers, in der Nähe der Sinnesorgane, sodass die Wege von Augen, Ohren, Zunge und Nase sehr kurz sind. Außer den Schädelknochen bieten auch drei weiche Hüllen Schutz, die man *Hirnhäute* nennt. Die mittlere ist schwammartig gebaut und enthält eine Flüssigkeit, die wie ein Wassermantel Erschütterungen dämpft. Außerdem wird von den Hirnhäuten aus das Gehirn mit Blut versorgt.

Das Gehirn besteht aus mehreren Teilen. Den größten Raum des Schädels füllt ein Gehirnbereich aus, der aus einer linken und einer rechten Hälfte besteht. Durch einen dicken Nervenstrang, den *Balken*, stehen die beiden Hälften miteinander in Kontakt. Dieser Gehirnabschnitt wird als **Großhirn** bezeichnet. Furchen in seinen äußeren Schichten sorgen für eine große Oberfläche von etwa 2,5 Quadratmetern. Durch diese Oberflächenvergrößerung haben im äußeren Bereich des Großhirns, der *Großhirnrinde*, viele Milliarden Nervenzellen Platz. Man spricht auch von der *grauen Substanz* des Gehirns. In der weiter innen liegenden *weißen Substanz* verlaufen Nervenfasern. Wie ein Computer arbeitet das Großhirn nach dem Prinzip: Eingang – Verarbeitung – Ausgang. Für die ein- und ausgehende Erregung sind die Nervenfasern in der weißen Substanz zuständig. Die Verarbeitung von Erregung geschieht in der grauen Substanz an den Zellkörpern und Dendriten der Großhirnrinde. Ein Läufer nimmt den Startschuss in seinem Großhirn wahr. Diese Wahrnehmung wird weiterverarbeitet, sodass er auch die Bedeutung der Wahrnehmung erkennt. Auch später beim Lauf muss der Läufer die Markierungen der Bahn nicht nur wahrnehmen, sondern auch erkennen,

damit er sich danach richten kann. Die für die Wahrnehmung und Erkennung zuständigen Bereiche der Großhirnrinde nennt man *sensorische Felder*. Hören findet in Hörfeldern statt, Sehen in Sehfeldern. Außer solchen sensorischen Feldern hat das Großhirn auch Bereiche, aus denen Erregungen in den Körper laufen, die die Muskeln zur Kontraktion bringen. Ein Läufer erhält beim Start den ersten Befehl an die Muskulatur aus solchen *motorischen Feldern*. In sensorische Felder laufen also Erregungen ein, von motorischen Feldern gehen Erregungen aus.
Weitere Bereiche der Großhirnrinde sind nicht auf bestimmte Aufgaben festgelegt. Sie sind zuständig für das Denken und Planen. Beim Menschen sind sie besonders groß. Vor allem mit ihrer Hilfe sind wir in der Lage, das zu leisten, was man mit den intellektuellen und moralischen Fähigkeiten des Menschen umschreibt.

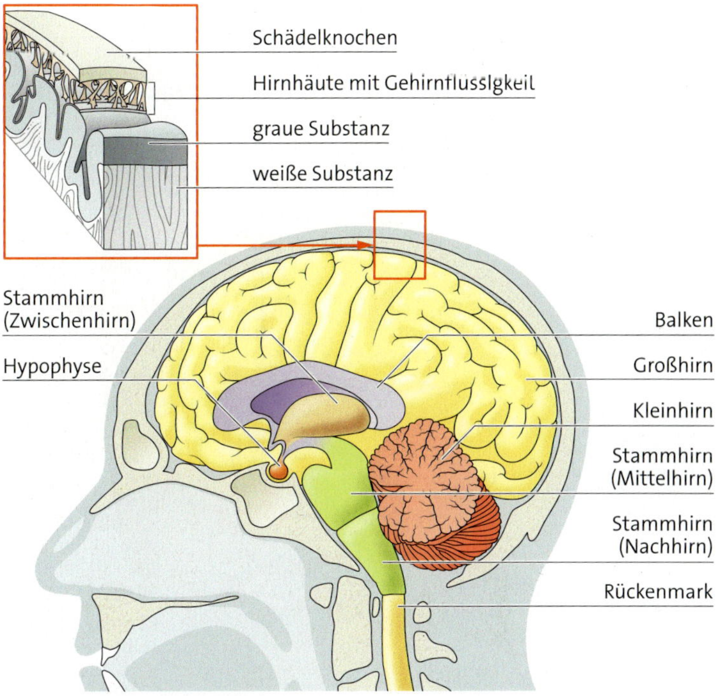

02 Bestandteile des Gehirns

Der Befehl zum Laufen kommt nur als grobes Programm aus dem Großhirn. Die Feinabstimmung, die fein koordinierte, harmonische Bewegungen möglich macht, geschieht in einem anderen Gehirnteil. Er liegt im unteren Bereich des Hinterkopfs und ist ebenfalls gefurcht und in zwei Hälften geteilt. Hier im **Kleinhirn** sind Programme gespeichert, die ganze Bewegungsabläufe umfassen. So wird das Großhirn von der Aufgabe befreit, die gesamte Bewegungssteuerung zu übernehmen. Durch diese Entlastung kann es sich während der Bewegung anderen Aufgaben widmen, zum Beispiel beim Laufen taktische Überlegungen anstellen.

Unter dem Großhirn liegt ein ungefurchter, nicht in zwei Hälften geteilter Gehirnabschnitt, das **Stammhirn.** In seinem vorderen Teil, dem *Zwischenhirn*, werden Meldungen aus den Sinnesorganen bewertet, bevor sie ins Großhirn einlaufen. Hier wird nach wichtig und unwichtig unterschieden. Auch Gefühle wie Hunger, Angst oder Wut entstehen hier, ebenso die Freude eines Läufers, wenn er gewonnen hat. Außerdem ist das Zwischenhirn für die Erhaltung der Lebensvorgänge von grundlegender Bedeutung, zum Beispiel für die Körpertemperatur und den Mineralstoffgehalt des Körpers. Unten ist das Zwischenhirn durch einen kurzen Stiel mit einem etwa erbsengroßen Gebilde, der *Hypophyse*, verbunden. Über diese Hormondrüse kann das Zwischenhirn Vorgänge im Hormonsystem steuern.
Die übrigen Bereiche des Stammhirns sind das *Mittelhirn* und das weiter hinten liegende *Nachhirn*, das in das Rückenmark übergeht. Im Mittelhirn liegen Umschaltstellen zwischen den Sinnesorganen und dem Zwischen- und Großhirn. Das Nachhirn ist für lebenswichtige Vorgänge zuständig, die wir mit unserem Willen nicht beeinflussen können, zum Beispiel für die Atembewegungen.

1 Nenne die Aufgaben der verschiedenen Teile des Gehirns!

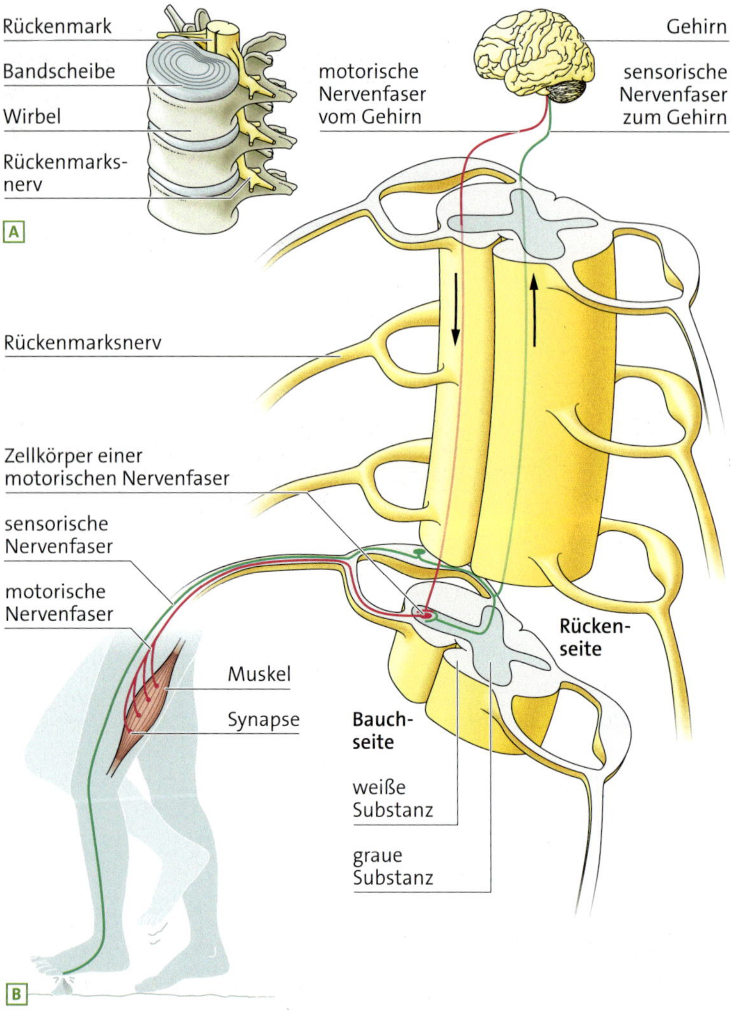

03 Schmerzreaktion: **A** Lage des Rückenmarks, **B** Erregungsleitung und Verschaltung

RÜCKENMARK · Neben dem Gehirn gehört auch das Rückenmark zum zentralen Nervensystem. Die Zellkörper seiner Nervenzellen liegen in der schmetterlingsförmigen *grauen Substanz* im Inneren des Rückenmarks. Der Außenbereich, die *weiße Substanz,* besteht aus Nervenfasern. Pro Wirbel geht rechts und links je ein Nerv ab, die *Rückenmarksnerven.* Sie beginnen in ihrem Anfangsbereich mit je zwei Wurzeln. Wenn man auf einen spitzen Stein tritt, zieht man das Bein zurück, bevor man den Schmerz spürt. Wie ist das zu erklären?
Durch den spitzen Stein entsteht in den Sinneszellen der Haut Erregung. Sie läuft durch die *Rückenmarksnerven* bis in die graue Substanz des Rückenmarks. Dort geht die Erregung auf andere Nervenzellen, die *motorischen Nervenzellen,* über. Die auf ihren Nervenfasern laufende Erregung bringt die Beinmuskeln zur Kontraktion, sodass das Bein zurückgezogen wird. Eine solche Reaktion auf einen Reiz hin bezeichnet man als **Reflex**, die zugrunde liegende Verschaltung der Nervenzellen als **Reflexbogen.** Reflexe enden immer in einer festgelegten, nicht veränderbaren Reaktion. Durch die kurzen Leitungswege der *sensorischen* und *motorischen Nervenfasern* von den Sinneszellen bis zum Erfolgsorgan ist die Reaktion sehr schnell. Auch Schlucken, Niesen, Pupillenweite, Lidschluss und Speichelbildung werden durch Reflexe gesteuert.

Den Tritt auf einen spitzen Stein spüren wir als Schmerz. Die von den Schmerzsinneszellen ausgehende Erregung muss also das Gehirn erreichen. Dafür sorgen Abzweigungen der sensorischen Nervenfasern, die durch die weiße Substanz zum Gehirn laufen. Weil der Weg dieser *sensorischen Bahnen* zum Gehirn lang ist, empfinden wir den Schmerz aber erst, nachdem der Reflex bereits abgelaufen ist. In der weißen Substanz verlaufen auch Nervenfasern, die von den Hirnbereichen ausgehen, die für Bewegungen zuständig sind. Die Axone dieser *motorischen Bahnen* bilden Synapsen mit den motorischen Zellen des Rückenmarks. So können Bewegungen ausgelöst werden, zu denen wir uns entschlossen haben, zum Beispiel die, mit der wir den beim Reflex zurückgezogenen Fuß wieder auf den Boden setzen. Vom Rückenmark aus läuft die Erregung dieser *willkürlichen Bewegung* auf denselben Nervenbahnen zur Muskulatur, die auch Bestandteil des Reflexbogens sind. Das Rückenmark erfüllt also zwei Funktionen. Es verschaltet und es leitet die Erregungen.

2 Stelle die Vorgänge, die bei Reflexen ablaufen, als Pfeildiagramm dar!

Material A ▸ Felder der Großhirnrinde

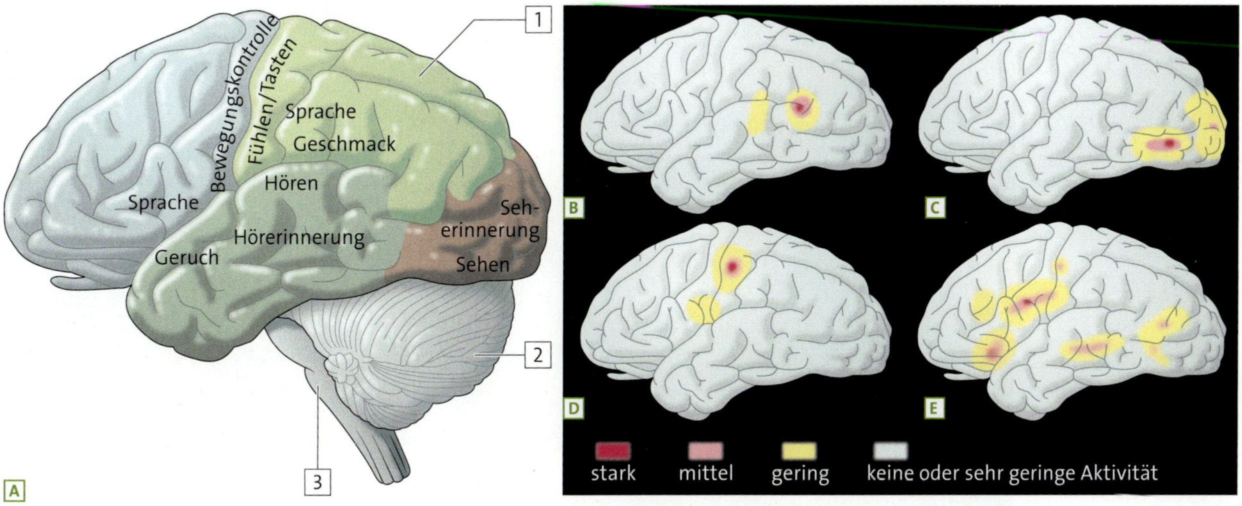

Mit einer besonderen Technik lassen sich die Bereiche der Großhirnrinde, die gerade besonders aktiv sind, durch eine gelbe, orangefarbene und rote Färbung sichtbar machen.

A1 Ordne den Zahlen die entsprechenden Fachbegriffe zu!

A2 Ordne den Abbildungen B bis E folgende Leistungen zu: 1) Worte sehen, 2) Worte sprechen, 3) Worte hören, 4) an Worte denken!

A3 Stelle Vermutungen an, weshalb in der Abbildung C zwei Bereiche der Großhirnrinde aktiv sind!

A4 Stelle Vermutungen an, weshalb in der Abbildung E viele Felder aktiv sind!

Material B ▸ Reflex

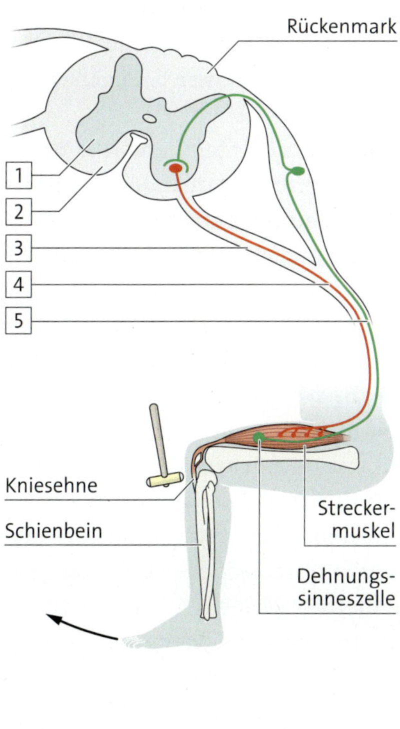

Bei einem leichten Schlag auf die Kniesehne wird der Streckermuskel gedehnt. Dadurch entsteht in Dehnungssinneszellen des Muskels elektrische Erregung. Infolgedessen hebt sich der Unterschenkel mit einem kleinen Ruck. Diese Reaktion auf den Reiz nennt man *Kniesehnenreflex*.

B1 Ordne folgende Begriffe den mit Zahlen gekennzeichneten Bereichen der Abbildung zu: motorische Nervenfaser, weiße Substanz, Rückenmarksnerv, sensorische Nervenfaser, graue Substanz, motorische Nervenzelle!

B2 Begründe, weshalb man die Bewegungssteuerung, die in der Abbildung dargestellt ist, als Reflex bezeichnen darf!

B3 Stelle Vermutungen an, weshalb ein Arzt bei einer Untersuchung diesen Reflex prüft!

B4 Stelle Vermutungen an, durch welche im Schema nicht eingetragenen Strukturen es möglich ist, auch mit geschlossenen Augen festzustellen, dass der Reflex ablief!

01 Geige spielendes Kind

Lernen und Gedächtnis

Ein Kind schaut auf die Noten eines Musikstücks. Es greift mit der linken Hand die Saiten am Griffbrett, mit der rechten Hand führt es den Bogen über die Saiten der Geige. Nach einer gewissen Zeit gelingt es ihm sogar, das Stück ohne Noten aus dem Gedächtnis zu spielen. Wie ist das möglich?

LERNEN · Die Aufnahme von Informationen aus der Umwelt erfolgt über die Sinnesorgane. Das Kind sieht die Noten und hört die Töne. Weitergeleitet werden die Informationen in Form von Erregung über sensorische Nervenfasern zum zentralen Nervensystem. Im Großhirn sind es die sensorischen Felder der Großhirnrinde, in die die Erregung einläuft und in denen sie verarbeitet wird. Damit wird die Erregung wahrgenommen.
Der Befehl, durch den die Finger die Saiten des Griffbretts greifen sowie der Arm den Bogen über die Saiten streicht, kommt in Form eines groben Programms vom Großhirn. Für die Feinabstimmung der koordinierten Bewegungen ist vor allem das Kleinhirn zuständig. So können die Noten des Blattes in eine präzise Tonfolge umgesetzt werden. Das Kind hat ein Notenbild mit bestimmten Bewegungen verknüpft und gespeichert.
Ein Prozess, bei dem ein Mensch Informationen aus seiner Umwelt aufnimmt, verarbeitet, diese speichert und sie zu einem späteren Zeitpunkt wieder abruft, wird als **Lernen** bezeichnet.

Menschen lernen auf unterschiedliche Weise. Es gibt Menschen, die Informationen aus ihrer Umwelt am besten aufnehmen können, indem sie diese hören. Andere können dies am erfolgreichsten, wenn sie Informationen über ihre Augen aufnehmen, und nochmals anderen gelingt das Aufnehmen von Informationen dann besonders gut, wenn sie die Möglichkeit haben, eine Handlung selbst auszuführen. Auch die Kommunikation mit dem Gegenüber kann für den Lernerfolg entscheidend sein. Grundsätzlich unterscheidet man verschiedene **Lerntypen,** die mit unterschiedlichen Lerntechniken am besten lernen können. Allerdings ist der Lernerfolg am höchsten, wenn der Mensch

Informationen über möglichst viele seiner Sinnesorgane gleichzeitig aufnimmt. Man spricht von einem **mehrkanaligen Lernen.**

Lernen wird durch mehrere Faktoren begünstigt. Diese können die Motivation sein, etwas lernen zu wollen, eine mögliche Belohnung sowie positive Gefühle, die zum Beispiel dann auftreten, wenn mit anderen, angenehmen Menschen zusammen gelernt wird.

Wir lernen ständig und unser Gehirn verändert sich dabei fortwährend. So zeigen Synapsen, in denen häufig Aktionspotenziale einlaufen, eine Verbesserung der Erregungsübertragung. Durch häufiges Wiederholen von Tätigkeiten können sich auch neue Synapsen ausbilden. Andere, wenig oder nicht genutzte werden sogar wieder abgebaut.

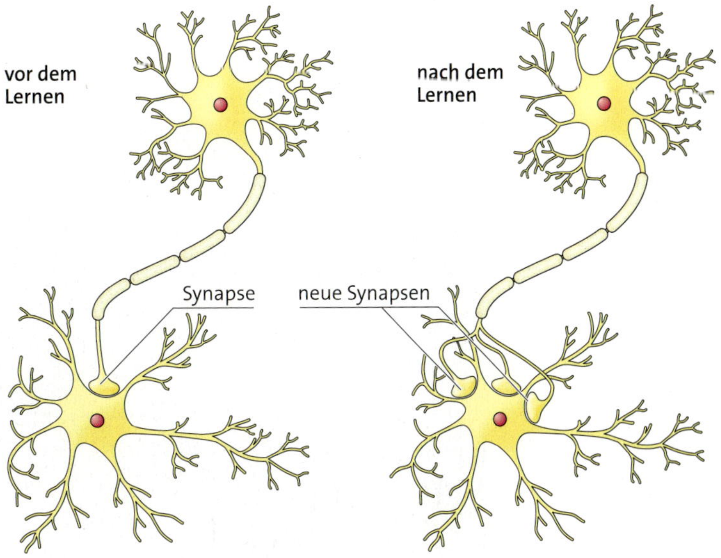

02 Synapsenbildung durch Lernen

GEDÄCHTNIS · Informationen aus der Umwelt werden zunächst von einem Informationsspeicher mit sehr großem Fassungsvermögen aufgenommen. Dort werden sie allerdings nur wenige Millisekunden lang gespeichert und gehen dann sofort wieder verloren. Damit wird einer Reizüberflutung entgegengewirkt. Man nennt diesen Speicher **Ultrakurzzeitgedächtnis.**

Informationen, denen wir mehr Aufmerksamkeit schenken, werden an ein nächstes Speichersystem weitergegeben, dem **Kurzzeitgedächtnis.** Dort bleiben sie für einige Sekunden bis Stunden verfügbar. Von dort aus gelangen wenige Informationen in einen letzten Speicher, das **Langzeitgedächtnis.** Sie bleiben dort umso länger verankert, je öfter sie wiederholt werden und je besser die Verknüpfung mit bereits gespeicherten Inhalten ist. Die Verweildauer kann ein ganzes Leben betragen. Allerdings vergessen wir einen großen Teil der im Langzeitgedächtnis gespeicherten Informationen auch wieder. Die Vorstellung, dass unterschiedliche Gedächtnisleistungen auf miteinander verknüpften Speichersystemen beruhen, wird als **Mehrspeichermodell** des Gedächtnisses bezeichnet.

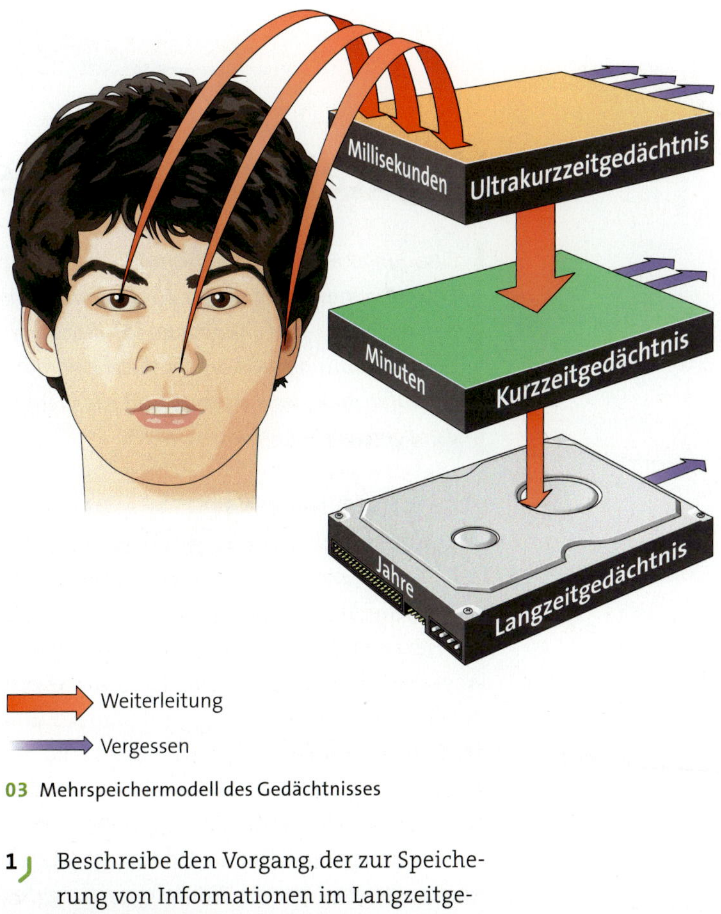

03 Mehrspeichermodell des Gedächtnisses

1 Beschreibe den Vorgang, der zur Speicherung von Informationen im Langzeitgedächtnis führt!

01 Yogaübung

Vegetatives Nervensystem

Eine junge Frau sitzt am Strand und macht Entspannungsübungen. Der Wechsel zwischen Entspannung und Anspannung dient der Gesunderhaltung des Körpers. Welche Vorgänge laufen dabei im Körper ab und wie werden diese geregelt?

VEGETATIVES NERVENSYSTEM – BAU · Bei Entspannungsübungen sind die Augen häufig geschlossen, die Gesichtsmuskulatur ist entspannt, die Atmung ist tief und gleichmäßig. Der Herzschlag ist ebenfalls gleichmäßig und langsam. Im Lotussitz sind die Arme locker auf den Beinen abgelegt. Der gesamte Körper und das Gehirn befinden sich in einem Zustand der Entspannung. Dafür verantwortlich ist ein bestimmter Teil des Nervensystems, das *vegetative Nervensystem.* Der Teil des vegetativen Nervensystems, der für die Entspannung des Körpers zuständig ist, ist der **Parasympathikus.** Dieser Nerv kommt auf beiden Seiten direkt aus dem Gehirn. Außerdem gehören paarige Nerven zum Parasympathikus, die im Beckenbereich auf beiden Seiten vom Rückenmark austreten. Diese Nerven führen zu fast allen Organen.

Der Teil des vegetativen Nervensystems, der für die Anspannung und die Aktivierung des Körpers verantwortlich ist, bezeichnet man als **Sympathikus.** Sympathikusnerven treten aus dem Rückenmark aus und münden in Ansammlungen von Nervenzellen, den *Ganglien.* Die Ganglienketten des Sympathikus verlaufen beiderseits der Wirbelsäule. Sie werden als *sympathische Grenzstränge* bezeichnet. Von hier aus ziehen die Nerven des Sympathikus zu allen inneren Organen des Körpers.

1 Beschreibe den Bau des vegetativen Nervensystems!

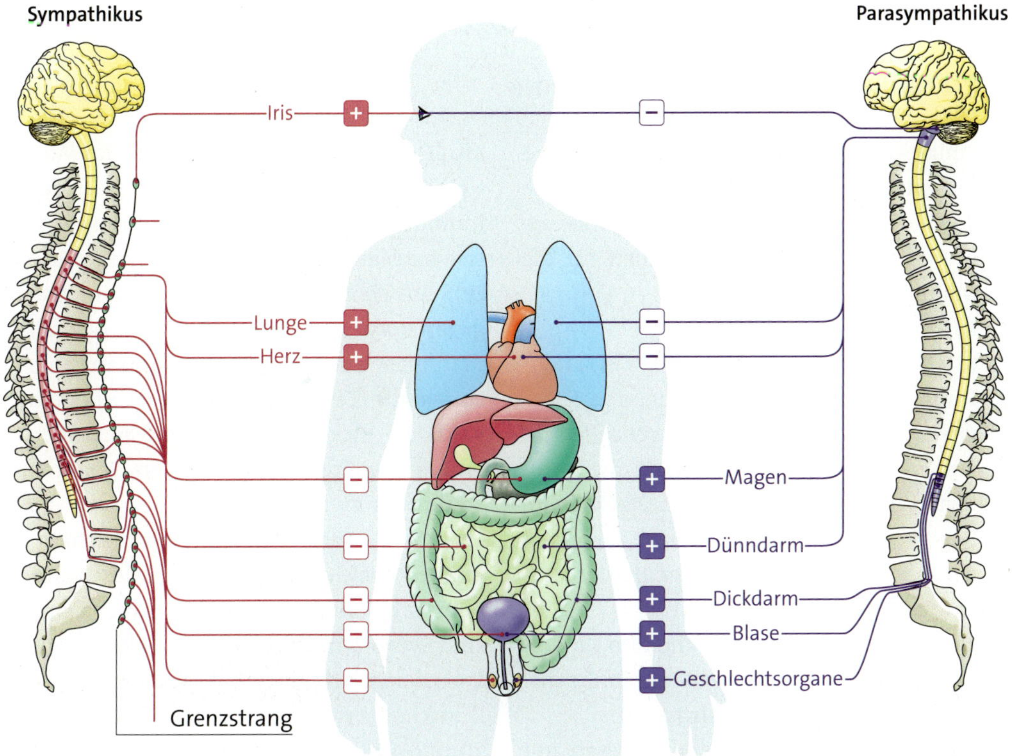

02 Wirkungen von Sympathikus und Parasympathikus

VEGETATIVES NERVENSYSTEM – FUNKTION · Während eines Wettkampfs ist der Körper eines Sportlers auf Leistung eingestellt. Seine Atmung ist vertieft, sein Herzschlag beschleunigt. So gelangt viel Sauerstoff zu den Muskelzellen. In der Leber wird vermehrt Glukose abgegeben, die über das Blut zu den Muskelzellen transportiert wird. Die Schweißdrüsen geben Schweiß ab, damit die durch die Muskelaktivität entstehende Wärme abgeführt werden kann. Weiterhin werden die Bewegungen von Magen und Darm zurückgefahren. Der Sympathikus steuert die Organe, die notwendig sind, wenn körperliche Leistung gesteigert werden muss. Der Parasympathikus hingegen fördert Entspannung, Regeneration sowie den Aufbau von Energiereserven. Er drosselt die Aktivität von Lunge, Herz sowie Schweißdrüsen und fördert die Leistung der Verdauungsorgane, der Ausscheidungsorgane und der Geschlechtsdrüsen.

Die Regelung der vielen unterschiedlichen Organfunktionen im Körper läuft über Sympathikus und Parasympathikus ab. So wirken beide beispielsweise auf das Herz ein, der eine anregend, der andere hemmend. Deshalb bezeichnet man sie als Gegenspieler, als *Antagonisten*. So ist eine schnelle und präzise Einstellung körperlicher Funktionen möglich. Dabei arbeiten Sympathikus und Parasympathikus weitestgehend selbstständig, ihre anregende beziehungsweise hemmende Funktion ist willentlich nicht beeinflussbar. Deshalb wird das vegetative Nervensystem auch als **autonomes Nervensystem** bezeichnet.
Allerdings können zum Beispiel durch Yoga oder autogenes Training die Funktionen des vegetativen Nervensystems positiv unterstützt werden.

2 Der Sympathikus wird auch als „Leistungsnerv" bezeichnet, der Parasympathikus als „Ruhenerv". Erläutere diese Bezeichnungen!

IM BLICKPUNKT MEDIZIN

Erkrankungen des Nervensystems

Einige Krankheiten des Nervensystems sind die Folge einer Infektion, zum Beispiel die Kinderlähmung. Fehlerhafte Vorgänge im Immunsystem sind die Ursachen für die Multiple Sklerose.

KINDERLÄHMUNG (POLIOMYELITIS) · Durch die Infektion mit Viren, den *Polioviren*, werden bestimmte Nervenzellen im grauen Bereich des Rückenmarks, die motorischen Nervenzellen, zerstört. Die Zeit vom Beginn der Infektion bis zum Auftreten der ersten Symptome, die *Inkubationszeit*, beträgt 5 bis 35 Tage.
Meistens beginnt die Krankheit im Kindesalter zwischen drei und acht Jahren. Sie tritt vor allem in Indien und Afrika auf.
Bei einem harmlosen Verlauf treten nur Fieber, Rückenschmerzen, Muskelschmerzen sowie eine Steifheit des Nackens auf. Schlimmer ist der Krankheitsverlauf, bei dem die Zerstörung der Rückenmarkszellen zu Lähmungen führt. Häufig bleiben dann die Beine dauerhaft gelähmt. Mit einer medikamentösen Behandlung können die Symptome gelindert werden. Zur Vorbeugung dienen Hygienemaßnahmen und Impfungen, wie die sogenannte *Polioimpfung*.

MULTIPLE SKLEROSE · Die Ursache für Multiple Sklerose sind fehlerhafte Abläufe des Immunsystem. Dabei greift das Immunsystem die Markscheiden von Nervenzellen des ZNS an. Weil sich das Immunsystem also gegen körpereigene Zellen richtet, spricht man von einer **Autoimmunerkrankung.** Durch die Zerstörung der Markscheiden kann die elektrische Erregung nur noch langsam weitergeleitet werden. Dadurch kommt es zu Muskelschwäche sowie zu Sprach- und Sehstörungen. Auch Einschränkungen des Gedächtnisses und der Wahrnehmung sowie Koordinationsprobleme sind Symptome der *Multiplen Sklerose.* Die Symptome treten schubweise auf. Die Krankheit bricht meistens zwischen dem 20. und 40. Lebensjahr auf.
Als Auslöser für die fehlgeleitete Reaktion des Immunsystems werden vor allem genetische Einflüsse vermutet. In der Therapie werden Medikamente eingesetzt, die das Immunsystem günstig beeinflussen. Weiterhin gehören zur Behandlung von Multipler Sklerose Sprachtherapie und Physiotherapie. *Multiple Sklerose* ist zurzeit nicht heilbar.

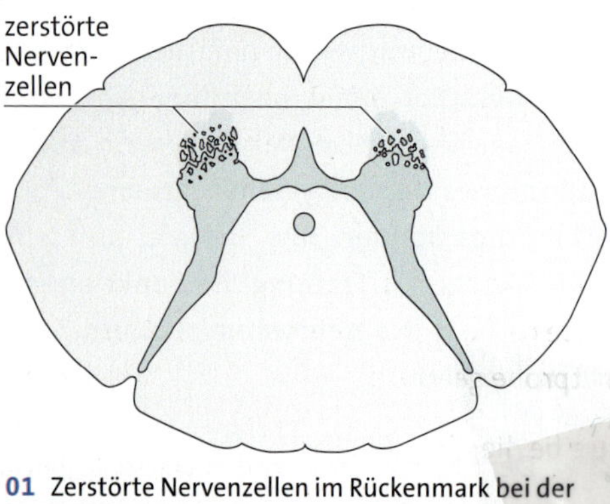

01 Zerstörte Nervenzellen im Rückenmark bei der Kinderlähmung

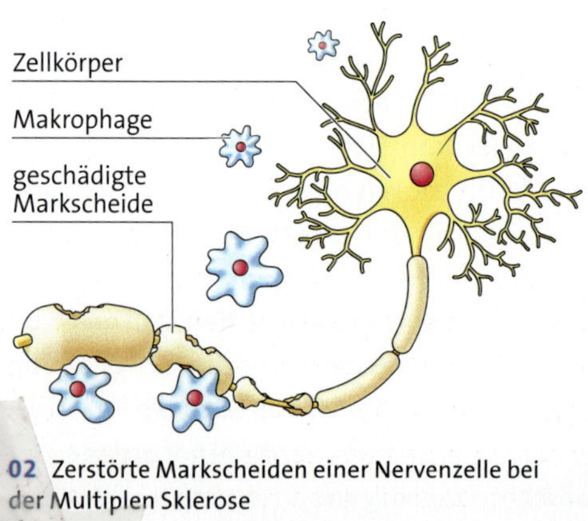

02 Zerstörte Markscheiden einer Nervenzelle bei der Multiplen Sklerose

Material A ▸ Vegetatives Nervensystem

A

B

A1 Beschreibe die jeweils in der Abbildung dargestellte Situation!

A2 Beschreibe die Vorgänge, die dabei im vegetativen Nervensystem ablaufen!

A3 Erläutere die Einflüsse des vegetativen Nervensystems auf die Bereitstellung von Glukose in Situation A und B!

Material B ▸ Parkinson

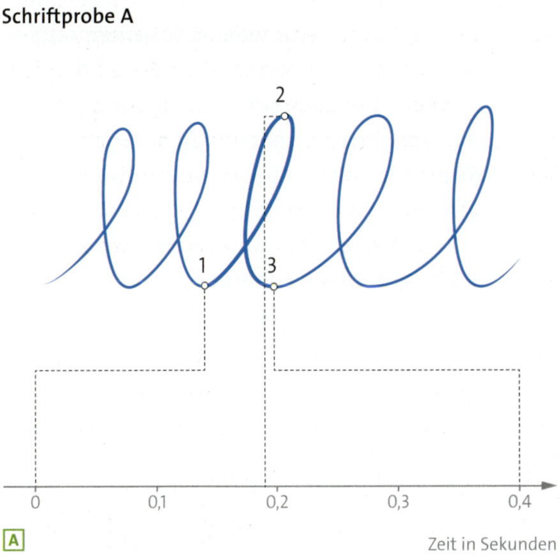

A

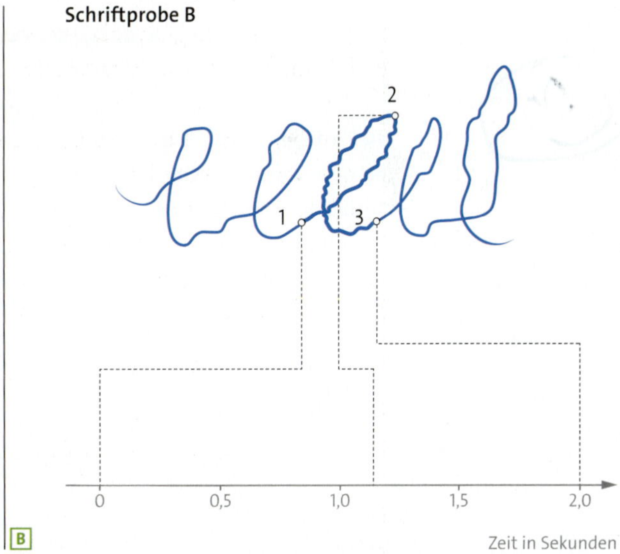

B

Parkinson ist eine Krankheit, bei der aus noch ungeklärten Gründen die Dopamin produzierenden Nervenzellen im Mittelhirn zerstört werden. Wird kein Dopamin produziert, fehlt dieser Transmitter in den Synapsen.

Zur Diagnose der Krankheit wird oft eine Schriftprobe gemacht.

B1 Beschreibe die Abbildung A!

B2 Vergleiche die Abbildungen A und B!

B3 Beschreibe die Bedeutung von Transmittern in den Synapsen!

B4 Stelle Vermutungen an, in welchem Zusammenhang die Schriftproben mit dem Transmitter Dopamin stehen!

01 Haushaltszucker

Hormone – Blutzuckerspiegel

Haushaltszucker besteht zum Teil aus Glukose. Diese benötigen unsere Zellen für die Zellatmung. Je nach Aktivität des Körpers ist eine unterschiedliche Menge an Glukose erforderlich. Wie wird geregelt, dass die Zellen die passende Menge an Glukose erhalten?

HORMONE · Die Glukose der Nahrung gelangt aus dem Dünndarm ins Blut. Die Zellen beziehen sie aus dem Blut. Wie hoch der Glukosegehalt im Blut, der *Blutzuckerspiegel*, ist und wie viel Glukose aus dem Blut in die Zellen gelangt, wird durch bestimmte Wirkstoffe geregelt. Auch die Regelung vieler anderer Prozesse geschieht durch spezielle Wirkstoffe. Allen gemeinsam ist, dass sie von besonderen Drüsen an das Blut abgegeben werden und dass sie schon in sehr geringen Mengen wirken. Man nennt solche Wirkstoffe **Hormone**. Ein bestimmtes Hormon wirkt nur auf die Zellen, die auf der Oberfläche ihrer Membran Empfängerstellen, die *Rezeptoren*, tragen. In die passt das jeweilige Hormon wie ein Schlüssel ins Schloss.

Das Hormonsystem ist neben dem Nervensystem ein zweites Informationssystem des Körpers. Da Hormone mit dem Blut transportiert werden, ist die Informationsleitung aber viel langsamer als die des Nervensystems. Dafür hält die Wirkung einer empfangenen Information in den Zielzellen länger an. Außerdem kann ein einmal an das Blut abgegebenes Hormon an mehreren Stellen des Körpers gleichzeitig wirken, nämlich überall dort, wo Zellen die passenden Rezeptoren haben. Für die Hormone, die den Blutzuckerspiegel regeln, haben alle Zellen des Körpers passende Rezeptoren.

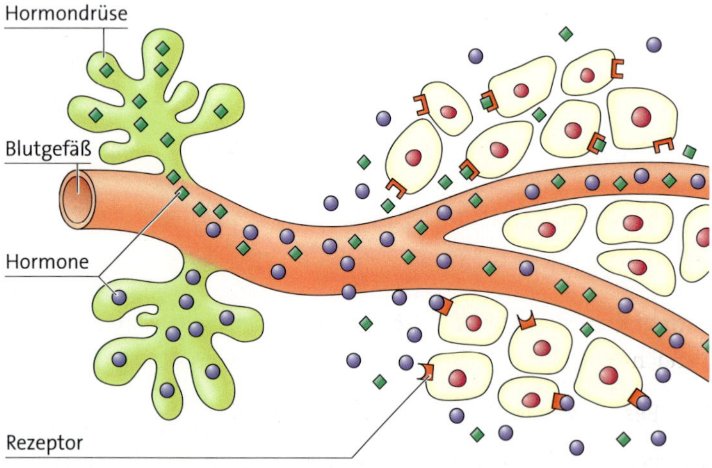

02 Informationsübertragung im Hormonsystem

INSULIN UND GLUKAGON · Die meisten Kohlenhydrate in der Nahrung enthalten Glukose, zum Beispiel Haushaltszucker, oder die aus langen Ketten von Glukoseteilchen bestehende *Stärke* in Brot, Kartoffeln oder Reis. Nach der Verdauung einer Mahlzeit steigt daher in der Regel der Blutzuckerspiegel an. Wie viel Glukose dem Blut entzogen wird und in die Zellen gelangt, steuert ein bestimmtes Hormon. Es verändert die Membranen der Zellen so, dass sie die Glukose aus dem Blut in ihr Zellplasma aufnehmen können. Dadurch sinkt der Blutzuckerspiegel. Dieses Hormon, das **Insulin**, wird in der Bauchspeicheldrüse gebildet und ins Blut abgegeben, wenn der Blutzuckerspiegel ansteigt. Die hormonbildenden Zellen liegen verteilt im Gewebe der Bauchspeicheldrüse, das auch Verdauungssaft bildet.

Glukose, die nicht sofort in der Zellatmung abgebaut wird, wird in Leber- und Muskelzellen gespeichert. Dazu wird sie zu Fett umgewandelt oder zu langen, verzweigten Ketten, zu *Glykogen*, verbunden.

Durch die Ausschüttung von Insulin kann der Blutzuckerspiegel stark sinken. Auch ohne Nachschub von Glukose durch Aufnahme aus dem Dünndarm lässt sich der Blutzuckerspiegel wieder erhöhen, wenn das in der Leber und den Muskeln gespeicherte Glykogen oder das Körperfett zu Glukose abgebaut wird. Wie stark der Abbau von Glykogen in der Leber verläuft, wird durch ein weiteres Hormon, das **Glukagon,** gesteuert. Es wird ebenfalls in der Bauchspeicheldrüse gebildet, allerdings in anderen Zellen als das Insulin. Die Bauchspeicheldrüse bildet also Verdauungssaft und die Hormone Insulin und Glukagon.

Insulin senkt den Blutzuckerspiegel, Glukagon hebt ihn. Man nennt solche in entgegengesetzter Richtung wirkende Faktoren *Antagonisten*. Sie regeln den Blutzuckerspiegel. Bei einem gesunden Menschen pendelt er normalerweise in einem Bereich zwischen 0,7 und 1,1 Gramm Glukose pro Liter Blut. Wenn in den Zellen durch die Zellatmung viel Glukose abgebaut wird, zum Beispiel bei körperlicher Tätigkeit oder bei intensiver Denkarbeit, sinkt er in den unteren Bereich ab, nach einer kohlenhydratreichen Mahlzeit liegt er im oberen Bereich.

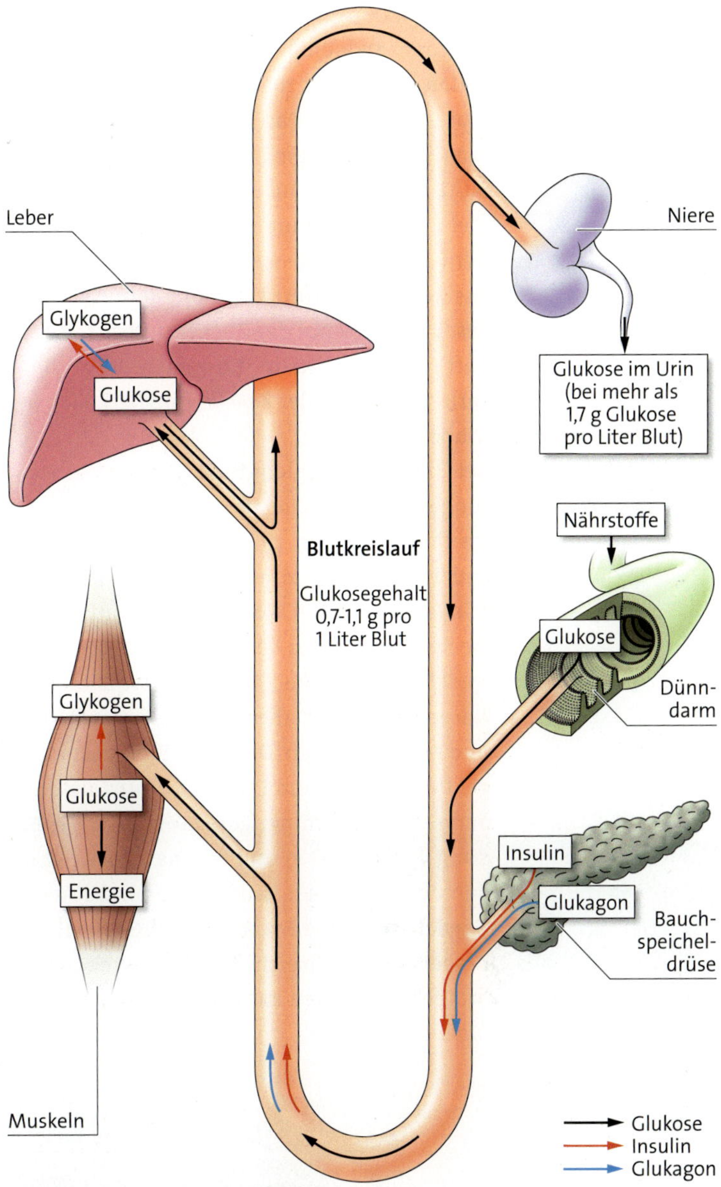

03 Regelung des Blutzuckerspiegels durch Insulin und Glukagon

1 Beschreibe die Merkmale von Hormonen!

2 Erläutere die antagonistische Wirkung von Insulin und Glukagon!

griechisch dia = durch, bainein = gehen,

lateinisch mellitus = süß

DIABETES · Wenn die Bauchspeicheldrüse kein oder zu wenig Insulin bildet, können die Zellen keine oder zu wenig Glukose aus dem Blut aufnehmen. Das Blut erhält aber weiterhin Glukose aus dem Darm. Dadurch steigt der Blutzuckerspiegel auf einen zu hohen Wert. Bei mehr als 1,7 Gramm Glukose pro Liter Blut, wird die überschüssige Glukose in der Niere aus dem Blut entfernt und mit dem Harn ausgeschieden. Wenn der Zucker im Harn dauerhaft weit über dem normalen Wert liegt, spricht man von der *Zuckerkrankheit* oder von **Diabetes mellitus.**

Bei Diabetikern gelangt die Glukose der Nahrung zwar bis ins Blut, von dort aber wegen des Insulinmangels in zu geringem Maße in die Zellen. Ihre Zellatmung kann daher nur schwach ablaufen, sodass nur wenig Stoffwechselenergie zur Verfügung steht, zum Beispiel für die Tätigkeit der Muskulatur oder des Nervensystems. Daher können sie sich matt und kraftlos fühlen. Der hohe Blutzuckerspiegel führt zu großem Durst und zur Ausscheidung großer Urinmengen. Weil auch die Bildung von Glykogen und Fett herabgesetzt ist, nehmen Diabetiker häufig rasch und stark an Gewicht ab. Diese Form des Diabetes wird als Diabetes Typ 1 bezeichnet. Weil sie schon früh im Leben auftreten kann, nennt man sie auch *Jugenddiabetes*.

Den Mangel an Insulin können Diabetiker vom Typ I nur ausgleichen, indem sie das Hormon unter die Haut in ihre Blutbahn spritzen. Die erforderliche Menge an Insulin hängt von der jeweiligen Situation ab. Ein Diabetiker misst daher den Blutzuckerspiegel in einem kleinen Tropfen Blut. Er berechnet den Glukosegehalt der Nahrung und schätzt ab, welche Glukosemenge er für die Tätigkeit in den nächsten Stunden benötigen wird. Wenn er zu viel Insulin spritzt oder wenn er durch eine unvorhergesehene anstrengende Tätigkeit zu viel Glukose verbraucht, sinkt der Blutzuckerspiegel zu stark ab. Unter einem Wert von etwa 0,2 Gramm Glukose pro Liter Blut ist die Energieversorgung seines Nervensystems gefährdet. Er beginnt zu zittern, ist leicht benommen und kann bewusstlos werden. Diabetiker nehmen in solchen Fällen rasch Traubenzucker, also Glukose, zu sich und heben dadurch den Blutzuckerspiegel. Durch moderne Medikamente und die gute medizinische Versorgung können Diabetiker heute ohne große Beeinträchtigungen leben. Auch das heute gentechnisch hergestellte Insulin hat ihre Situation verbessert.

Viel häufiger als dieser Jugenddiabetes ist der Diabetes Typ 2. Dieser Diabetes beruht auf einer Störung der Insulinrezeptoren. Vor allem ältere Menschen mit Übergewicht bilden eine Risikogruppe für diesen Diabetes, den *Altersdiabetes*.

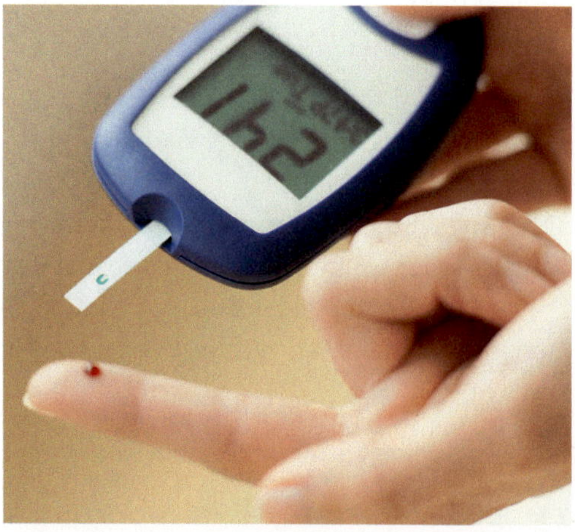

04 Messen des Blutzuckerspiegels

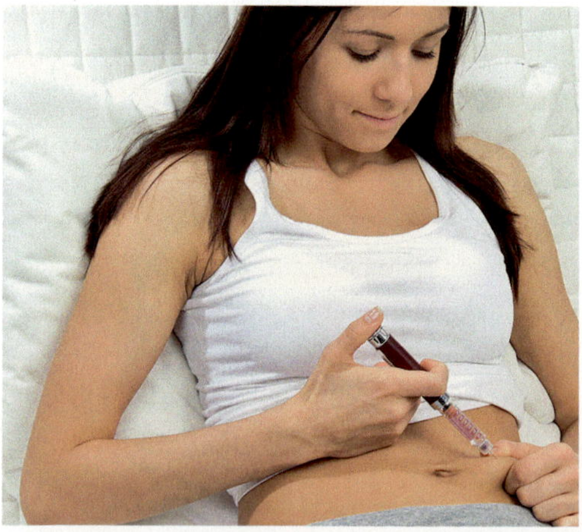

05 Einspritzen von Insulin

Material A ▸ Blutzuckerspiegel

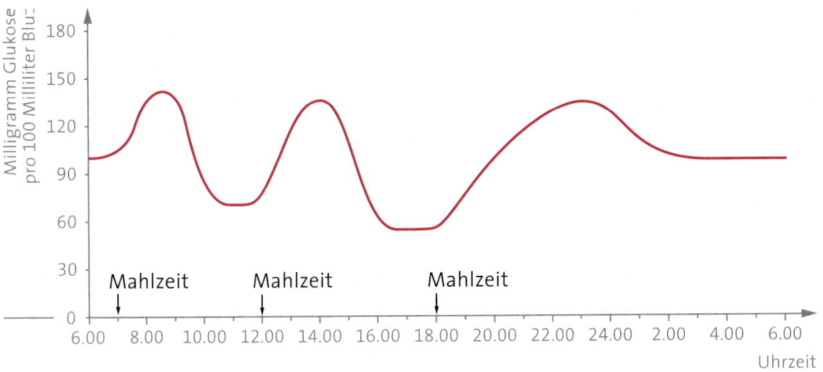

A1 Erkläre den Kurvenverlauf!

A2 Begründe, weshalb Fachleute statt drei großer Mahlzeiten pro Tag mehrere kleine empfehlen!

A3 Begründe, weshalb eine Kurve des Insulingehalts ähnlich wie die Glukosekurve, aber zeitlich versetzt verlaufen würde!

Material B ▸ Zuckerbelastungstest

Ergebnisse des Zuckerbelastungstest

Blutzuckergehalt des Blutes in Milligramm pro 100 ml		
Zeit	**Person A**	**Person B**
→ Trinken der Zuckerlösung		
8 Uhr	150	90
9 Uhr	260	130
10 Uhr	290	100
11 Uhr	250	90

Bei einem Zuckerbelastungstest tranken zwei nüchterne Personen eine Glukoselösung. Danach wurde in regelmäßigen Zeitabständen die Höhe des Blutzuckerspiegels gemessen. Die Werte für die beiden Personen sind aus der Tabelle zu entnehmen.

B1 Stelle die Testergebnisse in einem geeigneten Diagramm dar!

B2 Vergleiche die Testergebnisse der beiden Testpersonen!

B3 Begründe, weshalb eine der beiden Personen unter Diabetes leidet!

B4 Stelle Vermutungen an, wie sich der Blutzuckerspiegel der Person B ändern würde, wenn ihr um 11 Uhr Glukagon gespritzt wird! Begründe!

Material C ▸ Diabetes und Übergewicht

"Obesity is a serious worldwide problem and is associated with the risk of developing diabetes. Today, more than 1.1 billion adults worldwide are overweight, and 312 million of them are obese. In the past 20 years, the rates of obesity have tripled in devoloping countries that have adopted a Western lifestyle, with the Middle East, Pacific Islands, Southeast Asia, India, and China facing the greatest increase. Consequently, the number of people with diabetes in these countries is expected to increase from 84 million in 2000 to 228 million by 2030."*

*obese: fettleibig
Quelle: Marion J. Franz: The Dilemma of Weight Loss in Diabetes, in Diabetes Spectrum July 2007 vol. 20 no. 3, 133 – 136

C1 Gib den Inhalt des Textes in eigenen Worten wieder!

C2 Schlage auf der Basis des Textes Maßnahmen zur Verminderung der Anzahl der Diabetiker vor!

C3 Stelle Vermutungen an, wie sich Zeiten von Nahrungsknappheit auf die Anzahl der Diabetiker auswirken!

BIOLOGISCHES PRINZIP

Regulation

Die Hormone der Schilddrüse beeinflussen viele Stoffwechselvorgänge im Körper. Durch eine Steigerung des Stoffwechsels können auch die Freisetzung von Energie und die Wärmeproduktion erhöht werden. Eine wichtige Aufgabe der Schilddrüse besteht darin, die Körpertemperatur konstant zu halten. Wie können solche Vorgänge reguliert werden?
Die Grundlagen einer Regulation, der ***Regelkreis,*** *lassen sich an einem Alltagsbeispiel verdeutlichen.*

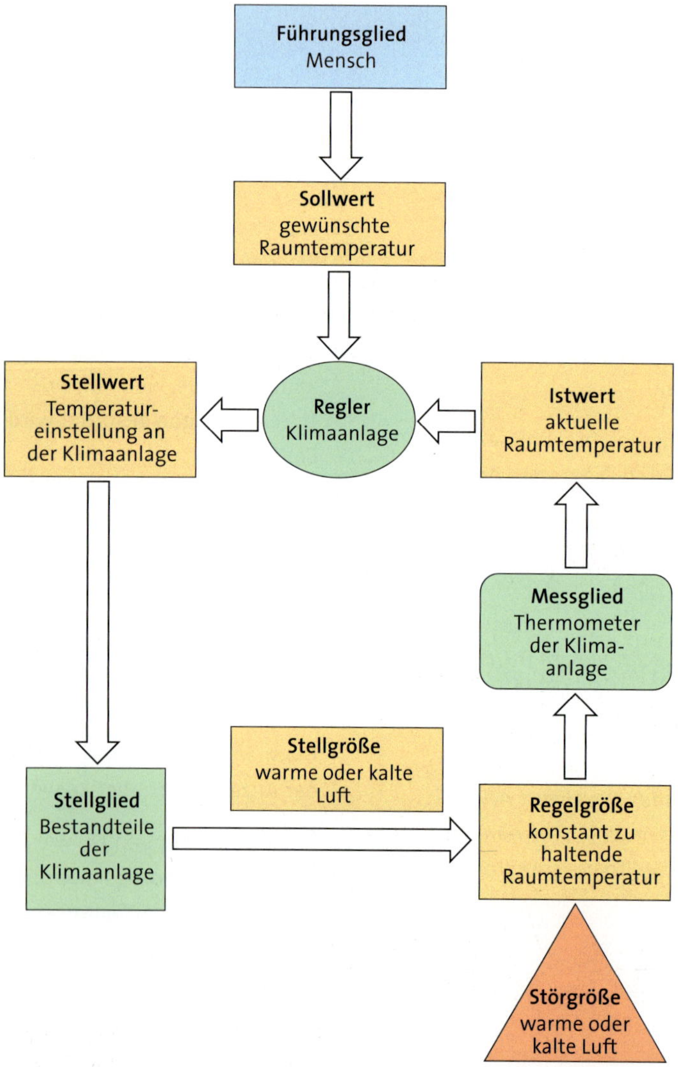

01 Regelkreis am Beispiel der Regulation der Raumtemperatur

In vielen Autos lässt sich die Raumtemperatur mit der Klimaanlage konstant auf einem bestimmten Wert halten. Diese Temperatur ist die zu regelnde Größe, die ***Regelgröße.*** *Ein Thermometer der Klimaanlage misst die aktuelle Raumtemperatur. Es ist das* ***Messglied*** *im Regelkreis und stellt den aktuellen Wert, den* ***Istwert*** *von beispielsweise 25 Grad Celsius, fest. Die Klimaanlage, welche die Raumtemperatur regelt, wird als* ***Regler*** *bezeichnet. Ihr muss die gewünschte Temperatur, der* ***Sollwert,*** *mitgeteilt werden. Dies geschieht, wenn der Fahrer die gewünschte Temperatur einstellt, zum Beispiel 21 Grad Celsius. Er ist das* ***Führungsglied*** *des gesamten Regelungssystems. Der Regler ermittelt aus der Differenz zwischen Istwert und Sollwert den Wert, mit dem die Regelgröße beeinflusst wird, den* ***Stellwert.*** *Der Bestandteil der Klimaanlage, der für die Korrektur der Regelgröße zuständig ist, wird als* ***Stellglied*** *bezeichnet. Sie erzeugen in diesem Fall kalte Luft. Mithilfe dieser* ***Stellgröße*** *wird der Istwert in Richtung des Sollwerts korrigiert. Durch Einwirkung von kalter oder warmer Luft, zum Beispiel durch das Öffnen eines Fensters, wird der Regelkreis beeinflusst. Diese* ***Störgröße*** *verändert die Innenraumtemperatur und damit den Istwert. Der Abweichung vom Sollwert wirkt die Klimaanlage immer wieder entgegen. Sie regelt die Raumtemperatur nach dem Regelkreisprinzip.*

Um die Körpertemperatur eines Menschen konstant zu halten, muss die Stoffwechselaktivität ständig den aktuellen Bedingungen angepasst werden. Bei niedrigen Temperaturen muss der Grundumsatz gesteigert werden. Er liefert die Energiemenge, also auch die Wärme, die der Körper schon bei Ruhe benötigt. Da die Stärke des Stoffwechsels von dem Schilddrüsenhormon Thyroxin abhängig ist, wird die Konzentration von Thyroxin im Blut ständig geregelt. Auch diese Regulation funktioniert nach dem Regelkreisprinzip.

Vom Großhirn, das ständig Informationen aus der Umwelt und dem Körper verarbeitet, bekommt der Hypothalamus mitgeteilt, welche Hormonmengen notwendig sind. Daraufhin legt er die erforderliche Thyroxinkonzentration fest. Er schüttet ein Freisetzungshormon aus, das auf die Hypophyse wirkt und diese veranlasst, ein schilddrüsenstimulierendes Hormon freizusetzen. Dieses Hormon bewirkt, dass die Thyroxinmenge produziert wird, die notwendig ist, um den angestrebten Thyroxinspiegel im Blut zu erreichen. Rezeptoren in der Hypophyse ermitteln regelmäßig die aktuelle Thyroxinkonzentration. Die Hypophyse vergleicht so ständig den Istwert mit dem Sollwert. Ist die Thyroxinkonzentration zu niedrig, führt dies dazu, dass die Hypophyse vermehrt das schilddrüsenstimulierende Hormon freisetzt. Dadurch erhöht sich der Thyroxinspiegel im Blut und der Grundumsatz steigt. Ist die aktuelle Thyroxinkonzentration höher als der Sollwert, so wirkt dies hemmend auf die Hypophyse, wodurch sie weniger schilddrüsenstimulierendes Hormon freisetzt. In der Folge wird auch weniger Thyroxin von der Schilddrüse in das Blut abgegeben, sodass der Grundumsatz abnimmt. Kälte oder Wärme beispielsweise beeinflussen die Thyroxinkonzentration im Blut.
Der Thyroxingehalt wirkt also auf sich selbst zurück und bestimmt, ob mehr oder weniger Thyroxin ausgeschüttet werden soll. Man spricht von Rückkopplung. Wird die Wirkung in die entgegengesetzte Richtung verändert, nach dem Prinzip „je mehr, desto weniger“ oder „je weniger, desto mehr“, handelt es sich um eine negative Rückkopplung. Sie ist charakteristisch für den Vorgang einer Regulation. Wird die Wirkung durch eine Rückkopplung jedoch verstärkt, nach dem Prinzip „je mehr, desto mehr“ oder „je weniger, desto weniger“, handelt es sich um eine positive Rückkopplung. Da nicht nur beim Menschen, sondern bei allen Lebewesen Regulationsvorgänge die Voraussetzung für den Stoffwechsel und die Entwicklung sind, spricht man vom biologischen Prinzip der ***Regulation.***

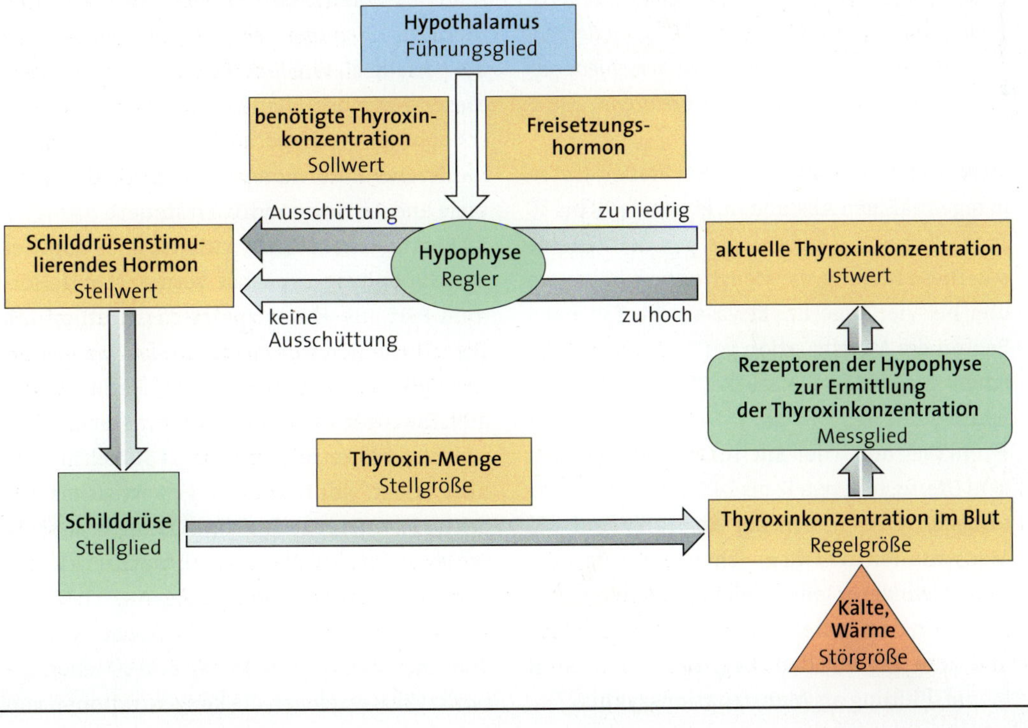

02 Regulation der Thyroxinkonzentration im Blut

01 Schwangere Frauen

Hormone – Fortpflanzung

Frauen können zu allen Zeiten im Jahr Kinder bekommen. Die Befruchtung einer Eizelle ist aber nur an wenigen, regelmäßig wiederkehrenden und von Frau zu Frau verschiedenen Tagen möglich. Wie ist das zu erklären?

MENSTRUATIONSZYKLUS · Bei Frauen treten in regelmäßigen Abständen, etwa alle 28 bis 30 Tage, Blut und Gewebereste aus der Scheide aus. Diese Blutung, die *Menstruation*, hält etwa drei bis vier Tage an. Etwa am 14. Tag nach Beginn der Menstruation verlässt eine Eizelle einen der beiden Eierstöcke. Diesen Vorgang nennt man den *Eisprung*. Die Eizelle ist auf ihrem Weg durch den Eileiter zur Gebärmutter, dem *Uterus*, für etwa 12 bis 24 Stunden befruchtungsfähig. Weil sich der Eisprung und die Menstruation in etwa gleichen Zeitabständen immer wiederholen, bezeichnet man die Zeit zwischen dem ersten Tag einer Menstruation und dem Tag vor dem Beginn der nächsten Monatsblutung als **Menstruationszyklus.**

FSH = follikelstimulierendes Hormon

LH = luteinisierendes Hormon = Gelbkörperhormon

REGELUNG DES ZYKLUS · Die Vorgänge während eines Menstruationszyklus werden durch mehrere Hormone geregelt. Als Auslöser für die periodisch wiederkehrende Ausschüttung dieser Hormone dient ein Bereich des Zwischenhirns, der *Hypothalamus*. Er regt mit stimulierenden Hormonen die *Hypophyse* an, die viele andere Hormondrüsen steuert.
Zu Beginn eines Menstruationszyklus schüttet die Hypophyse zunächst vermehrt das Hormon FSH aus, etwas später das Hormon LH. Diese beiden Hormone regen das Wachstum der Hülle an, die eine Eizelle im Eierstock umgibt. Die Hülle wird dadurch zu einem mit Flüssigkeit gefüllten Bläschen, dem **Follikel.** Ein Follikel bildet während seines Wachstums ein drittes Hormon, das *Östrogen*. Östrogen lässt die Schleimhaut des Uterus stark wachsen. In der Hypophyse vermindert es die Ausschüttung von FSH, verstärkt aber dort die Abgabe von LH. Zwischen dem 13. und 15. Tag eines Menstruationszyklus erreichen die Konzentrationen von

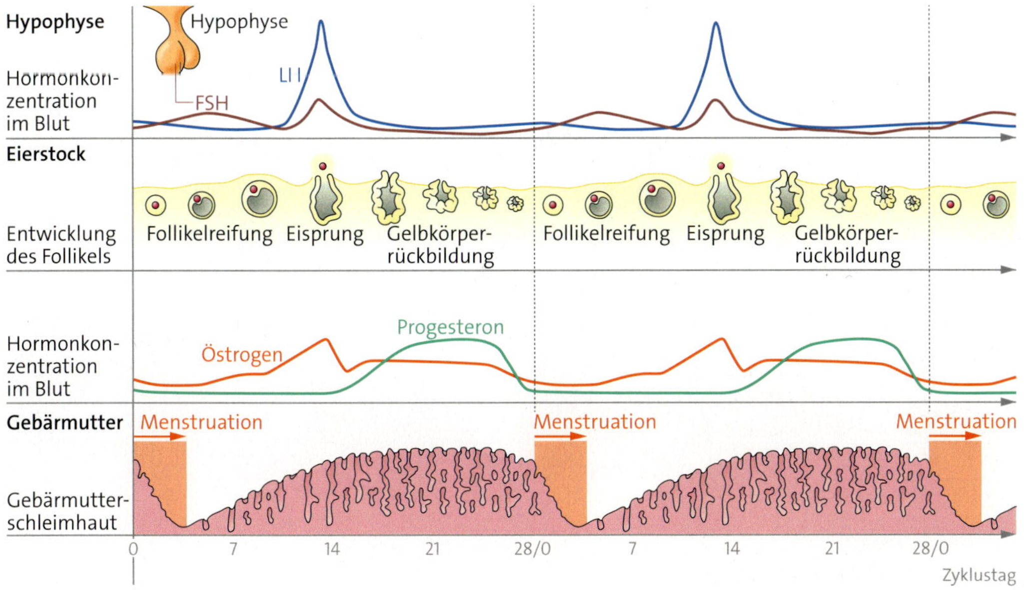

02 Hormonelle Regelung des Menstruationszyklus

FSH und LH im Blut ein bestimmtes Verhältnis zueinander. Das löst den *Eisprung* aus.

Das Hormon LH sorgt dafür, dass sich der nun leere Follikel zum *Gelbkörper* umwandelt. Er bildet neben Östrogen vor allem das Hormon *Progesteron.* Dieses bremst die Ausschüttung von FSH und LH in der Hypophyse. Außerdem fördert es das Wachstum und die Durchblutung der Uterusschleimhaut. So wird die Uterusschleimhaut darauf vorbereitet, nach einer eventuellen Befruchtung die befruchtete Eizelle aufzunehmen.

Wenn diese **Einnistung** nicht erfolgt, weil keine Befruchtung stattgefunden hat, führt die verringerte Ausschüttung von FSH und LH dazu, dass der Gelbkörper kleiner wird. Daher geht zunächst die Bildung der beiden *Sexualhormone* Östrogen und Progesteron zurück. Dadurch wird die hemmende Wirkung auf die FSH-Produktion der Hypophyse geringer. Der daraufhin steigende Gehalt an FSH im Blut lässt einen neuen Follikel wachsen, der wieder vermehrt Östrogen bildet. Dadurch wird unter der alten Uterusschleimhaut eine neue aufgebaut. Die alte Schleimhaut reißt ab und wird mit Bewegungen der Uterusmuskulatur durch die Scheide aus dem Körper entfernt.

Es kommt zur *Menstruationsblutung.* Die Steuerung der Hypophyse durch den Hypothalamus, der wiederum mit anderen Gehirnteilen verbunden ist, ist dafür verantwortlich, dass der Menstruationszyklus durch psychische Einflüsse gestört werden kann. Bei Frauen, die unter starkem Stress stehen, kann der Eisprung ausbleiben. Das kann vorteilhaft sein, weil so eine zusätzliche Belastung durch eine Schwangerschaft verhindert wird.

Die hormonelle Regelung, die dem Menstruationszyklus zugrunde liegt, beginnt in der Pubertät. Die beteiligten Hormone bewirken auch die übrigen Veränderungen in dieser Zeit, zum Beispiel das Wachstum der Brüste. Im Alter von etwa 48 bis 55 Jahren, in den *Wechseljahren,* kommt die hormonelle Regelung des Menstruationszyklus zum Erliegen. Der Eisprung und die Menstruation fallen aus.

1 Nenne die bei der Regulation des Menstruationszyklus beteiligten Hormone und ordne ihnen ihre Funktion zu!

2 Beschreibe die Veränderungen eines Follikels während eines Menstruationszyklus!

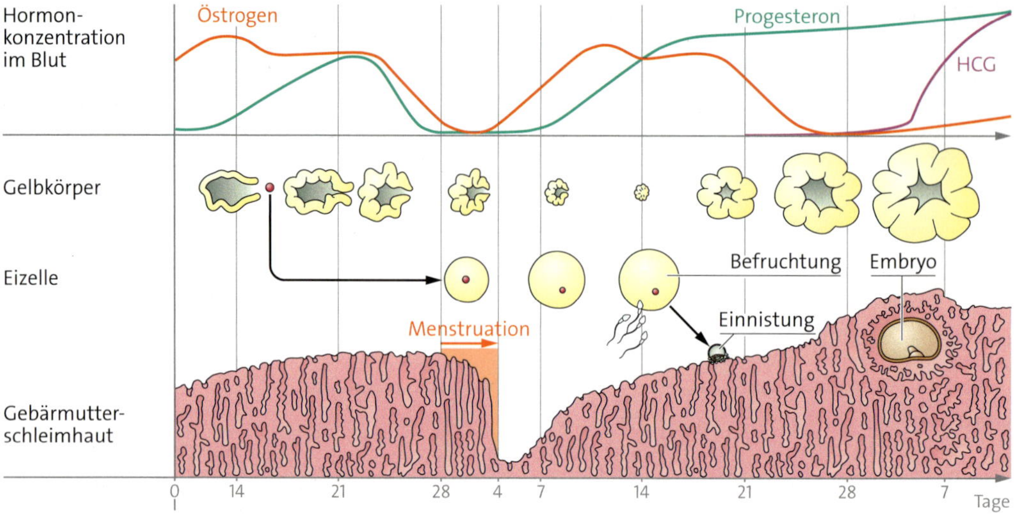

03 Hormonelle Regelung der Schwangerschaft

HCG = humanes Choriongonadotropin

SCHWANGERSCHAFT · Die Veränderungen im Eierstock und im Uterus sind zeitlich aufeinander abgestimmt. Dadurch wird gewährleistet, dass eine befruchtete Eizelle eine Uterusschleimhaut vorfindet, die für ihre Einnistung und die Versorgung des Embryos vorbereitet ist. Nach der Einnistung entsteht an der Uteruswand die *Plazenta*, die die Versorgung des Embryos übernimmt. Sie bildet ein weiteres Hormon, das Schwangerschaftshormon HCG. Unter dem Einfluss von HCG bleibt der Gelbkörper erhalten, sodass weiterhin Östrogen und Progesteron gebildet werden. Diese beiden Sexualhormone sorgen dafür, dass die FSH-Ausschüttung in der Hypophyse gering bleibt. Daher wird die Uterusschleimhaut nicht abgestoßen, es kann kein Follikel in einem Eierstock reifen und so auch kein weiterer Eisprung stattfinden. Auf diese Weise wird verhindert, dass sich im Laufe einer Schwangerschaft ein weiterer Embryo in der Uterusschleimhaut einnistet. Die ausbleibende Menstruation ist ein erstes, deutliches Zeichen für eine Schwangerschaft. Gegen Ende der Schwangerschaft bildet die Hypophyse ein Hormon, das für Kontraktionen der Uterusmuskulatur während der Geburt erforderlich ist. Ein weiteres Hypophysenhormon regt nach der Geburt die Bildung der Muttermilch an.

HORMONE DES MANNES · In den Hoden entsteht ständig eine sehr große Anzahl an Spermien. Beim Mann ist also die Bildung der Geschlechtszellen nicht an einen Zyklus gebunden, wie es bei der Frau der Fall ist. Die Spermienbildung wird durch das FSH der Hypophyse angeregt. LH stimuliert die Ausschüttung von *Testosteron*, dem männlichen Sexualhormon, das auch für die Spermienbildung erforderlich ist. Testosteron wirkt hemmend auf den Hypothalamus und damit auch auf die FSH- und LH-Bildung der Hypophyse. Die verringerte LH-Ausschüttung senkt die Testosteronbildung. An der Regelung der Sexualhormone sind also bei Mann und Frau die gleichen Hypophysenhormone beteiligt.
Während der Pubertät lässt Testosteron die Geschlechtsorgane wachsen und bildet die sekundären Geschlechtsmerkmale aus, zum Beispiel den Bart und die Schambehaarung. Zudem fördert Testosteron den Muskelaufbau.

3 Vergleiche die Wirkungen von FSH und LH beim Mann mit der Wirkung bei der Frau!

4 Begründe, weshalb von allen Sexualhormonen HCG sich am besten für den Nachweis einer Schwangerschaft eignet!

Material A ▸ Menstruationszyklus

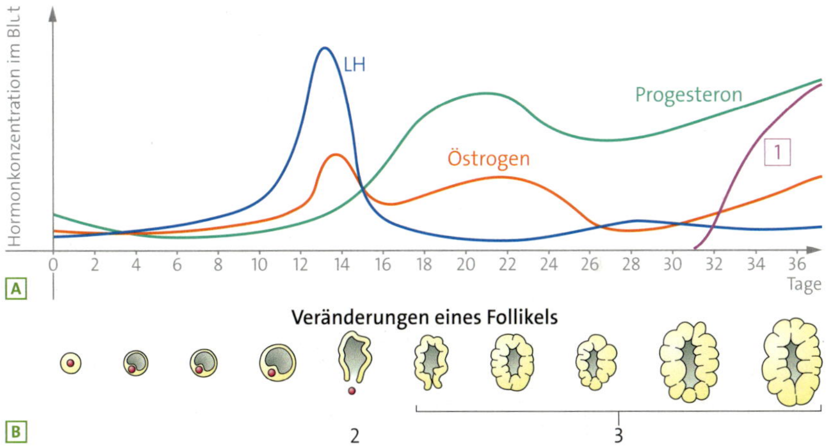

A1 Beschreibe die Veränderungen der Hormonkonzentrationen!

A2 Nenne ein an der Regelung des Menstruationszyklus beteiligtes Hormon, das im Diagramm nicht berücksichtigt ist!

A3 Begründe, ob an den in der Grafik dargestellten Tagen eine Befruchtung stattfand!

A4 Nenne die Bezeichnung des Hormons der Kurve 1!

A5 Beschreibe die Veränderungen eines Follikels, die bei 2 und 3 ablaufen!

A6 Ordne die Vorgänge 2 und 3 dem Zeitraum des Diagramms zu, an dem sie ablaufen! Begründe die Zuordnung!

A7 Erkläre, weshalb man in der Gerichtsmedizin aus der Anzahl der Gelbkörper im Eierstock erschließen kann, wie häufig eine Frau schwanger war!

Material B ▸ Hormonhaushalt

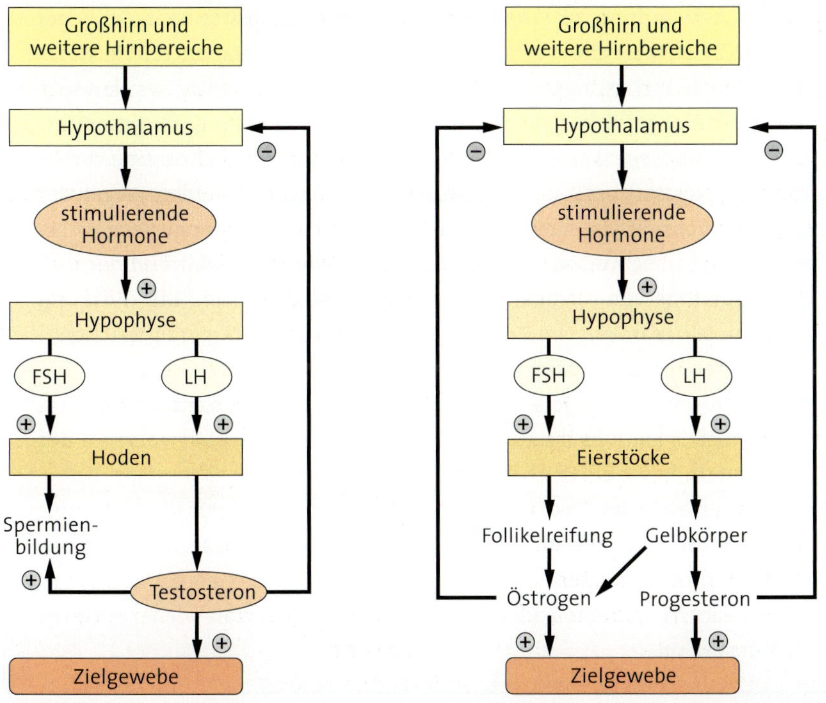

B1 Vergleiche die Hormonbildung der Geschlechtsdrüsen beim Mann mit der bei der Frau!

B2 Beschreibe negative Rückkopplungen bei Mann und Frau!

B3 Nenne je eine Wirkung in den Zielgeweben von Jungen und Mädchen in der Zeit vor und nach der Pubertät!

B4 Stelle Vermutungen an, wieso psychische Einflüsse die Regelung der Testosteronkonzentration verändern können!

B5 Erkläre am Beispiel des Testosterons, weshalb Hormone nur eine begrenzte Zeit funktionsfähig sein dürfen!

IM BLICKPUNKT MEDIZIN

Hormonelle Verhütung

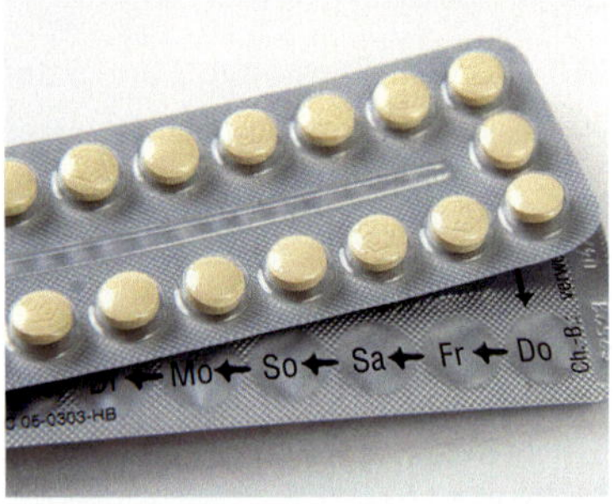

01 Pille

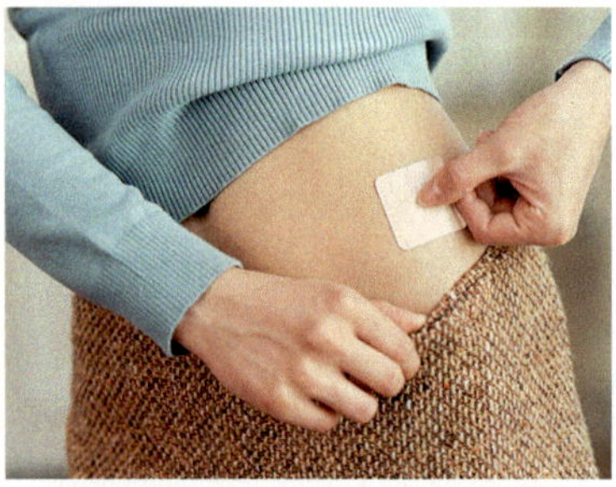
02 Verhütungspflaster

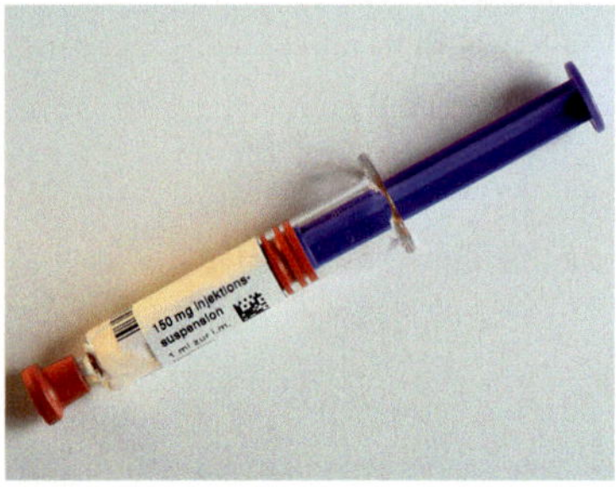
03 Hormonspritze

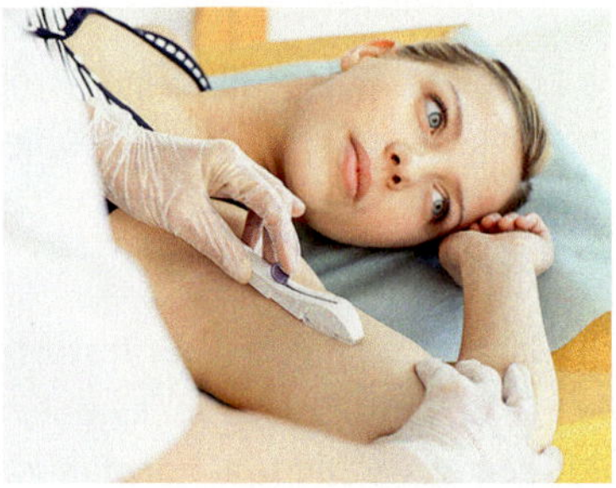
04 Hormonimplantat

Eine ungewollte Schwangerschaft lässt sich durch die Einnahme hormonhaltiger Mittel verhindern. Man spricht von **hormoneller Verhütung.** Diese Mittel enthalten künstlich hergestellte Hormone in verschiedenen Zusammensetzungen, die in ihrer Wirkung mit den weiblichen Sexualhormonen Östrogene und Gestagene vergleichbar sind. Sie können den Eisprung hemmen, sodass eine Befruchtung einer Eizelle nicht möglich ist. Zusätzlich können sie den Schleim im Eingang zur Gebärmutter so verändern, dass Spermien nicht eindringen können. Oft wird der vollständige Aufbau der Gebärmutterschleimhaut verhindert, sodass sich eine befruchtete Eizelle nicht einnisten kann. Diese Mehrfachwirkungen führen bei korrekter Anwendung zu einer sehr hohen Sicherheit der Verhütung. Hormonelle Verhütungsmittel können auch Nebenwirkungen haben. Die Thrombosegefahr erhöht sich zum Beispiel stark bei Raucherinnen. Alle Hormonpräparate müssen von einem Arzt verschrieben werden.
Die Einnahme von Medikamenten kann die Wirksamkeit von Hormonpräparaten beeinträchtigen. Nach Absetzen eines hormonellen Verhütungsmittels kann es bis zu einem Jahr dauern, bevor die Fruchtbarkeit wieder erreicht ist. Im Gegensatz zu Kondomen schützen hormonelle Verhütungsmittel nicht vor Geschlechtskrankheiten oder einer HIV-Infektion.

Die Pille gibt es in vielen verschiedenen Zusammensetzungen der Hormone. Meistens nimmt die Frau 21 Tage lang täglich eine Pille ein. Während der sieben Tage ohne Einnahme findet die Menstruation statt. Durchfall oder Erbrechen können die Wirkung beeinträchtigen. Die sogenannte Minipille enthält sehr geringe Hormonmengen.

Das Verhütungspflaster wird wie ein normales Pflaster auf die Haut geklebt und nur die ersten drei Wochen während eines Zyklus getragen. Wie bei der Pille folgt dann eine Pause von sieben Tagen, bevor ein neues Pflaster notwendig ist. Durchfall oder Erbrechen können die Wirkung nicht beeinträchtigen.

Die Hormonspritze ist in der Regel eine Dreimonatsspritze. Sie muss vom Arzt verabreicht werden und wirkt 90 Tage lang. In dieser Zeit braucht nicht täglich an eine Verhütung gedacht zu werden. Wegen der großen Hormonmenge verträgt sie nicht jede Frau. Während der drei Monate lässt sich die Wirkung nicht wieder rückgängig machen.

Das Hormonimplantat wird von einem Arzt beispielsweise an der Innenseite des Oberarms unter die Haut eingesetzt. Es gibt dann ständig Hormone ab. Das Hormonimplantat wirkt bis zu drei Jahre und kann jederzeit wieder entfernt werden.

IM BLICKPUNKT MEDIZIN

Doping

Die Einnahme unerlaubter Substanzen, die zur körperlichen Leistungssteigerung vor allem im Sport eingesetzt werden, wird allgemein als **Doping** bezeichnet. Auch in Alltagssituationen, Ausbildung oder Beruf können bestimmte Substanzen, beispielsweise Medikamente, die Leistungsfähigkeit erhöhen.

Anabolika enthalten künstlich hergestellte Substanzen, die dem männlichen Sexualhormon Testosteron ähneln. Sie fördern die Eiweißsynthese und verbessern dadurch im Training den Aufbau von Muskelmasse. Dies ist vor allem bei Kraftsportarten von Vorteil, bei denen Schnellkraft und eine große Muskelmasse notwendig sind. Zusätzlich wird aber auch die Regenerationsfähigkeit des Körpers verbessert. Als Nebenwirkungen können allerdings auch schwere Organschäden auftreten.

01 Kraftsport

EPO ist die Abkürzung für *Eryhtropoietin*. Dieses Hormon wird in der Niere gebildet. Es fördert im Knochenmark die Produktion von Erythrozyten. Durch eine zusätzliche Einnahme von EPO können mehr Erythrozyten gebildet werden. Dadurch kann das Blut mehr Sauerstoff auch zu den Muskelzellen transportieren, was die Leistungsfähigkeit des Körpers verbessert. Die hohe Anzahl von Blutzellen verdickt aber das Blut. Das kann tödliche Nebenwirkung zur Folge haben.

02 Ausdauersport

Stimulanzien, zum Beispiel *Amphetamine,* sind Aufputschmittel. Sie führen dem Körper keine zusätzliche Energie zu, sondern ermöglichen es ihm, die Müdigkeit zu überwinden, die Aufmerksamkeit zu steigern und die Energiereserven des Körpers auszubeuten. Stimulanzien, zu denen auch *Koffein* gezählt wird, sind bei allen Sportarten, sogar im Freizeitsport, verbreitet. Herzrhythmusstörungen und Kreislaufzusammenbrüche können gefährliche Nebenwirkungen sein.

03 Freizeitsport

01 Klassenarbeit

Stress

Für Schüler ist die Klassenarbeit eine Belastung. Wie reagiert der Körper auf solche und andere belastende Situationen?

STRESS · Jeder von uns kennt das Gefühl, wenn bei Klassenarbeiten und ähnlichen Prüfungen unser Herz schneller und heftiger klopft, die Atmung rascher geht und wir das Gefühl haben, hellwach zu sein. Häufig ist jedoch auch Angst im Spiel. Man fasst solche und andere Einstellungen des Körpers auf belastende oder gefährliche Situationen unter dem Begriff **Stress** zusammen. Reize, die Stress auslösen, die *Stressoren*, stammen in der Regel aus unserer Umwelt. Jedoch können wir auch uns selbst unter Stress setzen, zum Beispiel wenn unser Ehrgeiz uns antreibt, ein möglichst gutes Ergebnis bei einer Prüfung zu erzielen. Wir empfinden Stressoren nicht immer als belastend. Für viele ist zum Beispiel der Sportunterricht angenehm. Man bezeichnet positive Belastungen als *Eustress*, unangenehmen Stress dagegen als *Disstress*.

KURZZEITSTRESS · Die Antwort des Körpers auf Stress geht vom Gehirn aus. Es nimmt die Stressoren wahr. Von einem Bereich des Zwischenhirns, dem Hypothalamus, läuft danach die Erregung über das Rückenmark und die Nervenfasern des *Sympathikus*, einem Teil des vegetativen Nervensystems, zu den Organen. Unter anderem führt das dazu, dass das Herz schneller schlägt. Von besonderer Bedeutung aber ist die Wirkung des Sympathikus auf Hormondrüsen, die wie eine kleine Kappe oben auf jeder der beiden Nieren sitzen. Wegen ihrer Lage werden sie als **Nebennieren** bezeichnet. Sie bestehen aus einem zentralen Bereich, dem *Nebennierenmark*, und einem außen liegenden, der *Nebennierenrinde*. Der Sympathikus zieht zum Nebennierenmark. Er regt dort die Ausschüttung der Hormone **Adrenalin** und **Noradrenalin** in die Blutbahn an.
Adrenalin und Noradrenalin wirken an vielen Stellen des Körpers. Sie erhöhen die Herzschlagfrequenz und erweitern die Verzweigungen der Luftröhre, die Bronchien. Dadurch

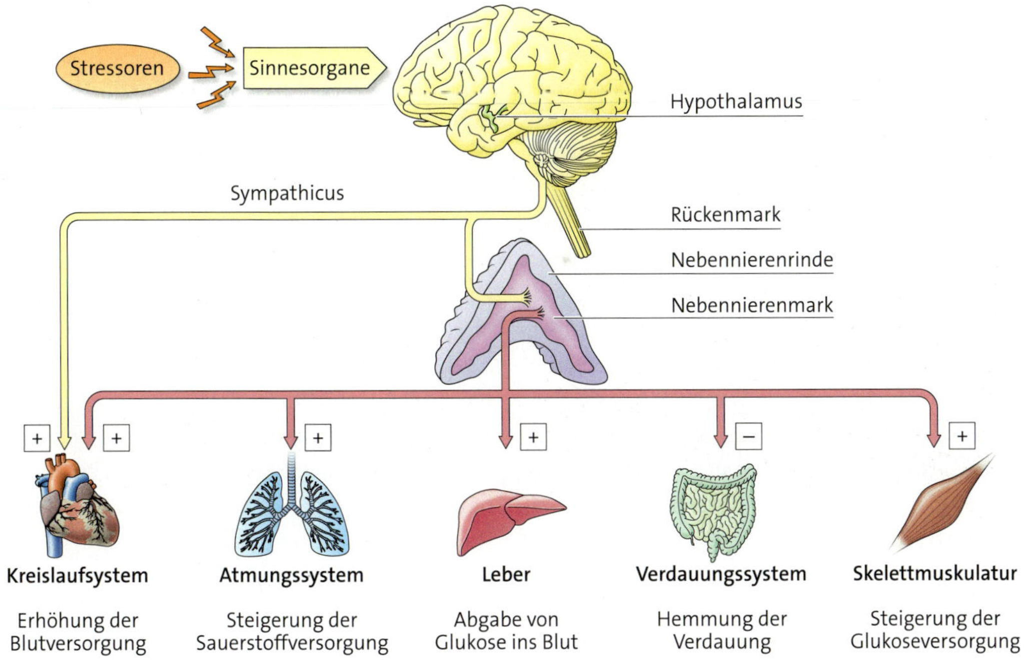

02 Vorgänge und Wirkungen des Kurzzeitstresses

erhalten die Zellen des Körpers mehr Sauerstoff. Ebenso fördern diese Hormone den Abbau von Glykogen in der Leber. Dadurch steht den Zellen mehr Glukose für den Energiestoffwechsel zur Verfügung. Energiebedürftige Vorgänge können daher stärker ablaufen, zum Beispiel die Kontraktion von Muskelzellen. Die Blutgefäße von Herz, Gehirn und Skelettmuskeln werden unter dem Einfluss von Adrenalin erweitert, die der Verdauungsorgane und der Haut werden verengt. Das ist vorteilhaft, denn so werden die Organe stärker mit Blut, also mit Sauerstoff und Nährstoffen, versorgt, die in der Stresssituation besonders leistungsfähig sein sollten. Die in dieser Situation weniger wichtigen Organe erhalten eine geringere Blutmenge. Der Sympathikus und die Hormone Adrenalin und Noradrenalin erhöhen also sehr schnell die Leistungsfähigkeit des Körpers.

Eine Stressreaktion kann lebenswichtig sein. In der Steinzeit zum Beispiel musste die Leistungsfähigkeit des Körpers schnell erhöht werden, wenn ein Raubtier angriff. Die stärkere Aktivität des Sympathikus und die Ausschüttung von Adrenalin und Noradrenalin erhöht allerdings nur für kurze Zeit die Leistungsfähigkeit. Man spricht daher auch von **Kurzzeitstress.** Er bereitet den Körper auf Kampf oder Flucht vor. Die Veränderungen werden daher auch als **fight-or-flight-syndrome** bezeichnet.

Heute wird der Körper durch den Kurzzeitstress häufig in eine erhöhte Leistungsfähigkeit gebracht, die Leistung erfolgt aber gar nicht, weil es weder zum Angriff noch zur Flucht kommt. Bei einer Polizeikontrolle zum Beispiel kann man weder kämpfen noch fliehen. Die Unterdrückung von Kampf oder Flucht kann dem Körper schaden.

03 Heutige Fight-or-Flight-Situation

LANGZEITSTRESS · Hitze, Kälte, Hunger, Durst, ultraviolette Strahlung und weitere Umwelteinflüsse können den Körper über längere Zeit belasten. Die gleichen Wirkungen haben aber auch Überforderung im Beruf oder in der Schule, Partnerschaftskonflikte, übergroßer Ehrgeiz, Zusammenleben auf engem Raum, Einsamkeit und Mobbing. Solche Stressoren führen zu *psychischem Stress.* Auch Krankheiten, Dauerschmerz und körperliche Behinderungen sind solche langfristigen Belastungen. Alle diese Stressoren sind die Ursachen für den **Langzeitstress.**

Stressoren, die Langzeitstress auslösen, erregen über die Sinnesorgane und das Großhirn auch den Hypothalamus. Der schüttet daraufhin ein Hormon aus, das in der Hypophyse zur Freisetzung des Hormons *ACTH* führt. Dieses Hormon regt die Nebennierenrinde an, mehrere weitere Hormone auszuschütten. Ein wichtiges davon ist *Cortison.* Die Ausschüttung von ACTH wird unter anderem dadurch geregelt, dass Cortison in einer negativen Rückkopplung die Hypophyse hemmt, ACTH abzugeben.

ACTH = adrenocorticotropes Hormon

Cortison wirkt an vielen Stellen im Körper. Es begünstigt Ablagerungen in den Arterien. Dadurch verengen sie sich, sodass sich der Blutdruck erhöht. Infolgedessen steigt das Risiko eines Herzinfarkts oder eines Schlaganfalls. Cortison vermehrt auch die Bildung von Magensaft. Oft sind Magenschleimhautentzündungen oder Magengeschwüre die Folge. Außerdem schwächt dieses Hormon das Immunsystem, sodass häufiger Infektionen auftreten. Unter dem Einfluss von Cortison kommt es zur Umwandlung von Proteinen in Glukose. Vor allem Muskeln werden dadurch abgebaut, sodass das Körpergewicht abnimmt. Auch Störungen bei der Bildung von Sexualhormonen treten durch die Wirkung von Cortison auf. Dadurch kann es zu Fehlgeburten und zum Ausbleiben des Eisprungs sowie bei Männern zu Sterilität und Impotenz kommen.

Häufig aufeinanderfolgender Kurzzeitstress führt zur vermehrten Ausschüttung von Cortison und hat damit die gleichen Auswirkungen wie Langzeitstress. Langzeitstress hat immer ungünstige Folgen. Vor allem führt er zur körperlichen und psychischen Erschöpfung. Wer längere Zeit unter Stresssymptomen leidet, sollte Ärzte oder Psychologen zurate ziehen. Auch Sport kann die Folgen von Langzeitstress vermindern.

1 Nenne die Wirkungen von Adrenalin und Noradrenalin sowie von Cortison!

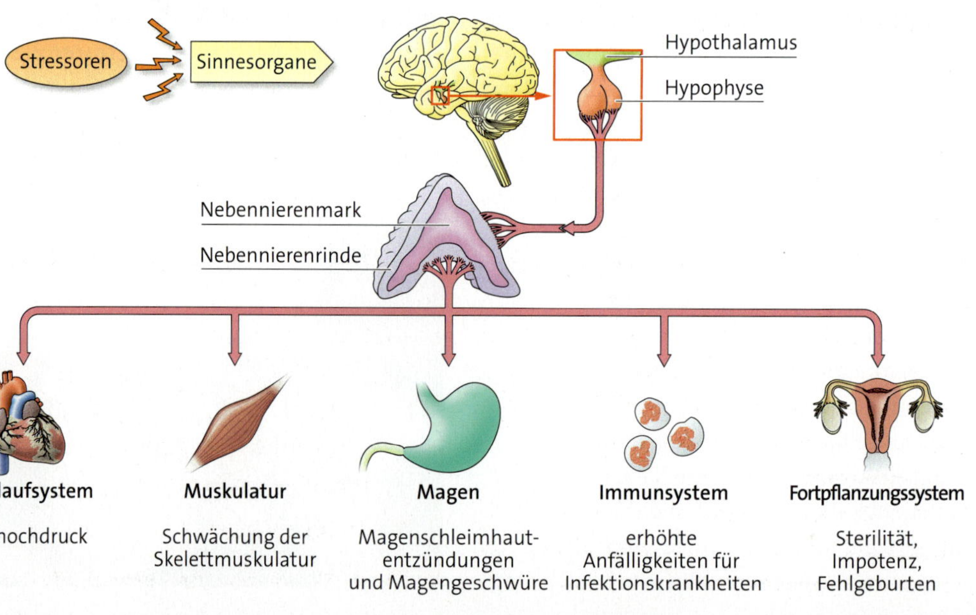

04 Schädliche Wirkungen von Langzeitstress

Material A ▸ Stresssituationen

1) Geburtstagsparty
2) Knochenbruch beim Fußballspiel
3) weit überzogenes Konto
4) Verliebtheit in einen neuen Partner
5) Trennung der Eltern
6) Diskobesuch
7) Schulwechsel
8) dauerhaft getrennt werden von Freund oder Freundin
9) Wohnungswechsel
10) Wettkampf bei Bundesjugendspielen
11) Führerscheinprüfung
12) Auftritt bei Theateraufführung

C

A1 Ordne die in den Abbildungen und der Liste dargestellten Situationen folgenden Stressformen zu: Eu- oder Disstress, Kurz- oder Langzeitstress!

A2 Vergleiche die Vorgänge im Körper bei einem der in der Liste aufgeführten Beispiele für Kurzzeitstress mit einem Beispiel für Langzeitstress!

A3 Nenne Veränderungen deines Schulalltags, durch die Stress vermieden werden könnte!

Material B ▸ Tupaias

Tupaias sehen ähnlich aus wie Eichhörnchen, sind aber sehr ursprüngliche Verwandte der Affen. In einem Versuch wurden zwei Männchen nach einem Kampf durch einen Maschendraht voneinander getrennt. Die Tiere konnten sich immer wieder sehen und riechen. Die Diagramme zeigen die Schlagfrequenz des Herzens der beiden Rivalen.

B1 Stelle in einem Pfeildiagramm die hormonelle und nervöse Regelung dar, die bei beiden Tieren in B abläuft!

B2 Vergleiche die beiden Diagramme D und E!

B3 Erkläre den Kurvenverlauf nach dem Kampf im Diagramm E!

B4 Erkläre, weshalb zu erwarten ist, dass im Versuch das Körpergewicht des unterlegenen Tieres in den Tagen nach dem Kampf sinkt!

B5 Erkläre an diesem Beispiel, weshalb Kämpfe mit klaren Gewinnern und Verlierern für beide vorteilhaft sein können!

Hormone im Überblick

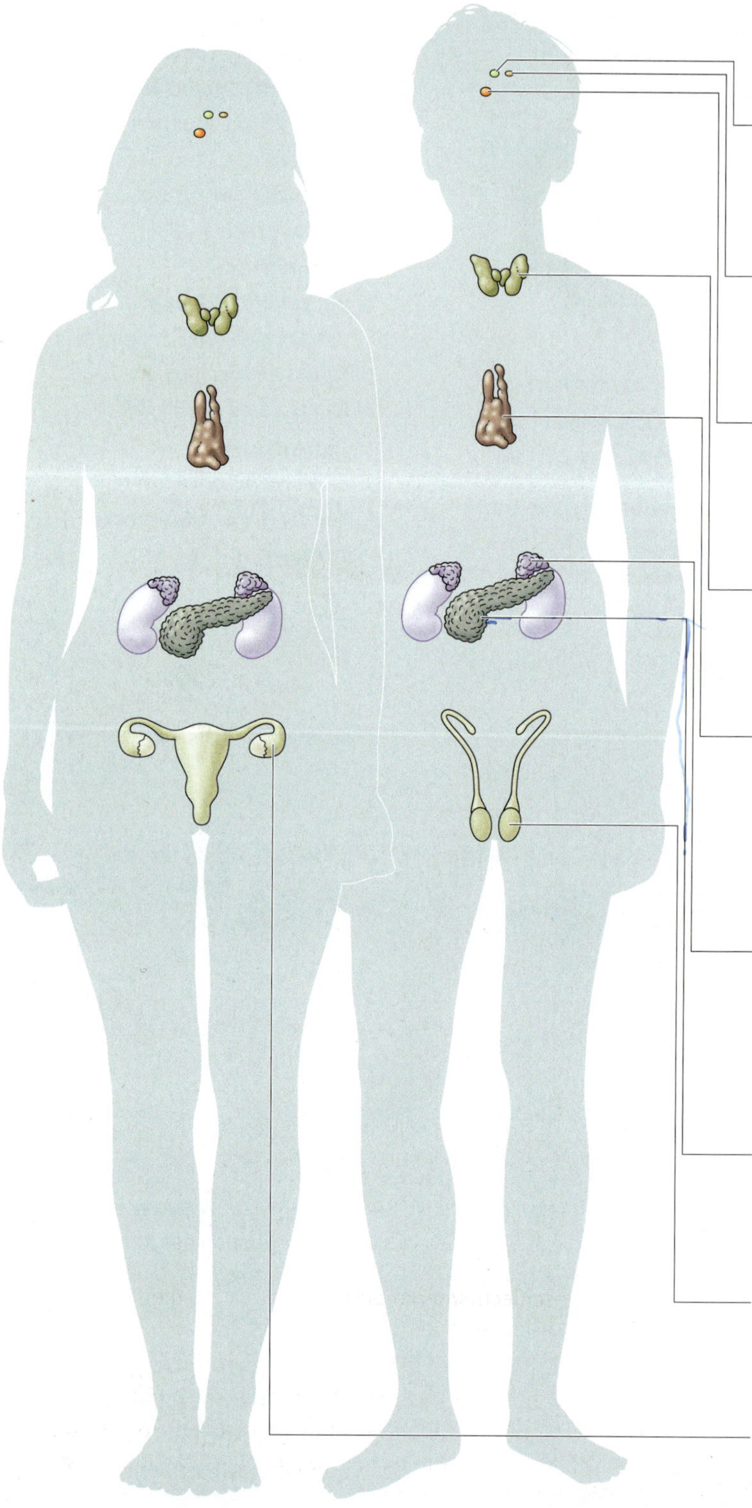

Hormondrüsen und für das Hormonsystem wichtige Organe

Hypothalamus:
ist eine spezielle Region des Zwischenhirns; zentrale Steuereinheit des Hormonsystems und des vegetativen Nervensystems; Verbindung beider Informationssysteme.

Epiphyse:
liegt oberhalb des Zwischenhirns.

Hypophyse:
liegt unter dem Zwischenhirn; Hormone wirken entweder direkt auf Zielzellen oder auf Hormondrüsen im Körper; Steuerung wichtiger Körperfunktionen.

Schilddrüse:
liegt unterhalb des Kehlkopfs wie ein Schild vor der Luftröhre.

Thymus:
liegt hinter dem Brustbein unterhalb der Schilddrüse; wächst bis zur Pubertät heran und bildet sich dann wieder zurück.

Nebennieren:
liegen beidseitig wie eine Kappe auf den Nieren auf; bestehen jeweils aus dem Nebennierenmark und der Nebennierenrinde.

Bauchspeicheldrüse:
liegt quer im Oberbauch vor dem Magen.

Hoden:
sind die männlichen Geschlechtsdrüsen; liegen außerhalb des Körpers.

Eierstöcke:
sind die weiblichen Geschlechtsdrüsen; liegen im Unterbauch im Inneren des Körpers.

Produzierte Hormone (Beispiele)	Wirkung der Hormone im Körper (Beispiele)
Freisetzungshormone und Hormone, die eine Ausschüttung von Steuerungshormonen unterdrücken	Freisetzungshormone bewirken in der Hypophyse die Ausschüttung von Steuerungshormonen, hemmende Hormone unterdrücken die Ausschüttung.
Melatonin	Melatonin reguliert den Schlaf-Wach-Rhythmus des Körpers, indem es vor allem die Herz-Kreislauf-Funktionen beeinflusst.
Wachstumshormone und Steuerungshormone	Wachstumshormone regulieren das Körperwachstum. Steuerungshormone regen andere Hormondrüsen an, ihre Hormone auszuschütten.
Thyroxin	Thyroxin beeinflusst das Körperwachstum, die Gehirnentwicklung und viele Stoffwechselvorgänge des Körpers.
Thymosin	Thymosin ist an der Steuerung des Körperwachstums beteiligt und für die Differenzierung und Entwicklung von Immunzellen erforderlich.
Adrenalin (aus dem Nebennierenmark) Cortisol (aus der Nebennierenrinde)	Adrenalin steigert die Herz-Kreislauf-Funktionen und setzt Energiereserven frei. Dadurch wird der Körper auf eine erhöhte Leistungsbeanspruchung vorbereitet, zum Beispiel bei Stresssituationen. Cortisol ist bei der Regulation des Kohlenhydratstoffwechsels beteiligt und hemmt Entzündungsreaktionen im Körper.
Insulin Glukagon	Insulin fördert die Versorgung der Zellen mit Glukose und senkt den Blutzuckerspiegel. Glukagon fördert den Abbau von Glykogen und Fett und erhöht den Blutzuckerspiegel.
männliche Geschlechtshormone	Männliche Geschlechtshormone fördern die Entwicklung männlicher Geschlechtsmerkmale und stimulieren die Bildung von Spermienzellen.
weibliche Geschlechtshormone	Weibliche Geschlechtshormone fördern die Entwicklung der weiblichen Geschlechtsmerkmale und die Freisetzung der Eizellen. Sie regeln den Menstruationszyklus sowie die Schwangerschaft.

A ▸ Sinnesorgane des Menschen

Kann ich ...

1 beschreiben, was ein Reiz und eine Erregung ist? *(Seite 32 und 34)*

2 verschiedenen Sinneszellen jeweils einen adäquaten Reiz zuordnen? *(Seite 32 und 33)*

3 beschreiben, wie es zur Wahrnehmung eines Reizes kommt? *(Seite 34)*

4 den Strukturen eines Auges jeweils eine Funktion zuordnen? *(Seite 36 und 37)*

5 den Bau der Netzhaut beschreiben? *(Seite 37)*

6 die verschiedenen Sinneszellen der Netzhaut miteinander vergleichen? *(Seite 37)*

7 die Vorgänge bei einer Akkommodation des Auges erläutern? *(Seite 38)*

8 die additive Farbmischung mit der subtraktiven Farbmischung vergleichen? *(Seite 44 bis 47)*

9 die Bedeutung des Gehirns bei der Wahrnehmung von räumlichen und bewegten Bildern beschreiben? *(Seite 45 und 46)*

10 die Ursachen für zwei Formen der Fehlsichtigkeit nennen und jeweils die Auswirkungen erklären? *(Seite 41)*

11 beschreiben, was man unter einer optischen Täuschung versteht? *(Seite 46)*

12 die Bestandteile des Außen-, Mittel- und Innenohrs nennen? *(Seite 50 und 51)*

13 den Hörvorgang beschreiben? *(Seite 52)*

14 beschreiben, wie Hörschäden entstehen können? *(Seite 52)*

15 erläutern, wie man die Lage des Kopfes und Drehbewegungen wahrnehmen kann? *(Seite 54)*

16 den Aufbau der Haut beschreiben und ihre Aufgaben nennen? *(Seite 56 und 57)*

17 zwei besondere Sinnesleistung aus der Tierwelt beschreiben? *(Seite 60 bis 62)*

B ▸ Informationsverarbeitung

Kann ich ...

1 den Bau und die Funktion des zentralen und peripheren Nervensystems beschreiben? *(Seite 64 und 65)*

2 die Vorgänge bei einer Steuerung und einer Regelung voneinander unterscheiden? *(Seite 65)*

3 den Bau eines Nervs beschreiben? *(Seite 66)*

4 das Schema einer Nervenzelle zeichnen und beschriften? *(Seite 69)*

5 die Erregungsleitung an einer Nervenzelle und einer Synapse beschreiben? *(Seite 69 und 70)*

6 die Aufgaben der verschiedenen Gehirnteile nennen? *(Seite 72 und 73)*

7 einen Reflexbogen zeichnen und seine Rolle bei der nervösen Steuerung beschreiben? *(Seite 74)*

8 die Bedingungen für Lernen und Gedächtnis beschreiben? *(Seite 76 und 77)*

9 die verschiedenen Formen des Gedächtnisses miteinander vergleichen? *(Seite 77)*

10 die Bedeutung des Sympathikus und Parasympathikus für den Körper beschreiben? *(Seite 78 und 79)*

C ▸ Hormonsystem

Kann ich ...

1 beschreiben, wie Information im Hormonsystem übertragen wird? *(Seite 82)*

2 die Regulation des Blutzuckerspiegels mithilfe von Hormonen erläutern? *(Seite 83)*

3 das Krankheitsbild Diabetes mellitus erläutern? *(Seite 84)*

4 die Regulation des Menstruationszyklus anhand eines Diagramms beschreiben? *(Seite 88 und 89)*

5 die hormonelle Regelung bei einer Schwangerschaft beschreiben? *(Seite 90)*

6 die Wirkung von FSH und LH beim Mann mit der Wirkung bei der Frau vergleichen? *(Seite 90)*

7 beschreiben, was man unter Stress versteht? *(Seite 94)*

8 die Vorgänge und Wirkungen des Kurzzeitstresses beschreiben? *(Seite 94 und 95)*

9 den Kurzzeitstress mit dem Langzeitstress vergleichen? *(Seite 94 bis 96)*

10 die beim Langzeitstress beteiligten Hormone und deren Funktion nennen? *(Seite 96)*

11 die Lage verschiedener Hormondrüsen im Körper beschreiben, ihre jeweiligen Hormone nennen und ihre Wirkungen im Körper erläutern? *(Seite 98 und 99)*

Kann ich aus dem Kapitel „Sinne, Nerven und Hormone" Beispiele erläutern für das biologische Prinzip:

- Struktur und Funktion?
- Variabilität?
- zelluläre Organisation?
- Information und Kommunikation?
- Regulation?
- Energieumwandlung?
- Reproduktion?

Reproduktion und Vererbung

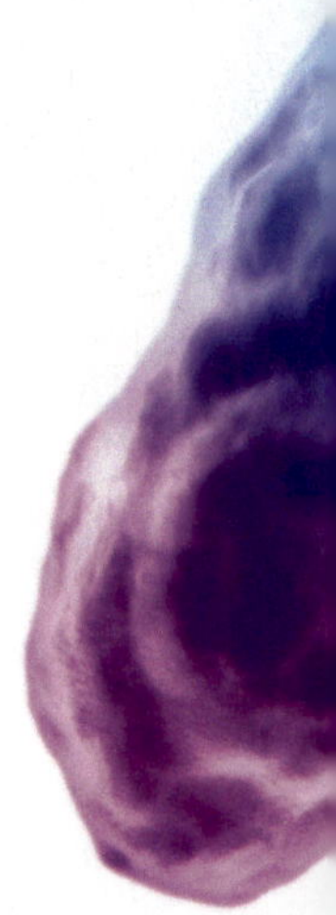

In diesem Kapitel beschäftigst du dich mit

- der Erbinformation. Du erfährst etwas über die Zellbestandteile, die chemischen Substanzen und die Vorgänge, die an der Vererbung beteiligt sind.
- der Speicherung der Erbinformation in den Zellen. Du lernst, wie mithilfe der Erbinformation Merkmale eines Lebewesens entstehen.
- den Regeln der Vererbung. Du lernst Erklärungen dafür kennen, wie Merkmale an die Nachkommen weitergegeben werden.
- den möglichen Veränderungen der Erbinformation. Du lernst Formen und Folgen der Veränderungen der Erbinformation kennen. Außerdem erfährst du, wie man die Entstehung der Vielfalt an Lebewesen erklären kann.
- Methoden der Pflanzen- und Tierzucht sowie mit modernen Verfahren der Biotechnologie in der Landwirtschaft und Medizin.

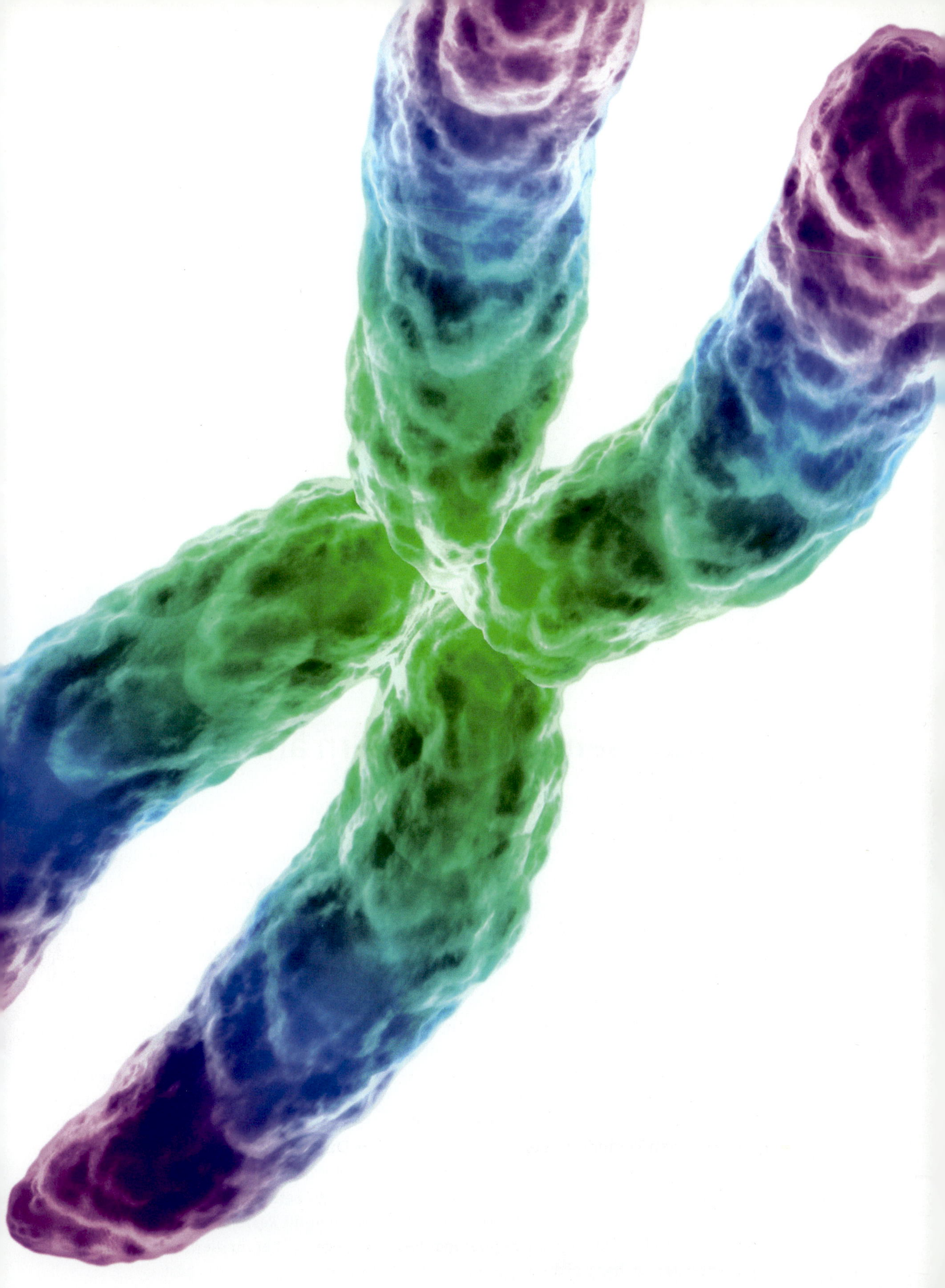

01 Familienfoto

Kinder sehen ihren Eltern ähnlich

„Ganz der Vater" oder „Das hast du von deiner Mutter geerbt" hört man häufig. Schaut man sich das Familienfoto an, so erkennt man, dass Eltern und Kinder gleiche Merkmale aufweisen. Auch zwischen den Geschwistern entdeckt man Ähnlichkeiten. Wie ist es zu erklären, dass sie sich ähnlich und dennoch einzigartig sind?

MERKMALE · Betrachtet man die Geschwister auf dem Familienfoto, fällt auf, dass sich beide in der Form des Gesichts und der Nase ähneln. In anderen Merkmalen, beispielsweise der Augenfarbe, unterscheiden sie sich aber deutlich. Die Augenfarbe, die Gesichtsform und die Form der Nase gehören zum Erscheinungsbild eines Menschen. Solche tatsächlich ausgeprägten und feststellbaren Merkmale machen den Phänotyp aus. Der Begriff **Phänotyp** umfasst auch die nicht sichtbaren Merkmale eines Lebewesens, zum Beispiel die Blutgruppe.

griechisch phän = Erscheinung, griechisch typos = Abbild

Das Mädchen auf dem Familienfoto hat braune Augen wie ihre Mutter, während der Sohn wie der Vater blaue Augen hat. Das deutet darauf hin, dass die Information für die Ausbildung eines Merkmals, die *Erbinformation,* bei einem der Eltern vorhanden ist und weitervererbt werden kann. Andererseits aber hat der Junge nicht die Augenfarbe seiner Mutter. Welche Erbinformation der Eltern weitergegeben wird und sich ausprägt, ist demzufolge von Kind zu Kind unterschiedlich.

Wie erfolgt nun die Vererbung eines Merkmals? Wieso hat der Junge die Augenfarbe des Vaters geerbt und nicht die von der Mutter? Um diese Fragen zu beantworten, ist es notwendig, den Beginn des menschlichen Lebens näher zu betrachten. Die Bildung von Nachkommen, die *Reproduktion,* ist der biologische Prozess, welcher für die Weitergabe der Erbinformation verantwortlich ist.

ERBINFORMATION · Voraussetzung für die Reproduktion ist die Verschmelzung der Kerne von Spermienzelle und Eizelle, also die *Befruchtung*. Die Informationen für die Merkmale eines Kindes liegen sowohl im Kern der Spermienzelle als auch der Eizelle vor. Die Erbinformation jeder Spermienzelle eines Mannes kann unterschiedlich sein, ebenso die Erbinformation jeder Eizelle einer Frau. Je nachdem, welche Spermienzelle zufällig welche Eizelle befruchtet, ergibt sich für jede befruchtete Eizelle, auch *Zygote* genannt, eine andere Kombination der Erbinformation. Welche Erbinformation von den Eltern weitergegeben wird, ist jedoch zufällig. Im Augenblick der Befruchtung wird festgelegt, welche Erbinformation das entstehende Kind erhält. Diese Unterschiede der Geschlechtszellen und die individuelle Kombination bei der Befruchtung führen auch bei Geschwistern zu verschiedenen Kombinationen der elterlichen Erbinformationen und damit zu unterschiedlichen, manchmal aber auch zu ähnlichen Merkmalen. Die dadurch auftretende Vielfalt der Phänotypen bezeichnet man als **Variabilität.** Durch zahlreiche Zellteilungen entsteht aus einer Zygote ein Mensch, der in jeder Zelle die gleiche individuelle Erbinformation gespeichert hat. Da jeder Mensch sich aus einer anderen Zygote entwickelt, hat er eine individuelle Erbinformation und ist daher einzigartig.
Grundlage aller Merkmale des Menschen ist also die von den Eltern weitergegebene Erbinformation. Die kleinste informationstragende Einheit, die zur Ausprägung eines bestimmten Merkmals erforderlich ist, wird **Gen** genannt. Die Gesamtheit aller Gene, die den Merkmalen eines Lebwesens zugrunde liegen, bezeichnet man als Erbbild oder **Genotyp.**

UMWELT · Neben dem Genotyp beeinflusst auch die Umwelt unseren Phänotyp. Die UV-Strahlung der Sonne führt beispielsweise dazu, dass unsere Hautzellen verstärkt ein braunes Hautpigment bilden. Sonnenbaden kann unseren Phänotyp verändern. Unser Phänotyp ist also nicht immer exakt durch unseren Genotyp bestimmt. Vielmehr legt der Genotyp den Rahmen fest. Er bestimmt das Maß, in dem sich die Umwelt auf den Phänotyp auswirken kann. Vergleichbar ist dies mit einem Rezept für einen Kuchen. Das Rezept legt nur die Art des Kuchens fest. Die Kuchenform und der Bräunungsgrad unterliegen aber äußeren Einflüssen. Unser Genotyp ist eine Art Rezept für unseren Phänotyp. Merkmale wie die Augenfarbe werden durch die Umwelt nicht beeinflusst. Die Hautfarbe oder das Körpergewicht lassen sich aber beispielsweise durch Umwelteinflüsse wie Sonneneinstrahlung oder Ernährung verändern.

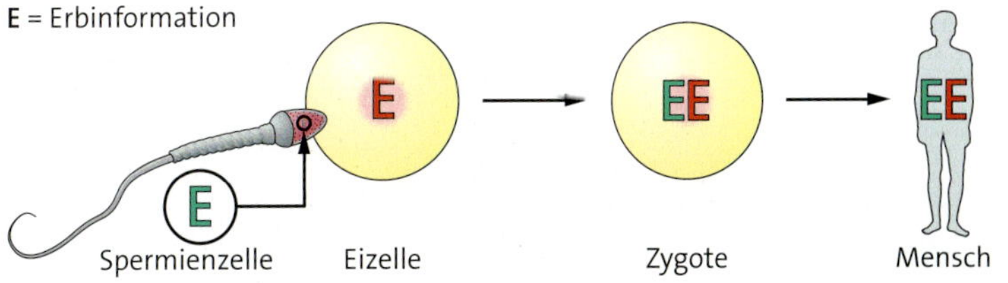

02 Weitergabe der Erbinformation

1 Definiere die Begriffe Phänotyp und Genotyp!

2 Erkläre, weshalb jeder Mensch einen einzigartigen Genotyp hat!

3 Erläutere das biologische Prinzip *Variabilität* beim Menschen!

lateinisch genere = entstehen

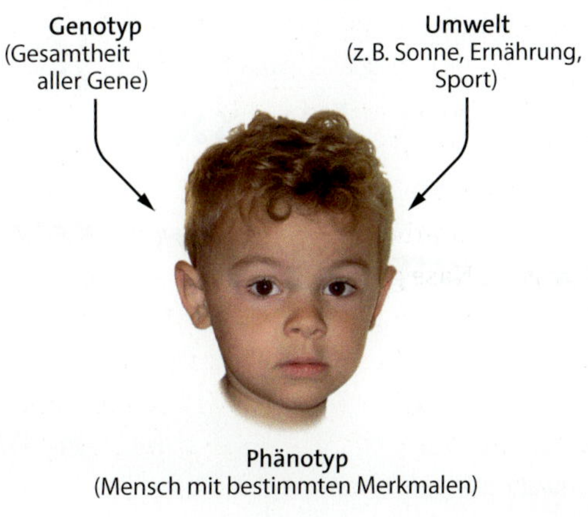

03 Einflüsse durch Erbinformation und Umwelt

griechisch chrōma = Farbe,

griechisch sōma = Körper

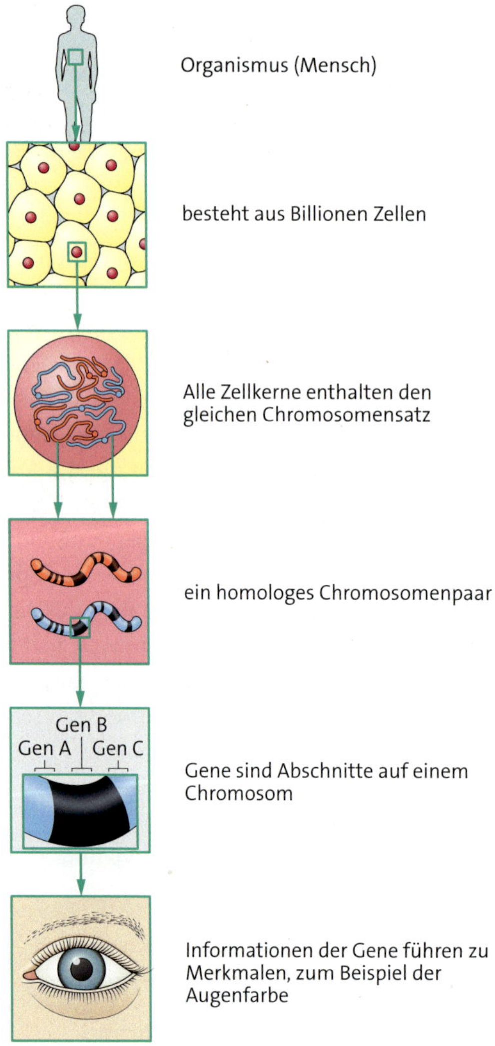

04 Ausprägung eines Merkmals am Beispiel Augenfarbe (Schema)

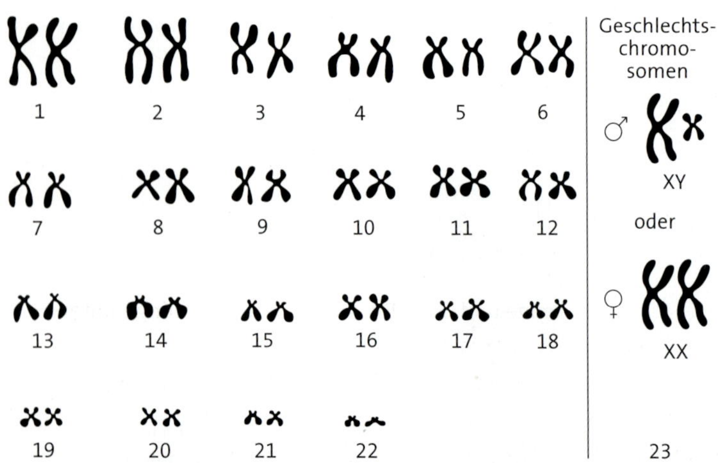

05 Karyogramm des Menschen

CHROMOSOMEN DES MENSCHEN · Der menschliche Organismus besteht aus Billionen von Zellen. Im Zellkern jeder Zelle befinden sich fädige, anfärbbare Strukturen, die *Chromosomen.* Jede unserer Körperzellen, egal ob Haut-, Muskel- oder Nervenzelle, hat die gleichen 46 Chromosomen. Immer zwei dieser Chromosomen sind in ihrer Größe und Gestalt gleich, sie sind **homolog.** Jeweils eines der homologen Chromosomen haben wir vom Vater und eines von der Mutter. Eine Zelle enthält also einen doppelten, einen **diploiden,** Satz aus 23 mütterlichen und 23 väterlichen Chromosomen. Auf den Chromosomen liegen die Gene. Ein Gen ist ein bestimmter Abschnitt auf dem Chromosom, das Informationen für ein Merkmal enthält. Gene sind für die Ausprägung von Merkmalen erforderlich. Sie bestimmen, welche Augenfarbe oder welche Blutgruppe ein Mensch hat.
Vater und Mutter geben über die Geschlechtszellen jeweils eines von jedem homologen Chromosomenpaar an ihre Nachkommen weiter. Unsere Geschlechtszellen weisen deshalb 23 Chromosomen auf, das heißt nur je eines der homologen Chromosomen. Sie sind **haploid.**

KARYOGRAMM · Während der Zellteilung lassen sich Chromosomen anfärben und nach Größe und Gestalt in homologen Paaren zu einem **Karyogramm** anordnen. Im Karyogramm erkennt man zwei Typen von Chromosomenpaaren. 22 Chromosomenpaare sind bei allen Menschen gleich, die **Autosomen.** Das 23. Chromosomenpaar legt das Geschlecht fest. Frauen besitzen zwei homologe X-Chromosomen. Männer haben ein ungleiches Chromosomenpaar. Es besteht aus einem X- und aus einem sehr kleinen Y-Chromosom. X- und Y-Chromosomen sind die Geschlechtschromosomen oder **Gonosomen.**

4 Erläutere die Unterschiede der Erbinformation in Körper- und Geschlechtszellen!

Material A ▸ Familienähnlichkeit

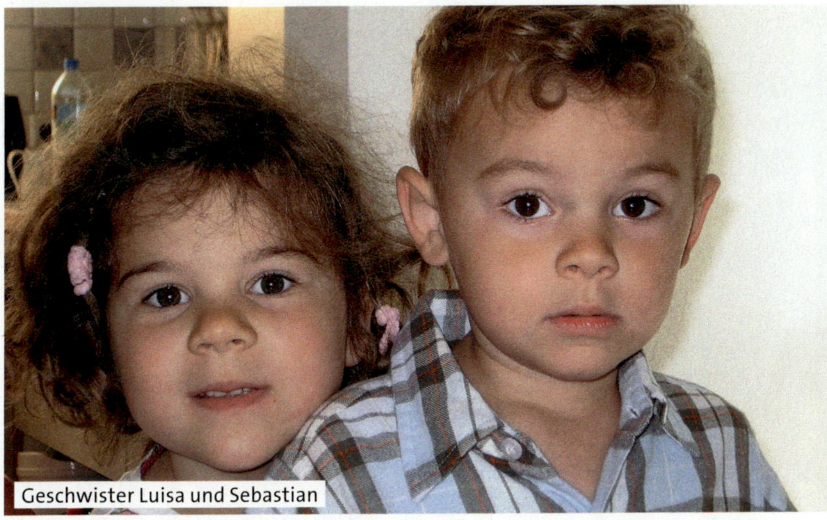
Geschwister Luisa und Sebastian

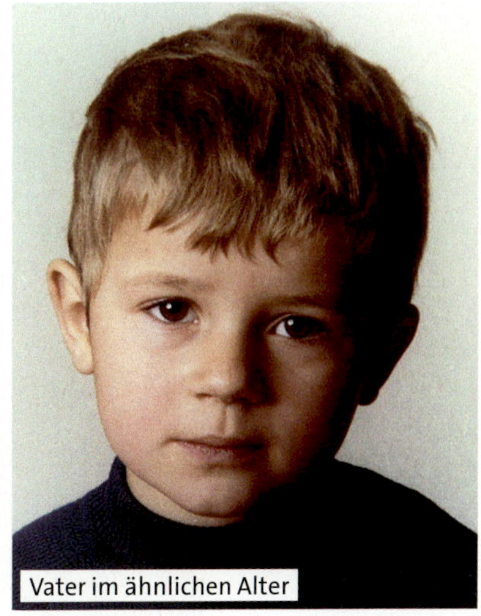
Vater im ähnlichen Alter

A1 Beschreibe Unterschiede und Ähnlichkeiten der Geschwisterkinder mit ihrem Vater im ähnlichen Alter!

A2 Erkläre, wie trotz gemeinsamen Vaters die Unterschiede der Geschwister entstehen können!

A3 Beschreibe mithilfe der Bilder das biologische Prinzip *Variabilität*!

A4 Vergleiche die Karyogramme von Vater und Tochter!

Material B ▸ Zwillinge

A

B

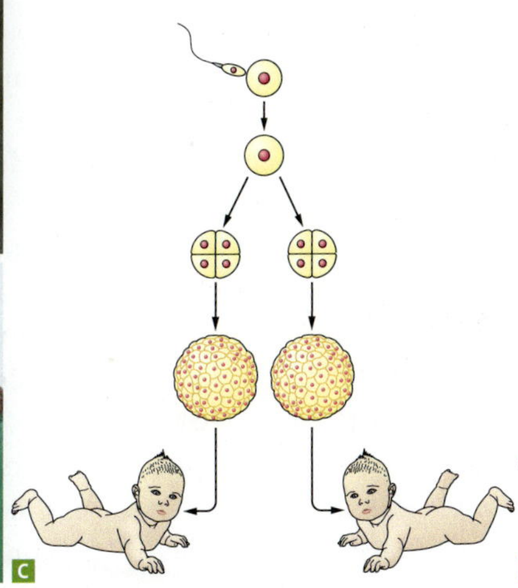
C

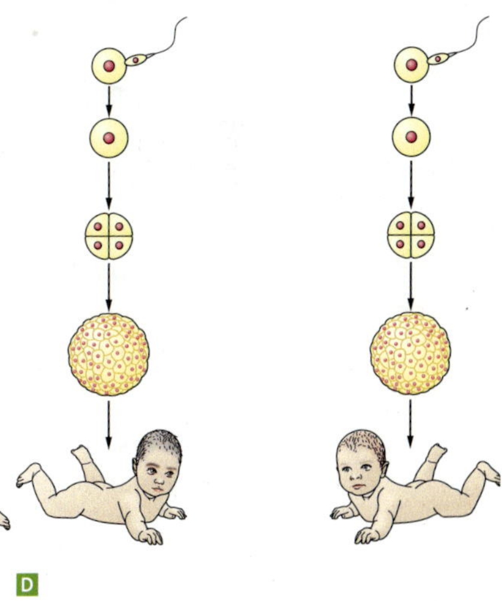
D

B1 Vergleiche jeweils den Phänotyp der Geschwister bei den Zwillingspaaren!

B2 Beurteile die Ähnlichkeiten der jeweiligen Zwillingspaare!

B3 Ordne die Begriffe eineiige und zweieiige Zwillinge den Abbildungen zu! Begründe mithilfe der Grafik, ob auch das Zwillingspaar A unterschiedlichen Geschlechts sein kann!

B4 Auch eineiige Zwillinge unterscheiden sich in manchen Merkmalen. Stelle Vermutungen über die Ursachen an!

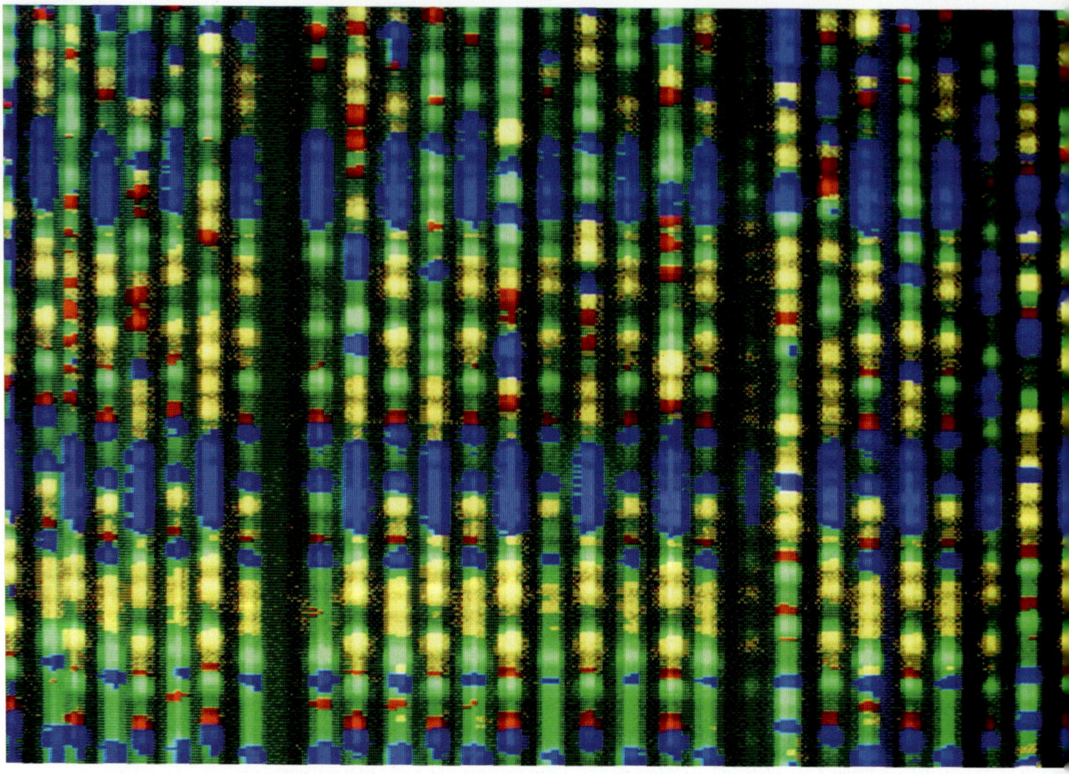

01 Darstellung der menschlichen Erbinformation als farbige Banden

Chromosomen – Träger der Erbinformation

Das Humangenomprojekt hatte das Ziel, die menschliche Erbinformation zu entschlüsseln und zu kartieren. Sie lässt sich als Abfolge von farbigen Banden darstellen. Träger der Erbinformation sind die Chromosomen. Wie sind Chromosomen gebaut und wie ist die Erbinformation in ihnen gespeichert?

englisch DNA = deoxyribonucleic acid

ERFORSCHUNG DER ERBINFORMATION · Bereits Ende des 19. Jahrhunderts entdeckte der Arzt Friedrich MIESCHER in Zellen bisher unbekannte Substanzen, die chemisch zu den Säuren gehören. Da sie sich im Zellkern, dem *Nukleus,* befanden, gab er ihnen den Namen *Nukleinsäuren.* Ihre Funktion in der Zelle war damals aber noch nicht bekannt.

Zu Beginn des 20. Jahrhunderts erkannte man, dass Chromosomen Nukleinsäuren enthalten. Diese Nukleinsäuren der Chromosomen bestehen aus vier verschiedenen Basen, dem Zucker Desoxyribose und Phosphatresten. Nach dem vorhandenen Zucker, der Desoxyribose, bezeichnete man sie als **Desoxyribonukleinsäure,** kurz DNS oder englisch **DNA.**

Mitte des 20. Jahrhunderts identifizierte Oswald AVERY durch Experimente mit Bakterien die DNA als Träger der Erbinformation.

James WATSON und Francis CRICK gelang es, den räumlichen Bau der DNA zu entschlüsseln. Sie analysierten Röntgenbeugungsmuster von Rosalind FRANKLIN und bauten mithilfe dieser Daten ein Molekülmodell. 1953 veröffentlichten sie dieses in der Fachzeitschrift „Nature“ und erhielten dafür 1962 den Nobelpreis für Medizin. Dieses räumliche *Watson-Crick-Modell* der DNA war die Grundlage zur Entschlüsselung der menschlichen Erbinformation.

BAU DER CHROMOSOMEN · Jedes der 46 Chromosomen des Menschen besteht aus einem einzigen langen DNA-Molekül. Diese sehr dünne, fadenförmige DNA ist mehrfach gewunden wie eine Spirale und zusätzlich ist sie um Proteine gewickelt, welche Stützfunktionen übernehmen. Ein DNA-Molekül bildet zusammen mit den Proteinen den **Chromatinfaden.**

Die DNA ähnelt in ihrem Bau einer Strickleiter, die um ihre eigene Achse gewunden ist. Die beiden Holme der Strickleiter bestehen aus dem Zucker Desoxyribose und den Phosphatresten. Die Sprossen bilden die Basenpaare. Von den vier vorhandenen Basen Adenin, Thymin, Guanin und Cytosin passen je zwei wie Schlüssel und Schloss zueinander. Sie sind zueinander **komplementär.** Über zwei Wasserstoffbrückenbindungen sind die Basen Adenin und Thymin gebunden, über drei Guanin und Cytosin. Jeweils eine der vier Basen, ein Zucker und ein Phosphatrest bilden zusammen den Grundbaustein der DNA, ein **Nukleotid.**

Beim DNA-Molekül handelt es sich also um zwei Einzelstränge aus miteinander verknüpften Nukleotiden. Die beiden Stränge sind über Wasserstoffbrückenbindungen zwischen den komplementären Basen zu einem Doppelstrang verbunden. Der Doppelstrang weist eine um die eigene Achse gewundene Struktur auf, man spricht deshalb von einer **Doppelhelix.**

Ein Gen ist ein DNA-Abschnitt aus etwa 100 bis über 10 000 Basenpaaren mit einer bestimmten Basenabfolge, auch *Basensequenz* genannt. In der Abfolge der Basen der DNA ist die Erbinformation verschlüsselt.

Im Humangenomprojekt wurde die Basensequenz der Erbinformation des Menschen fast vollständig aufgeklärt. Diese Sequenz lässt sich als Folge farbiger Banden darstellen.

1 Beschreibe den Bau eines Einzelstrangs der DNA!

2 Beschreibe den Feinbau eines Chromosoms!

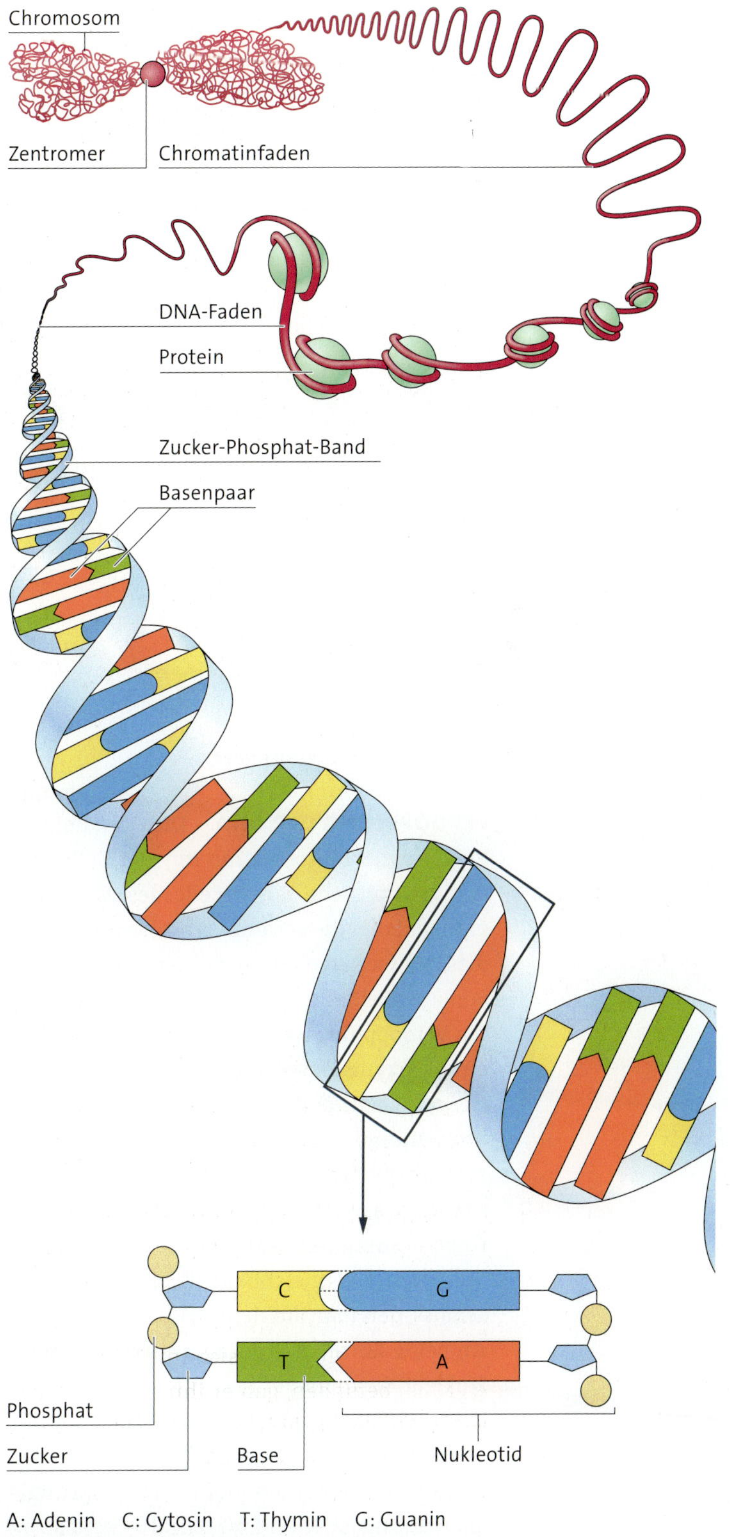

02 Feinbau eines Chromosoms

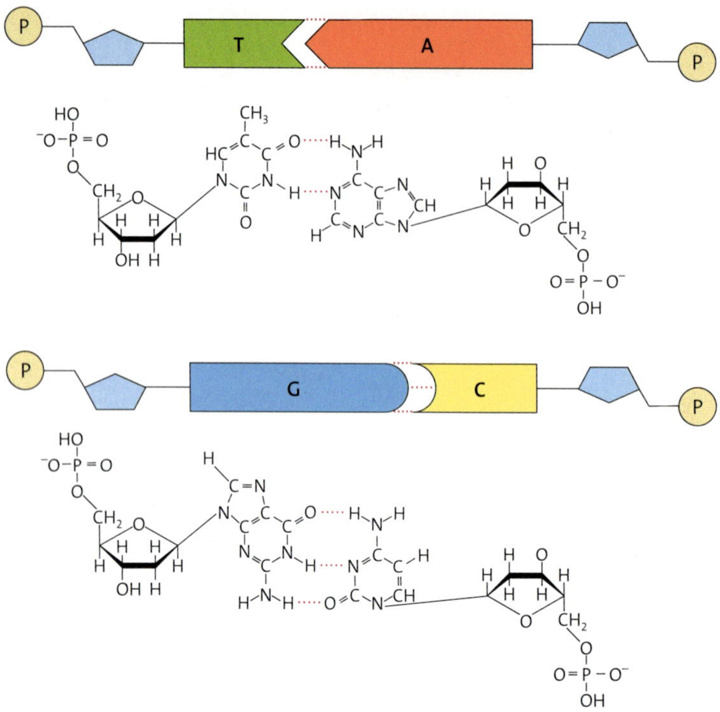

03 Wasserstoffbrückenbindungen zwischen Nukleotiden

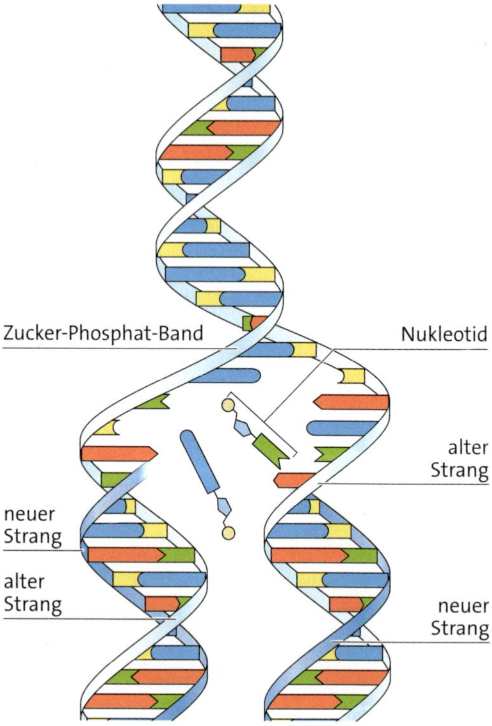

04 Identische Verdopplung der DNA

VERDOPPLUNG DER DNA · Die DNA liegt als Träger der Erbinformation in jeder Zelle vollständig vor. Jede Körperzelle des Menschen enthält daher die gesamte Erbinformation. Um die DNA weitergeben zu können, muss sie sich vor jeder Zellteilung verdoppeln.

Zur Verdopplung wird die Doppelhelix mithilfe eines Enzyms entwunden. Der Doppelstrang trennt sich durch Aufbrechen der Wasserstoffbrückenbindungen zwischen den Basen in zwei Einzelstränge. Dies ist leicht möglich, da sich die Wasserstoffbrückenbindungen mit geringem Energieaufwand lösen lassen. Dieser Vorgang ist vergleichbar mit einem Reißverschluss, den man aufzieht.

An beide Einzelstränge lagern sich nun neue Nukleotide an und es enstehen neue komplementäre Basenpaare. Die Nukleotide werden über ein weiteres Enzym zu einem Strang verknüpft, der komplementär zum ursprünglichen Strang ist. Jeder Einzelstrang dient so als Kopiervorlage für den neuen Gegenstrang. Diesen Kopiervorgang der DNA nennt man **Replikation.**

Bei der Replikation entstehen zwei Doppelstränge, die aus je einem neuen und einem alten Einzelstrang zusammengesetzt sind. Vor jeder Zellteilung wird so die DNA aller 46 Chromosomen verdoppelt, damit bei der Zellteilung jede der beiden Tochterzellen alle 46 Chromosomen erhält.

Der Vorgang der Replikation muss fehlerfrei erfolgen, damit zwei identische DNA-Moleküle entstehen. Reparaturenzyme erkennen bei der Replikation fehlerhafte Basenpaarungen und korrigieren diese. Dennoch können in seltenen Fällen Fehler auftreten. Bei einer Milliarde angelagerter Nukleotide ist im Durchschnitt eine Basenpaarung falsch. Fehler bei der Replikation sind eine der Ursachen für die dauerhafte Veränderung der Erbinformation, für **Mutationen.**

lateinisch mutare = ändern

3 Stelle die Vorgänge der Replikation als Pfeildiagramm dar!

Material A ▸ Bau der DNA

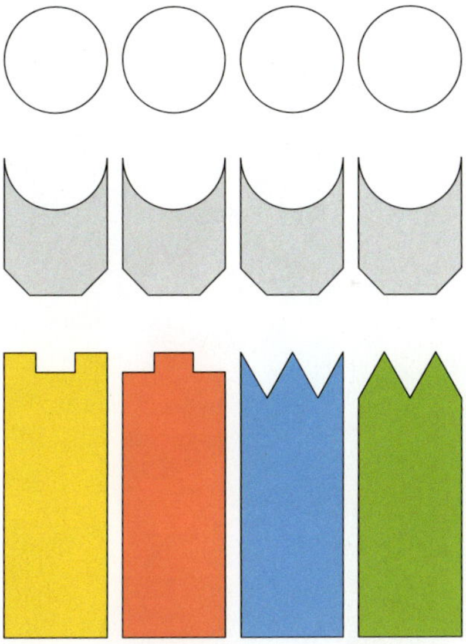

Symbole der Einzelbausteine der DNA

In der Abbildung sind Symbole vorgeschlagen, mit denen sich das Modell eines DNA-Moleküls zeichnen lässt.

A1 Erstelle eine Legende in deinem Heft, in der du die Symbole den Einzelbausteinen der DNA zuordnest!

A2 Zeichne ein Nukleotid in dein Heft! Verwende hierfür die in der Abbildung angegebenen Symbole!

A3 Zeichne einen DNA-Einzelstrang aus sieben Nukleotiden!

A4 Ergänze zeichnerisch den Einzelstrang, sodass ein Doppelstrang entsteht!

A5 Vergleiche die Basenabfolge deines DNA-Moleküls mit der Zeichnung deiner Mitschüler! Erkläre, welche Bedeutung die unterschiedlichen Basenabfolgen für die Erbinformation haben!

A6 Erläutere das Baumerkmal der DNA, welches für die identische Verdopplung von großer Bedeutung ist!

Material B ▸ Basenzusammensetzung der DNA

Organismus	Adenin	Thymin	Cytosin	Guanin
Mensch	31 %	31 %	19 %	19 %
Schaf	30 %	30 %	20 %	20 %
Seeigel	33 %	33 %	17 %	17 %
Weizen	27 %	27 %	23 %	23 %
Hefe	31 %	31 %	19 %	19 %
E. coli (Bakterium)	24 %	24 %	26 %	26 %

Die Tabelle zeigt den jeweils prozentualen Anteil einer Base in der DNA für verschiedene Lebewesen.

B1 Vergleiche die Anteile der verschiedenen Basen der DNA des Menschen!

B2 Vergleiche die Basenzusammensetzung des Menschen mit der des Weizens und der Hefe!

B3 Erkläre die Unterschiede und Gemeinsamkeiten, die bei B2 beschrieben wurden!

B4 Interpretiere die Daten der Tabelle im Hinblick auf den Bau der DNA!

Material C ▸ Wasserstoffbrücken

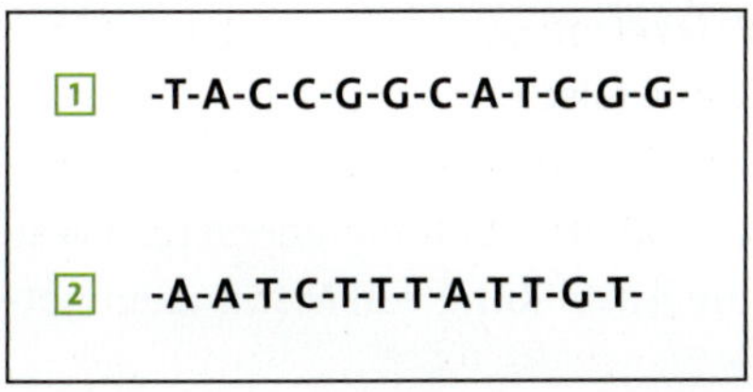

In der Abbildung sind die Basenfolgen von Ausschnitten aus zwei Einzelsträngen der DNA dargestellt. Wasserstoffbrücken lassen sich durch Erwärmen lösen.

C1 Übernimm die Einzelstränge in dein Heft und ergänze sie zu Doppelsträngen!

C2 Begründe, weshalb sich der Doppelstrang 2 bei Erwärmung eher in Einzelstränge trennt als der Doppelstrang 1!

01 Jugendliche mit verschiedenen Merkmalen

Gene bestimmen Merkmale

Die Gesichter der jungen Menschen unterscheiden sich. Jedes Gesicht hat individuelle Merkmalsausprägungen.
Die Information für unsere Merkmale ist in Form von Genen auf unseren Chromosomen im Zellkern gespeichert. Wie wird die Erbinformation in unsere Merkmale umgesetzt?

MERKMALE · In der genetischen Information der DNA ist nicht direkt die Information über Merkmale enthalten, sondern nur die Information für die Bildung von Proteinen. Das Bindeglied zwischen den Genen, die den *Genotyp* bestimmen, und den zugehörigen Merkmalen, dem *Phänotyp*, sind also **Proteine.** Wie kann die DNA Informationen für den Aufbau von Proteinen enthalten?
Wir besitzen viele Tausend verschiedene Proteine in unseren Zellen. Diese sind durch ihre unterschiedlichen Funktionen für die Ausbildung verschiedener Merkmale erforderlich. Wichtige Proteine sind die Enzyme, da sie Stoffwechselprozesse katalysieren. Außerdem gibt es Strukturproteine wie die der Haare, Transportproteine für Sauerstoff und Rezeptorproteine an Synapsen der Nervenzellen.

Die Grundbausteine der Proteine sind **Aminosäuren.** Beim Menschen sind 20 verschiedene Aminosäuren am Aufbau aller Proteine beteiligt. Die Proteine bestehen aus Ketten von miteinander verknüpften Aminosäuren. Die Abfolge der unterschiedlichen Aminosäuren, die **Aminosäuresequenz,** ist für jedes Protein spezifisch. Für ihre Funktion ist aber nicht nur ihre Aminosäuresequenz ausschlaggebend, sondern auch die räumliche Anordnung der Aminosäurekette, die *räumliche Struktur* des Proteins.
Die Basenabfolge der Gene wird in eine Aminosäureabfolge der Proteine übersetzt. Diese sind für die Ausbildung von Merkmalen notwendig.

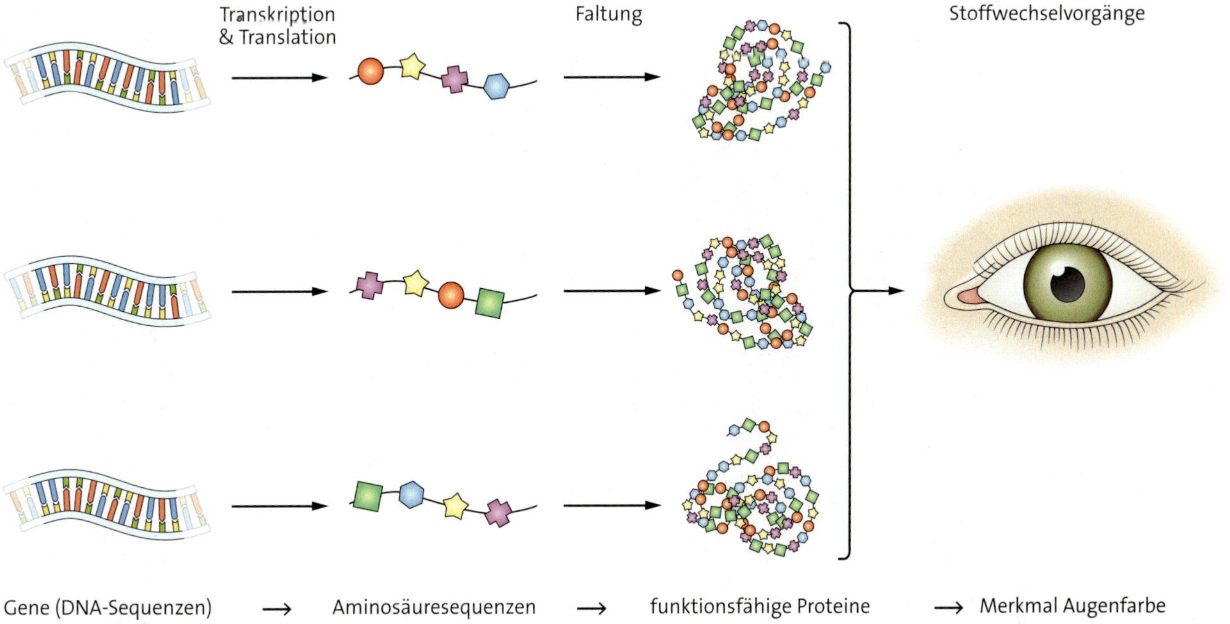

02 Gene bestimmen Merkmale.

DER GENETISCHE CODE · Ein Code dient dazu, eine Information mithilfe festgelegter Zeichen zu speichern und zu übermitteln. Bei der Umsetzung der codierten Information muss diese zunächst entschlüsselt werden. So müssen wir die Zeichen unseres Schriftcodes, die Buchstaben, lesen, um die Information in Worte umzusetzen. Genauso werden beim Morsecode Kombinationen mehrerer langer und kurzer Töne in Buchstaben umgesetzt.
Der genetische Code besteht aus vier Zeichen, den vier verschiedenen Basen der Nukleinsäuren. In ihrer Abfolge, der *Basensequenz,* ist die genetische Information gespeichert. Ein Abschnitt der DNA mit bestimmter Basensequenz entspricht einem Gen. Diese Sequenz muss in die *Aminosäuresequenz* eines Proteins umgesetzt werden. Für die Bildung der Proteine in der Zelle stehen 20 verschiedene Aminosäuren zur Verfügung. Um mit vier verschiedenen Basen die Information für 20 verschiedene Aminosäuren codieren zu können, muss eine bestimmte Abfolge von drei aufeinanderfolgenden Basen einer bestimmten Aminosäure entsprechen. So existieren genügend Variationsmöglichkeiten, nämlich $4^3 = 64$, um alle 20 Aminosäuren der Proteine zu codieren. Ein solches *Basentriplett* wird **Codon** genannt. Würde nur eine Base für eine Aminosäure codieren, könnte lediglich die Information für vier Aminosäuren in der DNA gespeichert werden.
Alle Lebewesen verwenden denselben genetischen Code, das heißt, ein bestimmtes Codon wird bei allen Lebewesen in dieselbe Aminosäure übersetzt. Daher bezeichnet man den genetischen Code als **universell.** Der Prozess der Übersetzung der genetischen Information in Proteine wird **Proteinbiosynthese** genannt. Dieser läuft in zwei Schritten ab: Der erste findet im Zellkern statt, der zweite im Zellplasma. Die unterschiedlichen Merkmale in den Gesichtern der Jugendlichen kommen dadurch zustande, dass die genetische Information mithilfe der Proteine in Merkmale umgesetzt wird.

1 Beschreibe den Zusammenhang zwischen Genen und Merkmalen!

2 Erkläre, wie viele unterschiedliche Aminosäuren mit einem 2er-Codon verschlüsselt werden könnten!

Blindenschrift

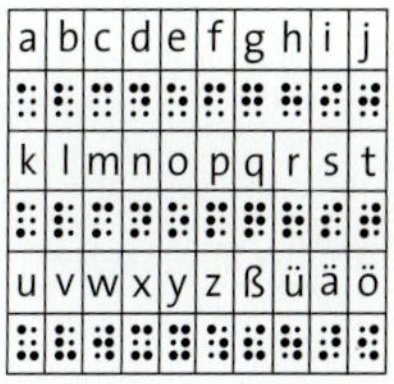

Morsecode

A	•−	N	−•
B	−•••	O	−−−
C	−•−•	P	•−−•
D	−••	Q	−−•−
E	•	R	•−•
F	••−•	S	•••
G	−−•	T	−
H	••••	U	••−
I	••	V	•••−
J	•−−−	W	•−−
K	−•−	X	−••−
L	•−••	Y	−•−−
M	−−	Z	−−••

QR-Code

03 Verschlüsselte Informationen

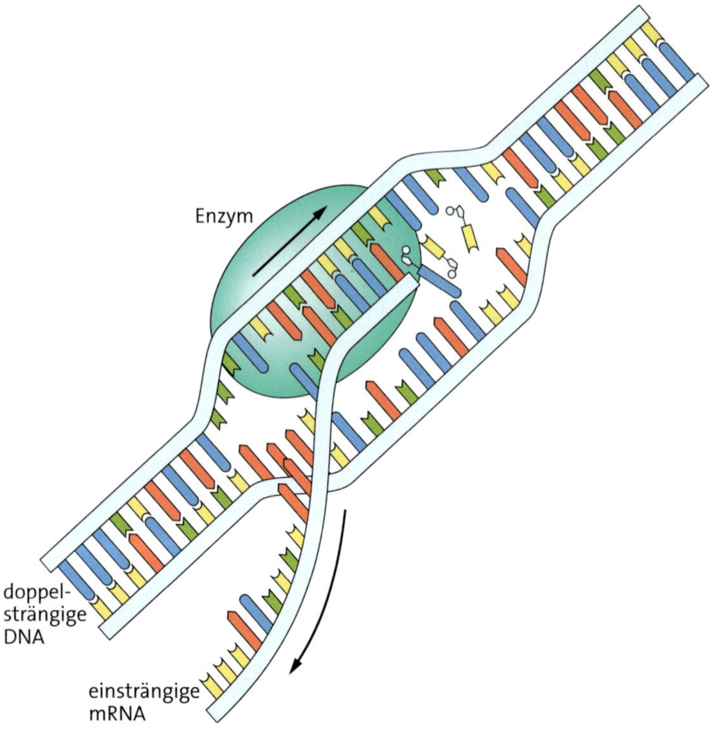

04 Transkription im Zellkern

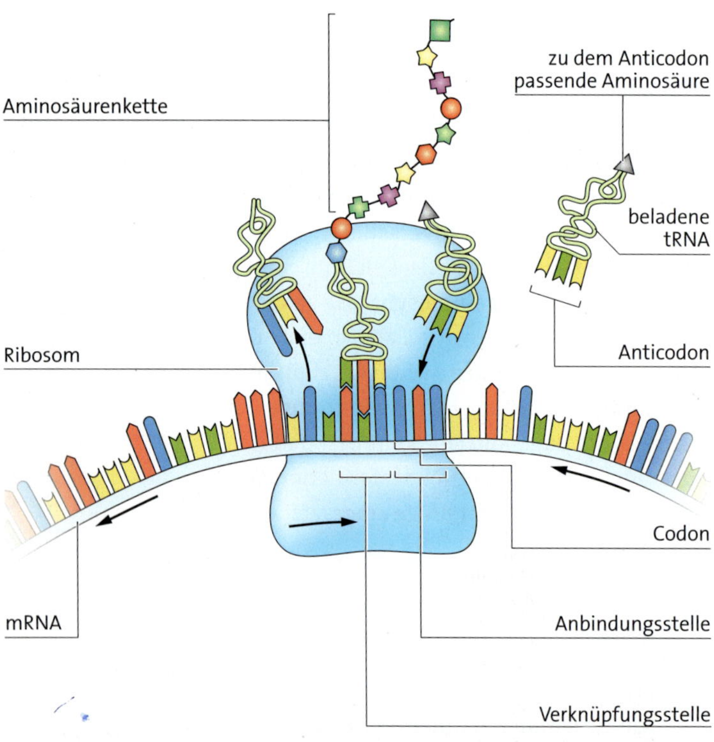

05 Translation am Ribosom im Zellplasma

TRANSKRIPTION · Die DNA liegt im Zellkern, die Proteine werden aber im Zellplasma gebildet. Wie gelangt die Information der DNA ins Zellplasma?

Zunächst wird die doppelsträngige DNA mithilfe eines Enzyms aufgetrennt. An einen der beiden DNA-Stränge lagern sich komplementäre Nukleotide an, die im Aufbau den DNA-Nukleotiden ähneln. Sie enthalten aber den Zucker Ribose statt Desoxyribose und die Base Uracil statt Thymin. Die Nukleotide werden zu einem Einzelstrang, der **Ribonukleinsäure,** kurz RNA, verknüpft. Es entsteht dabei die RNA-Kopie eines Gens. Die RNA gelangt durch die Kernporen ins Zellplasma und bringt so die Information des Gens zum Ribosom. Sie heißt daher Boten- oder messenger-RNA, kurz **mRNA.** Den Vorgang des Abschreibens nennt man **Transkription.** Im Zellplasma lagert sich die mRNA an ein Ribosom an. Wie erfolgt nun die Übersetzung der in der mRNA gespeicherten Information in ein Protein?

TRANSLATION · Jede der 20 am Aufbau der Proteine beteiligten Aminosäuren wird an eine weitere RNA, die tansfer-RNA oder **tRNA,** gebunden. Ein spezifisches Basentriplett, das Anticodon, entscheidet, welche Aminosäure die jeweilige tRNA bindet. An der Anbindungsstelle des Ribosoms bindet an jedem Basentriplett der mRNA, dem *Codon,* genau jene tRNA mit komplementärem Basentriplett, dem *Anticodon.* Jedem Codon der mRNA ist so eine bestimmte Aminosäure zugeordnet. Rückt die mRNA mit der komplementären t-RNA an die Verknüpfungsstelle des Ribosoms, wird die an der tRNA gebundene Aminosäure mit der bereits entstandenen Aminosäurenkette verknüpft. Die entladene tRNA verlässt das Ribosom. Dieser Vorgang wiederholt sich, bis das Protein fertiggestellt ist. Die Übersetzung der Basensequenz der mRNA in eine Aminosäuresequenz eines Proteins nennt man Translation. Den gesamten Vorgang von Transkription und **Translation** bezeichnet man auch als **Proteinbiosynthese.**

Material A ▸ Das genetische Alphabet

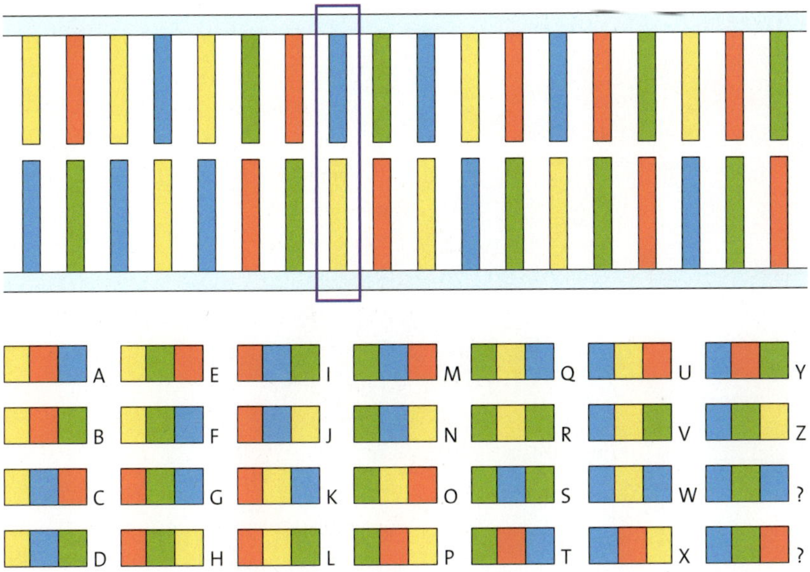

Die Art der Codierung durch Nukleinsäuren lässt sich modellhaft auch auf die Buchstabenschrift anwenden.

A1 Übersetze die als DNA codierte Information! Beginne mit den ersten drei Basen des unteren Strangs!

A2 Zwei Tripletts zeigen keine Zuordnung (?) zu einem Buchstaben. Stelle Vermutungen an, welche Funktion diese besitzen könnten!

A3 Nenne die Strukturen, die bei der Proteinbiosynthese den Buchstaben und dem ganzen Wort entsprechen!

A4 Beschreibe die Folgen, wenn der lila gekennzeichnete Teil der DNA verloren geht! Übersetze auch diese Information!

A5 Zeichne ein weiteres denkbares Farbentriplett für den Buchstaben E!

Material B ▸ Die Codesonne

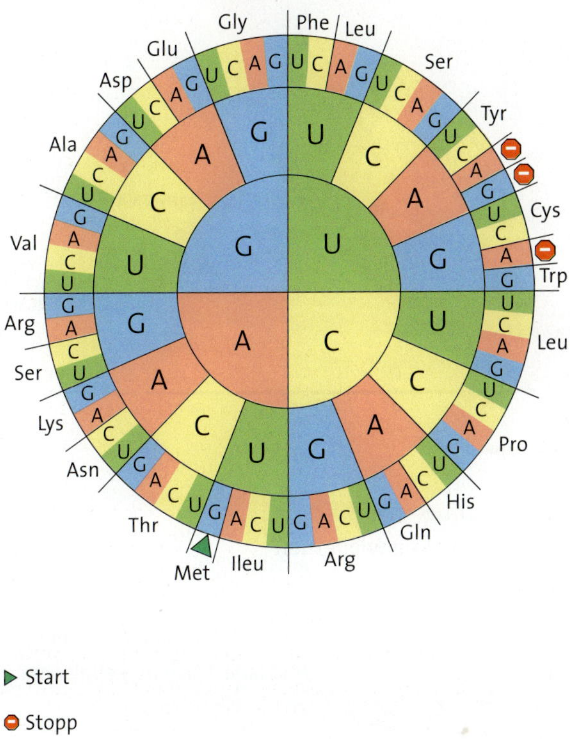

Aminosäuren

Gly	=	Glycin
Val	=	Valin
Ileu	=	Isoleucin
Phe	=	Phenylalanin
Cys	=	Cystein
Ser	=	Serin
Asn	=	Asparagin
Tyr	=	Tyrosin
Asp	=	Asparaginsäure
Glu	=	Glutaminsäure
Lys	=	Lysin
His	=	Histidin
Ala	=	Alanin
Leu	=	Leucin
Pro	=	Prolin
Met	=	Methionin
Thr	=	Threonin
Gln	=	Glutamin
Trp	=	Tryptophan
Arg	=	Arginin

In der Codesonne ist angegeben, welches Basentriplett der RNA welche Aminosäure codiert. Die Leserichtung ist immer von innen nach außen. Das Basentriplett AUG codiert demnach die Aminosäure Methionin.

B1 Nenne alle möglichen Basentripletts der RNA für die Aminosäure Leucin!

B2 Übersetze die mRNA-Sequenz AUG GUA AAG CCA AGA CAC UGA sowohl in die DNA- als auch in die Aminosäuresequenz!

Proteinbiosynthese im Überblick

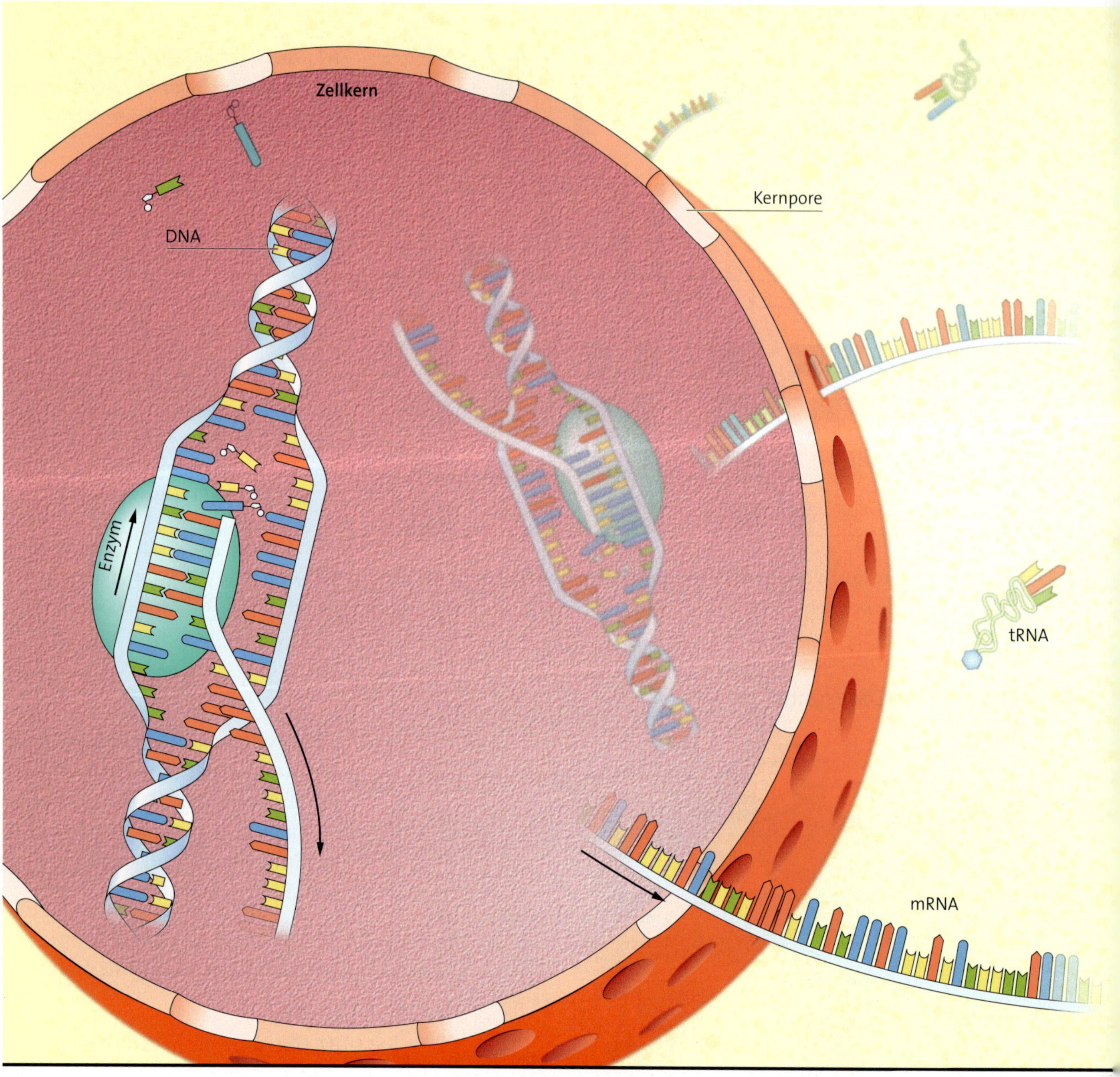

DNA

Nukleotidsequenz:
doppelsträngig

Die Informationen für die Merkmale ist in den Genen im Zellkern gespeichert.

Transkription
Die DNA-Nukleotidsequenz wird in eine RNA-Nukleotidsequenz umgeschrieben.

mRNA

Nukleotidsequenz:
einsträngig

Die mRNA verlässt den Zellkern und lagert sich im Zellplasma an ein Ribosom an.

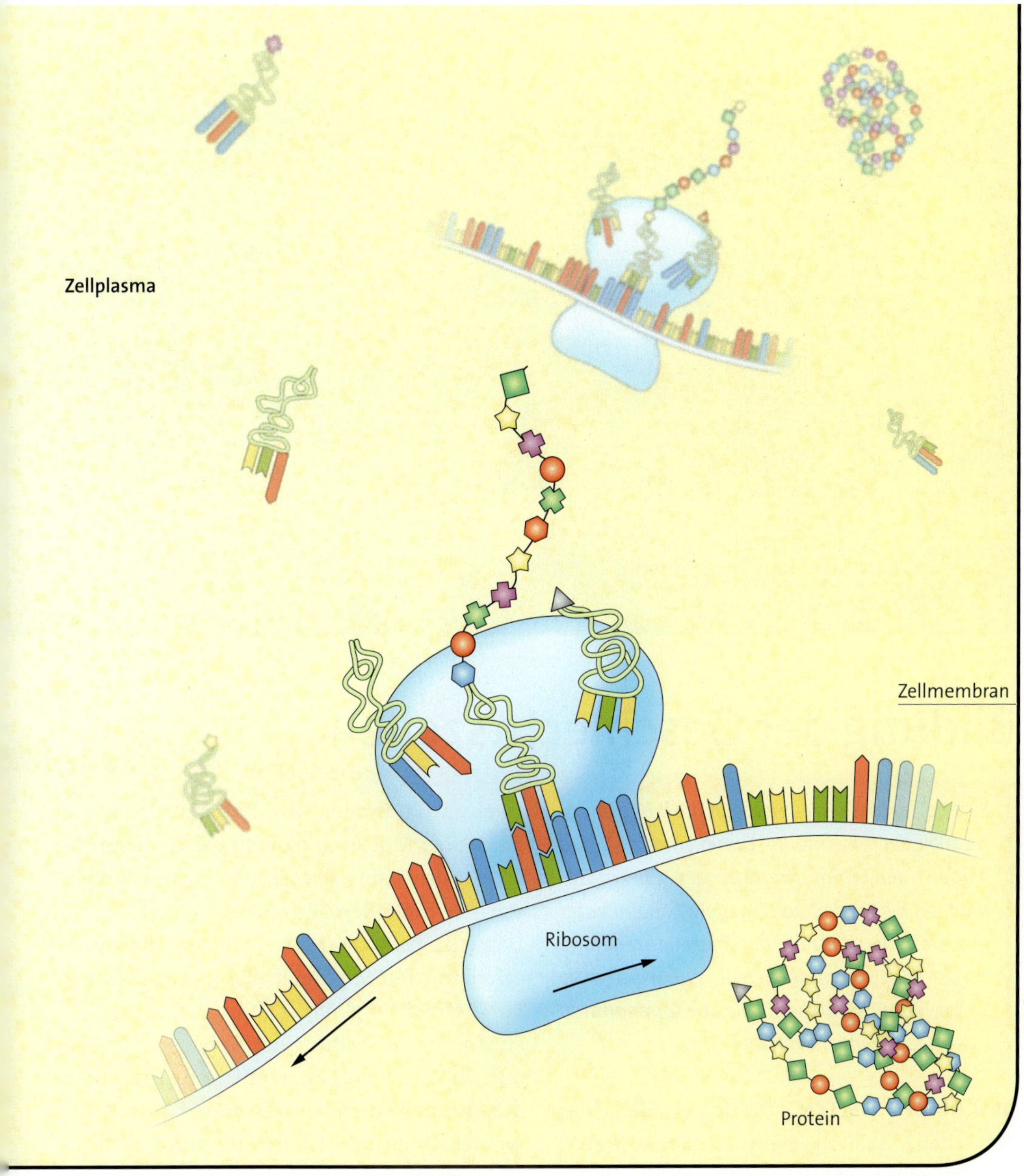

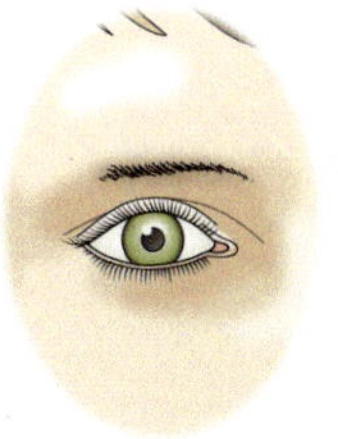

Translation
Die Nukleotidsequenz der mRNA wird in eine Aminosäuresequenz übersetzt.

Protein

Aminosäuresequenz

Die Aminosäuresequenz bestimmt die räumliche Struktur eines Proteins und damit seine Funktion.

Stoffwechsel
Durch bestimmte Proteine, die Enzyme, kommt es zu Stoffwechselvorgängen, die für die Ausprägung eines Merkmals notwendig sind.

Merkmal

Beispiele:
Augenfarbe
Haarfarbe

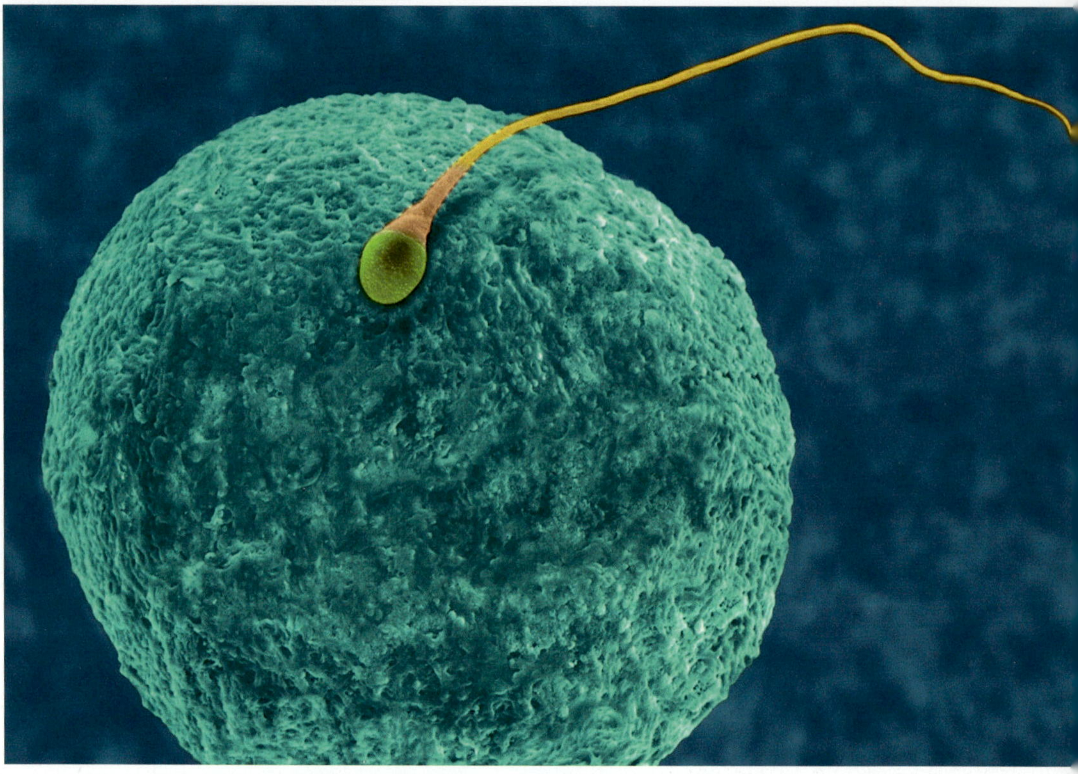

01 Befruchtung einer menschlichen Eizelle durch eine Spermienzelle

Bildung der Geschlechtszellen

Eine befruchtete Eizelle enthält die Erbinformation beider Elternteile. Diese wird mit den Trägern der Erbinformation, den Chromosomen, an die Kinder weitergegeben. Beim Vater geschieht dies mithilfe der Spermienzelle und bei der Mutter mit der Eizelle. Wie werden die Spermienzelle und die Eizelle, die sogenannten Geschlechtszellen, gebildet?

GESCHLECHTSZELLEN · Die Körperzellen eines Menschen enthalten 46 Chromosomen. Je zwei Chromosomen sind in Form und Größe gleich, sie sind *homolog*. Daher sind 23 homologe Chromosomenpaare vorhanden. Alle Körperzellen gehen durch Zellteilungen aus einer befruchteten Eizelle hervor. Bei der Befruchtung verschmelzen die Zellkerne von Eizelle und Spermienzelle und es entsteht eine befruchtete Eizelle mit der genetischen Information beider Elternteile. Sie enthält die vollständige Erbinformation eines Menschen. Wenn eine Zelle zwei Chromosomensätze hat, einen von der Eizelle der Mutter und einen von der Spermienzelle des Vaters, so spricht man vom doppelten oder **diploiden** Chromosomensatz.
Damit die befruchtete Eizelle 46 Chromosomen erhält, dürfen Spermienzelle und Eizelle vor der Befruchtung nur 23 Chromosomen besitzen. Bei der Bildung der Geschlechtszellen aus *diploiden* Vorläuferzellen muss deshalb die Chromosomenzahl von 46 auf 23 halbiert werden. Ohne diese Halbierung würde sich die Chromosomenzahl bei jeder weiteren Befruchtung verdoppeln. Die Geschlechtszellen haben somit einen einfachen oder **haploiden** Chromosomensatz.
Die Bildung der Geschlechtszellen wird **Meiose** genannt. Sie findet in den Hoden des Mannes und in den Eierstöcken der Frau statt.

1 Vergleiche Körper- und Geschlechtszellen hinsichtlich ihrer Chromosomen!

MEIOSE · Der Vorgang der Geschlechtszellenbildung lässt sich in zwei Zellteilungsschritte, die **erste** und **zweite Reifeteilung,** gliedern. Die *erste Reifeteilung* beginnt mit einer diploiden Vorläuferzelle. In ihrem Zellkern sind 46 *Zwei-Chromatiden-Chromosomen*, von denen jeweils ein Chromosom eines jeden homologen Paares mütterlicher und eines väterlicher Herkunft ist. Während der **Prophase I** werden die Zwei-Chromatiden-Chromosomen aufgewunden und damit sichtbar. In der **Metaphase I** ordnen sich alle 23 homologen Chromosomenpaare paarweise in der *Äquatorialebene* an. In der folgenden **Anaphase I** werden die homologen Chromosomen mithilfe der *Spindelfasern* zu entgegengesetzten Zellpolen transportiert. Die homologen Chromosomen werden somit voneinander getrennt. Welche der ursprünglich mütterlichen oder väterlichen Chromosomen eines jeden Paares zu welchem Zellpol gelangen, erfolgt dabei zufällig. In der **Telophase I** teilt sich die Zelle. In beiden Tochterzellen liegt nun ein einfacher, *haploider Chromosomensatz* aus 23 Zwei-Chromatiden-Chromosomen vor. Da der doppelte auf den einfachen Chromosomensatz halbiert wird, bezeichnet man die erste Reifeteilung auch als **Reduktionsteilung.** Die Tochterzellen besitzen nicht die gleiche Erbinformation, da die mütterlichen und väterlichen Chromosomen durch die zufällige Verteilung neu kombiniert werden.

In der anschließenden *zweiten Reifeteilung* trennen sich die Zwei-Chromatiden-Chromosomen in ihre beiden Ein-Chromatid-Chromosomen. Je eines gelangt zu einem Zellpol. So entstehen vier haploide Zellen mit Ein-Chromatid-Chromosomen. Beim Mann bilden sich aus der Vorläuferzelle vier Spermienzellen. Bei der Frau entstehen eine sehr große Zelle, die Eizelle, und drei sehr kleine Zellen, die Polkörperchen. Diese werden nicht befruchtet.

2 Beschreibe die erste Reifeteilung!

3 Vergleiche die Anaphase I und II!

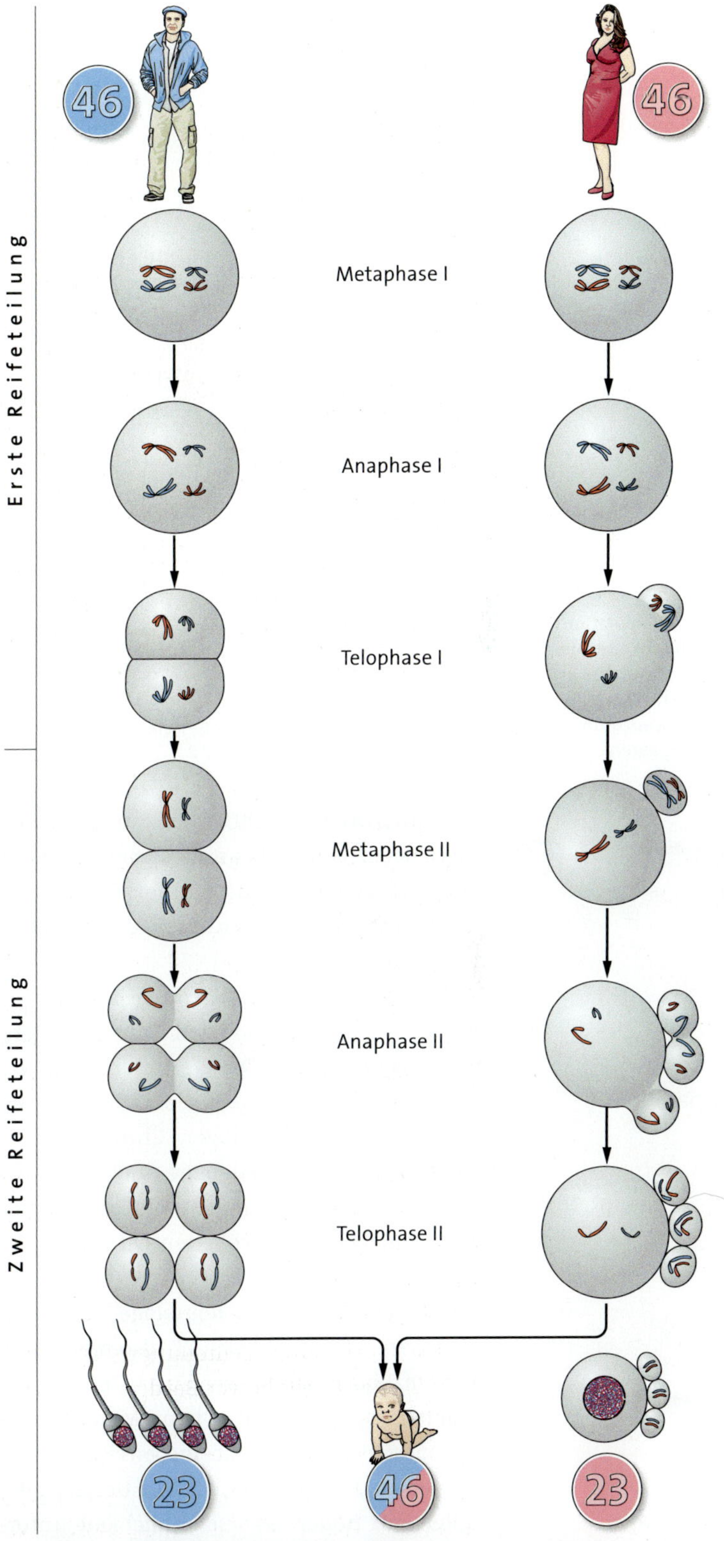

02 Bildung der Geschlechtszellen bei Mann und Frau

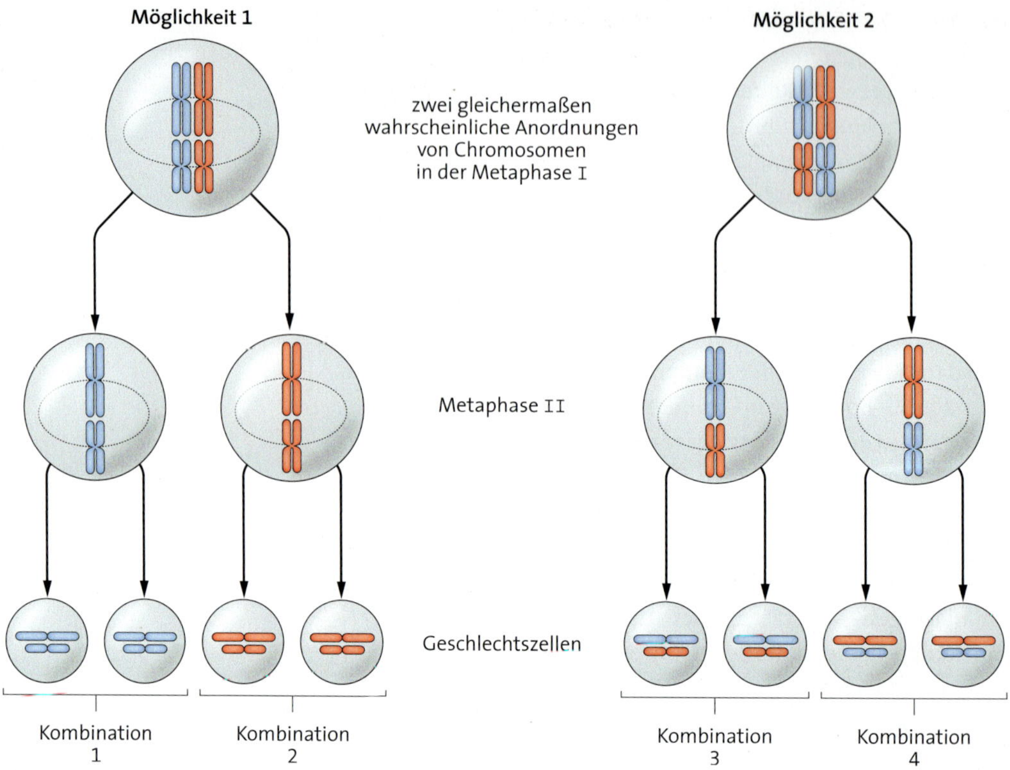

03 Kombinationsmöglichkeiten der Chromosomen in den Geschlechtszellen bei zwei Chromosomenpaaren

VARIABILITÄT · Obwohl Geschwister dieselben Eltern haben und je 23 Chromosomen von Vater und Mutter erben, sind sie dennoch unterschiedlich. Wie kommen diese Unterschiede zustande?

Während der *Reduktionsteilung* der Meiose trennen sich die homologen Chromosomenpaare voneinander. Die Verteilung auf die Tochterzellen erfolgt dabei zufällig. Für die Anordnung der homologen Chromosomenpaare in der Äquatorialebene und ihre nachfolgende Verteilung auf die Tochterzellen gibt es verschiedene Möglichkeiten. Diese sind alle gleich wahrscheinlich.

Betrachtet man nur $n = 2$ homologe Chromosomenpaare, so ergeben sich 2^n, also hier $2^2 = 4$, Kombinationsmöglichkeiten für die Geschlechtszellen. Tatsächlich sind es beim Menschen 23 Chromosomenpaare, somit ergeben sich 2^{23} Möglichkeiten. Dies bedeutet, dass die Geschlechtszellen mit hoher Wahrscheinlichkeit unterschiedliche Chromosomenkombinationen haben. Bei jeder Befruchtung verschmelzen die Kerne einer Spermienzelle und einer Eizelle mit einer individuellen Kombination an Chromosomen miteinander.

Eine *Neukombination* der Chromosomen erfolgt deshalb außer bei der Bildung der Geschlechtszellen auch noch zusätzlich bei der Befruchtung.

Die biologische Bedeutung der *Meiose* wie auch der Befruchtung ist die Durchmischung der Erbinformation in jeder Generation. Dies führt zu einer großen Vielfalt, der **genetischen Variabilität.** Sie ist der Grund dafür, dass Geschwister trotz gleicher Eltern individuelle Erbinformationen und damit individuelle Merkmale aufweisen. So ist jeder Mensch einzigartig.

4 Nenne die Vorgänge, durch die Chromosomen neu kombiniert werden können!

5 Erläutere die Bedeutung der Meiose für das biologische Prinzip *Variabilität*!

Material A ▸ Vergleich von Mitose und Meiose

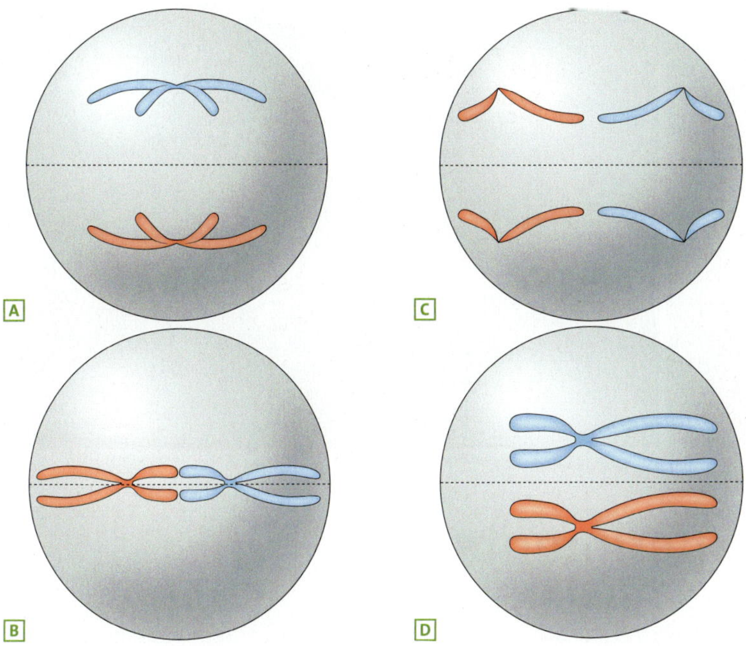

Die Abbildungen A bis D zeigen Zellteilungsstadien der Mitose oder der Meiose. Zur besseren Übersicht ist in allen Zellen jeweils nur ein homologes Chromosomenpaar abgebildet.

A1 Ordne alle Stadien der Mitose oder Meiose zu und nenne den Fachbegriff des jeweiligen Stadiums!

A2 Zeichne jeweils das Zellstadium, das auf Abbildung A und C folgt!

A3 Vergleiche Mitose und Meiose tabellarisch! Berücksichtige dabei die Anzahl der Teilungen, die Chromosomenanzahl und die Bedeutung für die Vielfalt.

Material B ▸ Variabilität

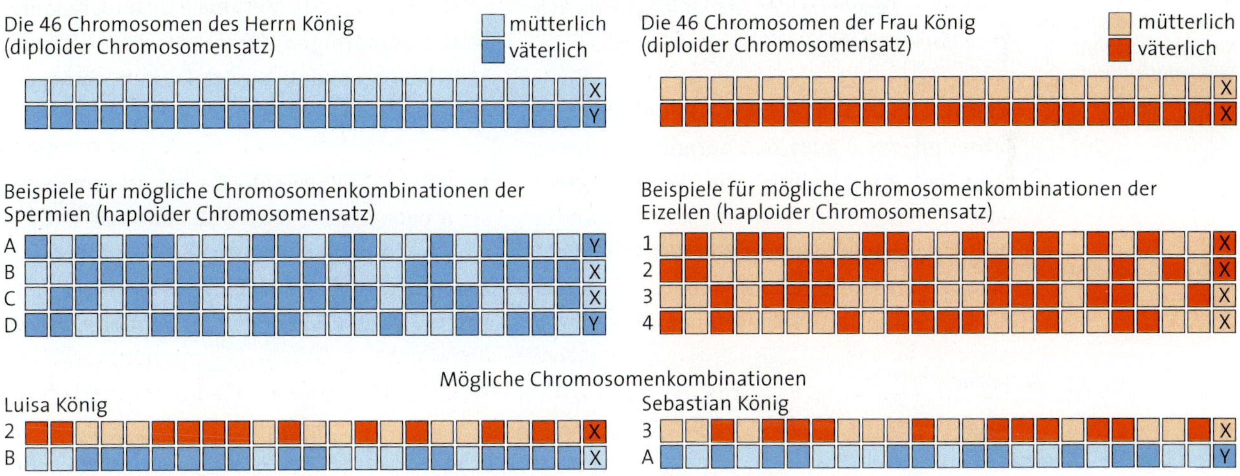

B1 Vergleiche die Chromosomenkombination der Geschwister Luisa und Sebastian König!

B2 Erkläre, ob Luisa und Sebastian eineiige oder zweieiige Zwillinge sein könnten!

B3 Frau König ist erneut schwanger mit einem Mädchen. Nenne alle möglichen Chromosomenkombinationen für das dritte Kind und ihre Wahrscheinlichkeiten!

B4 Zeichne zwei mögliche Chromosomensätze von Luisas Eizellen!

B5 Erkläre, in welchem Stadium der Meiose die möglichen Chromosomensätze in Luisas Eizellen zustande kommen!

01 **A** Johann Gregor MENDEL,
B Erbsenpflanze

MENDELs Experimente

Johann Gregor MENDEL (1822–1884), Augustinermönch und Naturwissenschaftler, 1866 veröffentlichte er die „Versuche mit Pflanzenhybriden"

Die Regeln der Vererbung waren noch bis zur Mitte des 19. Jahrhunderts unbekannt. Erst durch zahlreiche Versuche mit Erbsenpflanzen entdeckte sie der Mönch Johann Gregor MENDEL. Nach welchen Regeln werden Merkmale wie die Blütenfarbe vererbt?

VERSUCHSOBJEKT ERBSENPFLANZE · Die Erbsenpflanze eignet sich aufgrund mehrerer günstiger Eigenschaften für Vererbungsversuche besonders gut. Sie ist anspruchslos und eine Pflanze bildet in kurzer Zeit viele Nachkommen, die Erbsensamen. Vor allem aber werden die Narbe und die Staubblätter der Erbsenblüte so von Blütenblättern eingeschlossen, dass nur Pollen derselben Blüte auf die Narbe gelangen können. Dieser Vorgang, die *Selbstbestäubung,* führt zu Pflanzen, die über mehrere Generationen hinweg ihre Merkmale nicht verändern. Solche **reinerbigen** Pflanzensorten schienen MENDEL besonders passend, um nach Regeln der Vererbung zu suchen.

MENDELs EXPERIMENTE · Bei seinen Versuchen beobachtete MENDEL zunächst nur ein einziges Merkmal, zum Beispiel die Blütenfarbe. Die Ausgangspflanzen nannte er die Eltern- oder **Parentalgeneration,** kurz P-Generation. Um eine

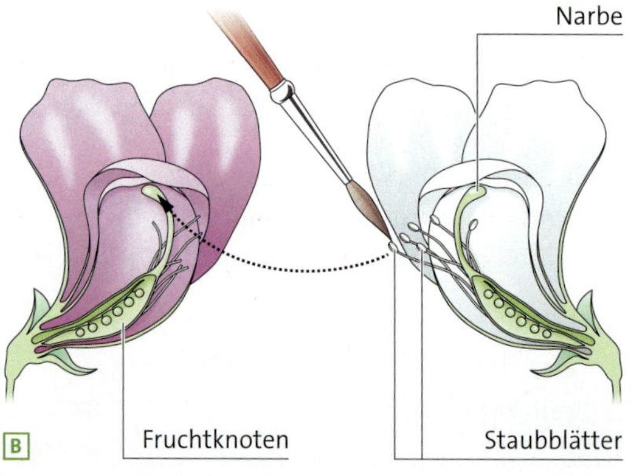

02 Versuchsobjekt Erbsenpflanze:
A Bau der Erbsenblüte,
B Fremdbestäubung

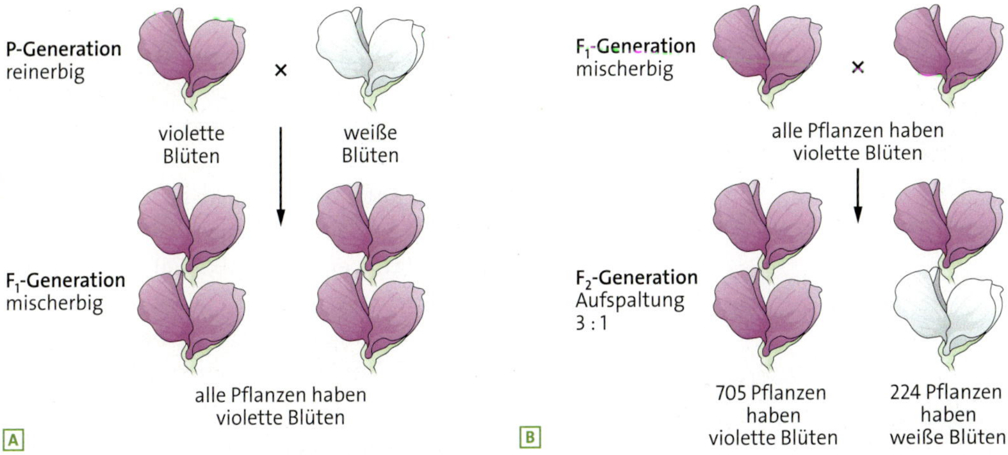

03 Kreuzungsversuche:
A zwischen reinerbigen Erbsenpflanzen,
B zwischen mischerbigen Erbsenpflanzen

Selbstbestäubung zu verhindern, entfernte er die Staubblätter einer violett blühenden Erbsenpflanze. Dann entnahm er mit einem Pinsel den Pollen einer weiß blühenden Pflanze und übertrug ihn auf die Narbe der violetten Blüte. Er führte damit eine *Fremdbestäubung* durch. Bei diesem *Kreuzungsversuch* mit reinerbigen Eltern wuchs aus den entstandenen Samen die nächste Generation heran. Die Pflanzen dieser ersten Tochter- oder **ersten Filialgeneration,** kurz F$_1$-Generation, hatten alle die gleiche Farbe: einheitlich violett. Sie waren **uniform.** MENDEL führte die Kreuzung auch umgekehrt durch. Bei dieser **reziproken Kreuzung** bestäubte er die Narbe von weißen Blüten mit dem Pollen von violetten. Auch hier erhielt er in der F$_1$-Generation nur violette Blüten. Diese und weitere Beobachtungen an anderen Merkmalen führten MENDEL zu einer Entdeckung, die später als die 1. Mendel'sche Regel bezeichnet wurde.

MENDEL fragte sich, ob die Information für die Merkmalsausprägung weiße Blüten bei der Vererbung verloren gegangen war. Um dies zu klären, kreuzte er die Pflanzen der F$_1$-Generation miteinander. In der daraus entstandenen F$_2$-Generation hatten drei Viertel aller Pflanzen violette Blüten, während bei einem Viertel die weiße Blütenfarbe wieder auftrat. Die Information für die Ausprägung der weißen Blütenfarbe war also erhalten geblieben. MENDEL folgerte daraus, dass in der F$_1$-Generation zwei Erbanlagen für die Blütenfarbe vorhanden sein müssen: für violett und für weiß. Diese Pflanzen sind also **mischerbig** bezüglich des Merkmals Blütenfarbe und werden als *Mischlinge* oder *Hybride* bezeichnet. Die Blüten der F$_1$-Generation sind alle violett, weil sich die Erbanlage für violett durchsetzt. Die Erbanlage Violett ist **dominant** über die Erbanlage Weiß. Sie wird unterdrückt und ist **rezessiv.** MENDEL prüfte solche **dominant-rezessiven Erbgänge** an verschiedenen Merkmalen. Das Zahlenverhältnis 3 : 1 in der F$_2$-Generation blieb als statistischer Wert erhalten. Diese Beobachtung wurde später als 2. Mendel'sche Regel formuliert.

lateinisch dominare = herrschen

lateinisch recedere = zurückweichen

Uniformitätsregel (1. Mendel'sche Regel)
Wenn man zwei Individuen einer Art kreuzt, die sich in einem oder mehreren Merkmalen reinerbig unterscheiden, dann sind bei allen Nachkommen in der F$_1$-Generation die betrachteten Merkmale uniform.

Spaltungsregel (2. Mendel'sche Regel)
Kreuzt man die Mischlinge der F$_1$-Generation, so spalten bezüglich der Merkmalsausprägungen die Nachkommen in der F$_2$-Generation in einem bestimmten Zahlenverhältnis auf, und zwar beim dominant-rezessiven Erbgang im Verhältnis 3 : 1.

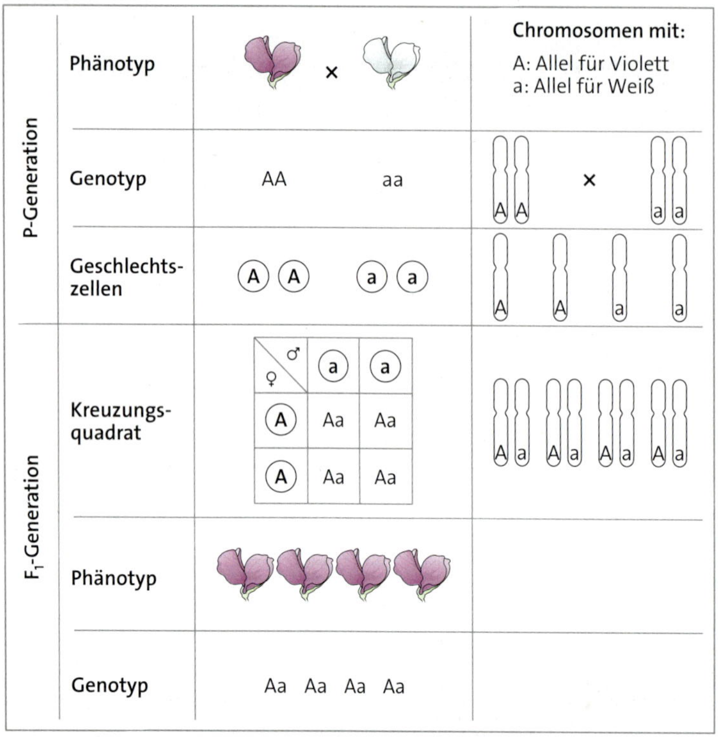

04 Kreuzungsschema zur 1. Mendel'schen Regel

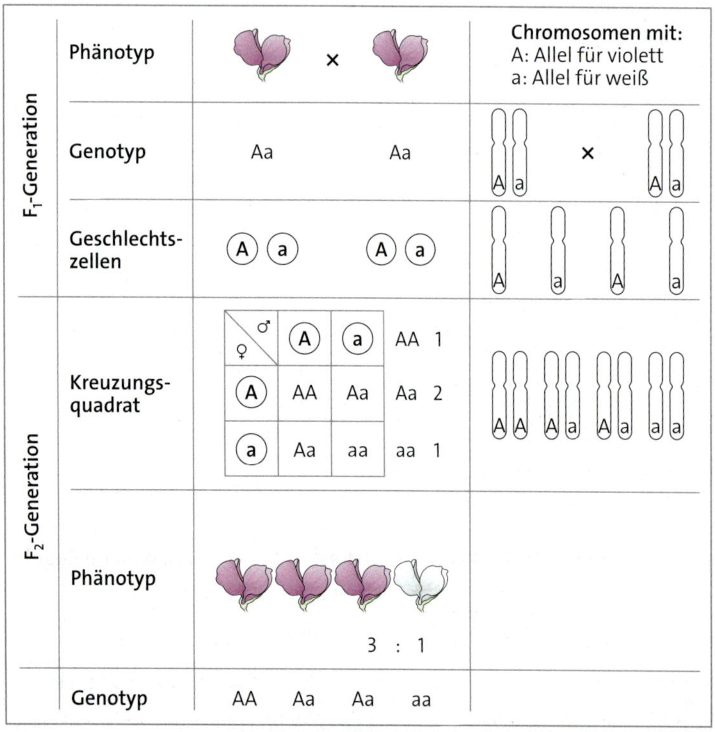

05 Kreuzungsschema zur 2. Mendel'schen Regel

ERBGÄNGE · Nach MENDEL kommt jedes Merkmal durch das Zusammenwirken zweier Erbanlagen zustande. Diese liegen, wie man später herausfand, auf sich entsprechenden Orten der homologen Chromosomen. Einen solchen Ort bezeichnet man als **Gen** oder **Allel.** Bei der Erbsenpflanze liegt das Gen für die Blütenfarbe entweder als Allel für die Merkmalsausprägung violette Blüte oder als Allel für die Merkmalsausprägung weiße Blüte vor. Liegen in der befruchteten Eizelle im Fruchtknoten der Erbsenpflanze gleiche Erbanlagen, zum Beispiel die Allele für violette Blüten, so ist die entstehende Erbsenpflanze reinerbig oder *homozygot.* Treffen dagegen in der Eizelle verschiedenen Anlagen aufeinander, zum Beispiel die Allele für die Ausprägungen violetter und weißer Blüten, ist die entstehende Erbsenpflanze mischerbig oder *heterozygot.*
MENDEL vermutete, dass die Erbanlagen in den Geschlechtszellen liegen und durch sie von einer Generation auf die nächste übertragen werden. Heute weiß man, dass in den Zellkernen der Körperzellen die Chromosomen paarig vorliegen. Körperzellen sind *diploid.* Bei der Bildung der Geschlechtszellen in der Meiose gelangt jeweils nur ein Chromosom eines jeden Paares in die Geschlechtszelle. Dabei werden die homologen Chromosomen getrennt und nach dem Zufallsprinzip auf die Geschlechtszellen verteilt. In der Geschlechtszelle liegt im Zellkern immer nur ein einfacher Chromosomensatz vor. Geschlechtszellen sind *haploid.* Welche der männlichen Geschlechtszellen mit einer weiblichen Geschlechtszelle zur Befruchtung gelangt, richtet sich ebenfalls nach dem Zufallsprinzip. Stets gelten die Mendel'schen Regeln. *Erbgänge* werden mithilfe eines Kreuzungsschemas veranschaulicht. Ein dominantes Allel, zum Beispiel für die Merkmalsausprägung violette Blütenfarbe, wird mit einem großen Buchstaben (A) gekennzeichnet. Das rezessive Allel für die Merkmalsausprägung weiße Blüte erhält einen kleinen Buchstaben (a).

Material A ▸ Kreuzung bei Meerschweinchen

In einem Zuchtverein sollen schwarze Meerschweinchen mit weißen gekreuzt werden. Die Meerschweinchen sind bezogen auf die Fellfarbe reinerbig. Das Allel für Schwarz ist dominant über das Allel für Weiß.

A1 Erstelle Kreuzungsschemata bis zur F_2-Generation!

A2 Nenne das Zahlenverhältnis von Genotypen und Phänotypen in der F_2-Generation!

A3 Erkläre, weshalb man bei einem schwarzen Meerschweinchen nicht eindeutig vom Phänotyp auf den Genotyp schließen kann!

A4 Erstelle ein Glossar von folgenden Begriffen: homozygot, heterozygot, dominant, rezessiv, Gen und Allel!

VERSUCH B ▸ Modellversuch zur Spaltungsregel

Material:
100 Centmünzen, 2 Boxen, Schal
Durchführung:
Verteile mit deinem Banknachbarn die ausliegenden 100 Centmünzen zu gleichen Teilen in zwei Boxen. Einer von euch verbindet mit einem Schal dem anderen die Augen. Dieser holt abwechselnd aus der einen und anderen Box jeweils eine Münze heraus und legt die sich ergebende Kombination von Kopf und Zahl nebeneinander auf den Tisch. Wenn alle Münzen gezogen sind, wird protokolliert. Danach wird der Versuch noch dreimal wiederholt und die Ergebnisse werden addiert.

B1 Zähle die Häufigkeiten der drei entstandenen Kombinationen aus!

B2 Ordne die Begriffe homo- und heterozygot den Kombinationen zu!

B3 Vergleiche dein Ergebnis mit dem Zahlenverhältnis der Genotypen in der F_2-Generation!

B4 Erkläre, weshalb MENDEL viele Kreuzungsversuche durchführen musste, um sichere Aussagen machen zu können, welche Regeln für die Vererbung gelten!

B5 Beurteile, inwieweit dieser Modellversuch die Vorgänge bei der Meiose und der Befruchtung wiedergibt!

01 Erbsensamen:
A gelb und glatt,
B gelb und runzlig,
C grün und glatt,
D grün und runzlig

Weitere Vererbungsregeln

MENDEL kreuzte auch Erbsenpflanzen mit gelben, glatten Samen und solche mit grünen, runzligen Samen. Er fragte sich, ob bei der Vererbung die beiden Merkmale Farbe und Form der Erbsensamen neu kombiniert werden können?

NEUKOMBINATIONSREGEL · MENDEL verwendete nicht nur Erbsenpflanzen, die sich in einem Merkmal reinerbig unterschieden, in seinen Kreuzungsversuchen. Er kreuzte auch Erbsenpflanzen, die sich in zwei Merkmalen unterschieden. Man bezeichnet diese Kreuzungen als **dihybrid.** Unterscheiden sich die Eltern nur in einem Merkmal, spricht man von einem **monohybriden Erbgang.** Wenn er Erbsenpflanzen mit gelben, glatten Samen mit solchen kreuzte, die grüne, runzlige Samen hatten, entwickelten sich in den Hülsen der Nachkommen nur gelbe, glatte Samen. Die F_1-Generation entsprach damit wie erwartet der Uniformitätsregel. Die Erbanlagen für Gelb und rund sind dominant über Grün und runzlig. Aus der Kreuzung der F_1-Generation untereinander entstanden jedoch zwei neue Phänotypen. In den Hülsen der F_2-Generation lagen auch gelbe, runzlige und grüne, glatte Samen. MENDEL zählte diese Samen aus und erhielt 315 gelb-glatte, 101 gelb-runzlige, 108 grün-glatte und 32 grün-runzlige Samen. Er wiederholte diesen Kreuzungsversuch mehrfach, aber die Aufspaltung der F_2-Generation im Zahlenverhältnis von 9 : 3 : 3 : 1 blieb immer gleich. Aus den Ergebnissen schloss MENDEL, dass sich verschiedene Erbanlagen neu kombinieren lassen und sie unabhängig voneinander weitergegeben werden.

NEUKOMBINATIONS- ODER UNABHÄNGIGKEITSREGEL (3. Mendel'sche Regel):
Kreuzt man Individuen einer Art, die sich in mehr als einem Merkmal reinerbig unterscheiden, können in der F_2-Generation neue Merkmalskombinationen auftreten. Die Weitergabe der Erbanlagen erfolgt zufällig und unabhängig voneinander.

VARIABILITÄT · MENDEL folgerte aus seinen dihybriden Kreuzungsversuchen, dass die Mischlinge, die Hybriden, der F_1-Generation mit dem Genotyp *AaBb* vier unterschiedliche Geschlechtszellen mit den Allelkombinationen *AB, Ab, aB* oder *ab* ausbilden können. Die Geschlechtszellen enthalten pro Gen jeweils nur ein Allel, da ihr Chromosomensatz haploid ist. Bei der Befruchtung werden diese dann zufällig kombiniert. Für die F_2-Generation ergeben sich aus den vier mal vier Kombinationsmöglichkeiten des Kreuzungsschemas 16 Kombinationen. Zur besseren Übersichtlichkeit werden in den einzelnen Kombinationsquadraten nicht nur die Genotypen, sondern auch die Phänotypen eingetragen. Es sind neun verschiedene Genotypen und vier unterschiedliche Phänotypen möglich. Davon sind zwei Phänotypen in der F_2-Generation neu aufgetreten. Im Beispiel sind das Pflanzen mit gelben, runzligen und mit grünen, glatten Samen.

Heute weiß man, dass die Gene für die Ausbildung der Farbe und der Form der Erbsensamen auf verschiedenen Chromosomen liegen. Dadurch können die Gene für diese beiden Merkmale unabhängig voneinander vererbt und Allele neu kombiniert werden. Durch die Neukombination von Merkmalen entsteht Vielfalt, man spricht auch von *Variabilität*. Sie kann sich erhöhen, wenn man Individuen kreuzt, die sich in mehreren Merkmalen unterscheiden. Bei allen Lebewesen, die sich geschlechtlich fortpflanzen, lässt sich Variabilität beobachten. Daher handelt es sich hier um ein allgemeingültiges *biologisches Prinzip*, das in der Pflanzen- und Tierzucht von großer Bedeutung ist.

1 Erkläre die Unterschiede zwischen den Genotypen der Geschlechtszellen und der Körperzellen in einem dihybriden Erbgang!

02 Samen in den Hülsen der F_2-Generation

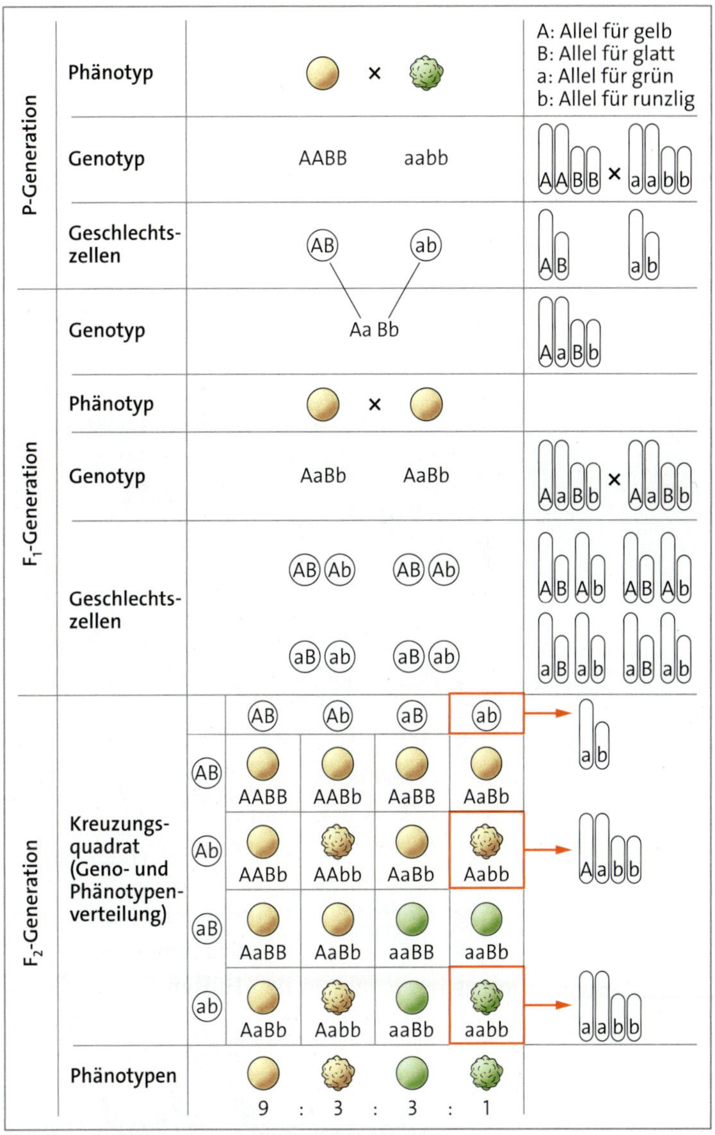

03 Kreuzungsschema zur Neukombinationsregel

04 Verschiedenfarbige Wunderblumen

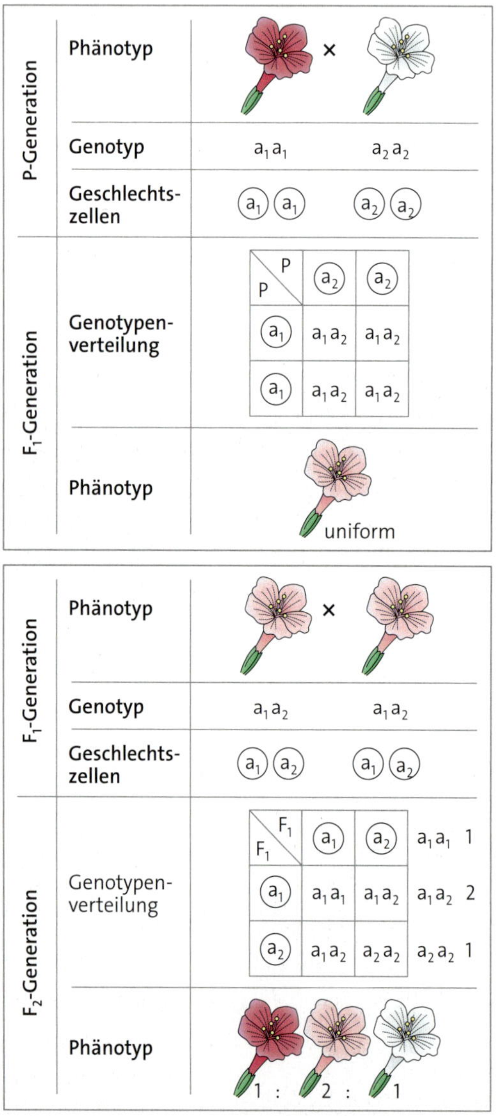

05 Kreuzungsschema intermediärer Erbgang

INTERMEDIÄRER ERBGANG · Etwa vierzig Jahre nach MENDELs Untersuchungen an der Erbsenpflanze führte der deutsche Botaniker Karl CORRENS weitere Kreuzungsversuche durch. Er kreuzte reinerbig rot blühende mit reinerbig weiß blühenden Wunderblumen. Die Nachkommen der P-Generation hatten alle die gleiche Blütenfarbe. Sie waren uniform, wie nach der Uniformitätsregel zu erwarten war. Jedoch blühten alle Wunderblumen weder rot noch weiß, sondern rosa. Die Ausprägung des Merkmals Blütenfarbe liegt demnach phänotypisch zwischen den Elternpflanzen. Deshalb kann keines der Allele dominant sein. CORRENS bezeichnete einen solchen Erbgang als **intermediär.** Im Kreuzungsschema werden solche Allele mit demselben Kleinbuchstaben gekennzeichnet und durch den Zusatz von Zahlen unterschieden.

Bei der Kreuzung der F_1-Generation untereinander treten in der F_2-Generation rot, rosa und weiß blühende Pflanzen im Zahlenverhältnis 1:2:1 auf – und nicht wie nach der Spaltungsregel zu erwarten im Verhältnis 3:1. Das liegt daran, dass die Allele für die Merkmalsausprägung der Blütenfarbe gleich stark sind. Hier lässt sich also immer vom Phänotyp auf den Genotyp schließen. Obwohl CORRENS einen weiteren Erbgang entdeckte, bestätigen die Ergebnisse seiner Kreuzungsversuche die von MENDEL entdeckten Gesetzmäßigkeiten der Vererbung.

Material A ▸ Dihybrider Erbgang bei Rinderrassen

Eine schwarze, gescheckte Rinderrasse wird mit einer braunen, einfarbigen gekreuzt. Die Rassen sind in beiden Merkmalen reinerbig.

Aus der P-Generation gehen in der F_1-Generation nur schwarze, einfarbige Tiere hervor, die dann wieder untereinander gekreuzt werden.

A1 Nenne die Genotypen der Körper- und Geschlechtszellen der P-Generation!

A2 Erstelle Kreuzungsschemata bis zur F_2-Generation! Stelle die Phänotypen im Kombinationsquadrat der F_2-Generation mit einer sinnvollen Symbolik dar!

A3 Erläutere an diesem Beispiel, wie die Variabilität durch Züchtung erhöht werden kann!

Material B ▸ Kreuzung von Hühnern

B1 Beschreibe die Phänotypen der Kreuzungsergebnisse bis zur F_2-Generation!

B2 Begründe, ob es sich hierbei um einen dominant-rezessiven oder um einen intermediären Erbgang handelt!

B3 Erstelle Kreuzungsschemata bis zur F_2-Generation! Nenne jeweils auch die Phänotypen!

B4 Ein Tierzüchter möchte möglichst viele graue Hühner besitzen. Um dieses Ziel zu erreichen, kreuzte er die F_1-Generation untereinander. Beurteile, ob diese Vorgehensweise sinnvoll war!

Material C ▸ Züchtung von Rebpflanzen

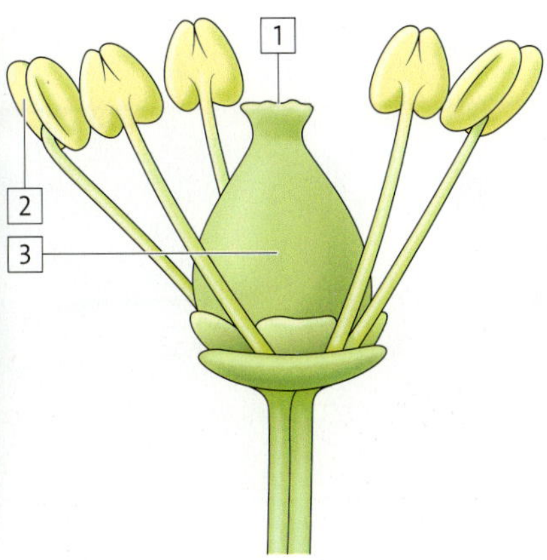

Ein Winzer hat eine süße, aber pilzanfällige Traubensorte und eine pilzresistente Sorte mit bitteren Früchten. Die Allele für bitter und pilzanfällig sind dominant.

C1 Nenne die mit Zahlen gekennzeichneten Blütenbestandteile!

C2 Erläutere anhand der Abbildung und von Kreuzungsschemata, wie der Winzer vorgehen muss, wenn er eine süße, pilzresistente Traubensorte züchten möchte!

Material D ▸ Rückkreuzung

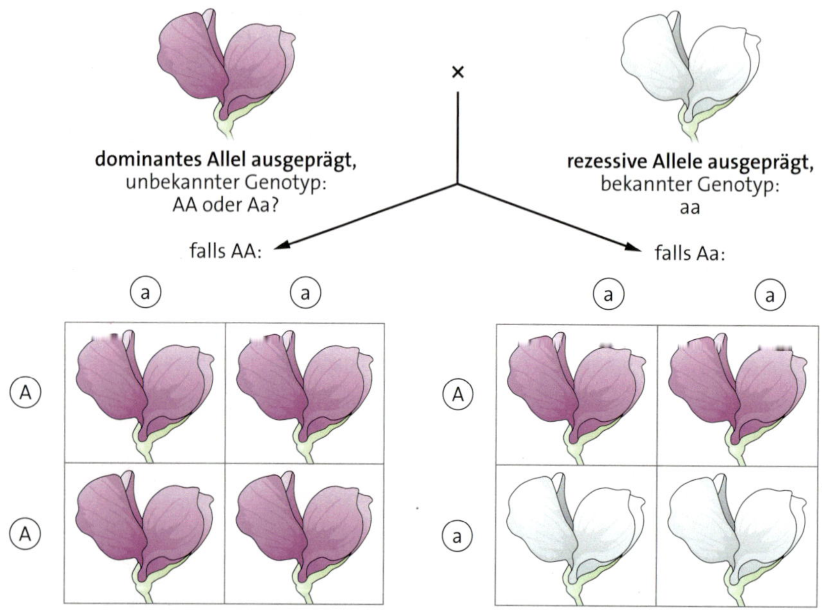

Bei Hybriden wie den violett blühenden Erbsenpflanzen kann man nicht vom Phänotyp auf den Genotyp schließen. Durch eine Rückkreuzung mit dem rezessiven Elternteil lässt sich der Genotyp ermitteln. Daher wird sie auch als *Testkreuzung* bezeichnet.

D1 Erläutere, weshalb die Versuchsergebnisse eine Aussage über den Genotyp einer violett blühenden Erbsenpflanze erlauben!

D2 Begründe, weshalb die Rückkreuzung mit einem reinerbig dominanten Elternteil keine Aussage über den Genotyp erlaubt!

D3 Die Testkreuzung ist auch mit heterozygotem Partner möglich. Begründe mithilfe von Kreuzungsschemata, weshalb diese Kreuzung als Testkreuzung weniger geeignet ist!

Material E ▸ Dihybrider Erbgang bei Meerschweinchen

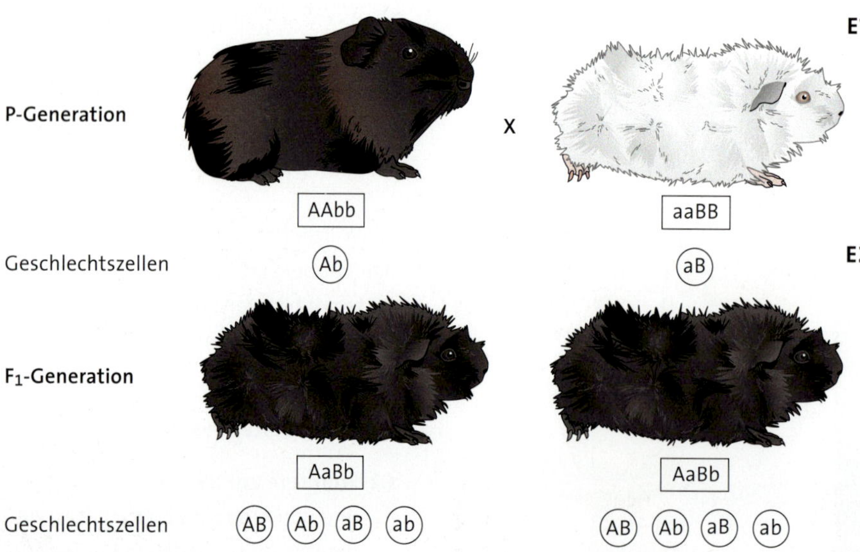

In einer dihybriden Kreuzung wurden reinerbig schwarze, glatthaarige mit reinerbig weißen, wirbelhaarigen Meerschweinchen gekreuzt.

E1 Begründe anhand von Kreuzungsschemata, welche Genotypen der P-Generation vorliegen müssten, damit erst in der F_2-Generation neue Merkmalskombinationen entstehen!

E2 Mithilfe von Testkreuzungen sucht ein Züchter unter den Individuen der F_2-Generation reinerbig schwarze, wirbelhaarige Tiere. Entwirf entsprechende Kreuzungsschemata und begründe deinen Vorschlag!

Material F ▸ Vererbung der Fellfarbe bei Mäusen

P-Generation

F$_1$-Generation

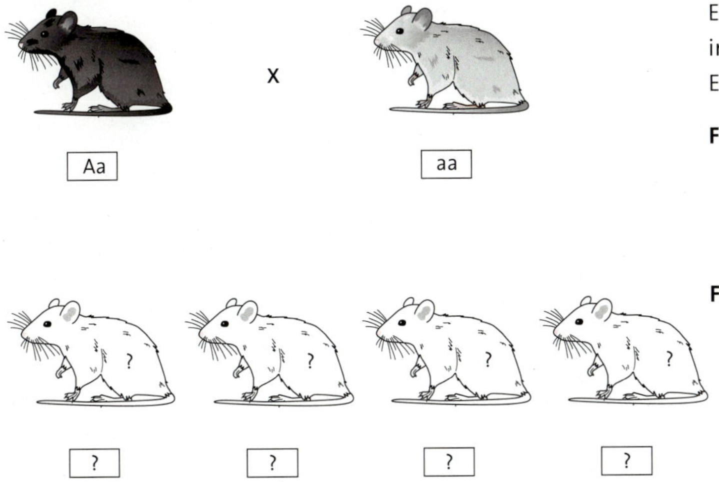

Es werden Mäuse gekreuzt, die sich in ihrer Fellfarbe unterscheiden. Der Erbgang ist dominant-rezessiv.

F1 Übertrage das Schema in dein Biologieheft und vervollständige die fehlenden Phäno- und Genotypen!

F2 Überprüfe, welche der Mendel'schen Regeln erfüllt werden!

Material G ▸ Kreuzungsversuche bei Taufliegen

Kreuzung 1

P-Generation

F$_1$-Generation

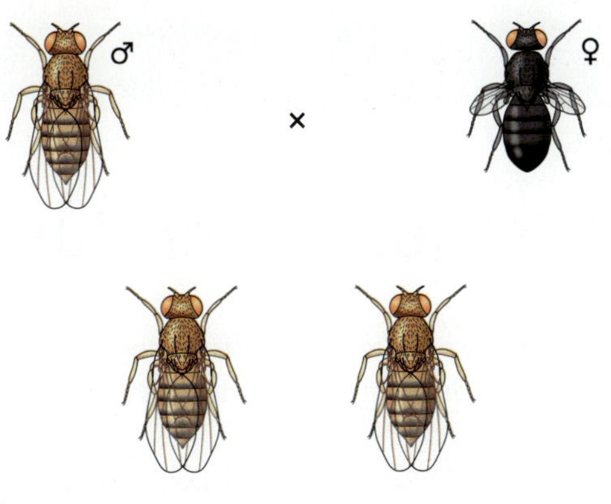

Kreuzung 2

Rückkreuzung von ♂ der F$_1$-Generation mit ♀ der P-Generation

Nachkommen aus der Rückkreuzung

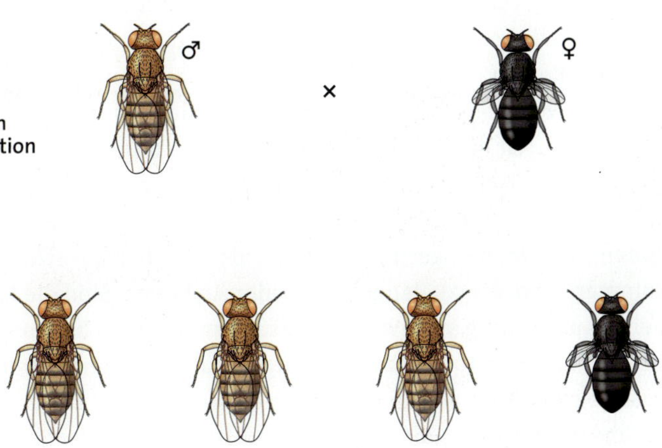

T. H. MORGAN führte Kreuzungsversuche an Taufliegen durch. Diese Tiere schienen ihm als Versuchsobjekte besonders geeignet, weil sie viele Nachkommen in kurzer Zeit hervorbringen. Bei einer seiner Kreuzungen, Kreuzung 1, bestand die P-Generation aus reinerbig braungrauen, normalflügligen und aus schwarzen, stummelflügligen Taufliegen. ♂ der F$_1$ kreuzte MORGAN mit ♀ der P-Generation. Das Ergebnis dieser Kreuzung 2 war überraschend.

G1 Begründe, weshalb eine hohe Nachkommenanzahl und eine kurze Entwicklungsdauer vorteilhaft für Kreuzungsversuche sind!

G2 Erkläre, weshalb das Ergebnis in der F$_2$-Generation überraschend war!

G3 Formuliere eine Hypothese, die dieses Ergebnis erklärt!

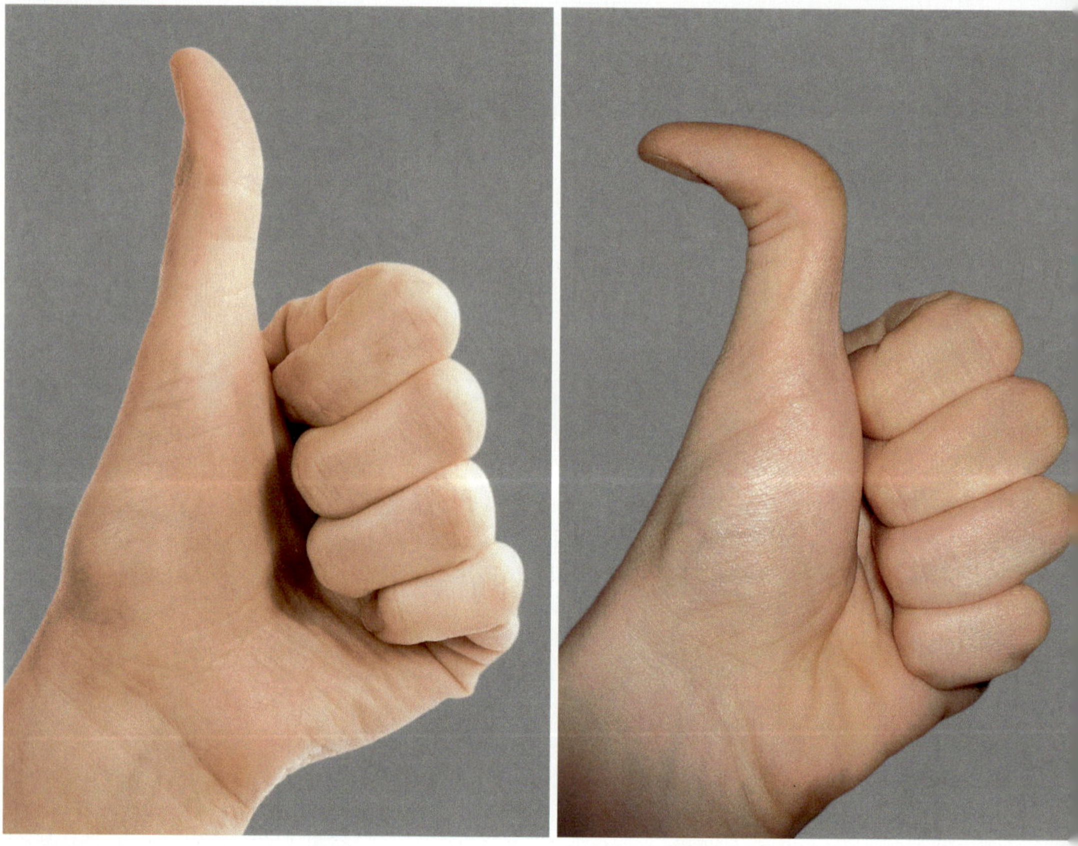

01 Merkmal zurückbiegbares Daumenendglied

Forschungsmethoden der Humangenetik

Manche Menschen können genetisch bedingt ihr Daumenendglied weit zurückbiegen, einige wiederum nicht. Wie kann man herausfinden, ob dieses Gen dominant oder rezessiv an die Nachkommen vererbt wird?

FAMILIENFORSCHUNG · Die Vererbung des Gens für ein Merkmal folgt wie bei allen Lebewesen den Mendel'schen Regeln. Die Untersuchung der Erbgänge von bestimmten Merkmalen beim Menschen ist jedoch viel schwieriger als bei Pflanzen, da Kreuzungsversuche schon aus ethischen Gründen nicht vertretbar sind. Zudem würde die geringe Anzahl der Nachkommen und die zu lange Generationenfolge eine Auswertung erschweren. Daher müssen andere Methoden zur Ermittlung der Erbgänge beim Menschen herangezogen werden. Eine wichtige Methode in der *Humangenetik* ist die **Familienforschung,** bei der das Auftreten eines bestimmten Merkmals über Generationen hinweg beobachtet wird. Da in einer solchen **Stammbaumanalyse** die Beziehungen zwischen den Personen erfasst werden, können Aussagen über den Erbgang des betrachteten Merkmals getroffen werden. Wird ein Merkmal, zum Beispiel das zurückbiegbare Daumenendglied, rezessiv vererbt, sind alle Personen mit dieser Fähigkeit, die **Merkmalsträger,** homozygot. Sie können nur den Genotyp *aa* haben. Bei dominanter Vererbung können die Merkmalsträger homozygot oder heterozygot sein, also den Genotyp *AA* oder *Aa* haben. Sind die Eltern aber Nichtmerkmalsträger und haben sie Kinder, die die Fähigkeit des Daumenbiegens besitzen, dann kann ein dominanter Erbgang ausgeschlossen werden. Der Genotyp der Eltern kann in diesem

Fall nur homozygot mit den Allelen aa vorliegen. Das Allel A kann somit nicht weitergegeben werden. Bei einem rezessiven Erbgang ist dies jedoch möglich. Hier können die Eltern als Nichtmerkmalsträger auch heterozygot veranlagt sein, sodass sie das rezessive Allel a an die Nachkommen vererben können. Wenn man mithilfe eines Stammbaums herausgefunden hat, ob ein Merkmal rezessiv oder dominant vererbt wird, kann man auch die Wahrscheinlichkeit berechnen, mit der ein Merkmal bei den Kindern auftritt. Sind beispielsweise beide Eltern bezüglich des Daumenbiegens heterozygot veranlagt, treten Nichtmerkmalsträger und Merkmalsträger nach der ersten Mendel'schen Regel mit einer Wahrscheinlichkeit von 3:1 auf. Heterozygote Eltern, die ihr Daumenendglied nicht biegen können, haben also mit einer Wahrscheinlichkeit von 25 Prozent Kinder, die den Daumen biegen können.
Es gibt einige Merkmale beim Menschen, die durch das Zusammenwirken mehrerer Gene ausgebildet werden, zum Beispiel die Hautfarbe, die Augenfarbe oder die Haarfarbe. In solchen Fällen ist dann die Stammbaumanalyse wenig aussagekräftig.

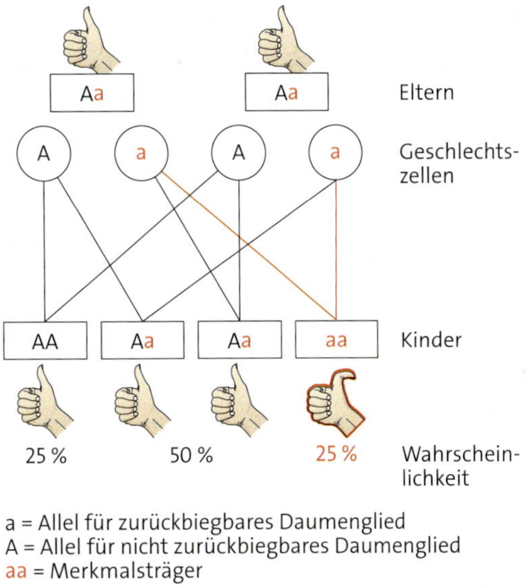

02 Erbgang eines rezessiven Merkmals

ZWILLINGSFORSCHUNG · Nur wenige Merkmale des Menschen bleiben von Geburt an in der gleichen Ausprägung vorhanden. Die meisten verändern sich im Laufe des Lebens, zum Beispiel die Körpergröße, die Kopfform, die Muskelausstattung oder die Leistungsfähigkeit des Gehirns. Inwieweit wird die Ausprägung solcher Merkmale durch die Gene beziehungsweise durch die Umwelt beeinflusst? Die Zwillingsforschung geht dieser Frage nach, indem sie **eineiige Zwillinge** untersucht. Sie sind genetisch identisch, da sie sich aus nur einer befruchteten Eizelle durch vollständige Teilung der Tochterzellen entwickeln. Für diese Untersuchung besonders geeignet sind solche eineiigen Zwillinge, die schon in früher Kindheit getrennt wurden und dadurch im Vergleich zu gemeinsam aufgewachsenen eineiigen Zwillingen verschiedenen Lebensbedingungen ausgesetzt waren. Je größer die durchschnittlichen Merkmalsunterschiede sind, desto höher ist der Einfluss der Umwelt bei der Merkmalsausprägung. Wie stark jedoch Umwelt und Gene für eine bestimmte Merkmalsausprägung verantwortlich sind, lässt sich aufgrund der geringen Datenmenge nicht statistisch eindeutig formulieren.

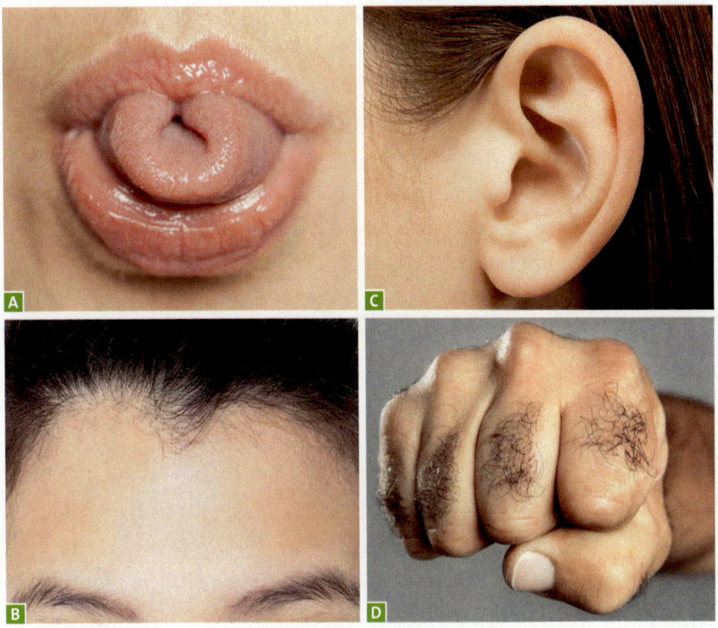

03 Dominante Merkmale: **A** Zungenrollen, **B** spitzer Haaransatz, **C** freies Ohrläppchen, **D** behaartes Fingerglied

METHODE

Stammbäume lesen und auswerten

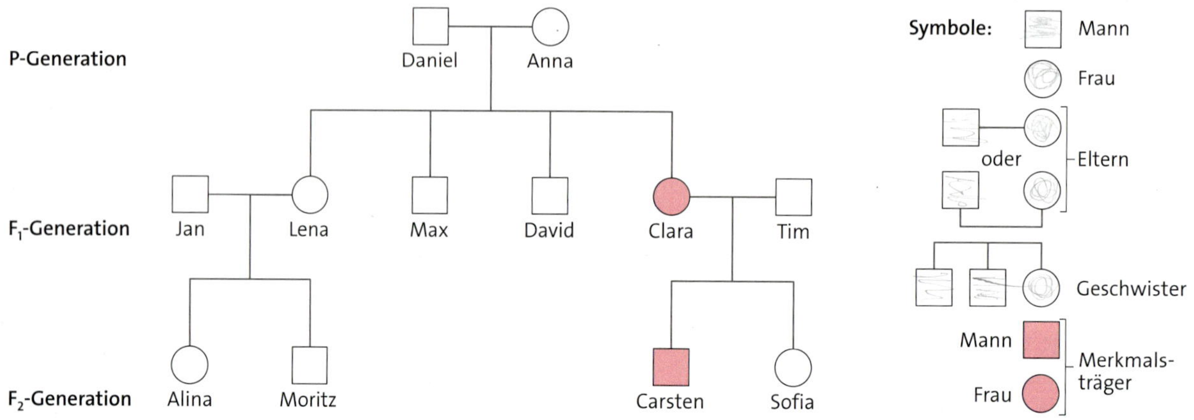

01 Stammbaum Daumenbiegen und Stammbaumsymbole

1. Zunächst überprüft man, ob es sich um einen dominanten oder rezessiven Erbgang handelt. In dem Stammbaum Daumenbiegen sind die Eltern Anna und Daniel keine Merkmalsträger. Ihr Kind Clara kann aber den Daumen zurückbiegen. Ein dominanter Erbgang kann hier ausgeschlossen werden, denn sonst müsste einer der Eltern das dominante Allel ebenfalls besitzen, um es weitergeben zu können. Zudem tritt das Merkmal relativ selten auf. Es handelt sich um einen ***rezessiven Erbgang.*** *Wenn das Merkmal in jeder Generation auftritt, lässt das einen* ***dominanten Erbgang*** *vermuten. Zu erkennen ist dieser Erbgang, wenn Merkmalsträger Kinder als Nichtmerkmalsträger haben. Wäre das Allel für das betrachtete Merkmal rezessiv, wären beide Eltern homozygot und alle Kinder müssten dann auch Merkmalsträger sein.*

2. Man prüft, wie häufig das Merkmal bei beiden Geschlechtern vorkommt. Tritt das Merkmal bei Männern und Frauen etwa gleich häufig auf, liegt das entsprechende Allel vermutlich auf einem Autosom. Es handelt sich um einen ***autosomalen Erbgang.*** *Zeigt sich das untersuchte Merkmal gehäuft oder ausschließlich bei einem der beiden Geschlechter, liegt das Allel auf einem Gonosom. Man spricht von einem* ***gonosomalen Erbgang.*** *Bei Männern kommt dieses Allel nur einmal vor, entweder auf dem X- oder Y-Chromosom, das heißt, auch ein rezessiv vererbtes Merkmal wird ausgeprägt. Frauen, die das rezessive Allel an ihre Söhne weitergeben, selbst aber heterozygot veranlagt sind, nennt man* ***Konduktorinnen.*** *Um welchen Erbgang es sich hier handelt, lässt sich eindeutig an Vater Daniel und seiner Tochter Clara festmachen. Würde hier ein gonosomaler Erbgang vorliegen, müsste Daniel Merkmalsträger sein. Rezessiv ist der Erbgang, weil Daniel und Anna Nichtmerkmalsträger sind, ihr Kind Clara aber das Merkmal trägt. Somit beruht die Merkmalsausprägung Daumenbiegen auf einem* ***autosomal-rezessiven Erbgang.***

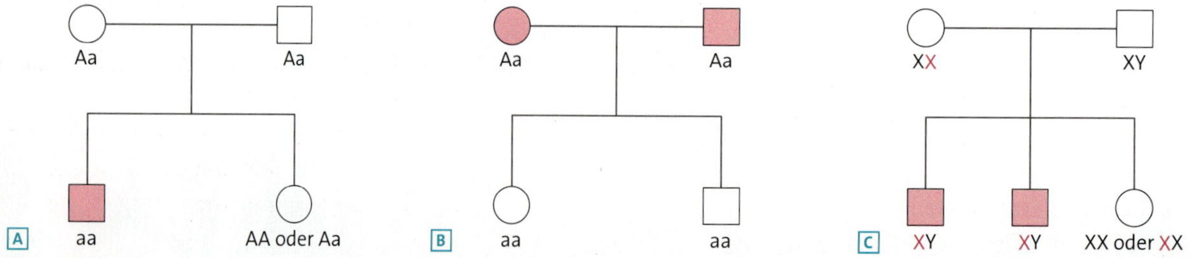

02 Erbgänge (Auswahl): A autosomal-rezessiv, B autosomal-dominant, C X-gonosomal-rezessiv

Material A ▸ Stammbaumanalyse

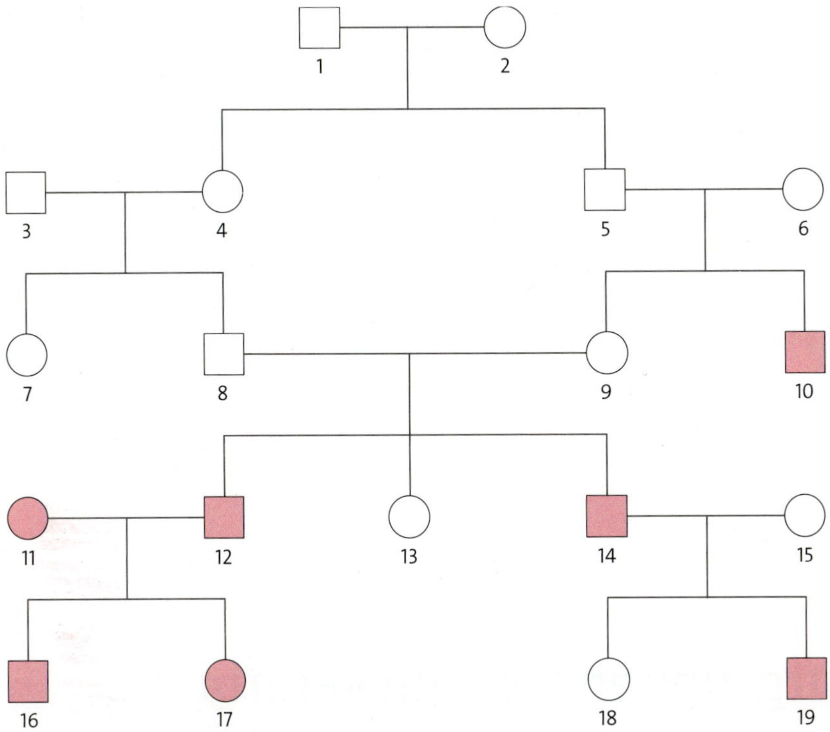

A1 Übertrage den Stammbaum in dein Heft! Begründe mit Beispielen aus dem Stammbaum, ob es sich hier um einen autosomal-rezessiven oder autosomal-dominanten Erbgang handelt!

A2 Nenne die möglichen Genotypen der Personen 1, 2, 4, 5, 8, 9, 12, 15 und 18!

A3 Begründe, mit welcher Wahrscheinlichkeit ein Kind der Personen 16 und 18 Merkmalsträger ist!

A4 Erkläre, weshalb die Merkmalsträger nach der dritten Generation gehäuft auftreten!

A5 Erstelle ein Glossar mit folgenden Begriffen: reinerbig, dominant, rezessiv, F_1-Generation, Gen, Allel, Genotyp, Phänotyp!

Material B ▸ Stammbaumanalyse

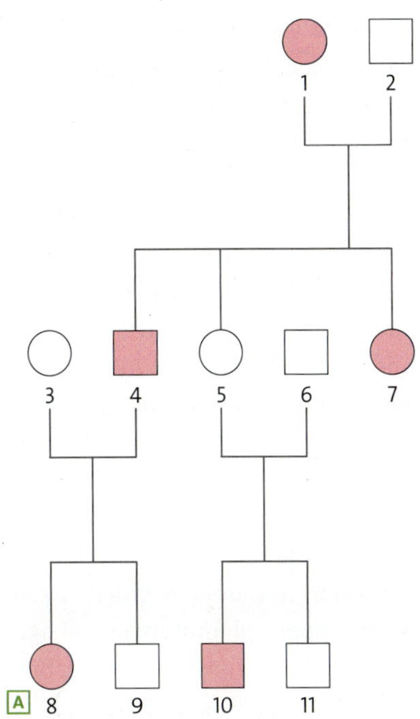

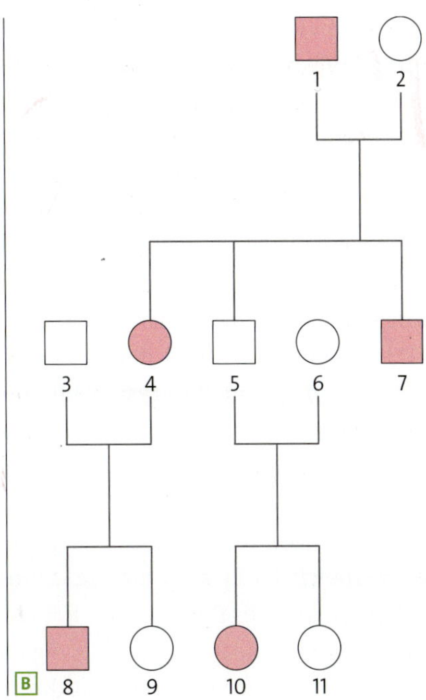

B1 Begründe, ob der Stammbaum A einen dominanten oder rezessiven, autosomalen oder gonosomalen Erbgang abbildet!

B2 Nenne zu allen Personen des Stammbaums A die möglichen Genotypen!

B3 Im Rahmen theoretischer Überlegungen wurde durch Vertauschen der Geschlechter aus Stammbaum A der Stammbaum B erstellt.
Begründe, ob deine Analyse von Stammbaum A auch für den Stammbaum B zutrifft!

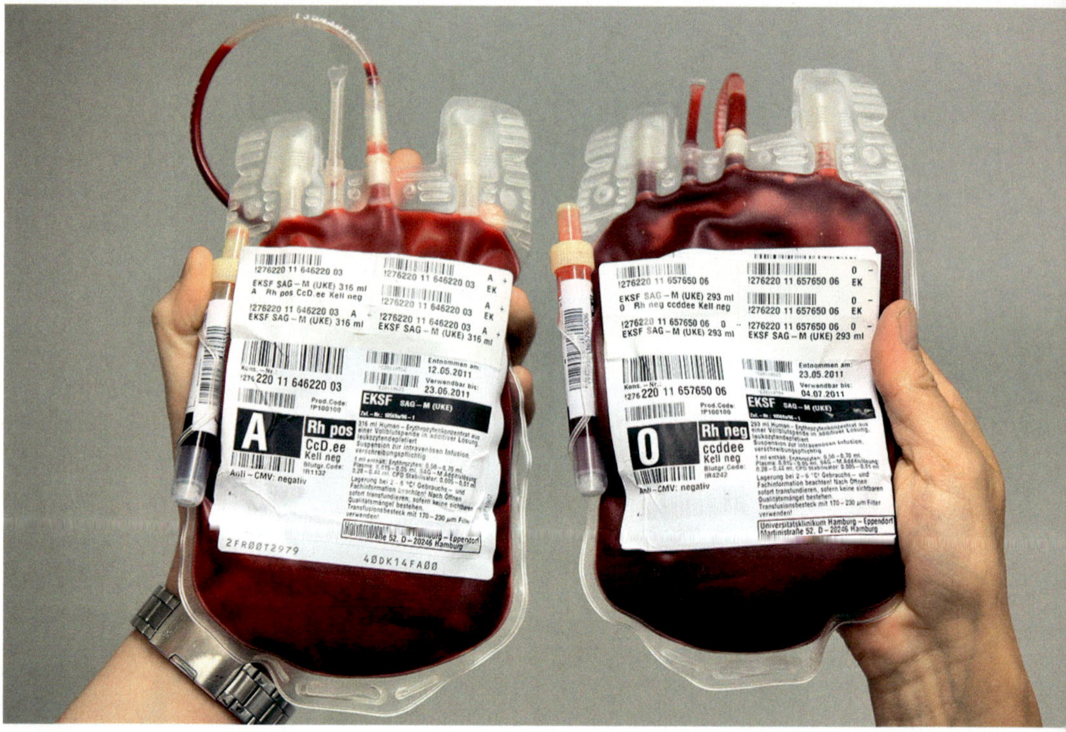

01 Blutbeutel

Auch Blutgruppen werden vererbt

Verlieren Kinder bei einem Unfall oder einer schweren Operation viel Blut, fehlen die roten Blutzellen für den Transport des lebensnotwendigen Sauerstoffs. Bei großem Blutverlust wird deshalb Blut übertragen. Dabei wird dem Kind immer Blut seiner eigenen Blutgruppe übertragen. Warum kommen die Eltern oder die Geschwister nicht immer als Spender infrage?

ABO-SYSTEM · Man kennt beim Menschen inzwischen über 25 Blutgruppensysteme. Sie unterscheiden sich durch die Oberfläche der roten Blutzellen, der Erythrozyten. Im Fall der vier Blutgruppen A, B, AB und 0 handelt es sich um unterschiedliche Kohlenhydratgruppen, die aus der Membran der Erythrozyten herausragen. Die Information für den Aufbau der jeweiligen Kohlenhydratgruppe ist auf der DNA in drei Allelen gespeichert. Es sind die Allele A, B und 0. Daher wird dieses Blutgruppensystem als *AB0-System* bezeichnet. Da hier von einem Gen mehr als zwei Allele vorliegen, spricht man von *multipler Allelie.* Bei der Befruchtung der Eizelle erfolgt die Kombination der Allele nach dem Zufallsprinzip. Je nach Kombination wird eine der vier Blutgruppen A, B, AB oder 0 phänotypisch ausgebildet. Nach welchen Regeln werden die Blutgruppen vererbt?

Durch die Auswertung von Familienstammbäumen wurde ermittelt, dass die Allele A und B gegenüber dem Allel 0 dominant sind. Demnach gibt es für die Blutgruppen A und B jeweils zwei mögliche Genotypen. Die Blutgruppe A kann den Genotyp AA oder A0 besitzen. Entsprechend verhält es sich bei der Blutgruppe B, auch hier können die Allele entweder homozygot als BB oder heterozygot als B0 vorliegen. Die Blutgruppe AB kommt dadurch zustande, dass die Allele A und B gleichermaßen dominant wirken. Dadurch werden beide Kohlenhydratgruppen phänotypisch ausgeprägt. Erbgänge, die zu einem solchen Ergebnis führen, bezeichnet man als **kodominant.**

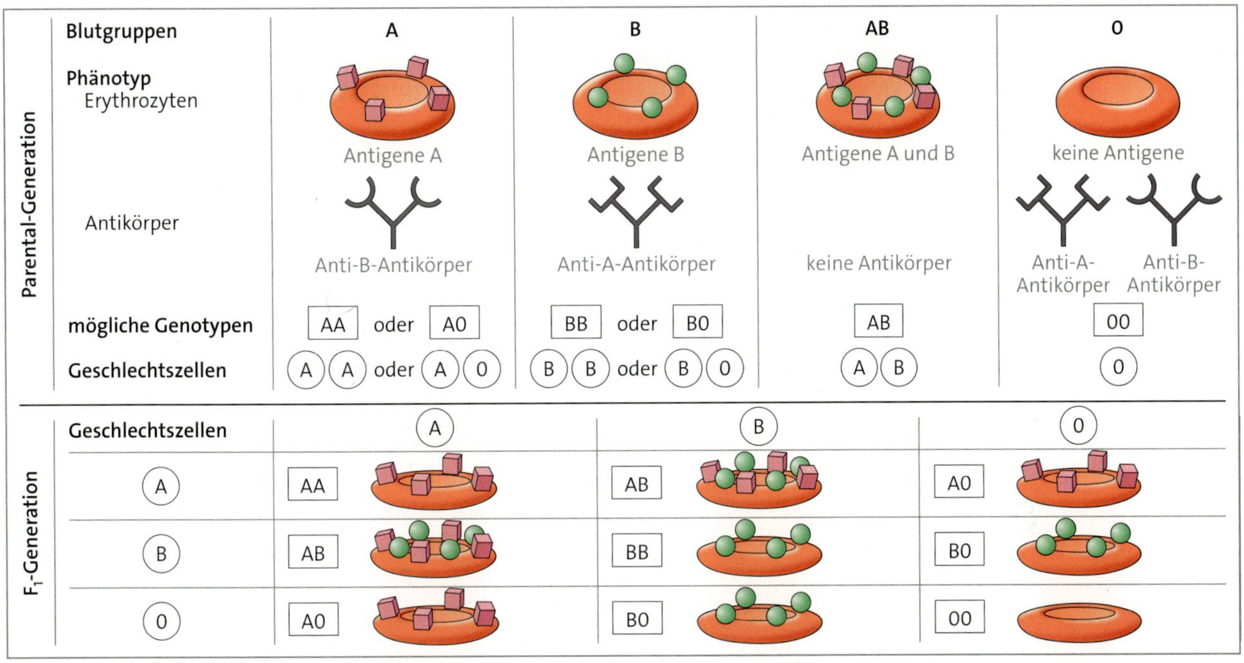

02 Vererbung der Blutgruppen des AB0-Systems

Die Blutgruppe 0 kann dagegen nur in Erscheinung treten, wenn die beiden rezessiven Allele homozygot vorliegen. Die Ursache für die unterschiedlichen Blutgruppen beim Menschen ist also genetisch bedingt. Die betreffenden Allele werden nach den Mendel'schen Regeln vererbt.
Die Blutgruppe einer Person bleibt ein Leben lang unverändert, da sie nicht durch die Umwelt beeinflussbar ist. Die Häufigkeit der Blutgruppen in der Bevölkerung ist je nach Region auf der Erde unterschiedlich.

BEDEUTUNG DES AB0-SYSTEMS · Die Oberflächenstrukturen auf den Membranen der Erythrozyten werden auch als *Antigene* bezeichnet. Im Blutserum der Blutgruppe A befinden sich zum Beispiel spezifische Antikörper gegen die Antigene der Blutgruppe B. Das Blutserum der Blutgruppe B enthält dagegen Antikörper gegen das Antigen der Blutgruppe A. Das Blutserum der Blutgruppe 0 enthält Antikörper gegen die Antigene A und B, während sich im Blutserum der Blutgruppe AB keine Antikörper gegen die Antigene A und B befinden. Vor der Entdeckung des AB0-Systems verliefen viele Bluttransfusionen tödlich. Bei der Vermischung unterschiedlicher Blutgruppen konnte es zu heftigen *Antigen-Antikörper-Reaktionen* kommen und damit zu einer Verklumpung der Erythrozyten im Körper der Patienten. Die verklumpten Erythrozyten können Gefäße verstopfen und transportieren keinen Sauerstoff mehr. Vor jeder Blutübertragung muss daher heute erst die Blutgruppe bestimmt werden.
Neben der Bedeutung für Bluttransfusionen kann das AB0-System auch bei Verwandtschaftsuntersuchungen herangezogen werden. Hat ein Kind die Blutgruppe AB, kann es zum Beispiel keinen Vater mit der Blutgruppe 0 haben, da er nur das rezessive Allel 0 weitervererben kann, das Kind jedoch die Allele A und B besitzt. Mithilfe des AB0-Systems kann man eine Vaterschaft nur ausschließen, nicht aber nachweisen.

1 Nenne die möglichen Genotypen der Blutgruppen A, B, AB und 0!

Blutgruppen	
A	43 %
B	11 %
AB	5 %
0	41 %

03 Häufigkeit der Blutgruppen in Deutschland

RHESUSSYSTEM · Auch nachdem das AB0-System bereits bekannt war, kam es immer wieder zu Verklumpungen bei Bluttransfusionen. 1940 entdeckte man an der Erythrozytenmembran von Rhesusaffen ein Protein, welches auch beim Menschen für die Verklumpung verantwortlich war. Dieses Protein wurde daher als *Rhesusfaktor* bezeichnet. Heute weiß man, dass mehrere Gene die Rhesusfaktor-Eigenschaften verursachen. Das entscheidende Gen bezeichnet man als Allel D. Da der Rhesusfaktor dominant vererbt wird, sind die meisten Europäer rhesuspositiv, abgekürzt Rh^+. Der Genotyp kann daher entweder homozygot, DD, oder heterozygot, Dd, sein. Nur etwa 15 Prozent der Europäer haben die rhesusnegative Blutgruppe, abgekürzt rh^-. Diese Menschen bilden das Protein nicht aus, da sie den homozygot-rezessiven Genotyp dd besitzen.

Auswertungen von Stammbäumen haben gezeigt, dass die Gene des AB0-Systems und des Rhesussystems unabhängig voneinander vererbt werden wie in einem dihybriden Erbgang. Somit können die Gene nicht auf einem Chromosom liegen und bei den Nachkommen können daher auch neue Merkmalskombinationen auftreten. Hat ein Vater zum Beispiel den Genotyp A0Dd und die Mutter BBDd, kann der Mann die vier Geschlechtszellen AD, 0D, Ad und 0d bilden und die Frau BD und Bd. Bei der Befruchtung können zufällig die Allele Ad und Bd aufeinandertreffen. Dieses Kind hat mit seiner Blutgruppe AB rhesusnegativ eine neue Merkmalskombination, eine andere Blutgruppe. Denn seine Eltern sind beide rhesuspositiv und haben die Blutgruppe A beziehungsweise B. Sie kommen daher für ihr Kind als Blutspender nicht infrage.

Im Unterschied zum AB0-System enthält das Blutserum des Rhesussystems keine Anti-D-Antikörper. Wieso kann es dann aber trotzdem bei Bluttransfusionen zur Verklumpung kommen? Beim Rhesussystem werden die Antikörper gegen das Antigen D erst gebildet, wenn ein Mensch mit rhesusnegativem Blut in Kontakt mit dem Rhesusfaktor kommt. Erhält diese Person bei einer zweiten Bluttransfusion wieder rhesuspositives Blut, reagiert das Immunsystem sofort, sodass die Anti-D-Antikörper an die Proteine der Membran binden und so die Erythrozyten verklumpen. Das kann für die Betroffenen lebensbedrohend werden. Aus diesem Grund sind das Rhesussystem und auch das AB0-System die wichtigsten Blutgruppensysteme. Vor einer Bluttransfusion muss daher immer die Blutgruppenverträglichkeit untersucht werden.

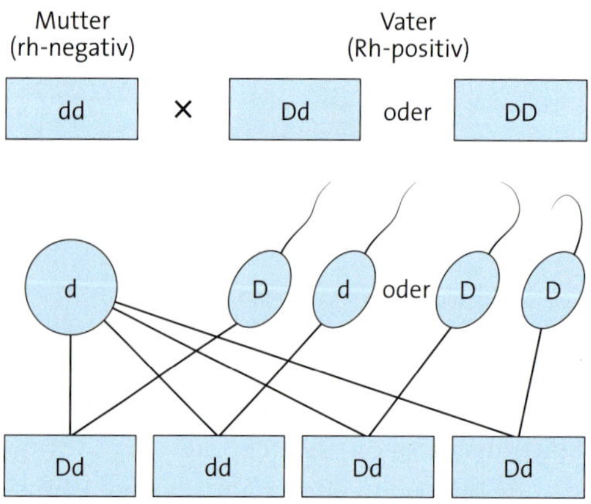

04 Vererbung des Rhesusfaktors

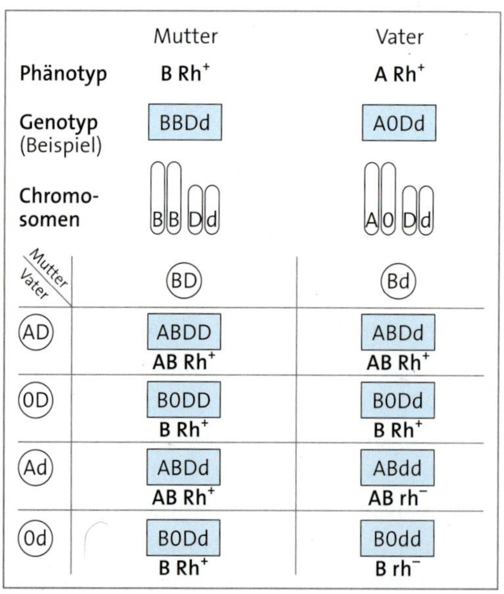

05 Dihybrider Erbgang bei AB0-System und Rhesussystem

2 Nenne Gemeinsamkeiten und Unterschiede des AB0- und des Rhesussystems!

Material A ▸ Familienzusammenführung

	Eltern	Blutgruppe
I	Vater	A / rh^-
	Mutter	B / rh^-
II	Vater	AB / Rh^+
	Mutter	B / Rh^+
III	Vater	0 / rh^-
	Mutter	0 / Rh^+

Kinder	Blutgruppe
Darya	0 / Rh^+
Mabou	B / rh^-
Chukwudi	AB / Rh^+
Aayana	B / Rh^+
Latifa	A / rh^-
Khem	0 / rh^-

In einem Flüchtlingslager suchen drei Elternpaare ihre Kinder und sechs Kinder ihre Eltern. Bei der Zuordnung kann die Analyse der Blutgruppen helfen.

A1 Begründe mithilfe von Kreuzungsschemata, welche Kinder sich welchen Eltern zuordnen lassen!

A2 Nenne die Kinder, die nur einem Elternpaar zugeordnet werden können!

Material B ▸ Stammbaumanalyse

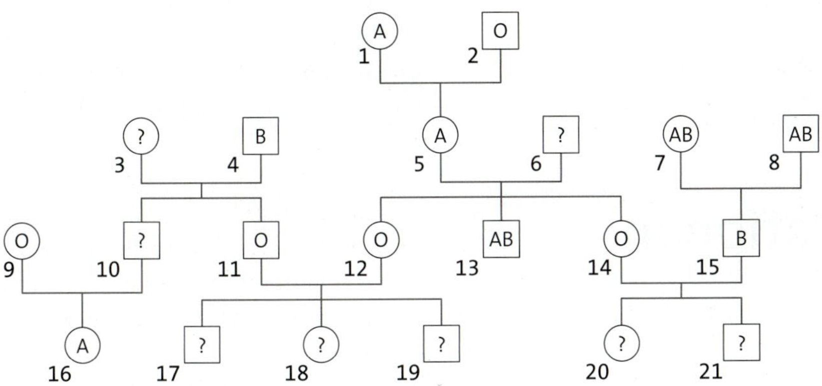

B1 Nenne die im Stammbaum fehlenden Blutgruppen!

B2 Begründe mithilfe eines Kreuzungsschemas, mit welcher Wahrscheinlichkeit ein zweites Kind der Eltern 7 und 8 die Blutgruppe B erben könnte!

Material C ▸ Rhesusunverträglichkeit

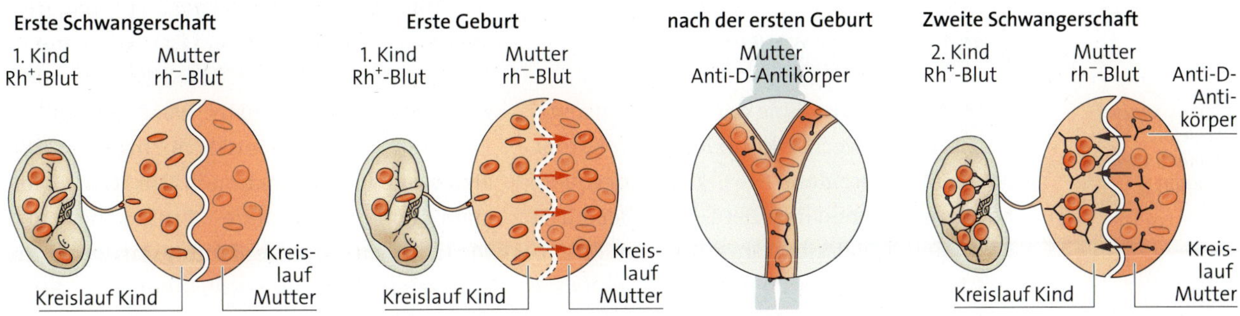

Menschen mit rhesusnegativem Blut bilden Anti-D-Antikörper, wenn sie in Verbindung mit rhesuspositivem Blut kommen. Diese als Rhesusunverträglichkeit bezeichnete Reaktion kann bei Bluttransfusionen, Organtransplantationen und bei Schwangerschaften auftreten.

C1 Beschreibe, wie es bei einer Schwangerschaft zur Rhesusunverträglichkeit kommen kann!

C2 Nenne die Folgen für das Kind!

C3 Erläutere, weshalb einer rhesusnegativen Mutter nach der Geburt eines rhesuspositiven Kindes Anti-D-Antikörper gespritzt werden!

01 An Mukoviszidose erkrankte Mädchen

Genmutationen

Der Tagesablauf der beiden Mädchen unterscheidet sich von dem der meisten Menschen. Mehrfach am Tag sind besondere Therapiemaßnahmen erforderlich, zum Beispiel Inhalieren. Warum können mit diesen Maßnahmen die Symptome der Mukoviszidose nur gelindert, aber nicht geheilt werden?

lateinisch mucus = Schleim, lateinisch viscidus = zähflüssig

MUKOVISZIDOSE · Eine der häufigsten angeborenen Stoffwechselkrankheiten in Europa ist die Mukoviszidose. Die Erkrankungsquote bei Neugeborenen liegt bei 1 : 2000. Bei dieser Krankheit bildet sich zäher Schleim. Er entsteht im Schleimhautgewebe vieler Organe wie in der Lunge, im Darm, in der Bauchspeicheldrüse und in den Geschlechtsorganen. Es kommt zu Verstopfungen der Drüsenzellen. Quälender Husten, schwere Lungenentzündungen, Atemnot und starke Verdauungsstörungen sind die Folgen. Wenn die Spermienleiter verstopfen, sind die männlichen Patienten zeugungsunfähig. Da bei der Mukoviszidose gleich mehrere Organe stark geschädigt werden, sind die Therapiemaßnahmen vielfältig. Um den klebrigen Schleim in der Lunge aufzuweichen, müssen die Patienten mehrfach am Tag Kochsalzlösung inhalieren, spezielle Atemübungen und Krankengymnastik machen. Damit kann der Schleim wenigstens zum Teil abgehustet werden. Tägliche Einnahme von Antibiotika verringert das Risiko von Lungeninfektionen. Zusätzlich gleichen eine besondere Ernährung und Medikamente mit Verdauungsenzymen die Mangelerscheinungen aus, welche durch Verdauungsstörungen auftreten. Dadurch konnte die Lebenserwartung der Patienten deutlich erhöht werden. Früher verstarben die Betroffenen schon im Jugendalter. Eine Heilung ist jedoch noch nicht möglich, da die Ursache auf einer Veränderung der DNA, einer **Mutation,** beruht.

GENMUTATION · Man kennt heute viele Mutationen, die zu unterschiedlich schweren Formen der Mukoviszidose führen. Die häufigste Mutation ist der Verlust von drei aufeinanderfolgenden Basen. Bei der Translation fehlt dadurch das Basentriplett, welches für die Aminosäure Phenylalanin codiert. Das gebildete Protein hat daher eine veränderte Struktur und kann so seine Funktion nicht erfüllen. Man bezeichnet eine Veränderung der Basensequenz eines Gens als **Genmutation.** Diese Veränderung auf der molekularen Ebene hat Auswirkungen auf die zelluläre Ebene.
Bei Mukoviszidosepatienten ist ein Protein der Zellmembran von Schleimhautzellen verändert. Dadurch kann nicht mehr genügend Wasser aus der Zelle austreten. Durch den Mangel an Wasser verdünnt sich der Schleim nicht. Das hat Folgen auf der Gewebe- und Organebene. Der zähflüssige Schleim legt sich über die Schleimhäute. In der Lunge ist dadurch zum Beispiel die Atmung stark beeinträchtigt.

ERBGANG · Tritt eine Genmutation in den Geschlechtszellen auf, die zur Befruchtung gelangen, sind alle Körperzellen genetisch verändert und die Mutation wird vererbt. Führt dies zu einem erkennbaren Defekt beim Phänotyp, spricht man von einer **Erbkrankheit.** Wenn Menschen bezüglich dieses Gens heterozygot veranlagt sind, bricht die Krankheit nicht aus. Da noch ein unverändertes Allel vorhanden ist, kann ausreichend Wasser durch die Membran austreten. Mukoviszidose tritt nur auf, wenn beide Allele verändert sind, also bei homozygotem Genotyp. Diese Erbkrankheit wird *autosomal-rezessiv* vererbt. Bei gesunden heterozygoten Eltern liegt das Erkrankungsrisiko ihrer Kinder daher bei 25 Prozent. Um herauszufinden, ob jemand heterozygot veranlagt ist, kann man den Salzgehalt im Schweiß testen. Die Zellen der Schweißdrüsen können veränderte Zellmembranen haben. Die ausgeschwitzte Flüssigkeit ist selbst bei heterozygoter Veranlagung salzhaltiger als im Normalfall.

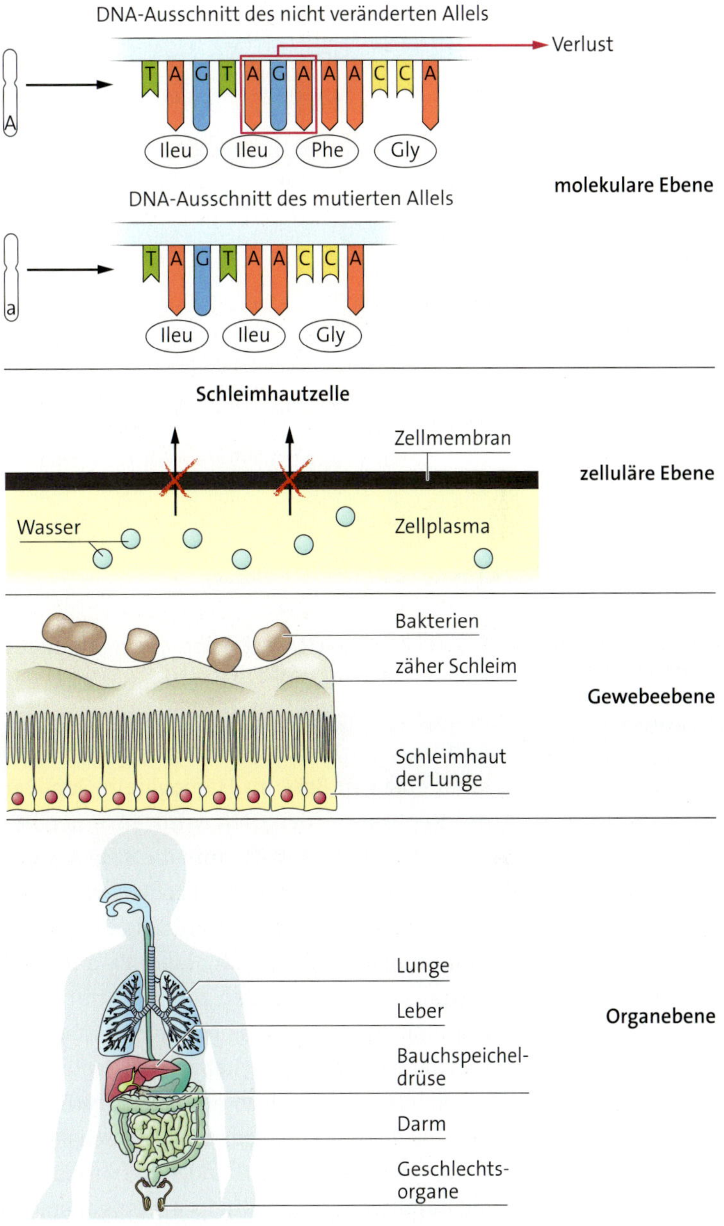

02 Auswirkungen einer Genmutation bei Mukoviszidose

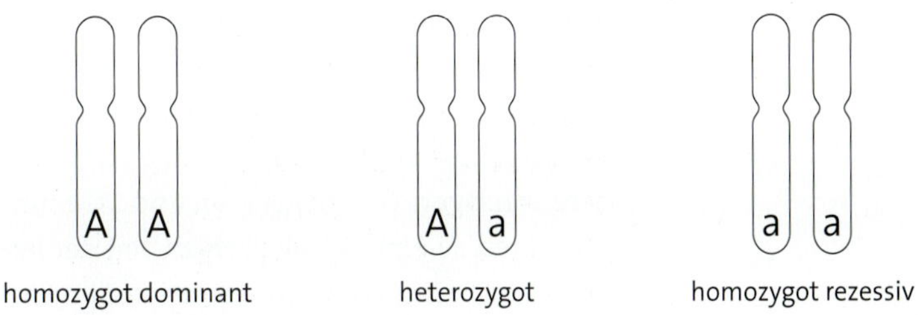

03 Chromosomen mit Allelkombinationen

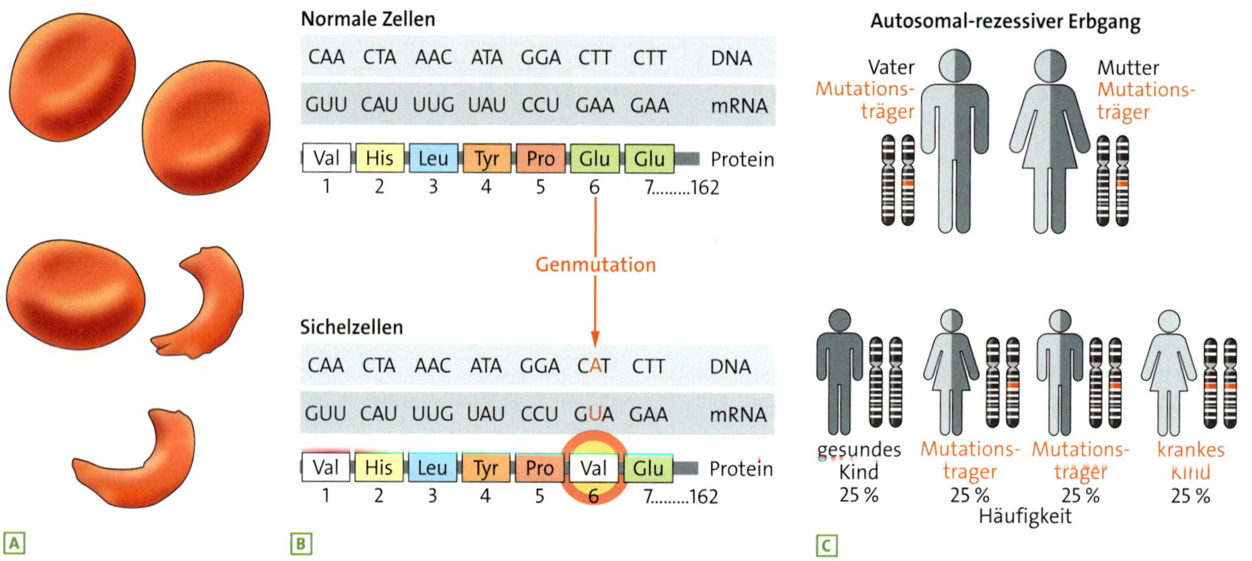

04 Sichelzellenanämie: **A** Phänotyp, **B** Genotyp, **C** Erbgang

lateinisch mutare = ändern, lateinisch genere = erzeugen

SICHELZELLENANÄMIE · Ein noch kleinerer Fehler in der DNA als bei der Genmutation der Mukoviszidose führt zu einer Veränderung der Erythrozyten. Die Ursache liegt im Austausch einer einzigen Base im Hämoglobin-Gen. Bei der Replikation der DNA wird an einer bestimmten Stelle statt Thymin die Base Adenin eingebaut. Das Basentriplett codiert daher bei der Translation nicht mehr für die Glutaminsäure, sondern für die Aminosäure Valin. Dieser Austausch verändert den roten Blutfarbstoff Hämoglobin derart, dass im sauerstoffarmen Blut die Erythrozyten sichelförmige Gestalt annehmen. Im Vergleich zu normalen Erythrozyten sind diese *Sichelzellen* starr. Dadurch verhaken sie sich im Blut miteinander und verstopfen die Kapillaren. Zudem sind sie weniger stabil, zerbrechen leicht im Blutstrom und werden schneller abgebaut. Das führt zur Blutarmut, der *Anämie*. Man nennt diese Erbkrankheit daher **Sichelzellenanämie.** Sie hat schwerwiegende Folgen für alle Organe, da diese nicht ausreichend mit Sauerstoff versorgt werden. Herz- und Nierenversagen, Gehirnschäden und Lähmungen führen zu einem frühzeitigen Tod der Betroffenen. Die Krankheit wird autosomal-rezessiv vererbt.

MUTAGENE · Die Häufigkeit von Genmutationen kann durch einige physikalische und chemische Einflussfaktoren, die *Mutagene*, erhöht werden. Wenn jemand UV-Strahlung, radioaktiver Strahlung, Tabakrauch, Formalin und anderen Chemikalien ausgesetzt ist, können mehr Genmutationen entstehen. Häufig bilden sich auch Zellen, die sich unkontrolliert teilen, die *Krebszellen*. Es lässt sich aber nicht voraussagen, welches Gen wie verändert wird. Die meisten Schäden der DNA können jedoch durch ein DNA-Reparatursystem erkannt und behoben werden. Der Anteil der in einer bestimmten Zeit neu mutierten Zellen, die *Mutationsrate*, ist daher gering.

1 Definiere den Begriff Genmutation!

2 Beschreibe an einem Beispiel eine Genmutation und erläutere die Auswirkungen dieser Genmutation auf den Organismus!

3 Begründe am Beispiel der Mukoviszidose, weshalb diese Erbkrankheit autosomal-rezessiv vererbt wird!

Material A ▸ Genmutationen

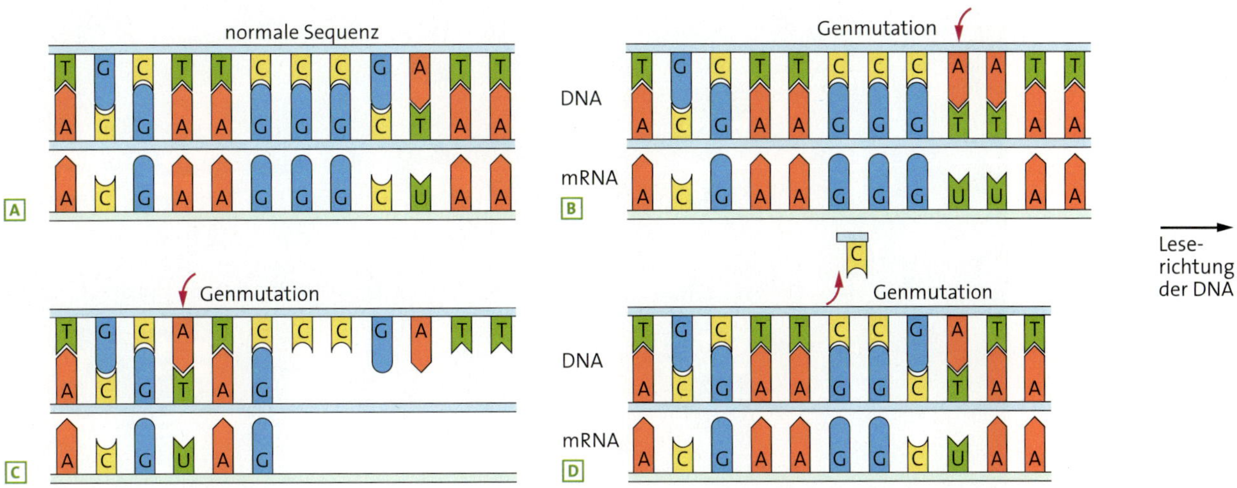

A1 Bestimme mithilfe der Codesonne auf der Seite 115 die Aminosäuresequenz für A bis D!

A2 Beschreibe die abgebildeten Mutationen!

A3 Erläutere die jeweils mögliche Folge für die Bildung des Proteins!

Material B ▸ Mondscheinkinder

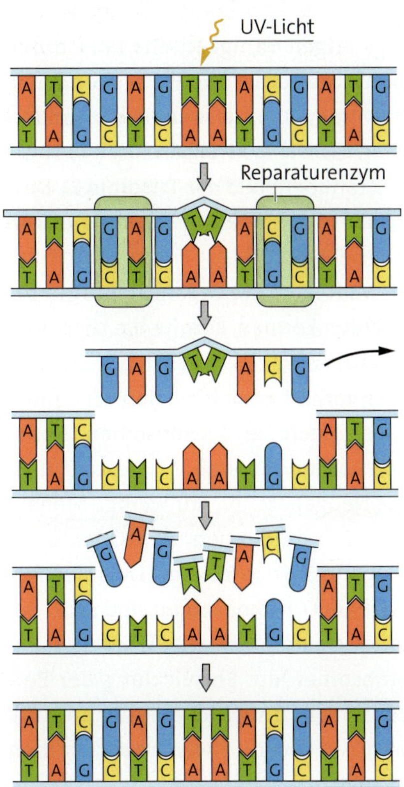

Xeroderma pigmentosum ist eine seltene, erblich bedingte Hautkrankheit. Betroffene sind äußerst empfindlich gegenüber UV-Strahlung. UV-Strahlung kann eine Verknüpfung benachbarter Thyminbasen bewirken, sodass die Bindung zum komplementären Adenin verloren geht. Bei der Replikation und Transkription bricht der Vorgang dann genau an dieser Stelle ab.

B1 Beschreibe die Vorgänge der Reparatur von UV- bedingten DNA-Schäden!

B2 Beschreibe das Kurvendiagramm eines Xeroderma pigmentosum-Patienten und einer gesunden Person und werte es aus!

B3 Stelle eine begründete Vermutung an, welche Genmutation bei einem Xeroderma pigmentosum-Patienten vorliegt!

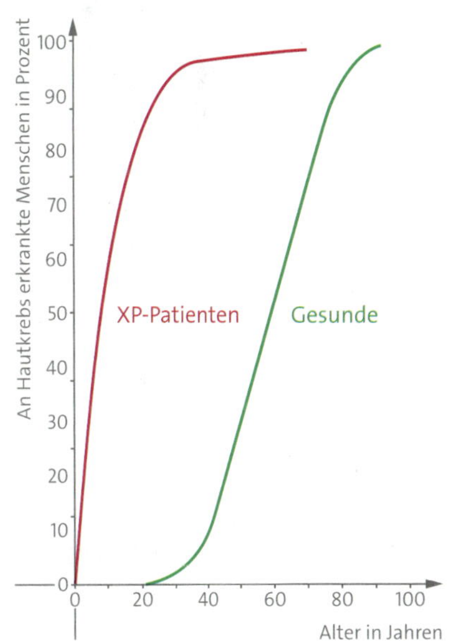

B4 Erkläre, weshalb die Betroffenen auch als Mondscheinkinder bezeichnet werden!

B5 Erläutere, weshalb Xeroderma pigmentosum häufig zu Krebs führt!

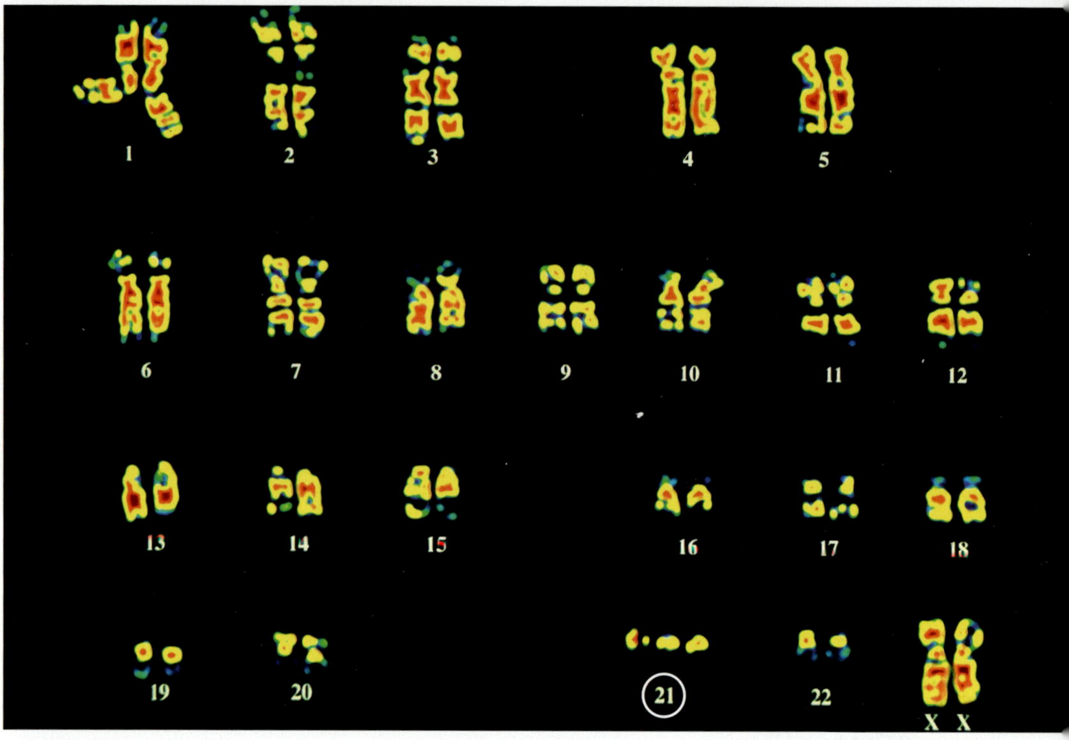

01 Karyogramm Trisomie 21

Genommutationen

Es gibt Menschen, die das Chromsom 21 dreifach besitzen. Im Karyogramm wird das sichtbar. Wie entsteht diese Veränderung und wie wirkt sie sich auf den Menschen aus?

TRISOMIE 21 · Menschen mit drei Chromosomen 21 unterscheiden sich vom äußeren Erscheinungsbild nur wenig gegenüber Menschen mit einem normalen Chromosomensatz. Kennzeichen dieser als Trisomie 21 bezeichneten genetischen Krankheit sind eine geringere Körpergröße, etwas herabhängende obere Augenlider, die dadurch bedingten schmaleren Augenspalten, eine flachere Nasenwurzel und ein rundliches Gesicht. Jedoch kommt es häufig aufgrund des überzähligen Chromosoms 21 auch zu Fehlentwicklungen der inneren Organe. Herzfehler, Atemwegserkrankungen, Funktionsstörungen der Schilddrüse, Verdauungsstörungen und ein schwächeres Immunsystem sind häufige Symptome. Ein Kennzeichen ist auch die unterschiedlich ausgeprägte Minderung der geistigen Fähigkeit, die aber durch früh einsetzende Förderung weitgehend ausgeglichen werden kann. Der englische Kinderarzt John LANGDON-DOWN beschrieb 1860 als Erster das Krankheitsbild der Trisomie 21. Deshalb wird diese Erkrankung auch als *Down-Syndrom* bezeichnet.

Da die Fehlbildungen der Organe heute gut behandelt werden können, konnte die Lebenserwartung bei Trisomie 21 deutlich erhöht werden. Anders verhält es sich bei den Trisomien 13 und 18, bei denen die Chromosomen 13 oder 18 dreifach vorhanden sind. In diesen Fällen werden die Neugeborenen nur wenige Monate alt, da die Missbildungen der Organe zu schwerwiegend sind. Weitere Trisomien bei den autosomalen Chromosomen sind nicht bekannt. Man vermutet, dass vor allem bei größeren Chromosomen die Entwicklung der Embryonen durch die zusätzlichen Gene so stark gestört ist, dass es schon zu einem sehr frühen Zeitpunkt zu Fehlgeburten kommt.

GENOMMUTATION · Die Ursache für die Trisomie 21 ist eine ungleichmäßige Verteilung der Chromosomen bei der Bildung der Geschlechtszellen. Wenn sich zum Beispiel während der ersten Reifeteilung der Eizelle die beiden homologen Chromosomen 21 nicht trennen, entsteht eine Geschlechtszelle, die zwei Chromosomen 21 enthält. Bei der zweiten Reifeteilung kann die fehlerhafte Verteilung nicht korrigiert werden. In dieser Phase werden die Zwei-Chromatiden-Chromosomen in Ein-Chromatid-Chromosomen aufgetrennt. Die Zahl der Chromosomen bleibt in der zweiten Reifeteilung gleich. Bei einer späteren Befruchtung gelangt durch die haploide Spermienzelle das dritte Chromosom 21 in die Eizelle. Die Gesamtzahl der Chromosomen, das *Genom*, verändert sich dadurch. Deshalb spricht man auch von einer **Genommutation.**

Genommutationen können bei der Meiose entstehen und sind daher bei Spermienzellen und Eizellen gleichermaßen möglich. Dennoch steigt das Risiko einer Fehlverteilung der Chromosomen vor allem mit zunehmendem Alter der Mutter an. Das liegt daran, dass die Bildung der späteren Eizelle schon während der Embryonalentwicklung beginnt. Mit steigendem Alter der Frau altern also auch ihre Eizellen und daher erhöht sich die Wahrscheinlichkeit einer fehlerhaft ablaufenden Meiose.

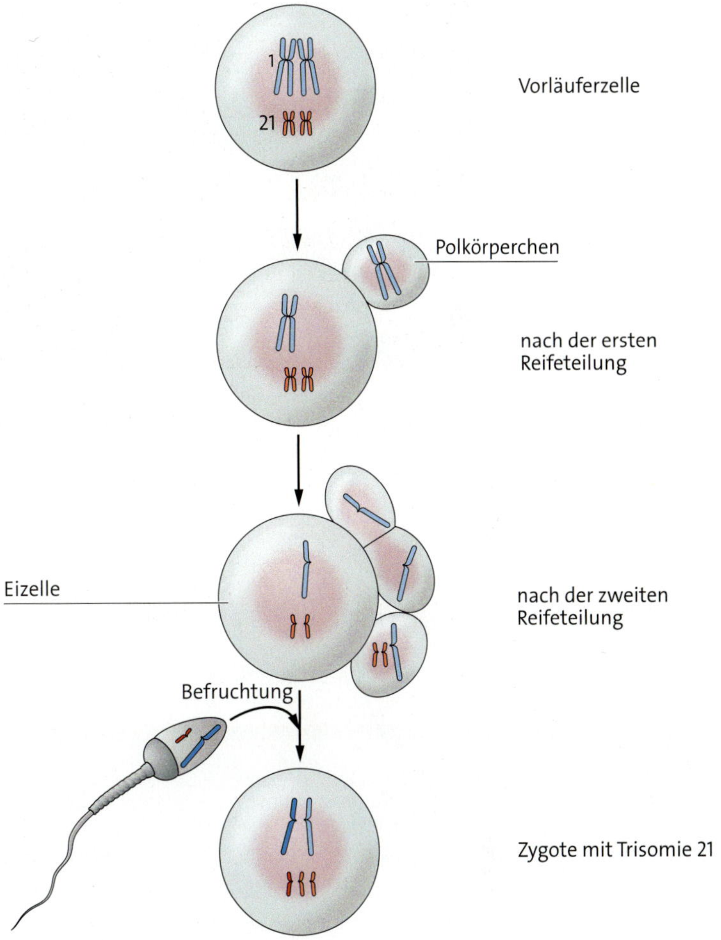

02 Entstehung von Trisomie 21

GONOSOMALE GENOMMUTATION · Auch die Geschlechtschromosomen, die *Gonosomen*, können ungleich verteilt sein. Beim Genotyp X0 haben die Frauen eine verminderte Körpergröße, besitzen keine funktionsfähigen Eierstöcke und wenig ausgebildete sekundäre Geschlechtsmerkmale. Man spricht von *Turner-Frauen*. Die phänotypische Beeinträchtigung kann jedoch individuell so unauffällig sein, dass erst mit Ausbleiben der Menstruation eine genetische Untersuchung vorgenommen wird. Männer mit dem Genotyp Y0 gibt es nicht. Der Embryo kann sich nämlich nicht entwickeln. Ihm fehlen die zahlreichen Gene, die auf dem X-Chromosom liegen. Dagegen kommen Trisomien bei beiden Geschlechtern vor. Frauen mit drei X-Chromosomen sind in ihrem Körperbau meist unauffällig und fruchtbar. Bei den Männern gibt es dagegen zwei mögliche Varianten von Trisomien: Entweder liegt das X-Chromosom oder das Y-Chromosom zweifach vor. Die *Klinefelter-Männer* besitzen den Genotyp XXY. Sie haben lange Arme und Beine. Die Hoden bilden keine Spermien. Auffallend sind auch eine hohe Stimme und ein geringer Bartwuchs. Männer mit zwei Y-Chromosomen sind in ihrem Aussehen eher unauffällig. Ihre Körpergröße liegt nur geringfügig über dem Durchschnitt und sie sind nicht steril.

1 Definiere den Begriff Genommutation!

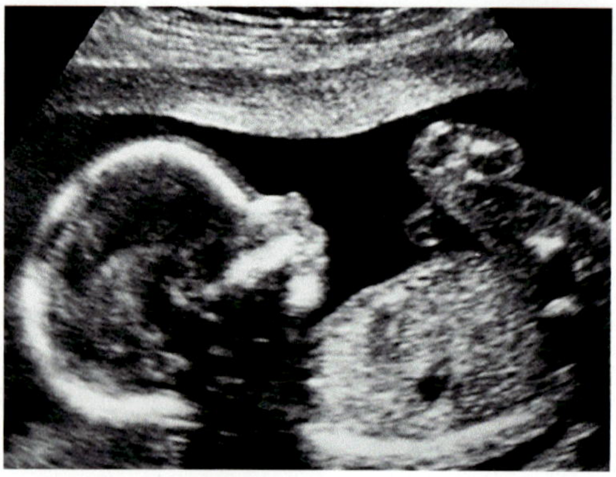

03 Ultraschallaufnahme

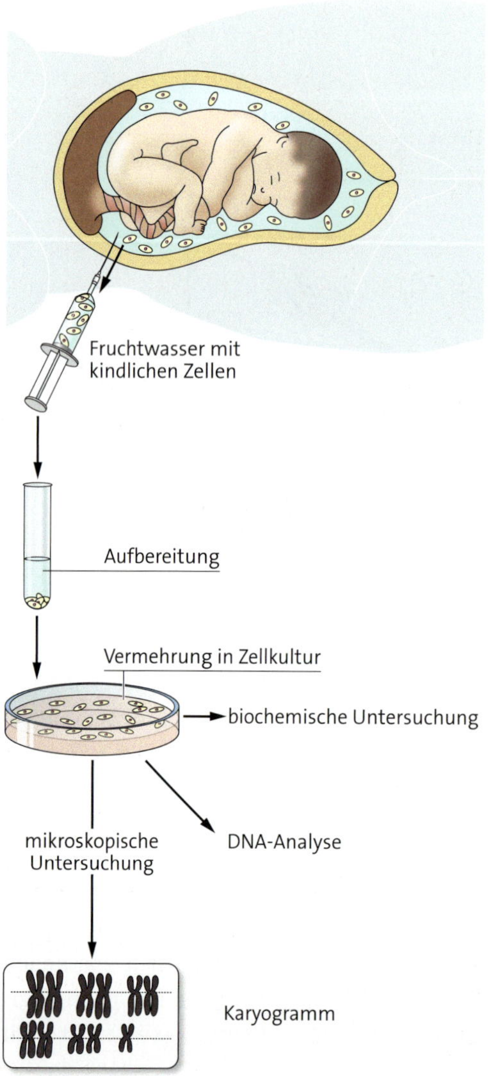

04 Fruchtwasseruntersuchung

PRÄNATALE DIAGNOSTIK · Wenn bei einer Familie gehäuft Erbkrankheiten aufgetreten sind, wendet diese sich häufig an eine genetische Beratungsstelle. Hier kann dann über Familienstammbäume das Vererbungsrisiko ermittelt werden. Ältere Paare nehmen häufig die genetische Beratung in Anspruch. Bei ihnen ist aufgrund des höheren Alters mit einer größeren Wahrscheinlichkeit von Genommutationen bei ihren Kindern zu rechnen. In beiden Fällen werden die Ratsuchenden über vorgeburtliche Untersuchungsmethoden, **pränatale Diagnostik,** und über die Bedeutung und die Konsequenzen eines Testergebnisses informiert. Das Ziel einer genetischen Beratung ist, den Paaren zu helfen, eine eigenverantwortliche Entscheidung zu treffen.

Eine wichtige Vorsorgeuntersuchung ist die **Ultraschalluntersuchung.** Durch diese Methode können schon ab der 10. Schwangerschaftswoche Fehlbildungen des Embryos festgestellt werden. Ebenso kann man auch die Lage, das Wachstum und die Herztöne des Kindes beobachten. Blutuntersuchungen der Schwangeren geben ebenfalls Auskunft über bestimmte Fehlbildungen. Um erbbedingte Stoffwechselkrankheiten oder Chromosomenveränderungen zu erkennen, benötigt man Zellen des Kindes. Daher muss man in den Körper der Schwangeren eindringen. Bei der **Fruchtwasseruntersuchung** gewinnt man die Zellen des Kindes, indem man mit einer dünnen Nadel durch Bauchdecke und Gebärmutter hindurch in die Fruchtblase sticht. Diese müssen dann mehrere Tage in einem Nährmedium vermehrt werden, bevor sie mikroskopisch nach Chromosomenveränderungen und biochemisch auf Stoffwechselkrankheiten untersucht werden können. Mit den *invasiven Methoden* wie der Fruchtwasseruntersuchung ist allerdings ein geringes Risiko einer Fehlgeburt verbunden. Besteht bei dem ungeborenen Kind ein erhöhtes Risiko einer durch eine Genmutation bedingten Erbkrankheit, können zur Diagnose auch DNA-Analysen durchgeführt werden.

Material A ▸ Down-Syndrom

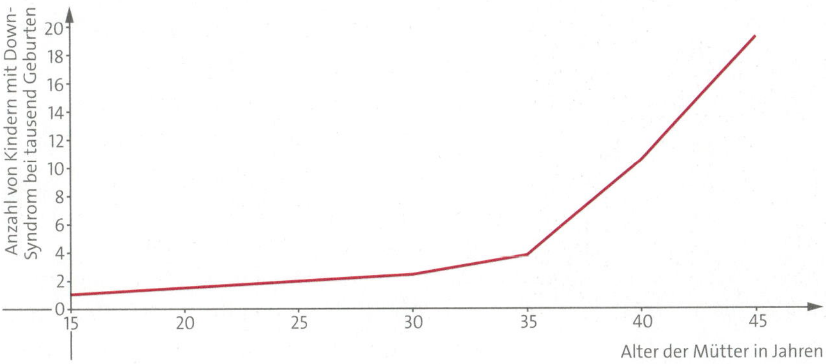

A1 Beschreibe das Kurvendiagramm und werte es aus!

A2 Begründe, weshalb das Alter der Mutter für den Kurvenverlauf verantwortlich ist!

A3 Begründe, weshalb eine Fruchtwasseruntersuchung geeignet ist, um das Down-Syndrom festzustellen!

Material B ▸ Genommutation

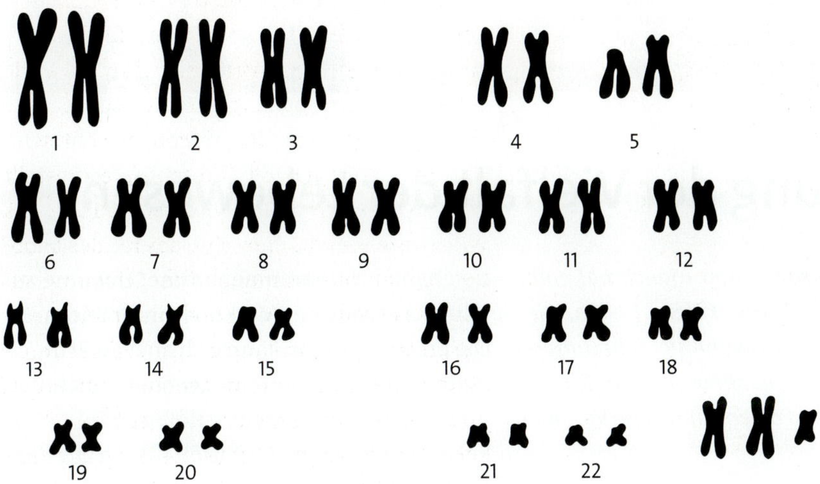

B1 Nenne die Bezeichnung dieses Genotyps und seine phänotypischen Auswirkungen!

B2 Beurteile, ob bei der vorliegenden Genommutation die Ultraschalluntersuchung für die pränatale Diagnose geeignet ist!

B3 Stelle die Entstehung dieser Genommutation mithilfe von Schemazeichnungen dar!

Material C ▸ Katzenschreisyndrom

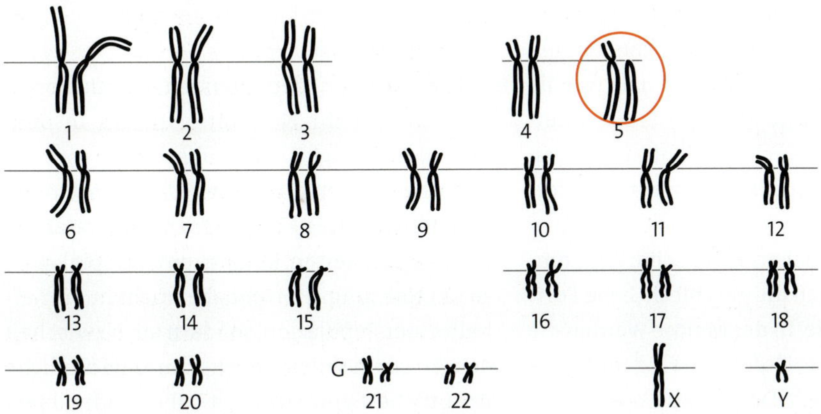

Bei diesem Genotyp ist ein Stück eines Chromosoms verloren gegangen. Betroffene sind körperlich und geistig zurückgeblieben. Auffallend sind die Laute der Kinder, die an Katzengeschrei erinnern.

C1 Begründe, weshalb es zu Fehlentwicklungen kommt!

C2 Nenne Unterschiede in der Entstehung dieser Chromosomenmutation zu einer Genommutation!

01 Asiatische Marienkäfer

Entstehung der Vielfalt der Lebewesen

Auf Dachböden kann man manchmal eine große Anzahl an Marienkäfern finden, die dort überwintern. Obwohl sie sehr unterschiedlich aussehen, gehören sie dennoch zur selben Art. Welche Folgen kann diese Variabilität haben?

VARIABILITÄT · Betrachtet man eine Gruppe von Individuen einer Art in einem Lebensraum, eine *Population,* stellt man fest, dass die meisten Individuen unterschiedliche Eigenschaften haben. Diese Eigenschaften können sich auf äußerlich sichtbare Merkmale wie die Färbung beziehen. Individuen einer Art unterscheiden sich aber auch in nicht sichtbaren Merkmalen wie beispielsweise ihrer Erbinformation.

Diese unterschiedlichen Eigenschaften kommen vor allem durch die geschlechtliche Fortpflanzung zustande. In der Meiose werden die Chromosomen der Eltern zufällig auf ihre Nachkommen verteilt. Durch diese *Rekombination* haben Nachkommen immer nur eine zufällige Auswahl der Merkmale ihrer Eltern.

Die Erbinformation kann sich aber auch durch *Mutationen* verändern. Mutationen sind selten und geschehen meistens zufällig.

Rekombination und Mutation führen zur Vielfalt von Merkmalen in einer Population, wie beispielsweise der **Variabilität** der Färbung bei Marienkäfern. Die Rekombination ist dabei von sehr viel größerer Bedeutung als die Mutation.

SELEKTION · In den meisten Populationen entstehen mehr Nachkommen, als in dem jeweiligen Lebensraum überleben können. Begrenzend wirken dabei *Umweltfaktoren,* zum Beispiel das Nahrungsangebot oder die Brutmöglichkeiten. Konkurrenz, beispielsweise um Nahrung, herrscht aber nicht nur innerhalb einer Population, sondern auch zwischen den Arten im selben Lebensraum, die ähnliche Ansprüche an ihre Umwelt haben. Individuen, die für ihre jeweilige Umwelt vorteilhafte Merkmale aufweisen, haben eine höhere Überlebenswahrscheinlichkeit. Damit haben sie meistens auch eine höhere Wahrscheinlichkeit, sich fortzupflanzen und ihre vorteilhaften Merkmale an ihre Nachkommen weiterzugeben. Diese Auswahl an Eigenschaften bezeichnet man als **natürliche Selektion.** Von allen bei den Individuen einer Population grundsätzlich möglichen Merkmalen treten die Merkmale, die im jeweiligen Lebensraum vorteilhaft sind, besonders häufig auf.

Ein Beispiel für natürliche Selektion stammt von den im südlichen Indischen Ozean liegenden Kerguelen-Inseln. Dort herrscht ein raues und stürmisches Klima. Für leichte Tiere wie Fliegen wäre eine Flugfähigkeit hier von großem Nachteil, da sie auf das offene Meer geweht würden. Nicht fliegen zu können ist in einem solchen Lebensraum vorteilhaft. Im Laufe der Zeit haben sich hier durch natürliche Selektion flügellose Fliegenarten entwickelt, die Kerguelen-Fliegen.

Bei Arten, bei denen sich Männchen und Weibchen in ihren äußeren Merkmalen unterscheiden, kann es dazu kommen, dass Individuen mit besonders auffälligen Merkmalen häufiger als Fortpflanzungspartner gewählt werden als Individuen ohne diese Merkmale. Ein Beispiel sind die auffälligen Schwanzfedern des männlichen Pfaus. Für Individuen mit auffälligen Merkmalen besteht in diesem Fall eine höhere Wahrscheinlichkeit, sich fortzupflanzen. Sie haben mehr Nachkommen, sodass ihre Erbinformation in der Population häufiger wird. Eine solche Form der natürlichen Selektion nennt man **sexuelle Selektion.**

Auch der Mensch kann aus einer Population zielgerichtet Individuen mit für ihn vorteilhaften Eigenschaften auswählen. Diese Individuen werden zur Erzeugung von Nachkommen mit den gewünschten Eigenschaften verwendet. Dies nennt man *Züchtung* oder **künstliche Selektion.**

02 Kerguelen-Fliege

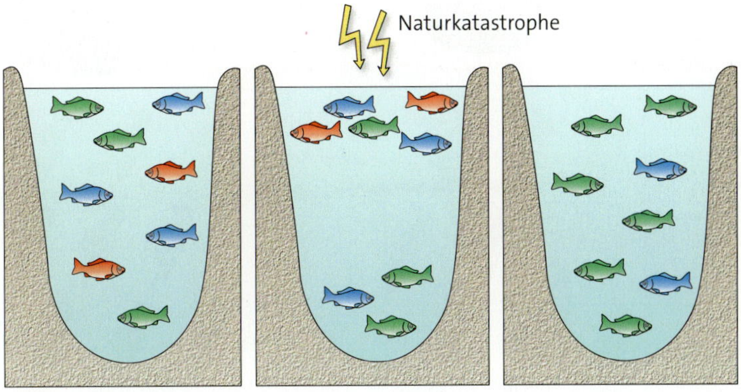

03 Genetische Drift

GENETISCHE DRIFT · Neben der natürlichen Selektion können auch zufällige Ereignisse die Zusammensetzung einer Population beeinflussen. Solche Ereignisse können beispielsweise Naturkatastrophen wie Vulkanausbrüche, Waldbrände oder Überschwemmungen sein. Durch solche Ereignisse überleben nicht nur Individuen mit vorteilhaften Merkmalen, sondern eine zufallsabhängige Auswahl aus der Population. Dies bezeichnet man als **genetische Drift.**

1 Beschreibe die Bedeutung von Rekombination und Mutation für die Variabilität der Lebewesen!

2 Beschreibe die Wirkung der Selektion!

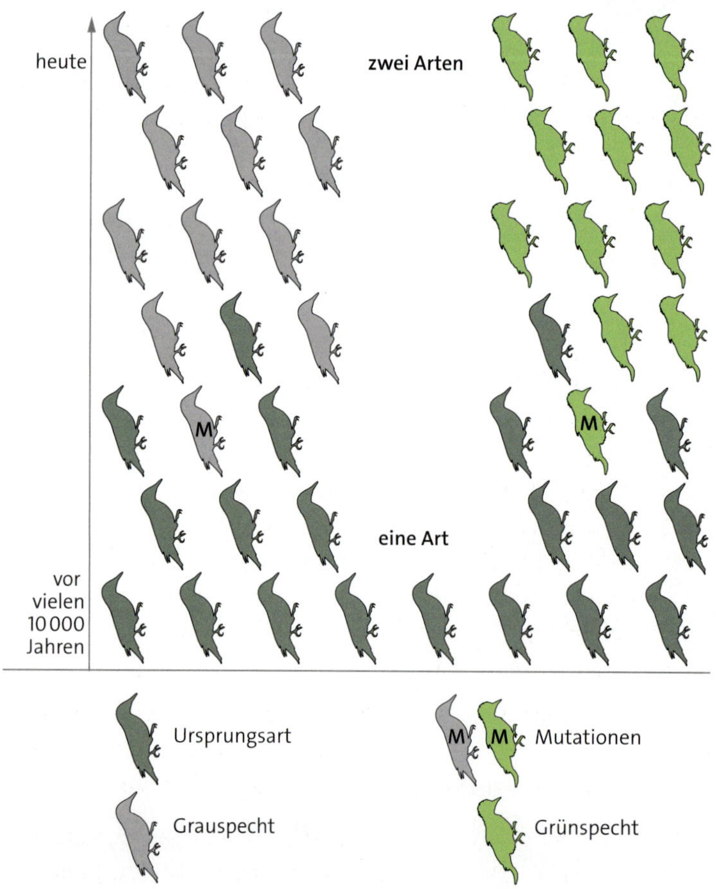

04 Artbildung bei Grauspecht und Grünspecht

ARTBILDUNG · Grau- und Grünspecht sind zwei heimische Spechtarten, die auf eine gemeinsame Ausgangsart zurückgehen. Während der letzten Eiszeit wurde die Population der Ausgangsart in zwei voneinander durch Gletscher räumlich getrennte Populationen aufgespalten. Durch die unterschiedliche Entwicklung während der Trennung entstanden zwei Arten. Wie konnte es zu den Unterschieden zwischen den beiden Arten kommen?
Alle Individuen, die zu einer Art gehören, können miteinander fortpflanzungsfähige Nachkommen zeugen und somit ihre Erbinformation von Generation zu Generation weitergeben. Durch Umweltveränderungen können Populationen einer Art in Teilpopulationen aufgespalten und voneinander räumlich getrennt werden. Paarungen zwischen Individuen der beiden Teilpopulationen sind dann nicht mehr möglich. Diesen Vorgang bezeichnet man als **Isolation.** Erbinformationen der einen Teilpopulation können so nicht mehr in die andere Teilpopulation gelangen. Deshalb wirken sich Mutationen, Selektion und genetische Drift in einer Teilpopulation nicht auf die jeweils andere Teilpopulation aus. Dadurch entwickeln sich die Teilpopulationen unterschiedlich. Kurz nach der Trennung sind sich die Individuen der Teilpopulationen noch ähnlich. Über einen längeren Zeitraum können sich die Individuen der Teilpopulationen jedoch in vielen Merkmalen unterscheiden. Wenn dabei für die Fortpflanzung wichtige Merkmale betroffen sind, kann es sein, dass sich Individuen der einen Teilpopulation nicht mehr mit Individuen der anderen fortpflanzen können, auch wenn die räumliche Trennung aufgehoben wird. Jede der Teilpopulationen hat sich nun zu einer neuen **Art** entwickelt, zum Beispiel Grau- und Grünspechte nach der Eiszeit.

Die durch Rekombination, Mutation, Selektion und genetische Drift verursachten Veränderungen von Arten sowie ihre Entstehung oder ihr Aussterben bezeichnet man als **Evolution.**

Material A ▸ Natürliche Selektion

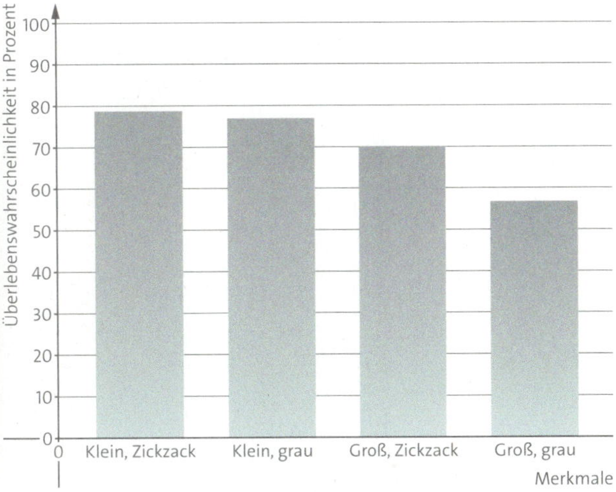

Von der in Südspanien vorkommenden giftigen Stülpnasenotter sind zwei Farbvarianten bekannt. Eine Variante hat ein auffälliges Zickzackmuster auf dem Rücken, die andere ist einheitlich grau. In einem Experiment mit unterschiedlich gefärbten und unterschiedlich großen Schlangenmodellen wurde untersucht, wie häufig das jeweilige Modell von Greifvögeln attackiert wurde, wenn man es im Gelände platzierte.

A1 Beschreibe die Ergebnisse des Experiments!

A2 Stelle Vermutungen an, welchen Einfluss die Merkmale auf die Überlebenswahrscheinlichkeit haben!

A3 Stelle Vermutungen über die Aussagekraft des Experiments an!

Material B ▸ Gelbbauchunke und Rotbauchunke

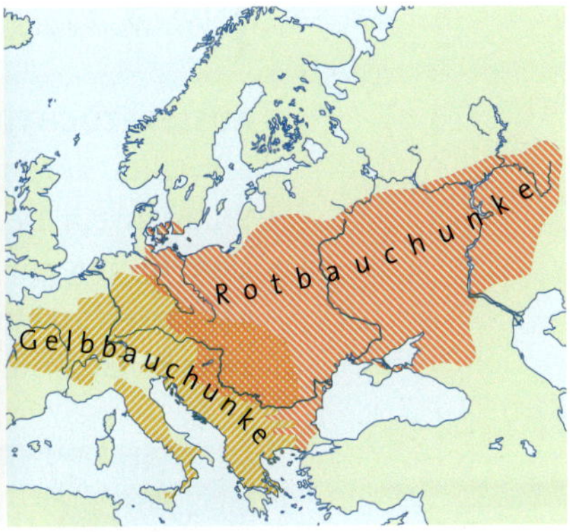

Gelbbauch- und Rotbauchunken kommen in unterschiedlichen Regionen Europas vor. In einer Region überlappen sich ihre Verbreitungsgebiete. Dort kann man Individuen finden, die eine Kombination aus den Merkmalen der Gelbbauchunke und Merkmalen der Rotbauchunke zeigen. Diese Mischlinge sind fortpflanzungsfähig.

B1 Beschreibe die Verbreitungsgebiete von Gelbbauch- und Rotbauchunke!

B2 Stelle Vermutungen an, wie Gelbbauch- und Rotbauchunke entstanden sein könnten!

B3 Stelle Vermutungen an, ob Gelbbauchunke und Rotbauchunke unterschiedliche Arten sind!

01 Wildschwein mit Frischlingen

Tier- und Pflanzenzucht

Schon vor vielen Tausend Jahren begann der Mensch, Wildschweine für seinen Nahrungsbedarf zu halten. Aus dem Wildschwein entstanden unsere heutigen Hausschweinrassen. Wie wurde aus dem Wildtier ein Nutztier?

AUSLESEZÜCHTUNG · Unsere heutigen Hausschweine unterscheiden sich deutlich vom Wildschwein. Der Mensch war daran interessiert, für ihn günstige Merkmale der Tiere zu verstärken und ungünstige zu verringern. Das kann durch Verfahren erreicht werden, die man als **Zucht** bezeichnet. Schweine sollten zum Beispiel schnell an Gewicht zunehmen, viele Nachkommen haben, weniger aggressiv und weniger anfällig für Krankheiten, Parasiten und Stresssituationen sein. Solche Merkmale nennt man **Zuchtziele.** Diese lassen sich unter anderem erreichen, indem man für die Fortpflanzung nur die Tiere auswählt, die ein erwünschtes Merkmal am stärksten zeigen. Durch eine solche **Auslesezüchtung** kann man in kleinen Veränderungsschritten über viele Generationen hinweg dem Zuchtziel immer näherkommen.

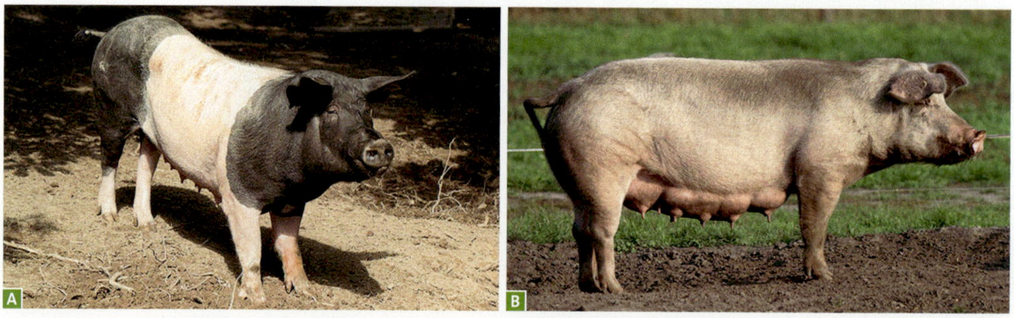

02 Rassen des Hausschweins:
A Schwäbisch-Hällisches Landschwein,
B Deutsches Edelschwein

In der Pflanzenzucht konnte man durch Auslesezüchtung ebenfalls Zuchtziele erreichen. In der Getreidezucht sind das zum Beispiel die höhere Anzahl und der festere Halt der Körner in den Ähren. Getreidepflanzen mit standfesten Halmen sind günstig, weil sie verhindern, dass die Körner bei Kontakt mit dem Boden bereits vor der Reife auskeimen. Auch der geringere Bedarf an Dünger und eine geringere Anfälligkeit für Krankheiten sind Zuchtziele.

KOMBINATIONSZÜCHTUNG · Lupinen haben eiweißreiche Samen, die sich als Tierfutter eignen. Ursprüngliche Lupinensorten haben aber ungünstige Merkmale, die ihre Verwendung als Futterpflanzen unmöglich machen. Die Süßlupine hat zwar keine giftigen Bitterstoffe, ihre Hülsen platzen aber beim Ernten auf, sodass die Samen herausfallen und verloren gehen.
Man kreuzte daher die Süßlupine mit einer Rasse, die zwar Bitterstoffe enthält, aber platzfeste Hülsen hat. Beide Sorten waren bezüglich dieser Merkmale homozygot. Die F_1-Generation bestand nur aus Pflanzen mit Bitterstoffen und platzenden Hülsen. In der F_2-Generation aber traten auch bitterstofffreie Lupinen mit platzfesten Hülsen auf. Sie wurden ausgewählt und vermehrt. Weil die Merkmale also kombiniert wurden, spricht man von **Kombinationszüchtung.**

Bei dieser Züchtungsmethode nutzt man die Erkenntnisse Gregor MENDELs. Alle Individuen der F_1-Generation sind entsprechend der *Uniformitätsregel* untereinander identisch. In der F_2-Generation können entsprechend der *Unabhängigkeitsregel* die Allele neu kombiniert werden. Dabei treten auch Nachkommen auf, die phänotypisch die verschiedenen Merkmale ihrer Eltern in sich vereinen.
Alle Nutztierrassen und Nutzpflanzensorten entstanden durch Züchtung. Ohne sie wäre die Ernährung der Weltbevölkerung nicht möglich.

1 Vergleiche Auslese- und Kombinationszüchtung miteinander!

C

P: AAbb x aaBB

F_1: AaBb AaBb AaBb AaBb

F_2:

	(AB)	(Ab)	(aB)	(ab)
(AB)	AABB	AABb	AaBB	AaBb
(Ab)	AABb	AAbb	AaBb	Aabb
(aB)	AaBB	AaBb	aaBB	aaBb
(ab)	AaBb	Aabb	aaBb	aabb

A Allel für bitterstoffführend
a Allel für bitterstofffrei
B Allel für platzende Hülsen
b Allel für platzfeste Hülsen

03 Lupine: **A** Blüten, **B** Hülsen, **C** Kombinationszüchtung

HETEROSISEFFEKT · Nahe verwandte Individuen sind untereinander genetisch sehr ähnlich. Wenn man sie miteinander kreuzt, treffen daher bei der Befruchtung häufig Geschlechtszellen aufeinander, die gleiche Allele enthalten. Man kann deshalb mit einer solchen **Inzuchtzüchtung** die Wahrscheinlichkeit erhöhen, dass homozygote Nachkommen auftreten. Wenn man diese vermehrt, entstehen *Inzuchtlinien.* Aus der Kreuzung verschiedener Inzuchtlinien gehen häufig Nachkommen hervor, die leistungsfähiger sind als ihre Eltern. Häufig wachsen sie schneller oder sind widerstandfähiger gegen Krankheiten und Parasiten. Diese höhere Leistungsfähigkeit kann dann auftreten, wenn Gene, durch die Merkmale bestimmt werden, heterozygot vorliegen. Man bezeichnet dieses Phänomen daher als **Heterosiseffekt.** Diesen Effekt macht man sich zum Beispiel zunutze, um widerstandsfähige und ertragreiche Maissorten zu erhalten.

HYBRIDZÜCHTUNG · Die Maispflanzen der Inzuchtlinie, die homozygot-dominant sind, werden mit Pollen der Inzuchtlinie bestäubt, die homozygot-rezessiv sind. Ebenso werden Pollen von der homozygot-dominanten Inzuchtlinie auf die homozygot-rezessive übertragen. Um zu gewährleisten, dass die Pflanzen nur mit fremden Pollen bestäubt werden, entfernt man die männlichen Blütenstände schon im unreifen Zustand. Die durch diese Fremdbestäubung entstehenden Samen sind bezüglich der betrachteten Merkmale heterozygot, sie sind *Hybride*. Man nennt diese Züchtungsmethode daher **Hybridzüchtung.**

Die Hybridsamen werden zur Aussaat verwendet. Aus ihnen entstehen die Pflanzen, die aufgrund des Heterosiseffekts sehr leistungsfähig sind. Diese Pflanzen werden zur Ernährung oder als Futter genutzt. Die Pflanzen, die als Pollenspender dienen, bestäuben sich auch selbst. Dadurch entstehen Samen, die je nach Inzuchtlinie homozygot-dominant oder rezessiv sind. Diese Samen werden ausgesät, damit für die nächste Herstellung von Hybridsamen wieder homozygote Pflanzen zur Verfügung stehen. Die homozygoten Pflanzen dienen also nur zur Zucht, nicht als Nahrungs- oder Futterlieferanten. Die Zuchtbetriebe müssen sie auf Feldern, die von Pollen anderer Maissorten nicht erreicht werden können, immer wieder vermehren.

Mit der Hybridzüchtung sind Nachteile verbunden. Die Pflanzen der F_1-Generation, die Hybridpflanzen, bestäuben sich gegenseitig. Entsprechend der Spaltungsregel MENDELs sind deshalb nur 50 Prozent ihrer Samen heterozygot. Die Samen der F_1-Generation eignen sich daher nicht für die Aussaat. Aus diesem Grund muss man die Hybriden immer wieder neu aus den homozygoten Linien herstellen. Da die homozygoten Pflanzen durch Inzucht entstehen, treten bei ihnen häufig ungünstige Merkmale auf, vielfach sind sie anfällig für Krankheiten. Die Hybridzüchtung ist heute in der Landwirtschaft weit verbreitet. Viele unserer Gemüsesorten, alle heimischen Maissorten, viele Zierpflanzen, aber auch Nutztiere, vor allem Schweine und Hühner, sind Hybride.

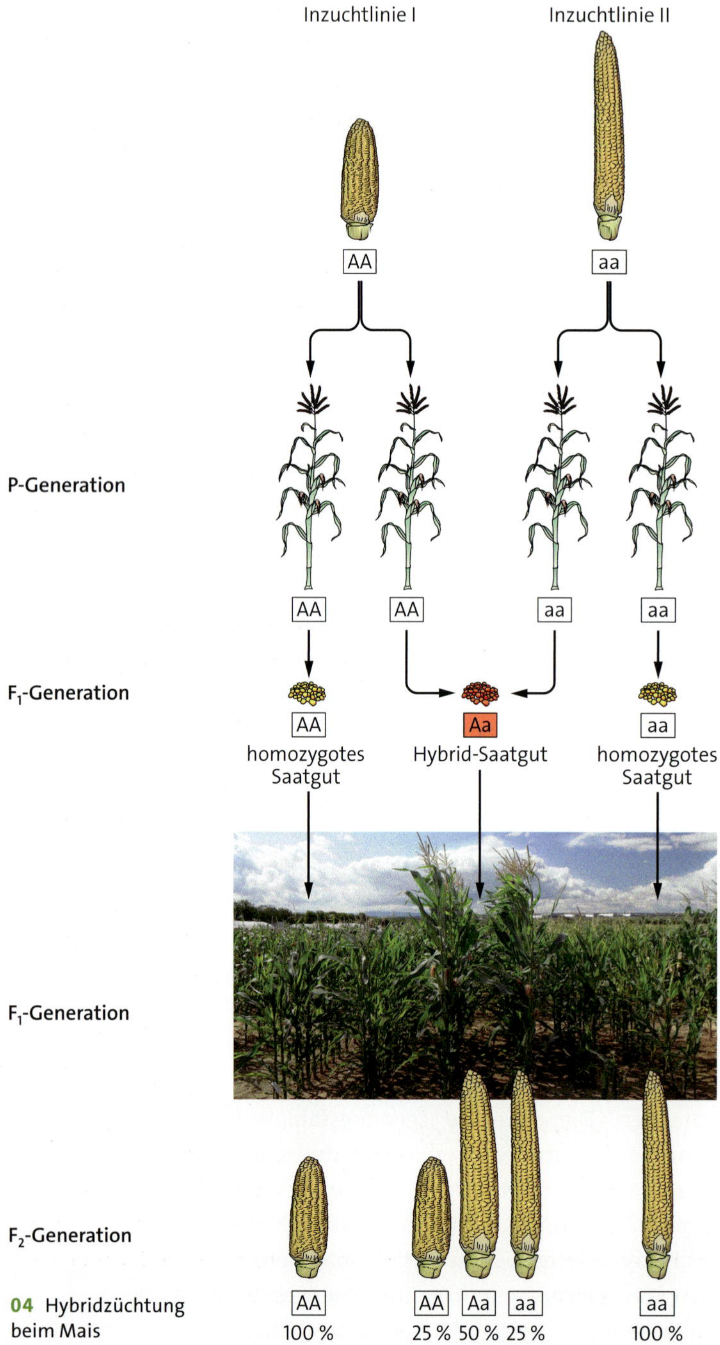

04 Hybridzüchtung beim Mais

2 Nenne Vor- und Nachteile der Hybridzüchtung!

Material A ▸ Hühnerzucht

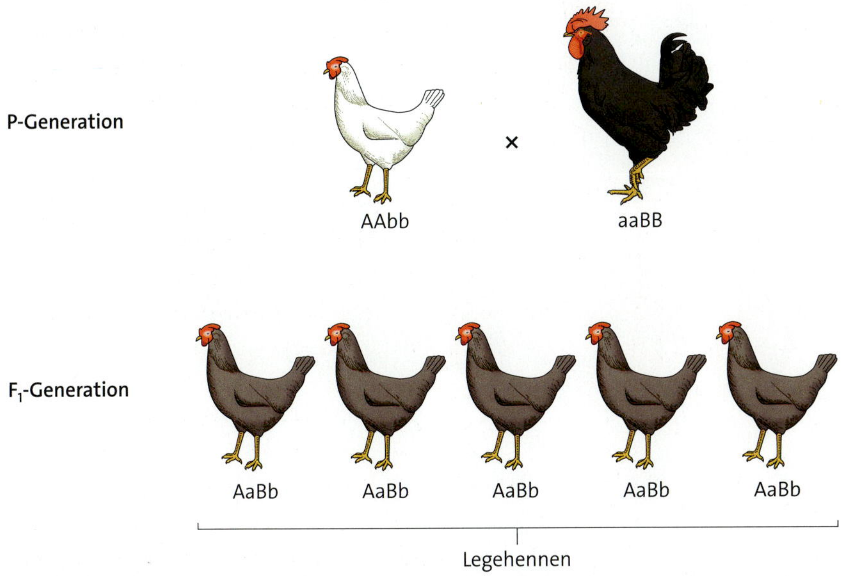

Im Schema ist vereinfacht eine Kreuzung dargestellt, mit der Geflügelzüchter besonders leistungsfähige Legehennen erzeugt haben.

A1 Nenne die Bezeichnung der dargestellten Züchtungsart!

A2 Nenne die Genotypen der Tiere, die aus Inzuchtlinien stammen!

A3 Erkläre, welche weiteren Kreuzungen die Geflügelzüchter durchführen müssen, um für die Zukunft zu gewährleisten, dass sie Legehennen mit dem Genotyp AaBb erzeugen können!

A4 Begründe, weshalb die Züchter die Tiere mit dem Genotyp AaBb nicht untereinander kreuzen, um sie zu vermehren!

A5 Nenne die Tiere, unter denen die männlichen Küken aussortiert und getötet werden. Begründe!

Material B ▸ Erdbeeren

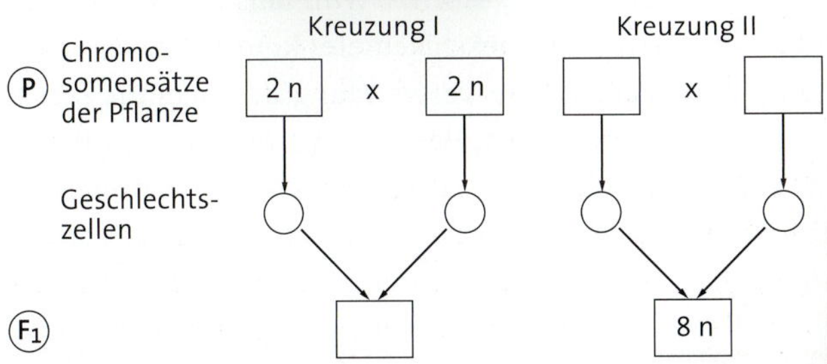

Die Zellen der Gartenerdbeere haben mehr als zwei Chromosomensätze. Sie sind nicht diploid = 2*n* wie ihre Stammform, die Walderdbeere, sondern polyploid. Polyploide Pflanzen entstehen durch Geschlechtszellen, die in Folge einer fehlerhaften Meiose dieselbe Anzahl an Chromosomen haben wie die Körperzellen.

B1 Vergleiche den Genotyp der Walderdbeere mit dem der Gartenerdbeere!

B2 Übernimm das Schema der Kreuzungen, durch die die Gartenerdbeere entstanden ist, und vervollständige es!

B3 Beschreibe die Stellen des Schemas, an denen eine fehlerhafte Meiose abgelaufen ist!

B4 Stelle Vermutungen an, weshalb polyploide Pflanzen leistungsfähiger sind als diploide!

B5 Stelle Vermutungen an, weshalb bei triploiden Pflanzen, das sind Pflanzen, die drei Chromosomensätze haben, Schwierigkeiten bei der Meiose auftreten!

01 Wissenschaftler im Labor

Gentechnik

Die genetische Information von Viren, Bakterien, Pflanzen und Tieren lässt sich durch moderne technische Verfahren gezielt verändern. Wie geht man dabei vor und welche Chancen und Risiken sind damit verbunden?

EINGRIFF IN DIE ERBINFORMATION · Die genetische Information eines Lebewesens kann so verändert werden, dass sie ganz bestimmte gewünschte Eigenschaften zeigt. Häufig überträgt man dazu Abschnitte der DNA eines Lebewesens auf die DNA eines anderen. Möglich wird dies dadurch, dass alle Lebewesen denselben genetischen Code aufweisen. In allen Zellen aller heutigen Lebewesen stehen die gleichen Basentripletts für die gleichen Aminosäuren. Das fremde Gen kann also in der Proteinbiosynthese abgelesen werden, sodass die veränderte Zelle ein fremdes Protein bildet. Man bezeichnet die Verfahren, mit denen die genetische Information durch Eingriffe in die DNA verändert wird, als **Gentechnik.** Die Vorteile der gentechnischen Verfahren lassen sich dabei gut am Beispiel der Produktion von Insulin aufzeigen. Früher wurde das Insulin, das den Patienten in die Blutbahn gespritzt wird, aus der Bauchspeicheldrüse geschlachteter Rinder und Schweine isoliert. Die Verwendung des Insulins dieser Tiere ist möglich, weil es dem menschlichen Insulin, dem *Humaninsulin,* sehr ähnlich ist. Allerdings unterscheidet sich die chemische Struktur des Rinderinsulins von der des menschlichen Insulins an drei Stellen der Aminosäurekette, das Schweineinsulin an zwei Stellen. Heute steht den Patienten gentechnisch hergestelltes Insulin zur Verfügung, das identisch ist mit dem des Menschen.
Wie läuft nun das gentechnische Verfahren ab, durch das man die genetische Information eines Lebewesens so verändern kann, dass bei der Proteinbiosynthese Humaninsulin hergestellt wird?

HERSTELLUNG VON INSULIN · Zur Herstellung von Humaninsulin wird zunächst DNA aus menschlichen Spenderzellen gewonnen. Anschließend wird der DNA-Abschnitt isoliert, der das *Insulingen* enthält. Die Werkzeuge, die dazu nötig sind, sind Enzyme, die den gewünschten Abschnitt sozusagen ausschneiden. Diese Enzyme werden deshalb als **Schneideenzyme** bezeichnet. Weiterhin wird DNA aus Bakterienzellen isoliert. DNA ist in Bakterienzellen in Form eines Chromosoms im Zellplasma zu finden, bei vielen Bakterien zusätzlich in Form eines Ringes, dem **Plasmid.** Ein solches Plasmid wird in einem nächsten Schritt ebenfalls von Schneideenzymen aufgeschnitten. In das geöffnete Plasmid wird nun das menschliche Gen eingesetzt, das die genetische Information zur Insulinbildung trägt. Zusammengefügt werden Plasmid und Insulingen ebenfalls mit einem Enzym, einem **Bindeenzym.** Die Plasmide, die das fremde menschliche DNA-Stück enthalten, werden nun in Bakterien eingeschleust. Durch die gezielte gentechnische Veränderung der genetischen Information der Bakterien sind diese in der Lage, Humaninsulin zu produzieren. Um viel Humaninsulin gewinnen zu können, werden sie vermehrt. Anschließend wird aus ihnen das Insulin isoliert und gereinigt. Bakterien, deren genetische Ausstattung nach gentechnischer Veränderung einen Abschnitt eines anderen Lebewesens enthalten, bezeichnet man als **transgene Bakterien.** Beim Spritzen von gentechnisch hergestelltem Humaninsulin tritt keine Reaktion des Immunsystems auf, da dieses Hormon identisch ist mit dem, das die menschliche Bauchspeicheldrüse bildet. Weiterhin hat es eine höhere Wirksamkeit als tierisches Insulin, da es perfekt in die Rezeptoren der Zielzellen passt.

1 Beschreibe die Funktion von Enzymen bei der Herstellung transgener Bakterien!

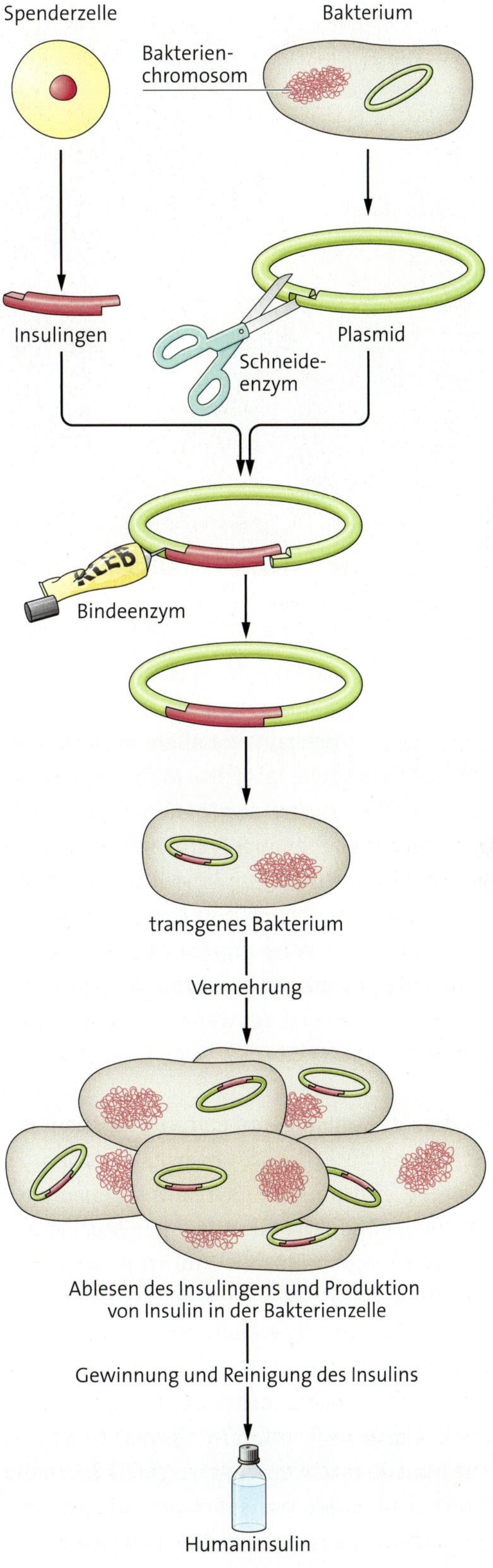

02 Gentechnische Herstellung von Humaninsulin

03 Gesunde Maispflanze

04 Von Zünslerlarve befallene Maispflanze

TRANSGENER MAIS · Mais ist eine der wichtigsten Nutzpflanzen der Erde. Er wird in vielen Ländern angebaut, vor allem in Nord- und Südamerika sowie in Afrika. Mais dient einerseits der Ernährung des Menschen, andererseits findet er aber auch Verwendung als Futtermittel für Schweine, Rinder und Hühner. Ebenso wird er als Rohstoff für die Energieerzeugung und als Ausgangsstoff für Kunststoffe eingesetzt, die auf der Basis von nachwachsenden Rohstoffen erzeugt werden, den Biokunststoffen.

In den Maisanbaugebieten führt weltweit ein Schädling zu erheblichen Ernteausfällen. Es handelt sich um einen circa drei Zentimeter großen Falter, den **Maiszünsler.** In Mitteleuropa fliegen die Falter im Juni in junge Maisbestände, wo die Weibchen auf der Unterseite der Maisblätter ihre Eier ablegen. Nach dem Schlüpfen fressen sich die Schmetterlingslarven im Inneren des Stängels der jungen Maispflanze nach unten. Infolgedessen wächst die Maispflanze weniger stark, weil durch die Fraßschäden der Transport von Wasser- und Mineralstoffen in ihrem Stängel eingeschränkt wird. Im weiteren Verlauf fressen sich die Zünslerlarven immer tiefer in die Maispflanze hinein, bis diese im wahrsten Sinne des Wortes nicht mehr standhalten kann. Die Stängel knicken ein. Die Folge davon ist, dass die Maiskolben nicht mehr ausreifen oder bei der Ernte nicht mehr erfasst werden können. Der Maiszünsler ist der wirtschaftlich bedeutendste Maisschädling, der im Jahr Schäden in Höhe von mehreren Millionen Euro verursacht. Heute steht eine gentechnisch veränderte Maispflanze zur Verfügung, die nicht vom Maiszünsler geschädigt wird. In diese Maispflanze wurde ein Gen aus dem Bodenbakterium *Bacillus thuringensis,* abgekürzt Bt, übertragen. Es handelt sich also um eine transgene Maissorte, den **Bt-Mais.** Das Bakteriengen wird bei der Proteinbiosynthese von Bt-Mais abgelesen, sodass ein bestimmtes Protein entsteht. Für die Maispflanze, aber auch für Mensch und Wirbeltiere ist dieses Bt-Protein ungiftig. Frisst allerdings die Zünslerlarve an der Maispflanze, wird das Bt-Protein im Insektenkörper aufgespalten, sodass eine giftige Verbindung entsteht, die die Darmwand des Insekts durchlöchert. Die Maiszünslerlarve stirbt.

Material A ▸ Bt-Mais

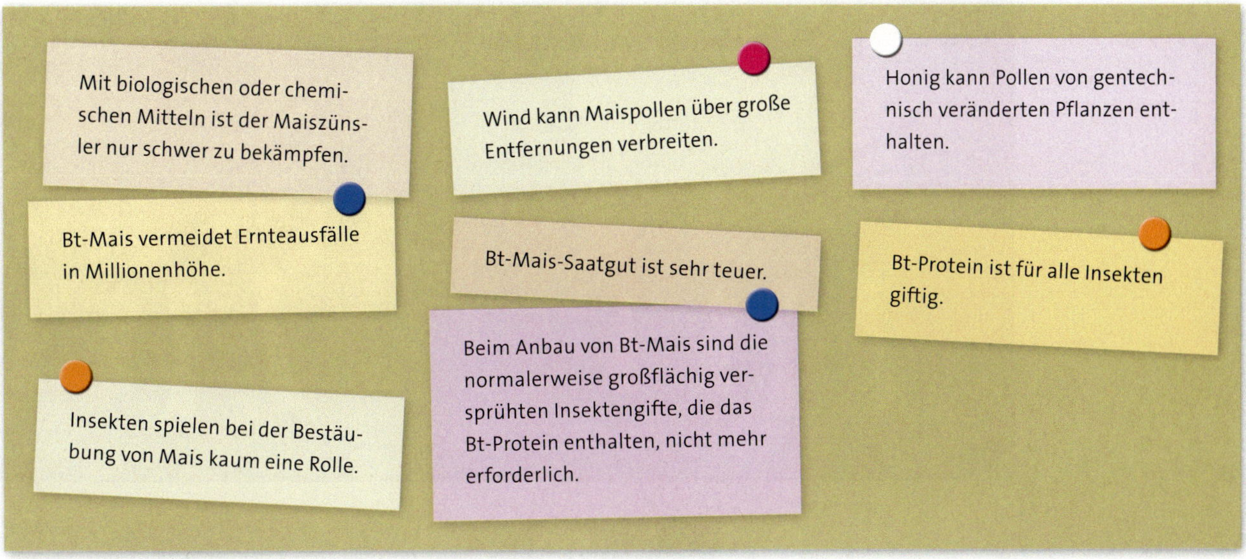

A1 Ordne die Aussagen dem Pro und Kontra des Anbaus von gentechnisch verändertem Mais zu!

A2 Formuliere eine begründete Stellungnahme zum Anbau von Bt-Mais in Deutschland!

Material B ▸ Transgene Tiere

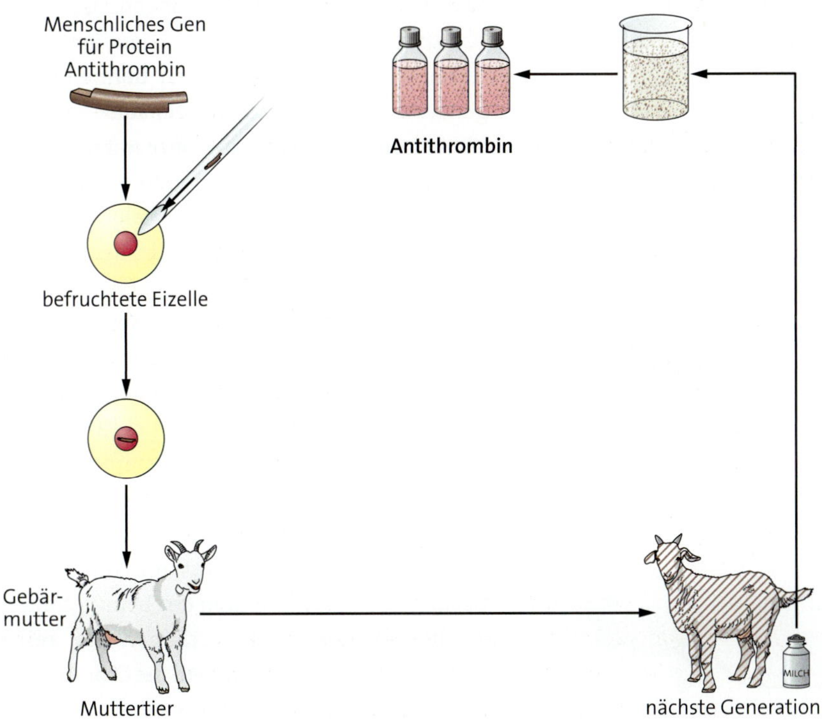

Antithrombin ist ein Protein, das in der menschlichen Leber synthetisiert wird und im Körper die Blutgerinnung hemmt. Es kann auch mithilfe von transgenen Tieren hergestellt werden.

B1 Beschreibe die Herstellung von Antithrombin mithilfe von transgenen Ziegen!

B2 Nenne Chancen und Risiken der gentechnischen Herstellung von Antithrombin!

01 Klonschafe

Reproduktionsbiologie

Die geschlechtliche Fortpflanzung führt zu Nachkommen, die in ihrer Erbinformation den Eltern zwar ähnlich, aber nicht identisch sind. 1996 aber wurde Dolly geboren, ein Lamm, dessen Erbinformation identisch mit der eines erwachsenen Schafs war. Wie konnte man das erreichen?

KLONEN · Man übertrug den Zellkern der Euterzelle eines Schafs, dem Muttertier 1, in eine Eizelle, deren Zellkern abgesaugt wurde. Die Eizelle stammte von einem anderen Schaf, dem Muttertier 2. Durch spezielle Kultivierungsmethoden entwickelte sich ein Embryo, der in die Gebärmutter eines dritten Schafs, dem Muttertier 3, eingesetzt wurde. Nach einer normalen Tragzeit wurde Dolly geboren. Dolly war genetisch identisch mit dem Spender des Zellkerns, dem Muttertier 1. Solche Lebewesen, die untereinander genetisch identisch sind, bezeichnet man als **Klon.** Inzwischen wird das *Klonen* mit mehreren Methoden bei vielen Säugetieren wie Rindern, Schweinen, Ziegen und Katzen erfolgreich angewendet. Selbst Zuchtpferde werden heute in großem Umfang geklont.

Bei einer anderen häufig verwendeten Methode wird eine Eizelle im Reagenzglas befruchtet. Nach wenigen Zellteilungen werden die Zellen getrennt. Aus jeder Zelle entwickelt sich ein Embryo, der jeweils in ein Tier eingepflanzt wird. Dort entwickelt er sich bis zur Geburt. Im Unterschied zur Entstehung von Dolly sind alle diese Nachkommen nur untereinander identisch, aber nicht mit einem der beteiligten erwachsenen Tieren. Das Klonen ist keine Methode der Gentechnik, weil die Erbinformation nicht verändert wird.

02 Schema zur Entstehung von Dolly

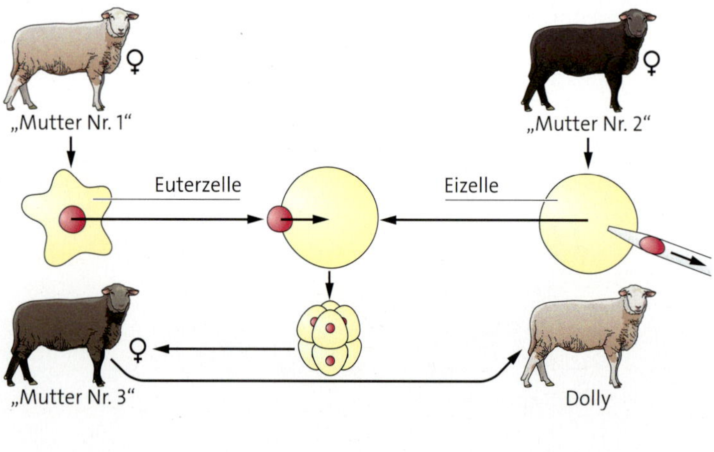

Reproduktionsmedizin

Viele Paare bleiben ungewollt kinderlos. In einigen Fällen können Ärzte solchen Paaren helfen. Dieser Bereich der Medizin wird als *Reproduktionsmedizin* bezeichnet.

KÜNSTLICHE BESAMUNG · Bildet der Mann zu wenig Spermienzellen oder ist deren Beweglichkeit vermindert, können Spermienzellen zur Zeit des Eisprungs mit einer Spritze direkt in die Gebärmutter eingebracht werden. Da die Befruchtung in der Regel im Eileiter geschieht, kann so die Wahrscheinlichkeit einer Befruchtung erhöht werden. Diese Methode wird als *künstliche Besamung* bezeichnet.

IN-VITRO-FERTILISATION · Wenn die beiden Eileiter der Frau nicht durchlässig sind, erhält die Frau Hormone. Diese bewirken das gleichzeitige Heranreifen mehrerer Eizellen. Kurz vor dem Eisprung werden die Eizellen unter Ultraschallbeobachtung mit einer dünnen Nadel aus dem Eierstock entnommen und in einem Reagenzglas mit den Spermienzellen zusammengebracht. Diese Methode der Befruchtung im Reagenzglas bezeichnet man als *In-vitro-Fertilisation*. In einem Brutschrank bei 37 Grad Celsius beginnen sich die befruchteten Eizellen zu teilen.

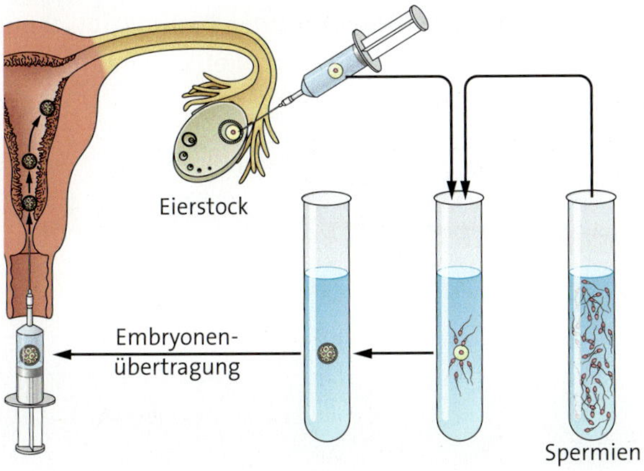

01 In-vitro-Fertilisation und Embryonenübertragung

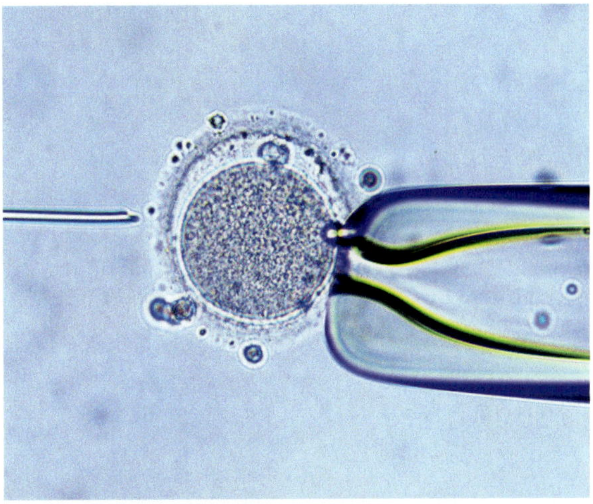

02 Intracytoplasmatische Spermieninjektion

Heute ist es auch möglich, unter dem Mikroskop eine Spermienzelle mit einer sehr feinen Injektionsnadel direkt in eine Eizelle einzusetzen, ohne dass die Eizelle ihre Teilungsfähigkeit verliert.
Man bezeichnet diese Methode als intracytoplasmatische Spermieninjektion oder kurz **ICSI.**
Haben die Embryonen das Achtzellstadium erreicht, werden sie in die Gebärmutter übertragen. Die Einnistung in die Gebärmutterschleimhaut wird durch weitere Hormongaben unterstützt. Da dennoch häufig nicht alle Embryonen zu einem Kind heranwachsen, pflanzt man in der Regel drei Embryonen ein. Dadurch kann es in einzelnen Fällen auch zu Mehrlingsgeburten kommen. Die weiteren, überschüssigen Embryonen werden eingefroren. Wenn die Embryonenübertragung misslungen ist, werden diese Embryonen aufgetaut und für einen neuen Versuch verwendet.
Nach einer festgesetzten Zeit müssen die überschüssigen Embryonen laut deutschem **Embryonenschutzgesetz** vernichtet werden. In einigen anderen europäischen Ländern dagegen können diese Embryonen zu Forschungszwecken genutzt werden. Die Embryonen dürfen allerdings nur wenige Tage alt sein.

A ▸ Erbinformation

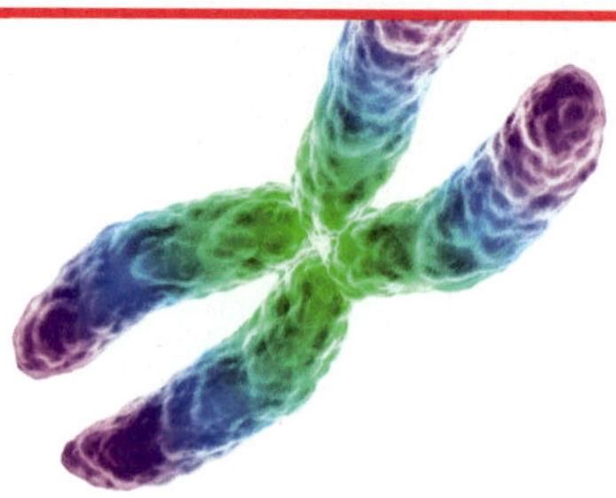

Kann ich ...

1. den Genotyp vom Phänotyp unterscheiden? *(Seite 104 und 105)*
2. den Einfluss des Genotyps auf den Phänotyp beschreiben? *(Seite 105)*
3. erklären, wieso Kinder derselben Eltern sich in ihren Merkmalen unterscheiden? *(Seite 104 und 105)*
4. die Ausbildung eines Merkmals an einem Beispiel beschreiben? *(Seite 106)*
5. das Karyogramm eines gesunden Menschen beschreiben? *(Seite 106)*
6. den Bau der DNA beschreiben? *(Seite 109)*
7. die Replikation der DNA beschreiben? *(Seite 110)*
8. den genetischen Code erläutern? *(Seite 113)*
9. die Transkription und die Translation beschreiben? *(Seite 114)*
10. die Proteinbiosynthese als Pfeildiagramm darstellen? *(Seite 116 und 117)*
11. die Vorgänge während der Meiose beschreiben? *(Seite 118 und 119)*
12. die Bedeutung der Meiose und Befruchtung für die Variabilität erklären? *(Seite 120)*

B ▸ Vererbungsregeln

Kann ich ...

1. die Mendel'schen Regeln nennen? *(Seite 123 und 126)*
2. Kreuzungsschemata anfertigen, die die Versuche und Ergebnisse Gregor MENDELs an Beispielen darstellen? *(Seite 124 und 127)*
3. die Mendel'schen Regeln durch die Verteilung der Chromosomen bei der Meiose und der Befruchtung erklären? *(Seite 124 und 127)*
4. das Kreuzungsschema eines intermediären Erbgangs bis zur zweiten Filialgeneration anfertigen? *(Seite 128)*
5. beschreiben, woran im Stammbaum einer Familie zu erkennen ist, ob ein Merkmal dominant oder rezessiv sowie autosomal oder gonosomal vererbt wird? *(Seite 134)*
6. die Bedeutung der Zwillingsforschung für die Humangenetik erläutern? *(Seite 133)*
7. die Vererbung der Blutgruppen des AB0- und des Rhesussystems beschreiben? *(Seite 136 bis 138)*

C ▸ Veränderungen der Erbinformation

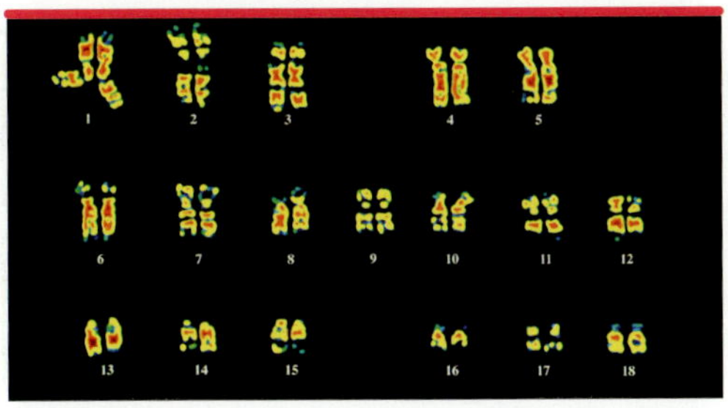

Kann ich ...

1. Veränderungen der Erbinformation beschreiben, die zu einer Genmutation führen? *(Seite 140 bis 142)*
2. Beispiele für Genmutationen des Menschen nennen? *(Seite 140 bis 142)*
3. Beispiele für Mutagene nennen? *(Seite 142)*
4. Beispiele für autosomale und gonosomale Genommutationen nennen und ihre Auswirkungen beschreiben? *(Seite 144 bis 146)*
5. die Entstehung der Variabilität in einer Population erklären? *(Seite 148 und 149)*
6. beschreiben, welche Bedeutung die Überproduktion von Nachkommen für die Veränderung von Arten hat? *(Seite 148 und 149)*
7. die Rolle der Selektion bei der Veränderung von Pflanzen- oder Tierarten erläutern? *(Seite 148 bis 150)*
8. die Leistungen der Selektion mit der Gendrift vergleichen? *(Seite 148 bis 149)*
9. beschreiben, wie neue Pflanzen- oder Tierart entstehen können? *(Seite 150)*

D ▸ Züchtung und Biotechnologie

Kann ich ...

1. drei verschiedene Züchtungsmethoden beschreiben, die auf Kreuzungen beruhen? *(Seite 156 bis 158)*
2. die Kombinationszüchtung erläutern? *(Seite 157)*
3. den Heterosiseffekt beschreiben? *(Seite 158)*
4. die Nachteile der Hybridzüchtung erklären? *(Seite 158)*
5. erklären, weshalb übertragene Gene abgelesen und verwirklicht werden können? *(Seite 160)*
6. ein Pfeildiagramm erstellen, das die Übertragung der Erbinformation darstellt, die für die Bildung von menschlichem Insulin erforderlich ist? *(Seite 161)*
7. die Wirkung von Bt-Mais auf Insekten beschreiben? *(Seite 162)*
8. die Eigenschaften eines Klons nennen? *(Seite 164)*
9. die Klonierung durch Übertragung eines Zellkerns beschreiben? *(Seite 164)*
10. erläutern, wie durch die Verwendung embryonaler Zellen Klone entstehen können? *(Seite 164)*

Kann ich aus dem Kapitel „Reproduktion und Vererbung" Beispiele erläutern für das biologische Prinzip:

- Struktur und Funktion?
- Variabilität?
- Reproduktion?
- zelluläre Organisation?
- Information und Kommunikation?
- Wechselwirkung zwischen Lebewesen?

Ökologie

In diesem Kapitel beschäftigst du dich mit

- verschiedenen Ökosystemen. Du lernst die Kennzeichen eines Ökosystems kennen und erfährst, wie man ein Ökosystem untersuchen kann.
- dem Ökosystem Wald. Hierbei lernst du unterschiedliche Waldtypen, ihren Bau und ihre Umweltbedingungen kennen. Außerdem beschäftigst du dich mit dem Energiefluss und den Stoffkreisläufen im Wald und lernst etwas über Beziehungen zwischen Waldbewohnern. Du erfährst auch etwas über die Gefährdung von Wäldern und Waldschäden.
- dem Ökosystem See. Du lernst etwas über die Zonierung und den Veränderungen im Jahresverlauf eines Sees. Du beschäftigst dich mit Nahrungsbeziehungen in einem See und lernst etwas über die Gefährdung des Ökosystems See.
- Fließgewässern. Dabei lernst du verschiedene Lebensräume eines Fließgewässers kennen. Du lernst etwas über die Lebensweise der Tiere in Flüssen und Bächen und erfährst, wodurch ein Fließgewässer gefährdet wird.

01 Weinberg mit Trockenmauern

Trockenmauer

In Weinbergen sieht man häufig Mauern aus Natursteinen, die ohne Mörtel aufeinandergeschichtet sind. Diese Mauern bieten vielen Pflanzen und Tieren einen Lebensraum. Welche Bedingungen herrschen in diesem Lebensraum?

LEBENSRAUM · Eine aus Natursteinen aufgeschichtete Weinbergmauer lässt bei Regen durch ihre Fugen das Wasser rasch vom Hang abfließen, verhindert aber das Wegschwemmen des Bodens. Da eine solche Mauer meistens nach Süden oder Westen gerichtet ist, trocknet sie nach kurzer Zeit wieder. Man bezeichnet sie daher auch als **Trockenmauer.** Die Mauerkrone sowie die Vorderseite der Trockenmauer sind Sonne, Wind und Regen unmittelbar ausgesetzt. Bei Sonnenschein können sich diese Bereiche bis auf 70 Grad Celsius erwärmen, sodass es hier meistens sehr trocken ist. Dagegen ist es am Mauerfuß, in den Mauerfugen und auf der Rückseite der Mauer schattiger, windgeschützter, kühler und feuchter. Physikalische Faktoren, wie Licht, Wind, Wärme, Feuchtigkeit oder die Oberflächenbeschaffenheit des Gesteins, und chemische Faktoren, wie der Mineralstoffgehalt und pH-Wert des Bodens, der sich in den Mauerfugen ansammelt, bezeichnet man als **abiotische Umweltfaktoren.** Trotz dieser zum Teil extremen Umweltbedingungen findet man an der Trockenmauer eine Vielfalt von Lebewesen. Sie stellt daher einen **Lebensraum,** einen **Biotop,** dar.

LEBENSGEMEINSCHAFT · Auf den ersten Blick fallen verschiedene Pflanzenarten auf, die in den Mauerfugen verankert sind. Dazu gehören Farnpflanzen, wie die *Mauerraute,* und Blütenpflanzen, wie das *Zimbelkraut* und der *Scharfe Mauerpfeffer.* Auf der Mauerkrone kann man das *Mauer-Drehzahnmoos* und auf der Mauerfläche *Mauerflechten* finden. Flechten bestehen aus Pilzen und Algen, die in einer sehr engen Beziehung mit gegenseitigem Nutzen zusammenleben. Alle Individuen einer Art, die zum Beispiel auf einer Trockenmauer vorkommen, nennt man eine **Population.** So bilden alle Pflanzen des Zimbelkrauts eine Zimbelkrautpopulation. Alle Pflanzenpopulationen der Trockenmauer bilden zusammen die charakteristische Pflanzengesellschaft oder **Flora** dieses Biotops. Auch die hier typischen Tierarten bilden Populationen, die man in ihrer Gesamtheit als Tiergesellschaft oder **Fauna** der Trockenmauer bezeichnet. Auf der Mauer kann man *Mauereidechsen* und *Weinbergschnecken* antreffen. Eine weitere Schneckenart, der *Steinpicker,* hält sich vorwiegend in den Mauerfugen auf. Dort leben auch verschiedene Spinnenarten, zum Beispiel die *Spaltenkreuzspinne,* Tausendfüßer, wie der *Steinläufer,* und die zu den Krebstieren gehörenden *Asseln.* Charakteristische Insektenarten der Trockenmauer sind Hautflügler, wie *Steinhummeln* und *Braune Mauerbienen,* Käfer, vor allem *Lauf-* und *Kurzflügelkäfer,* und flügellose Insekten, wie *Felsenspringer.* Mit bloßem Auge nicht zu erkennen sind Bakterien und Pilze, die vor allem im Bodenmaterial der Mauerfugen vorkommen.

Alle Lebewesen, die auf der Trockenmauer leben, bilden eine **Lebensgemeinschaft,** eine **Biozönose.** Die Lebewesen einer Biozönose stehen zum Beispiel durch Konkurrenz um die gleiche Nahrungsquelle oder durch Räuber-Beute-Beziehungen in einer engen Wechselbeziehung zueinander. Solche von den Lebewesen ausgehenden Bedingungen nennt man **biotische Umweltfaktoren.**

ÖKOSYSTEM · Die Biozönose der Trockenmauer ist an die abiotischen Umweltfaktoren ihres Biotops gut angepasst. Sie verändert sich, wenn sich diese Faktoren ändern. Umgekehrt beeinflusst aber auch die Biozönose das Biotop, zum Beispiel verändert der Pflanzenbewuchs die Maueroberfläche.

Biotop und Biozönose stehen also ebenfalls in einer Wechselbeziehung zueinander. Sie bilden zusammen eine Funktionseinheit, ein **Ökosystem.**

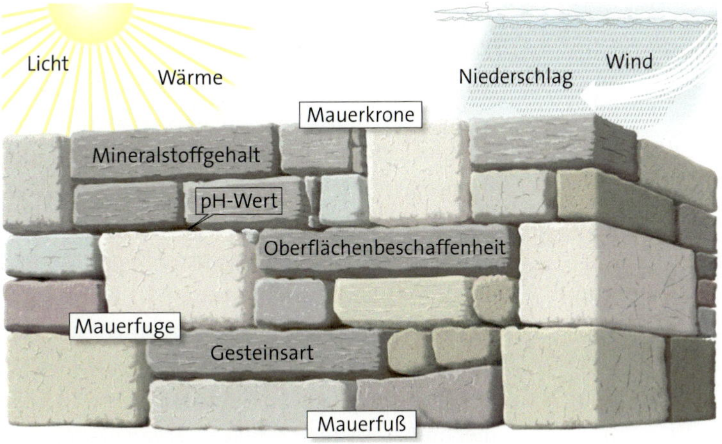

02 Biotop Trockenmauer mit einigen ihrer abiotischen Umweltfaktoren

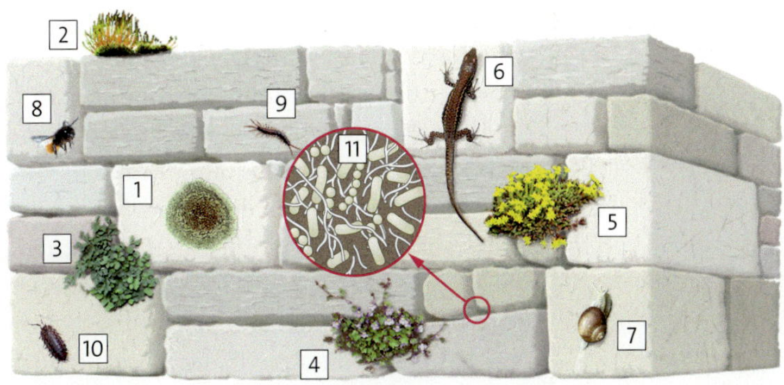

[1] Mauerflechte, [2] Mauer-Drehzahnmoos, [3] Mauerraute, [4] Zimbelkraut, [5] Scharfer Mauerpfeffer, [6] Mauereidechse, [7] Weinbergschnecke, [8] Steinhummel, [9] Steinläufer, [10] Assel, [11] Bakterien und Pilze

03 Biozönose der Trockenmauer

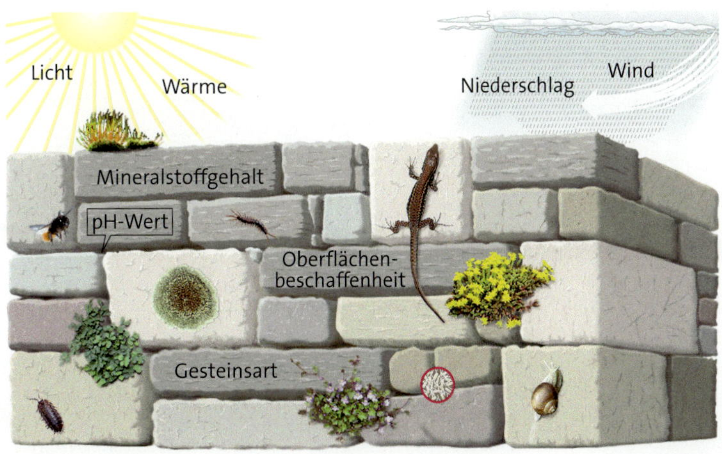

04 Ökosystem Trockenmauer

lateinisch destruere = zerstören

NAHRUNGSBEZIEHUNGEN IM ÖKOSYSTEM · Zwischen den Lebewesen einer Trockenmauer kann man Nahrungsbeziehungen beobachten. So ernähren sich Asseln beispielsweise von Mauerflechten. *Steinläufer* fressen Asseln und werden selbst von *Mauereidechsen* gefressen. Nahrungsbeziehungen, in denen ein Lebewesen jeweils Nahrungsgrundlage für ein folgendes ist, bezeichnet man als **Nahrungskette.** Asseln ernähren sich aber nicht nur von Mauerflechten, sondern auch von abgestorbenen Pflanzenteilen, und *Steinläufer* fressen neben Asseln auch Insektenlarven. Die einzelnen Nahrungsketten sind also wie Fäden eines Netzes zu **Nahrungsnetzen** miteinander verknüpft.

Grundlage jeder Nahrungsbeziehung sind Pflanzen. Sie bauen durch Fotosynthese mithilfe des Sonnenlichts aus Kohlenstoffdioxid und Wasser Nährstoffe auf. Mineralstoffe werden aus dem Boden der Mauerfugen oder direkt aus den Mauersteinen aufgenommen. Da die Pflanzen Nährstoffe produzieren, werden sie als **Produzenten** bezeichnet. Pflanzenfresser, wie die Asseln, die ausschließlich pflanzliche Nährstoffe konsumieren, nennt man **Konsumenten erster Ordnung.** Räuberische Tiere, wie die *Steinläufer,* die sich vorwiegend von pflanzenfressenden Tiere ernähren, werden als **Konsumenten zweiter Ordnung** bezeichnet, und solche, die andere Räuber fressen, zum Beispiel die *Mauereidechse,* nennt man **Konsumenten dritter Ordnung.** Sowohl abgestorbene Pflanzenreste als auch tote Tiere und Tierkot bilden schließlich die Nahrungsgrundlage für Bakterien und Pilze. Diese bauen die Nährstoffe ab, sodass nur noch Mineralstoffe übrig bleiben. Sie sind daher die **Destruenten** oder **Mineralisierer** des Biotops.

EINTEILUNG VON ÖKOSYSTEMEN · Das kleine Ökosystem *Trockenmauer* ist ein Teil des größeren Ökosystems *Weinberg.* Dieses gehört zusammen mit beispielsweise den Ökosystemen *Wiese, Wald* und *Gebirge* zur Gruppe der **Landökosysteme.** Die Ökosysteme *Meer, See* und *Fluss,* die jeweils auch aus verschiedenen kleineren Ökosystemen bestehen, sind dagegen **Gewässerökosysteme.** Ökosysteme sind also keine geschlossenen Systeme, sondern stehen mit anderen Ökosystemen in Verbindung. Die Gesamtheit aller Ökosysteme unserer Erde bilden das größte Ökosystem, die **Biosphäre.**

1 Erkläre den Begriff Ökosystem!

2 Beschreibe die Nahrungsbeziehungen im Ökosystem Trockenmauer!

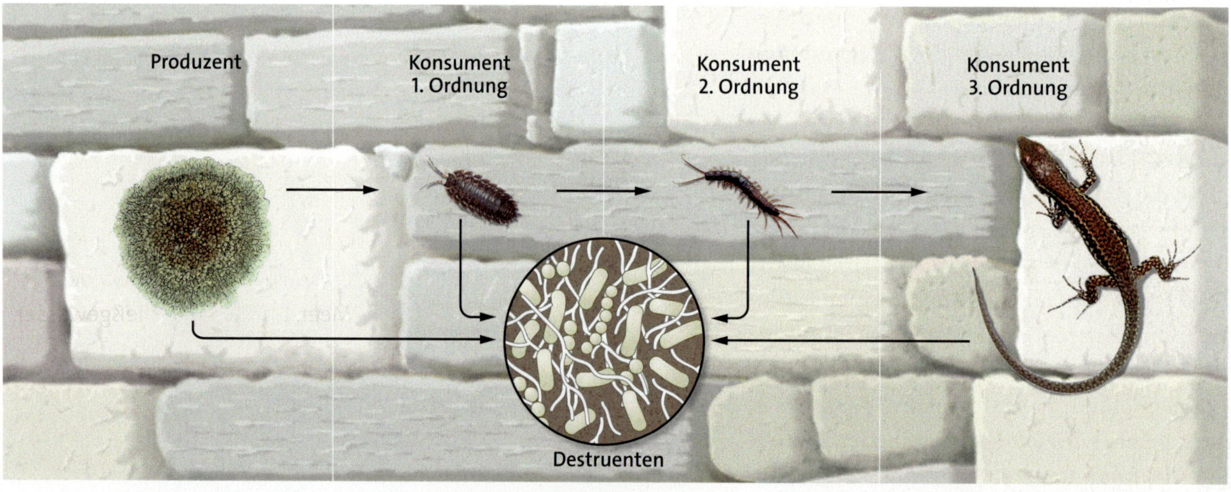

05 Ausschnitt der Nahrungsbeziehungen im Ökosystem Trockenmauer

Material A ▸ Trockenmauerbewohner

Zimbelkraut

Mauerflechte

Mauereidechse

Felsenspringer

Steinpicker

Spaltenkreuzspinne

A1 Erstelle für zwei der abgebildeten Trockenmauerbewohner Steckbriefe!

A2 Beschreibe die abiotischen Umweltfaktoren, denen die *Mauereidechse* und die *Spaltenkreuzspinne* ausgesetzt sind!

A3 Erläutere an den Beispielen *Felsenspringer* und *Spaltenkreuzspinne* das biologische Prinzip *Angepasstheit*!

A4 Trockenmauern sind künstlich vom Menschen angelegt und werden erst schrittweise besiedelt. Stelle Vermutungen an, in welchen natürlichen Biotopen diese Lebewesen vorkommen!

Material B ▸ Ökosysteme

Aquarium

Heißer Lavastrom

Quelle

Schulhof

Mond

Kuhfladen

B1 Begründe, ob es sich bei den Abbildungen jeweils um ein Ökosystem handelt!

B2 Erläutere, ob die Bezeichnung „Biotop" für einen im Garten selbst angelegten Teich zutreffend ist!

B3 Ordne in einem Schema folgende natürliche Ökosysteme so an, dass die Rangfolge deutlich erkennbar wird: Binnengewässer, Bach, Wüste, Tiefsee, Gewässerökosysteme, Buchenwald, Biosphäre, See, Regenwälder, Meer, Laubwälder, Fließgewässer, Landökosysteme, Fluss, Tümpel, Moor, Buchenlaubstreu, stehende Gewässer, Watt!

METHODE

Untersuchung eines Ökosystems

01 Untersuchungsgebiet

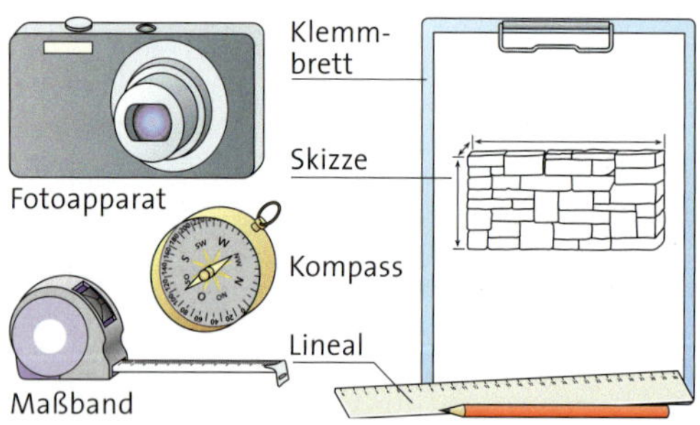

02 Material für die Kartierung

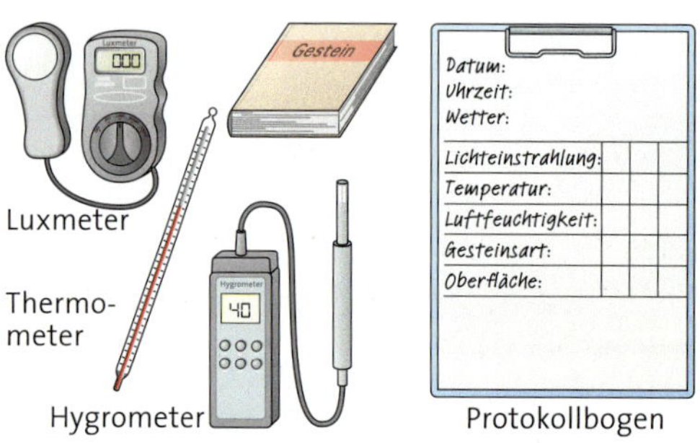

03 Material zur Erfassung abiotischer Faktoren

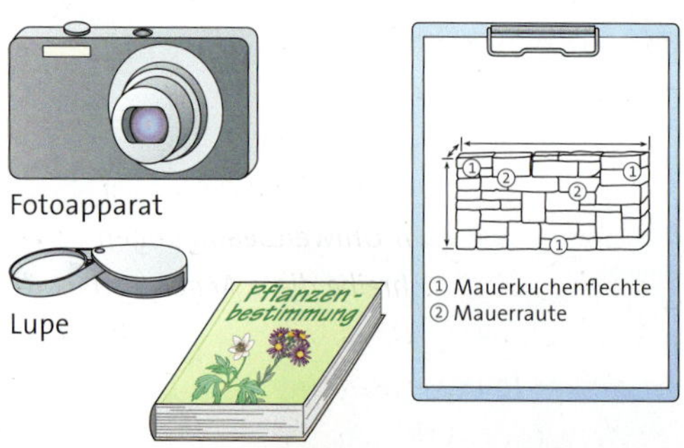

04 Material zur Erfassung der Pflanzengesellschaft

Um ein Ökosystem, zum Beispiel eine Trockenmauer, charakterisieren zu können, muss man eine Vielzahl von Daten durch Freilanduntersuchungen erfassen. Mit verschiedenen Methoden lassen sich sowohl die abiotischen Umweltfaktoren als auch die Zusammensetzung der Biozönose sehr genau untersuchen. Die Untersuchungsergebnisse werden in einem Protokoll festgehalten.

KARTIERUNG • *Fotografiere den zu bearbeitenden Mauerabschnitt. Ermittle mit dem Kompass die Ausrichtung der Mauer und notiere diese. Vermiss den Mauerabschnitt und notiere die Länge, Höhe und Tiefe. Fertige eine große, genaue Skizze des Mauerabschnitts an.*

ERFASSUNG ABIOTISCHER FAKTOREN • *Notiere Datum, Uhrzeit und Wetter. Miss mit dem Luxmeter die Lichtstärke an der Mauerkrone, der Mauermitte und am Mauerfuß, bei frei stehenden Mauern auch auf der lichtabgewandten Seite. Miss ebenso die Temperatur und Luftfeuchtigkeit an verschiedenen Mauerstellen. Berücksichtige auch die Temperatur der Steine sowie die Temperatur und Feuchtigkeit in den Mauerfugen. Bestimme das Gestein, aus dem die Mauer besteht, und beschreibe seine Oberflächenbeschaffenheit. Notiere deine Ergebnisse in einer Tabelle.*

ERFASSUNG DER FLORA • *Bestimme mit Lupe und Pflanzenbestimmungsbuch die Pflanzen des Mauerabschnitts. Notiere die Namen der Pflanzenarten in der Reihenfolge Flechten, Moose, Farne, Blütenpflanzen. Fotografiere die verschiedenen Pflanzenarten. Trage mit Kennzahlen das Vorkommen der einzelnen Arten in die Mauerskizze ein. Mache dir auch Notizen zur Flächengröße, die von der jeweiligen Pflanze bedeckt wird.*

ERFASSUNG DER FAUNA • *Tiere sind aufgrund ihrer Beweglichkeit sehr viel schwerer zu erfassen als Pflanzen. Beobachte deshalb die Mauer vor der genaueren Untersuchung nach Tieren etwa fünf bis zehn Minuten ruhig und notiere deine Beobachtungen. Fange geflügelte Insekten und andere schnelle Gliederfüßer mit dem Insektenkescher und überführe sie mithilfe der Federstahlpinzette zur Bestimmung in eine Becherlupe. Langsamere Gliederfüßer und Würmer können direkt mit der Federstahlpinzette gefangen und mithilfe der Becherlupe bestimmt werden. Schnecken kann man mit der Hand auflesen. Sehr kleine Gliederfüßer werden mit einem speziellen Sauggerät, einem Exhauster, gefangen, in Sammelgefäße überführt und mithilfe der Stereolupe bestimmt. Erfasse mit diesen Methoden die Tiergesellschaft verschiedener Mauerbereiche. Notiere die Namen der gefundenen Tiere in der Reihenfolge Würmer Schnecken, Spinnentiere, Asseln, Tausendfüßer, Insekten und Insektenlarven, Wirbeltiere. Notiere auch jeweils den genauen Fundort auf der Mauer, und schätze die Häufigkeit der jeweiligen Tierart ab. Nimm mit dem Spatel mehrere Bodenproben aus den Mauerfugen zur genaueren Untersuchung mithilfe der Stereolupe.*

UNTERSUCHUNGEN IM BIOLOGIERAUM • *Überführe die gesammelten Gliederfüßer in kleine Petrischalen mit Deckel und bestimme sie mithilfe der Stereolupe. Gib jeweils zwei Spatellöffel der Bodenproben in größere Petrischalen und verteile die Probe zu einer dünnen Schicht. Durchsuche unter der Stereolupe die Probe systematisch nach kleinsten Tieren und bestimme diese, zum Beispiel mithilfe eines Bestimmungsschlüssels. Fülle fünf Spatellöffel der durchsuchten Bodenprobe in ein Becherglas, gib 50 Milliliter destilliertes Wasser dazu und miss den pH-Wert mit pH-Papier. Stelle fest, welche Tiere besonders häufig oder selten sind.*

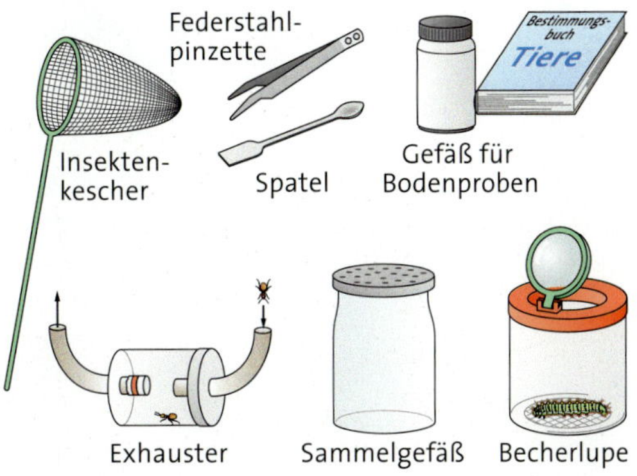

05 Material zur Erfassung der Fauna

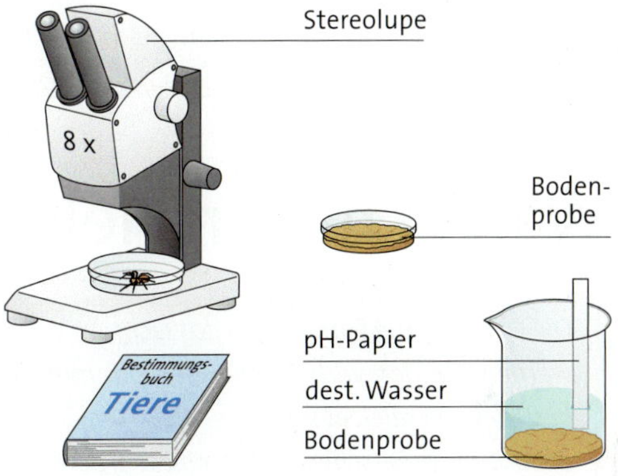

06 Material für Untersuchungen im Biologieraum

AUSWERTUNG UND DOKUMENTATION • *Zur Auswertung werden die Aufzeichnungen und Ergebnisse der einzelnen Gruppen zusammengetragen und ein Gesamtbild der untersuchten Trockenmauer, der abiotischen Faktoren und der erfassten Pflanzen- und Tierarten erstellt. Informiere dich über die Ansprüche, Angepasstheiten und Lebensweisen der erfassten Pflanzen und Tiere, und vergleiche diese mit den von dir gemachten Beobachtungen. Stelle fest, welche der gefundenen Pflanzen und Tiere sehr gut an die speziellen Umweltbedingungen angepasst sind, und beschreibe diese Angepasstheiten. Dokumentiere deine Untersuchung mit Bildern, Grafiken, Tabellen und einem nach wissenschaftlichen Gesichtspunkten verfassten Text.*

01 Buchenmischwald

Wälder haben viele Gesichter

Die Gerüche, die Farben und das Licht im Wald werden von den vorherrschenden Baumarten bestimmt. Vergleicht man aber die Artenvielfalt der Bäume in verschiedenen Gebieten, bemerkt man typische Unterschiede. Wie entstehen unterschiedliche Waldtypen?

WÄLDER · Wenn Bäume einen größeren lückenlosen Bestand bilden, bezeichnet man dieses Ökosystem als *Wald*. Vor Beginn der ersten Rodungen vor etwa 5000 Jahren war nahezu ganz Europa von einer zusammenhängenden Waldfläche bedeckt. Ausnahmen bildeten nur die Hochgebirgs- und Küstenregionen. Die natürliche Verbreitung der Baumarten innerhalb dieser riesigen Waldfläche war schon immer charakteristisch. In den Wäldern Nordeuropas wuchsen vor allem Birken und Waldkiefern, während in Mitteleuropa Buchen und Eichen das Gesicht des Waldes bestimmten.

BUCHENMISCHWALD · In den meisten Waldgebieten des mitteleuropäischen Tieflands ist die *Buche* die vorherrschende Baumart. Hier trifft sie auf für sie ideale Wachstumsbedingungen. Das gemäßigte Klima ist durch mittlere Temperatur- und Feuchtigkeitswerte mit geringen jahreszeitlichen Schwankungen gekennzeichnet. Die durchschnittliche Temperatur liegt in mindestens vier Monaten im Jahr bei über zehn Grad Celsius, extreme Frostperioden sind selten und meistens nur kurz. Die durchschnittlichen Jahresniederschläge von etwa 600 bis 800 Litern pro Quadratmeter fallen verteilt über das ganze Jahr. In den besonders warmen Regionen, zum Beispiel im Rheintal, kommen neben Buchen auch Eichen vor. In den höheren und damit etwas kühleren und niederschlagsreicheren Mittelgebirgen findet man dagegen *Esche, Ahorn* und *Tanne* im *Buchenmischwald*. Das Klima ist also ein Faktor, der die Entstehung eines Waldtyps beeinflusst.

BERGWALD · Die Wälder der nördlichen Alpen zwischen 1000 und 1800 Metern sind von der

Fichte geprägt. Für diese frostunempfindliche und auf eine hohe Bodenfeuchtigkeit angewiesene Art bietet das Gebirgsklima ideale Wachstumsbedingungen. Die Temperaturen liegen hier über viele Monate deutlich unter null Grad Celsius und erreichen dabei häufig Extremwerte bis unter minus 20 Grad Celsius. Die durchschnittlichen Jahresniederschläge von etwa 1800 Litern pro Quadratmeter sind viel höher als im Tiefland. In den sehr trockenen inneralpinen Gebieten überwiegen *Kiefern* und *Lärchen*, die einen Wassermangel besonders gut verkraften können. Neben der hohen winterlichen Schneelast stellt der sehr steile, felsige und oft mineralstoffarme Boden im Gebirge eine besondere Herausforderung dar, die von diesen drei Baumarten des *Bergwalds* besonders gut bewältigt wird. Auch die Bodenbeschaffenheit prägt also das Gesicht eines Waldtyps.

AU- UND BRUCHWÄLDER · Der Boden entlang großer Flussläufe ist durch den hohen Grundwasserspiegel und die häufigen Überschwemmungen ständig stark durchnässt. Staunässe und Überflutungen ertragen nur wenige Baumarten, auch wenn die klimatischen Verhältnisse sonst ideal für sie wären. In diesem Auwald überwiegen *Pappeln, Weiden* und *Schwarzerlen.* Das Holz der Schwarzerle ist gegenüber Fäulnisprozessen sehr widerstandsfähig, was ihr auf nassen Böden einen bedeutenden Überlebensvorteil bietet. Der weiche Boden und die zahlreichen Überflutungen in Flussauen führen oft dazu, dass auch völlig gesunde Bäume umstürzen. Deshalb spricht man von *Bruchwäldern.* Pappeln, Weiden und Schwarzerlen sind in der Lage, in solchen Fällen sehr rasch erneut Wurzeln und Zweige in großer Anzahl auszutreiben, was ihnen hier einen weiteren Überlebensvorteil sichert. Auch die Holzeigenschaften und das Wachstumsverhalten der Baumarten bestimmen also die Ausprägung eines Waldtyps.

02 Bergwald

03 Auenbruchwald

WEITERE WALDTYPEN · Gebiete mit anderen Standortbedingungen führen zur Ausprägung weiterer Waldtypen. Auf besonders trockenen und sandigen Böden entstehen häufig typische von *Kiefern* geprägte Mischwälder. In kühleren Regionen findet man *Kiefern-Birken-Wälder,* in wärmeren Gebieten *Kiefern-Traubeneichen-Wälder.* Am Rand von Moorgebieten gedeihen auf dem sehr nassen Untergrund mit sehr saurem pH-Wert kleinflächige Wälder aus *Moorbirken, Ebereschen, Stieleichen* und *Hainbuchen.*

1 Beschreibe die Bedingungen, die die Entstehung eines Waldtyps beeinflussen!

WACHSTUM UND VERBREITUNG OHNE KONKURRENZ · Um herauszufinden, unter welchen Umweltbedingungen eine Baumart wachsen kann, werden ihre Samen auf Versuchsfeldern ausgesät, die sich in Feuchtigkeit, Mineralstoffgehalt und pH-Wert des Bodens und im Hinblick auf die Licht- und Temperaturverhältnisse vielfach unterscheiden. So erkennt man, unter welchen Umweltbedingungen diese Baumart ihr stärkstes Wachstum erreicht. Diese Verhältnisse stellen dann ihr **physiologisches Optimum** dar, das von Art zu Art variieren kann. Schwarzerle und Waldkiefer erreichen, wie viele andere Baumarten auch, ein hohes Wachstum bei mittlerer Bodenfeuchtigkeit. Diese Verhältnisse zeigen also ihren *Vorzugsbereich* an. Während der Experimente wird verhindert, dass Samen anderer Arten auf die Versuchsfelder gelangen. So kann man ermitteln, in welchen Gebieten sich eine Art ohne Konkurrenz verbreiten könnte. Solche Erkenntnisse spielen bei der Wiederaufforstung baumloser Gebiete eine wichtige Rolle.

WACHSTUM UND VERBREITUNG MIT KONKURRENZ · Außerhalb der Versuchsfelder gelangen immer Samen mehrerer Arten gleichzeitig auf den Boden. Sobald sie Wurzeln und Blätter austreiben, kommt es zur Konkurrenz um Wasser, Mineralstoffe und Licht. Unter den Bedingungen der meisten mitteleuropäischen Wälder hat die Buche das größte Durchsetzungsvermögen. Sie erreicht daher ihr stärkstes Wachstum auch unter Konkurrenz im Bereich ihres physiologischen Optimums. Anderen Baumarten gelingt dies nicht. Sie erreichen ihr stärkstes Wachstum unter Konkurrenz nur unter extremen Umweltbedingungen außerhalb ihres Vorzugsbereichs, denn hier sind sie der Buche überlegen. Diese Verhältnisse stellen das **ökologische Optimum** dar. Es liegt bei der Schwarzerle im Bereich sehr nasser Böden, da sie diese besser als viele andere Baumarten verträgt. Die Waldkiefer weicht sogar in zwei unterschiedliche Extreme aus. Sie erreicht ihr stärkstes Wachstum unter Konkurrenz sowohl auf sehr trockenen als auch sehr nassen Böden.

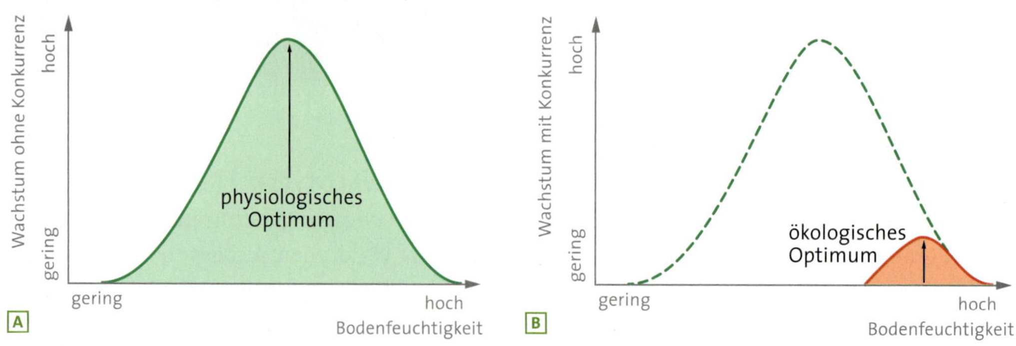

04 Wachstum der Schwarzerle: **A** physiologisches Optimum, **B** ökologisches Optimum

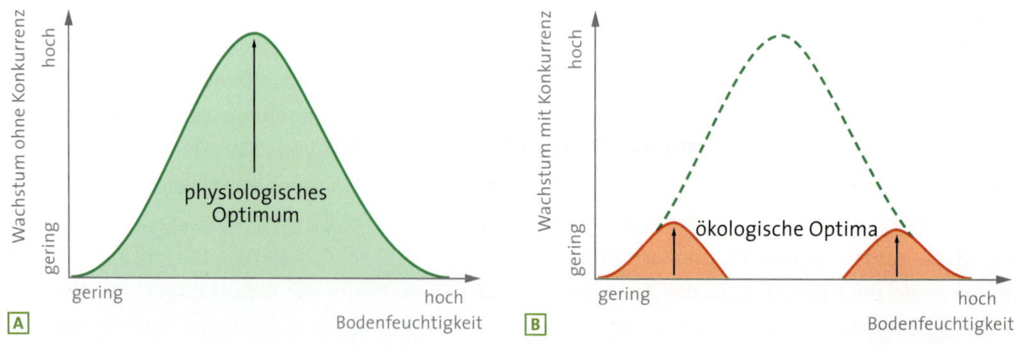

05 Wachstum der Waldkiefer: **A** physiologisches Optimum, **B** ökologisches Optimum

Material A ▸ Fichtenwald

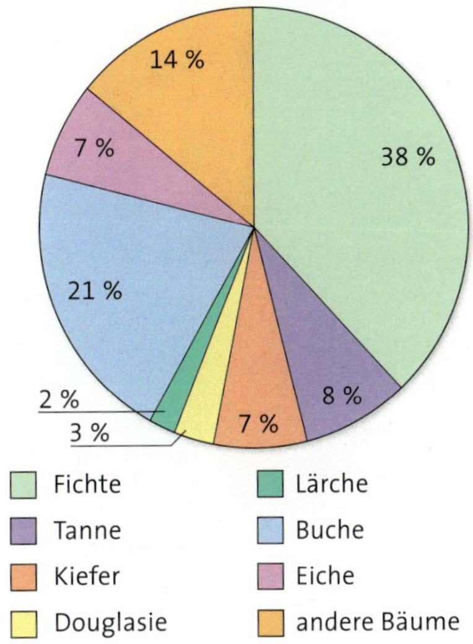

In der Karte sind die Gebiete farbig markiert, in denen die Fichte aufgrund ihrer Umweltansprüche ohne Eingriffe des Menschen vorkommen würde. Das Kreisdiagramm zeigt ihren tatsächlichen heutigen Anteil.

A1 Vergleiche den ökologisch zu erwartenden mit dem tatsächlichen prozentualen Anteil der Fichte an unseren Wäldern!

A2 Erläutere an diesem Beispiel, inwiefern der Mensch durch die Forstwirtschaft in natürliche Konkurrenzprozesse eingreift!

Material B ▸ Wiederaufforstung

Geländeprofil mit Gebieten unterschiedlicher Bodenbeschaffenheit

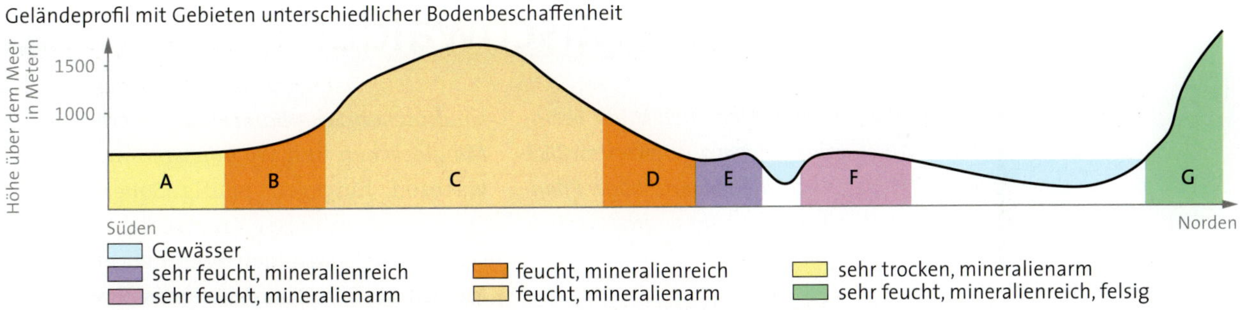

Umweltansprüche verschiedener Baumarten

Baumart	Wärme	Wasser	Bodenmineralstoffe
Fichte	gering	hoch	gering
Rotbuche	hoch	mittel bis hoch	mittel
Schwarzerle	mittel	extrem hoch	gering
Schwarzpappel	hoch	extrem hoch	sehr hoch
Stiel-/Traubeneiche	sehr hoch	tolerant*	mittel bis hoch
Waldkiefer	tolerant*	sehr gering	sehr gering

* tolerant: Diese Baumart verträgt den gesamten Bereich bis in beide Extreme.

B1 Ordne den Gebieten A bis G jeweils die Baumarten zu, die sich aufgrund ihrer Umweltansprüche für eine erfolgreiche Aufforstung am besten eignen!

B2 Erläutere, welcher weitere Umweltfaktor im Gebiet C für das Wachstum der Baumarten von Bedeutung ist!

B3 Stelle zwei begründete Vermutungen an, welche weiteren Eigenschaften einer Baumart ihre ökologische Durchsetzungsfähigkeit erhöhen können!

01 Naturnaher Mischwald

Stockwerke der Mischwälder

Naturnahe, also vom Menschen kaum beeinflusste Mischwälder wirken auf den ersten Blick wie ein wildes Durcheinander unzähliger Pflanzenarten. Wie kann man diese große Artenvielfalt sinnvoll gliedern?

STOCKWERKBAU · Betrachtet man einen Mischwald vom Boden ausgehend bis zu den höchsten Baumgipfeln genauer, so erkennt man eine typische Abfolge von bestimmten Pflanzenformen und -arten. Unterhalb der Erdoberfläche reichen die Wurzeln der Pflanzen bis in eine Tiefe von mehreren Metern. Dieser Bereich wird daher als **Wurzelschicht** bezeichnet. Unmittelbar am Boden wachsen Moose, zum Beispiel *Frauenhaarmoos* und *Sternmoos*, aber auch Pilze und einige Flechten. Diese **Moosschicht** ist etwa zehn bis 20 Zentimeter hoch. Zwischen 15 Zentimetern und etwa einem Meter Höhe findet man gelegentlich Farne und vor allem viele Kräuter. Im Frühling blühen hier zum Beispiel *Buschwindröschen*, *Scharbockskraut*, *Leberblümchen*, *Maiglöckchen* und *Waldmeister*, im Sommer wachsen hingegen häufig *Sauerklee* und *Springkraut* in dieser **Krautschicht.** Darüber schließt sich zwischen zwei und etwa zehn Metern ein Bereich an, in dem sich vor allem Sträucher befinden. Ihre Sprosse sind verholzt und bilden zahlreiche dünne Stämmchen. Zu ihnen gehören *Hasel*, *Vogelbeere*, *Berberitze* und *Stechpalme*. Auch junge Bäume gehören noch zu dieser **Strauchschicht,** die besonders am Waldrand ausgebildet ist. In der obersten Schicht in einer Höhe von zehn bis 40 Metern befinden sich schließlich nur noch die Stämme und Kronen der höchsten Bäume, zum Beispiel *Buche*, *Eiche*, *Esche*, *Ahorn* oder auch *Tanne*, *Fichte*, *Kiefer* und *Lärche*. Sie wird daher als **Baumschicht** bezeichnet. Diese regelmäßige Abfolge der Pflanzenschichten mit ihren typischen Formen führt zu einer Gliederung des Mischwalds in Stockwerke.

UMWELTBEDINGUNGEN · Im Mischwald sind einige abiotische Faktoren je nach Stockwerk sehr unterschiedlich ausgeprägt und führen dort zu ganz unterschiedlichen Umweltbedingungen. Während auf das Blätterdach der höchsten Baumkronen 100 Prozent des einfallenden Sonnenlichts treffen, kommen durch den Schattenwurf der Bäume und Sträucher in der Krautschicht nur noch etwa zwei Prozent davon an. Eine besondere Angepasstheit an den Umweltfaktor *Licht* zeigt die *Buche* im Blattbau. Im oberen, stark belichteten Kronenbereich sind ihre Blätter klein, dick und dunkelgrün. Diese Lichtblätter können dort durch ihr großes Palisadengewebe mit seiner hohen Dichte an Chloroplasten besonders effektiv Fotosynthese betreiben. In den schattigeren, unteren und inneren Kronenbereichen sind ihre Blätter dagegen größer, dünner und hellgrün. Diese Schattenblätter besitzen zwar nur ein kleines Palisadengewebe mit einer geringen Chloroplastendichte, tragen aber auch ohne direktes Sonnenlicht zur Fotosyntheseleistung des Baumes bei. Unmittelbar über dem Waldboden sind die tageszeitlichen Schwankungen der *Temperatur* geringer als in den höheren Schichten. Tagsüber verhindert der Schatten der oberen Stockwerke eine starke Erwärmung und nachts schützt ihr dichter Bewuchs vor einer starken Abkühlung. Deshalb können hier auch hitze- und frostempfindliche Kräuter gut wachsen. Während die höchsten Baumwipfel einem stürmischen *Wind* ausgesetzt sein können, führt die hohe Dichte des Pflanzenbewuchses in den unteren Schichten dazu, dass es dort meistens nahezu windstill ist. Auch diese geringe Windgeschwindigkeit am Waldboden stellt für viele Pflanzen einen wichtigen Standortvorteil dar. Schließlich ist auch die hohe *Luftfeuchtigkeit* ein wichtiges Merkmal des Mischwalds. Direkt über der Bodenoberfläche ist sie durch die Wasserverdunstung aus der beschatteten, feuchten Walderde am höchsten und schwankt im Tagesverlauf kaum. Daher findet man hier oft Farne, die auf eine hohe Feuchtigkeit angewiesen sind.

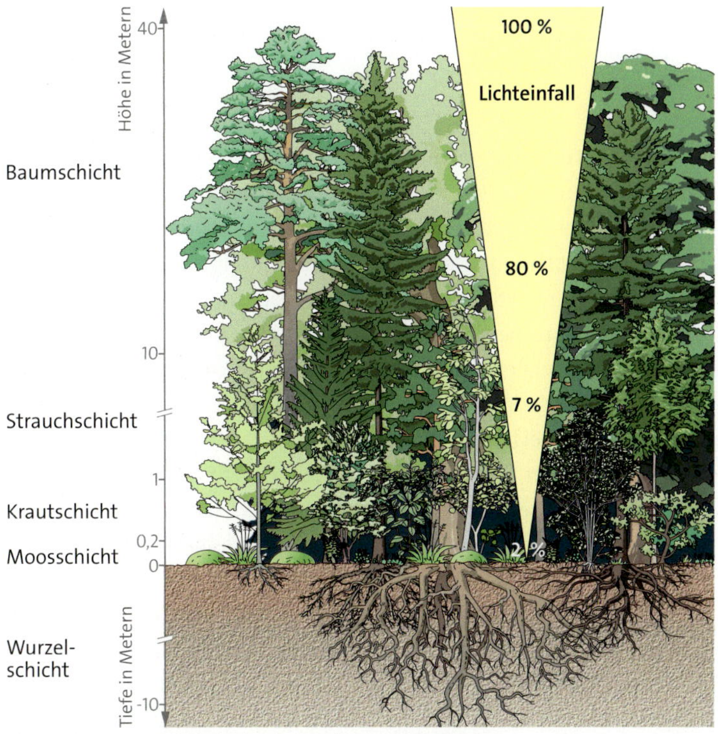

02 Stockwerke im naturnahen Mischwald mit Lichteinfall

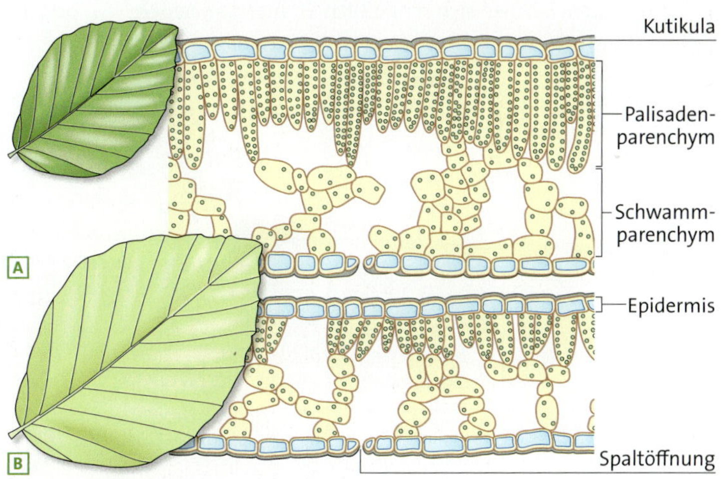

03 Buchenblätter: A Sonnenblatt, B Schattenblatt

Die Pflanzen im Mischwald sind also von zahlreichen abiotischen Faktoren abhängig, die sie wiederum selbst stark beeinflussen.

1 Ordne den verschiedenen Stockwerken des Mischwalds jeweils zwei typische Pflanzenarten zu!

IM BLICKPUNKT GEOGRAFIE

Boden

ENTSTEHUNG · Die Entstehung eines Bodens benötigt in Mitteleuropa etwa 10 000 Jahre, in denen vielfältige physikalische, chemische und biologische Umwandlungsprozesse ablaufen. Der ursprüngliche Untergrund aus kahlem, kompaktem Gestein wird zunächst durch den Frost aufgebrochen. Flechten als Erstbesiedler greifen seine Struktur chemisch an und lösen dabei Mineralstoffe heraus. Diese wiederum werden von den ersten Pflanzen benötigt. Dabei handelt es sich oft um Gräser und spezialisierte Kräuter, die im lockeren Gestein Halt finden können. Ihre Wurzeln dringen bis in kleinste Felsspalten vor, erweitern diese beim Wachstum und zerkleinern das Gestein so immer weiter. Außerdem geben sie Stoffe ab, die zu einer Versauerung führen und das Gestein so chemisch weiter zersetzen. Wenn Kleinstlebewesen, zum Beispiel Bakterien, Pilze und Einzeller, abgestorbene Pflanzen und Reste von toten Tieren abbauen, entsteht der mineralstoffreiche *Humus*. Erst in dieser dicken Humusschicht können sich schließlich Pflanzen ansiedeln.

AUFBAU · Die Böden der mitteleuropäischen Wälder zeigen oft eine viele Meter tief reichende deutlich horizontale Schichtung. Die oben aufliegende *Streuschicht* besteht überwiegend aus unzersetztem Laub der Bäume und Sträucher. Darunter folgt der zehn bis 30 Zentimeter starke, dunkle *A-Horizont*. Hier wird ein Großteil der abgestorbenen Pflanzen und toten Tiere durch Kleinstlebewesen zersetzt. Deshalb besitzt diese Schicht einen hohen Humusanteil. Da ihn größere Bodenlebewesen, wie Wühlmäuse und Regenwürmer, durch ihre Gänge gut durchlüften, herrschen hier sehr gute Wachstumsbedingungen für die Wurzeln vieler Pflanzenarten. Nur wenige Baumwurzeln ragen bis in den folgenden helleren, etwa 40 Zentimeter starken, mineralstoffreichen *B-Horizont*. Hier existieren nur noch wenige Bodenlebewesen. Schließlich folgt der *C-Horizont*, der aus dem nur leicht verwitterten Ausgangsgestein besteht.

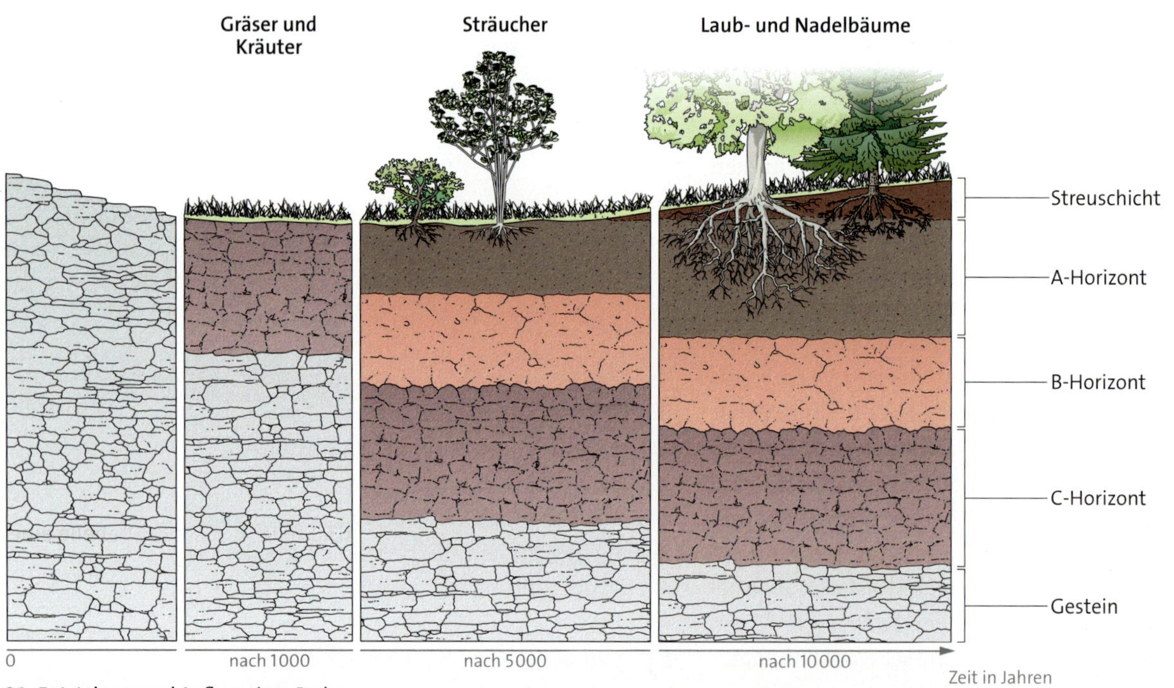

01 Entstehung und Aufbau eines Bodens

Material A ▸ Abiotische Faktoren

Temperaturen in Grad Celsius		
Uhrzeit	**Messpunkt 1**	**Messpunkt 2**
15.30 Uhr	19,4	16,0
16.30 Uhr	18,2	15,3
17.30 Uhr	13,9	13,7
18.30 Uhr	12,9	13,0
19.30 Uhr	10,2	12,6

Relative Luftfeuchtigkeit in Prozent		
Uhrzeit	**Messpunkt 1**	**Messpunkt 2**
08.00 Uhr	61	91
12.00 Uhr	49	87
16.00 Uhr	44	83
20.00 Uhr	56	85
24.00 Uhr	60	89

An zwei Messpunkten, im Wald und auf einer Wiese, wurden Temperatur und Luftfeuchtigkeit in einem Meter Höhe mehrmals gemessen.

A1 Stelle die Messwerte für Temperatur und Luftfeuchtigkeit jeweils in einem Liniendiagramm dar!

A2 Vergleiche in den Diagrammen jeweils die beiden Kurven!

A3 Ordne die Messpunkte 1 und 2 jeweils einem der beiden Orte zu und begründe!

Material B ▸ Wasser und Boden

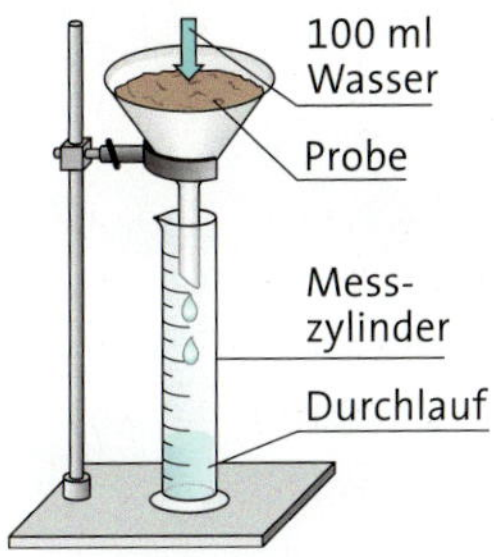

Probenmaterial			
Durchlauf nach	**Kies**	**Sand**	**Waldhumus**
10 Sekunden	19 ml	0 ml	0 ml
20 Sekunden	42 ml	4 ml	0 ml
30 Sekunden	63 ml	15 ml	0 ml
40 Sekunden	82 ml	31 ml	2 ml
50 Sekunden	93 ml	55 ml	5 ml
60 Sekunden	95 ml	70 ml	9 ml

B1 Beschreibe die Durchführung des Versuchs!

B2 Stelle die Werte in einem Diagramm dar!

B3 Leite aus den Ergebnissen eine Funktion des Waldes ab!

Material C ▸ Zersetzung von Blättern

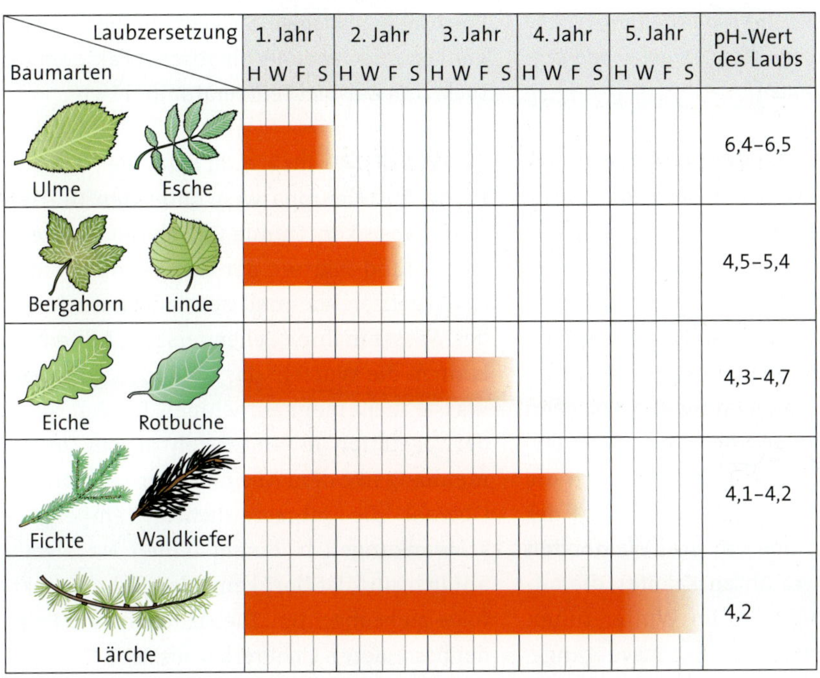

Die Zersetzungsdauer und der pH-Wert abgeworfener Blätter wurden bei verschiedenen Laub- und Nadelbäumen bestimmt.

C1 Vergleiche die Zersetzungsdauer der Blätter von Laub- und Nadelbäumen!

C2 Stelle Vermutungen über die Auswirkungen des pH-Werts des Laubs auf seine Zersetzungsdauer an!

C3 Stelle mithilfe der Tabelle eine Vermutung an, weshalb reine Nadelwälder oft keine Krautschicht besitzen!

01 Laubwald im Jahresverlauf:
A Frühling,
B Sommer,
C Herbst,
D Winter

Veränderungen im Wald

Betrachtet man einen Laubwald zu verschiedenen Jahreszeiten, so fallen deutliche Unterschiede auf, vor allem in der Belaubung der Bäume und im Wachstum von Kräutern. Welche Faktoren verursachen diese immer wiederkehrenden Veränderungen?

Die Artenzusammensetzung einer Pflanzengesellschaft während einer bestimmten Jahreszeit wird *Aspekt* genannt, ihr jahreszeitlicher Wechsel **Aspektfolge.** Sie geht auf die Schwankungen verschiedener abiotischer Faktoren zurück, zum Beispiel Temperatur und Licht.

LAUBWALD IM JAHRESVERLAUF · Im Frühling entfalten die Laubbäume ihre neuen Blätter. Bereits kurz zuvor beginnen ihre Samen vom vergangenen Herbst auf dem noch kahlen Waldboden zu keimen und Moose, Kräuter und Farne fangen an zu wachsen. Bis in den Sommer hinein treiben Bäume und Sträucher neue Zweige aus. Am Waldboden wachsen dann nur noch wenige und andere Kräuterarten als im Frühling. Im Herbst setzen die Verfärbung und schließlich der Abwurf der Blätter der Laubbäume ein. Am Waldboden vertrocknen die verblühten Kräuter, die allmählich zersetzt werden. Im Winter ruhen nahezu alle pflanzlichen Lebensvorgänge.

TEMPERATUR · Im Winter kann die Temperatur in Mitteleuropa weit unter den Gefrierpunkt absinken. Dünne Gewebe in Kräutern, Farnen und Blättern der Laubbäume werden durch gefrierendes und sich dabei ausdehnendes Wasser in ihren Zellen zerstört. Außerdem können die Wurzeln das im Boden gefrorene Wasser nicht mehr aufnehmen. Der Rückgang der Vegetation im Winter steht also in Zusammenhang mit dem Absinken der Temperatur. Obwohl die jahreszeitlichen Temperaturschwankungen in einem reinen Nadelwald ähnlich sind, ist dort keine deutliche Aspektfolge zu beobachten. Dies ist auch eine Folge der besonderen Lichtverhältnisse.

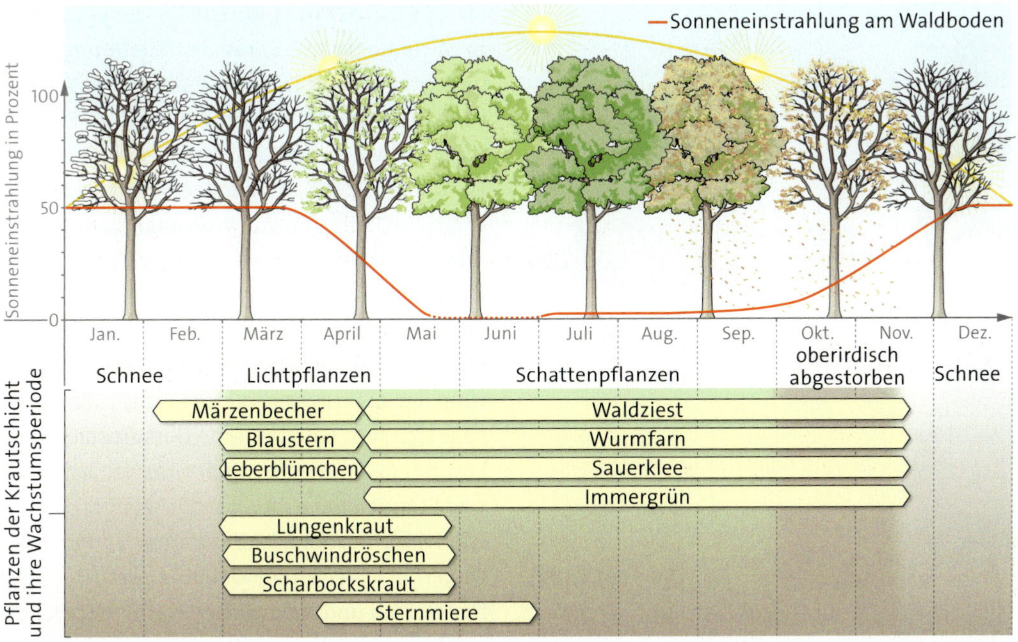

02 Licht und Vegetation im Jahresverlauf

LICHT · Der Tag mit der kürzesten Sonneneinstrahlung und dem niedrigsten Sonnenstand ist der 21. Dezember, die Wintersonnenwende. Danach werden die Tage bis zur Sommersonnenwende am 21. Juni wieder länger und auch der Sonnenstand wird höher. Laubbäume sind im Juni am dichtesten belaubt. Die Vegetation der Kräuter und Farne am Waldboden eines Laubwalds erreicht aber bereits zwischen Ende März und Anfang Mai ihr stärkstes Wachstum. Das einfallende Sonnenlicht wird noch nicht durch das Blätterdach der Bäume abgeschirmt und die Temperaturen erlauben bereits das Wachstum dieser **Frühblüher.** Zu ihnen gehören zum Beispiel *Buschwindröschen*, *Scharbockskraut*, *Märzenbecher*, *Blaustern*, *Leberblümchen*, *Sternmiere* und *Lungenkraut*. Sie besitzen besondere Speicherorgane, die den Winter überdauern können. Dadurch können sie sofort mit Anstieg der Temperatur und Sonneneinstrahlung austreiben und wachsen. *Buschwindröschen*, *Leberblümchen*, *Sternmiere* und *Lungenkraut* verfügen über verdickte Erdsprosse. *Blaustern* und *Märzenbecher* bilden Zwiebeln und das *Scharbockskraut* besitzt Wurzelknollen. In diesen verdickten Geweben speichern sie Nährstoffe, vor allem Stärke, Mineralstoffe und Wasser. Wenn sich etwa Mitte Mai das Blätterdach der Laubbäume schließt, endet auch die Wachstumsperiode der Frühblüher. Am nun fast völlig beschatteten Waldboden wachsen dann nur noch wenige Pflanzen. *Sauerklee*, *Immergrün*, *Waldziest*, Moose und Farne gehören zu diesen **Schattenpflanzen.** Ihre Blätter sind oft auffallend groß, dünn und zueinander versetzt angeordnet. So können sie das geringe Sonnenlicht optimal einfangen. Auch ihr sehr hoher Chlorophyllanteil, der ihren Blättern häufig eine kräftig dunkelgrüne Färbung verleiht, ermöglicht es ihnen, im Schatten noch ausreichend Fotosynthese zu betreiben.

1 Nenne jeweils drei Frühblüher und drei Schattenpflanzen im Laubmischwald!

2 Erläutere die Angepasstheiten von Frühblühern und Schattenpflanzen!

3 Erkläre den Verlauf der Kurve zur Sonneneinstrahlung am Waldboden in Abbildung 02!

03 Buschwindröschen

04 Scharbockskraut

05 Sukzession im Mischwald

ENTSTEHUNG EINES WALDES · Der Wald stellt in Mitteleuropa, außer in den Küstenregionen und im Hochgebirge, die natürliche Vegetationsform dar. Wird er durch äußere Einwirkungen wie einen schweren Sturm, einen Waldbrand oder Kahlschlag zerstört, regeneriert er sich im Zeitraum von vielen Jahrzehnten bis Jahrhunderten über mehrere Zwischenstufen wieder bis zu seiner ursprünglichen Form.

Fehlen Bäume und Sträucher, wird der Boden nicht mehr beschattet. Diese extreme Veränderung des abiotischen Faktors Licht führt dazu, dass sich nun eine typische Gemeinschaft aus besonders lichtbedürftigen Gräsern, Kräutern und Stauden entwickelt. Zu ihr gehören Arten wie *Weidenröschen*, *Johanniskraut*, *Springkraut*, *Fingerhut*, *Greiskraut*, *Goldrute*, verschiedene Distelarten und Sauergräser. Nach einigen Jahren können sich die ersten schnellwüchsigen **Pionierpflanzen** durchsetzen. Zu ihnen gehören zum Beispiel *Hasel*, *Sandbirke* und *Salweide*. Es entsteht eine strauchartige Vegetation, die durch ihren Schattenwurf die zunächst vorherrschenden lichtbedürftigen Kräuter und Stauden zunehmend verdrängt. Außerdem erhöht diese Beschattung die Bodenfeuchtigkeit. Aber erst nach mehreren Jahrzehnten können sich schließlich die langsamer wachsenden typischen Waldbäume, zum Beispiel *Rotbuche*, *Stieleiche*, *Weißtanne* und *Gemeine Fichte*, durchsetzen und wieder eine geschlossene Baumschicht ausbilden.

Die Abfolge dieser verschiedenen Lebensgemeinschaften eines Ökosystems bezeichnet man als **Sukzession.** Ihre Entwicklung endet bei stabilen äußeren Einflüssen und ohne menschliche Eingriffe in einer langfristig weitgehend stabilen *Klimaxgesellschaft*. Im Tiefland stellt zum Beispiel oft ein Buchenmischwald, im Gebirge hingegen ein Nadelmischwald die natürliche Klimaxgesellschaft dar. Da die herrschenden abiotischen Faktoren, zum Beispiel durch einen Klimawandel, jedoch nie völlig konstant bleiben, entwickeln sich alle Lebensgemeinschaften dennoch ständig weiter.

Material A ▸ Lichtverhältnisse am Boden

	Monat	J	F	M	A	M	J	J	A	S	O	N	D
Sonneneinstrahlung: in 30 Zentimetern Höhe, in Prozent der Gesamteinstrahlung	Gebiet A	50	50	50	31	05	01	02	02	03	10	27	48
	Gebiet B	05	05	05	04	02	01	01	01	01	03	04	05
	Gebiet C	100	100	100	100	100	100	100	100	100	100	100	100

Die Sonneneinstrahlung am Boden wurde im Jahresverlauf an drei Standorten gemessen. Dabei handelte es sich um eine Wiese, einen Laubwald und einen Nadelwald.

A1 Stelle die Messwerte in einem Diagramm dar!

A2 Ordne die Datenreihen den drei Standorten zu und begründe!

A3 Stelle mithilfe der Messwerte eine Vermutung über die Vegetation der Krautschicht in einem Nadelwald an!

Material B ▸ Waldbewirtschaftung

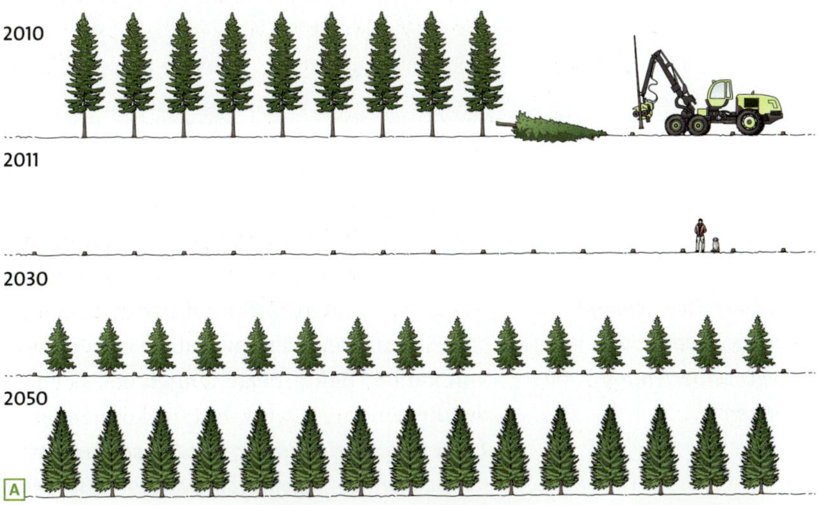

Die Abbildungen zeigen zwei Formen der Waldbewirtschaftung zur Holzgewinnung. In A ist die Kahlschlagernte dargestellt, in B die Methode der Plenterung.

B1 Beschreibe jeweils den Ablauf der beiden Methoden!

B2 Erläutere, weshalb große Holzkonzerne vor allem den Kahlschlag einsetzen und kleine Waldbauernbetriebe häufig mit der Plenterung arbeiten!

B3 Beurteile die Anfälligkeit der durch die beiden Methoden jeweils entstehenden Waldformen für Sturmschäden und Schädlingsbefall!

B4 Stelle eine Vermutung auf, wie sich die in A dargestellte Fichtenmonokultur ohne Waldbewirtschaftung im Verlauf von etwa 500 Jahren weiterentwickeln würde!

01 Uhu und Maus

Nahrungsbeziehungen im Wald

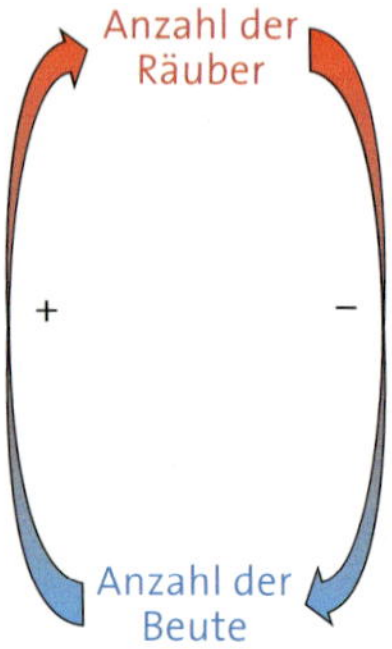

02 Wechselwirkungen zwischen Räuber und Beute

Uhus sind die größten Eulen Deutschlands. Zur Beute dieser Raubtiere gehören häufig Waldmäuse. In welcher Wechselbeziehung stehen diese beiden Populationen?

RÄUBER UND BEUTE · Da Räuber ihre Beute töten, führt ihre Vermehrung zu einer Verringerung der Beutepopulation. Die Beute wiederum dient den Räubern als Nahrung, sodass ihre Vermehrung zu einer Erhöhung der Räuberpopulation durch mehr Nachkommen führt. Aus dieser Wechselwirkung entwickelten LOTKA und VOLTERRA durch mathematische Simulationen Prognosen zur Entwicklung von **Räuber-Beute-Beziehungen** nach folgenden Regeln:

1. *Die Größen der Räuber- und Beutepopulationen schwanken regelmäßig und zeitversetzt.*

2. *Die Mittelwerte beider Populationen bleiben langfristig konstant. Die Population der Beutetiere ist dabei immer deutlich größer.*

3. *Brechen beide Populationen gleichzeitig zusammen, erholt sich die Beutepopulation wesentlich schneller.*

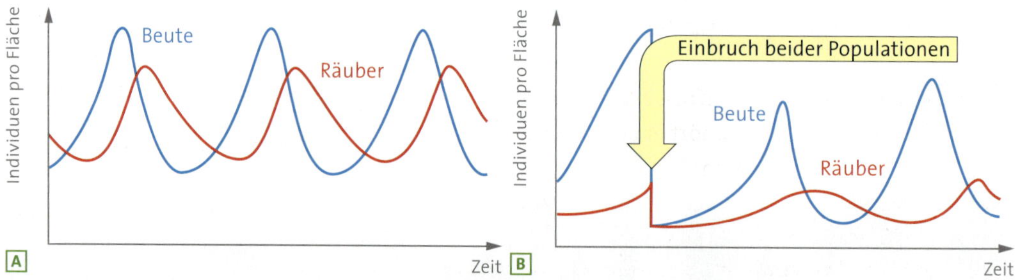

03 Prognose nach: **A** der 1. und 2. Lotka-Volterra-Regel, **B** der 3. Lotka-Volterra-Regel

NAHRUNGSKETTE · Da sich auch Beutetiere von anderen Lebewesen ernähren und auch viele Räuber selbst zur Beute größerer Fleischfresser gehören können, ergeben sich **Nahrungsketten.** Eine Nahrungskette beginnt zum Beispiel mit der *Fichte*, von der sich der *Borkenkäfer* ernährt. Dieser ist ein Beutetier des *Buntspechts*, der wiederum vom *Uhu* gejagt wird.

NAHRUNGSNETZ · Die *Fichte* wird jedoch auch von *Rossameisen* als Nahrungsquelle genutzt, die wiederum eine Beute des *Schwarzspechts* sind. Da auch diese Spechtart vom *Uhu* gefressen wird, entsteht auf diese Weise eine Verbindung zwischen beiden Nahrungsketten. Durch solche Verbindungen sind die zahlreichen Nahrungsketten im Ökosystem Wald zu einem großen **Nahrungsnetz** verknüpft. Wird nun eine Art durch Krankheiten, Umweltveränderungen oder Bejagung durch den Menschen dezimiert, hat dies nicht nur auf ihre unmittelbaren Nahrungsquellen oder Fressfeinde Auswirkungen, sondern indirekt immer auch auf alle Lebewesen im gesamten Nahrungsnetz.

EBENEN IM NAHRUNGSNETZ · Am Beginn jeder Nahrungskette stehen chlorophyllhaltige Pflanzen, die Nährstoffe durch Fotosynthese selbst produzieren können. Sie werden daher als *Produzenten* bezeichnet. Im Ökosystem Wald sind das Moose, Kräuter, Sträucher und Bäume. Pflanzenfressende Tiere bilden die unterste Ebene der Verbraucher, die *Primärkonsumenten*. Zu ihnen gehört zum Beispiel die *Waldmaus*. Auf der nächsten Ebene folgen Räuber, die sich von Pflanzenfressern ernähren und deshalb *Sekundärkonsumenten* genannt werden. Der zu ihnen gehörende *Baummarder* wird schließlich vom *Uhu* gefressen. Da dieser keine Fressfeinde besitzt, gehört er zu den *Endkonsumenten*. Die Überreste aller Lebewesen werden von Bakterien und Pilzen, den *Destruenten*, zu Mineralstoffen, CO_2 und H_2O abgebaut. Da die Produzenten diese Verbindungen wiederaufnehmen, entsteht ein Kreislauf.

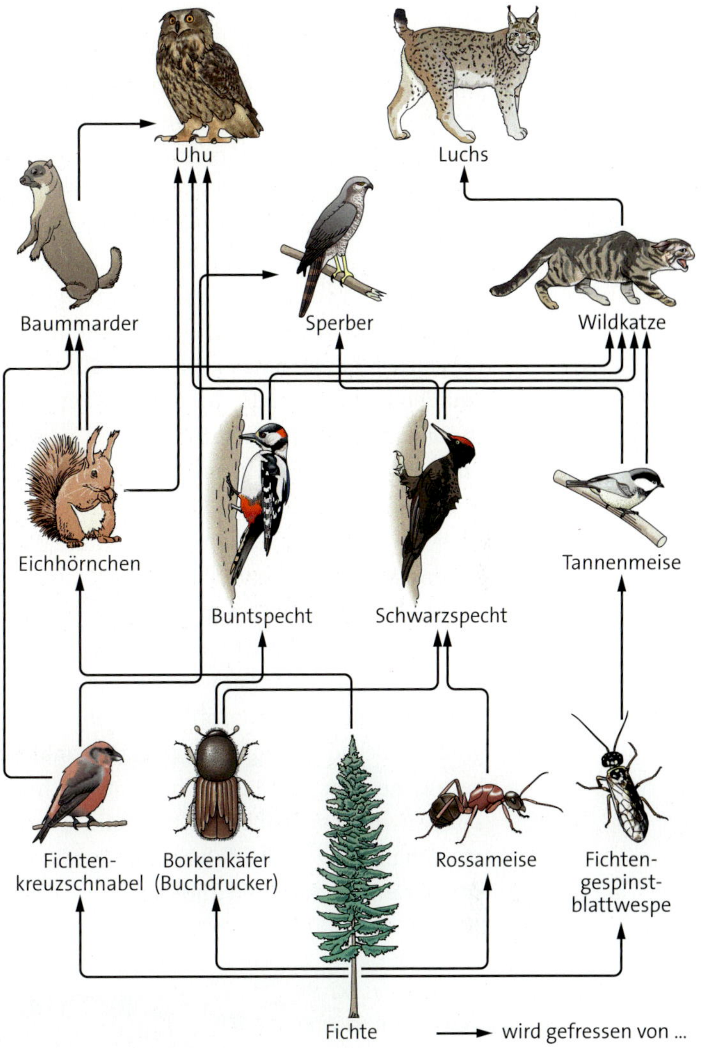

04 Stark vereinfachter Ausschnitt aus einem Nahrungsnetz

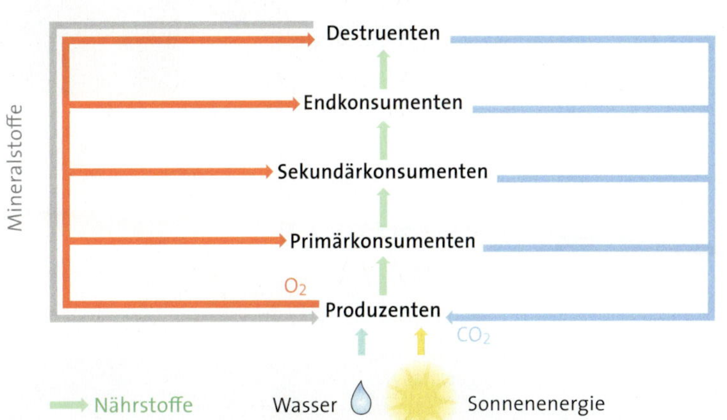

05 Ebenen und Kreisläufe in Nahrungsnetzen

griechisch mykes = Pilz, griechisch rhiza = Wurzel

SYMBIOSE · Die feinen Enden der Wurzeln vieler Bäume sind mit einer dünnen Schicht aus fadenförmigen Fortsätzen, den *Hyphen*, verschiedener Pilze umgeben. Dieses dichte Geflecht aus den Feinwurzeln des Baumes und den Pilzhyphen wird als *Mykorrhiza* bezeichnet. Der enge Kontakt dieser beiden Strukturen ermöglicht einen gegenseitigen Stoffaustausch. Pilze können über ihre feinen Hyphen Wasser und Mineralstoffe aus dem Boden wesentlich besser aufnehmen als Bäume. Sie sind jedoch nicht in der Lage, durch Fotosynthese Kohlenhydrate herzustellen, da sie kein Chlorophyll besitzen. Pilz und Baum gleichen ihre Mängel durch ihren Stoffaustausch aus. Über die Mykorrhiza erhalten die Bäume Wasser und Mineralstoffe von den Pilzen, die wiederum Kohlenhydrate von den Bäumen aufnehmen. Eine solche Lebensgemeinschaft von Lebewesen verschiedener Arten, in der beide Partner voneinander profitieren, ohne sich größeren Schaden zuzufügen, wird als **Symbiose** bezeichnet. Da sich beide in einer wechselseitigen Abhängigkeit befinden, beeinträchtigt die Schädigung eines der beiden Symbiosepartner immer auch den anderen.

PARASITISMUS · Zecken ernähren sich vom Blut verschiedener Säugetiere. Sie gelangen zu ihnen, indem sie auf Grashalme oder kleine Büsche klettern und dort warten, bis sich ein vorbeilaufendes Tier nähert. Dies erkennen sie anhand von Erschütterungen und chemischen Duftstoffen. Werden sie beim Vorbeistreifen berührt, klammern sie sich mit ihrem vordersten Gliedmaßenpaar im Fell des Tieres fest. Nun suchen sie Körperstellen auf, an denen sie mit einem Stich leicht an Blutgefäße gelangen können. Beim Blutsaugen geben die Zecken Speichel in die Wunde ab, dessen Bestandteile die Blutgerinnung und das Schmerzempfinden hemmen. Durch das Blut erhalten sie alle lebensnotwendigen Nährstoffe. Ein solches Verhalten, bei dem ein Lebewesen einen Vertreter einer anderen Art schädigt und selbst davon profitiert, wird als **Parasitismus** bezeichnet. Dabei wird der *Wirt* zwar beeinträchtigt, aber meistens nicht getötet. Im Ökosystem Wald befallen Zecken oft Rehe, aber auch viele kleinere Säugetiere. Sie können jedoch auch an Menschen parasitieren und dabei gefährliche Infektionskrankheiten übertragen.

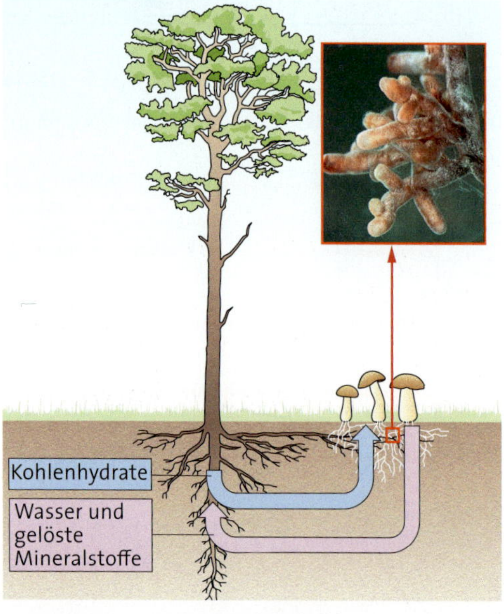

06 Symbiose zwischen Baum und Pilz

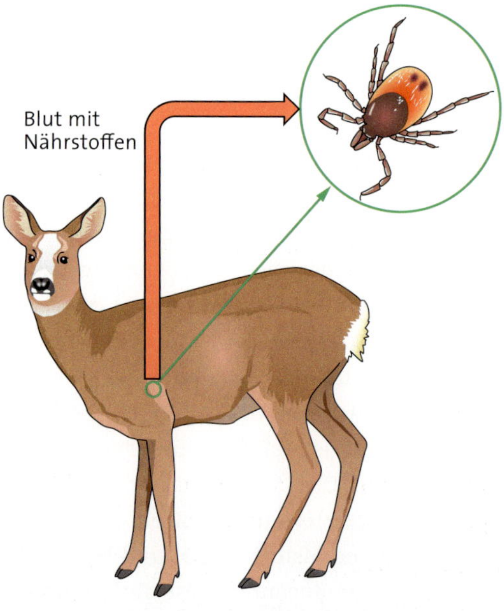

07 Parasitismus zwischen Zecke und Reh

Material A ▸ Luchse und Schneeschuhhasen

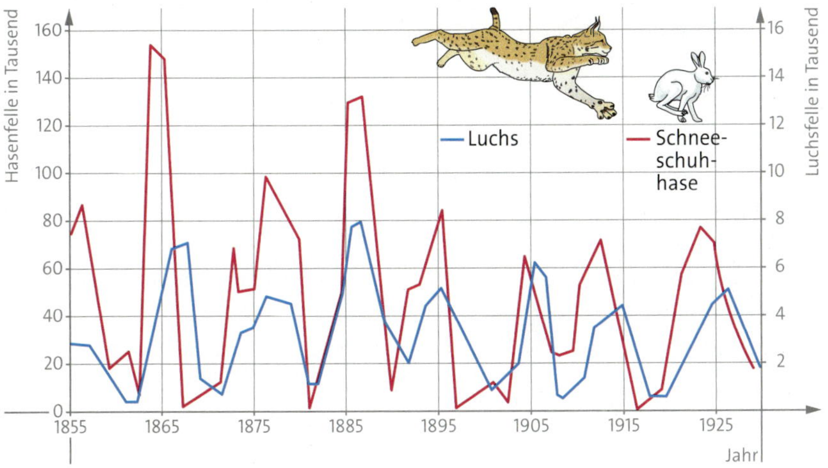

Die Grafik zeigt die Anzahl der zwischen 1855 und 1930 von Jägern bei der kanadischen Hudson Bay Company abgelieferten Felle von Luchsen und Schneeschuhhasen.

A1 Vergleiche die Daten mit den Prognosen nach der 1. und 2. Lotka-Volterra-Regel!

A2 Erläutere, weshalb die Lotka-Volterra-Prognosen in der Natur niemals exakt eintreffen!

Material B ▸ Nahrungsnetz

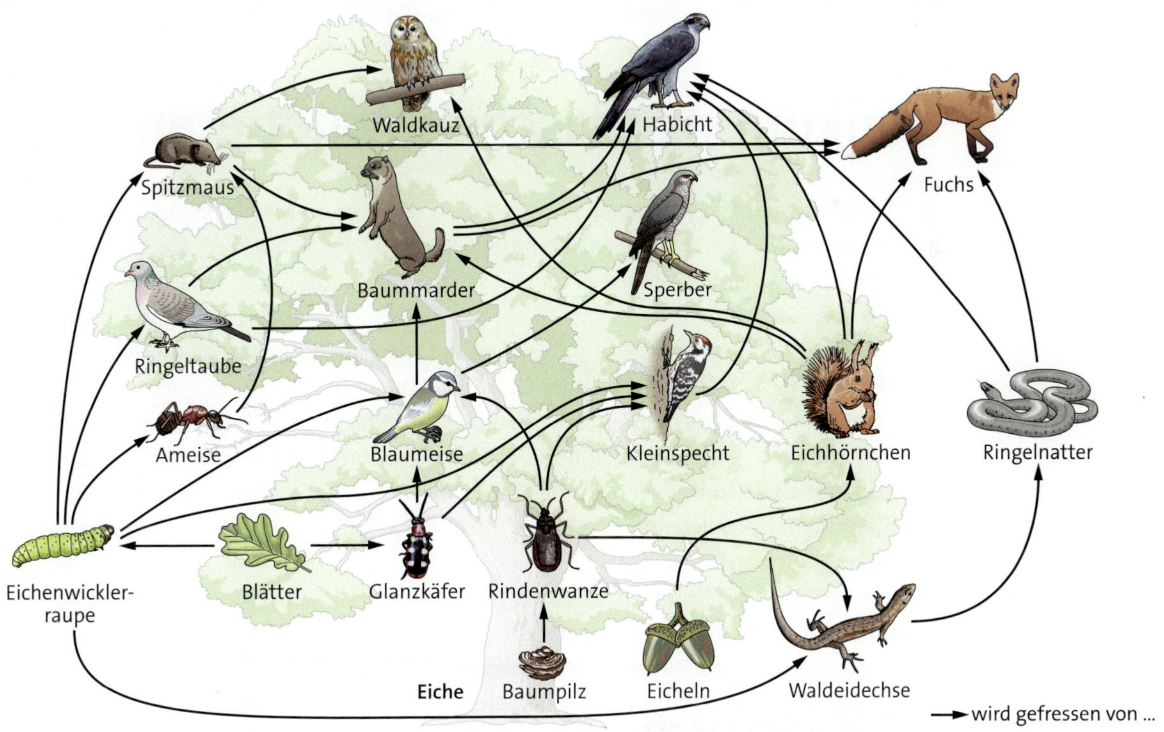

Die Abbildung zeigt einen kleinen Ausschnitt eines Nahrungsnetzes.

B1 Formuliere eine hier erkennbare sechsteilige Nahrungskette!

B2 Nenne die verschiedenen Ebenen eines Nahrungsnetzes und ordne ihnen jeweils die entsprechenden abgebildeten Lebewesen zu!

B3 Beschreibe die Folgen, die eine Dezimierung der Eichenwicklerraupen durch die Bekämpfung mit Insektengiften auf dieses Nahrungsnetz hätte!

01 Europäisches Eichhörnchen

Konkurrenz zwischen Waldtieren

Eichhörnchen sind in mitteleuropäischen Wäldern weit verbreitet. In welchen Beziehungen und Wechselwirkungen stehen sie zu anderen Lebewesen im Wald?

LEBENSWEISE · Die etwa 200 bis 400 Gramm schweren *Eichhörnchen* ernähren sich überwiegend von Beeren, Nüssen und Samen. Außerdem fressen sie auch Knospen, Rinde, Blüten, Flechten und Pilze. Gelegentlich gehören auch Schnecken, Würmer, Larven, Insekten, Vogeleier und kleine Küken zu ihrer Nahrung. Ihre Nahrungsvorräte, die sie im Herbst vergraben, enthalten oft Baumsamen. Da sie im Winter nicht immer alle Depots wiederfinden, können diese Samen im Frühjahr ungestört auskeimen. Eichhörnchen tragen dadurch zur Verjüngung des Baumbestands eines Waldes bei. Durch ihre *Ernährungsweise* treten sie also in eine wichtige Beziehung mit ihrer Umwelt. Sie selbst werden wiederum häufig von *Baummarder, Wildkatze, Uhu* und *Habicht* gejagt. Als Beute für ihre *Fressfeinde* stehen sie in einer weiteren Beziehung mit ihrer Umwelt. Nur am Boden jagende Raubtiere, wie Fuchs und Dachs, können sie kaum erbeuten, da sie sich überwiegend auf Bäumen aufhalten. Dort bauen sie auch ihre Nester, die Kobel, in denen die tagaktiven Tiere die Nacht verbringen. Sie sind ganzjährig aktiv, da sie sich im Winter von ihren Vorräten ernähren können. Durch ihren bevorzugten *Aufenthaltsort* und ihre *Aktivitätszeiten* treten sie ebenfalls auf besondere Weise mit ihrer Umwelt in Wechselwirkung. Häufig werden sie von Zecken, Flöhen, Läusen und Milben befallen. Ein besonderer Virus kann bei ihnen eine tödliche Pockenerkrankung auslösen. Auch der Befall mit *Parasiten* und *Krankheitserregern* stellt eine wichtige Wechselwirkung mit ihrer Umwelt dar. Die Gesamtheit aller Beziehungen und Wechselwirkungen einer Art mit ihrer Umwelt wird als **ökologische Nische** bezeichnet.

KONKURRENZ · Im Lebensraum Wald existieren neben dem Eichhörnchen weitere ähnliche Tierarten, die jeweils eigene spezifische ökologische Nischen besetzen. Das vor etwa 120 Jahren aus Nordamerika vom Menschen nach Europa eingeführte, bis zu 700 Gramm schwere *Grauhörnchen* ernährt sich überwiegend von Samen, Knospen, Rinde und Pilzen. Gelegentlich frisst es auch Insekten, Frösche, Vogeleier, kleine Küken oder sogar eigene Artgenossen. Fressfeinde sind vor allem *Baummarder*, *Waldkauz* und *Uhu*. Das tagaktive Tier hält sich überwiegend auf Bäumen auf. Nachts schläft es in Baumhöhlen alter Buchen oder Eichen. Grauhörnchen sind ganzjährig aktiv, da sie sich im Winter von ihren vergrabenen Vorräten ernähren können. Sie übertragen zwar Viren, die bei anderen Tieren eine Pockenkrankheit auslösen können, erkranken selbst jedoch nicht.

Die ökologischen Nischen von Grauhörnchen und Eichhörnchen überschneiden sich also sehr weitreichend. Zwischen beiden Arten kommt es dadurch zu einer nahezu vollständigen **Konkurrenz** um lebenswichtige Ressourcen. Da Grauhörnchen nicht an Pocken erkranken, eine höhere Vermehrungsrate besitzen, bei der Nahrungssuche weniger wählerisch und körperlich robuster sind, verdrängen sie in gemeinsamen Lebensräumen das Eichhörnchen.

Der Biologe G. F. GAUSE konnte solche Verdrängungsprozesse erstmals mathematisch vorhersagen. Er erkannte, dass in einem Lebensraum niemals zwei Arten mit völlig identischen ökologischen Nischen dauerhaft vorkommen können. Die im direkten Vergleich konkurrenzschwächere Art muss entweder neue ökologische Nischen besetzen, den Lebensraum wechseln oder, wenn das nicht möglich ist, aussterben. Diese Gesetzmäßigkeit nennt man **Konkurrenzausschlussprinzip.**

Der 70 bis 160 Gramm schwere *Siebenschläfer* ernährt sich vor allem von Bucheckern, Eicheln, Haselnüssen und Kastanien. Auch Knospen, Rinde, Früchte und Pilze gehören zu seiner Nahrung. Gelegentlich frisst er auch Insekten, Vogeleier oder kleine Küken. *Baummarder*, *Mauswiesel* und *Waldkauz* sind seine wichtigsten Fressfeinde. Tagsüber schläft das nachtaktive Tier in Höhlen alter Bäume. Seinen Winterschlaf verbringt der Siebenschläfer in tiefen Erdhöhlen, Baumhöhlen, aber auch im Dachstuhl älterer Gebäude. Milben, Zecken, Flöhe und Läuse sind seine häufigsten Parasiten.

Die ökologischen Nischen von Siebenschläfer und Eichhörnchen überschneiden sich also in einigen Bereichen, vor allem bei der Ernährungsweise und teilweise in der Wahl der Aufenthaltsorte im Lebensraum. Unterschiedliche Aktivitätszeiten und Überwinterungsstrategien führen jedoch dazu, dass zwischen ihnen nur eine geringe Konkurrenz herrscht.

02 Konkurrenten: **A** Amerikanisches Grauhörnchen, **B** Siebenschläfer

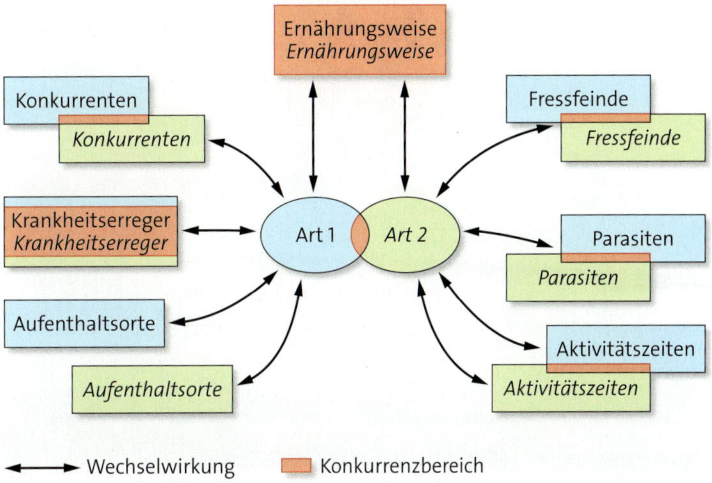

03 Schematische Darstellung der Konkurrenzsituation zwischen zwei beliebigen Arten

KONKURRENZVERMEIDUNG · Innerhalb eines Lebensraums konkurrieren Individuen verschiedener Arten um Nahrung, Brutplätze oder andere Ressourcen. Obwohl diese Arten also in **interspezifischer Konkurrenz** zueinander stehen, können im Lebensraum Wald zahlreiche Vogelarten nebeneinander leben, also *koexistieren*. Dies ist möglich, weil sie in Teilbereichen ihrer ökologischen Nische jeweils andere Wechselwirkungen mit ihrer Umwelt eingehen. Sie nutzen andere Nahrungsquellen oder sind zu anderen Tageszeiten aktiv. Wie die vorhandenen Ressourcen besonders effektiv genutzt werden können, zeigt die Verteilung der Brutplätze verschiedener Waldvögel. *Eichelhäher*, *Elster*, *Goldhähnchen* und *Pirol* brüten ausschließlich im Kronenbereich der Bäume, während *Buchfink*, *Habicht* und *Ringeltaube* ihre Nester eng am Stamm bauen. *Buntspecht*, *Kleiber* und *Waldkauz* nutzen Höhlen in älteren Bäumen zum Brüten. *Amsel* und *Singdrossel* bauen ihre Nester nur in Büschen. *Nachtigall*, *Rotkehlchen* und *Zilpzalp* brüten unmittelbar auf dem Erdboden. Diese Aufteilung führt zur Vermeidung interspezifischer Konkurrenz.

Auch innerhalb einer Art treten die Individuen miteinander in Konkurrenz. Diese **intraspezifische Konkurrenz** ist manchmal jedoch nur gering. Die Larven von Käfern oder Schmetterlingen ernähren sich zum Beispiel oft von anderen Pflanzen als die erwachsenen Tiere. Bei manchen Greifvögeln unterscheiden sich Männchen und Weibchen in ihrer Körpergröße deutlich. Beim *Habicht* werden die Weibchen bis zu 1400 Gramm schwer und jagen vor allem *Krähen*, *Ringeltauben*, *Elstern* und *Eichelhäher*, manchmal sogar *Fasane*. Da die Habichtmännchen nur bis zu knapp 900 Gramm schwer werden, jagen sie nur selten Ringeltauben und bevorzugen eher *Eichelhäher* und *Stare*. Auch noch kleinere Vögel, zum Beispiel Sperlinge, Meisen und *Zaunkönige*, sind für sie noch eine ausreichende Jagdbeute. Solche innerartlichen Unterschiede führen zur Vermeidung starker intraspezifischer Konkurrenz.

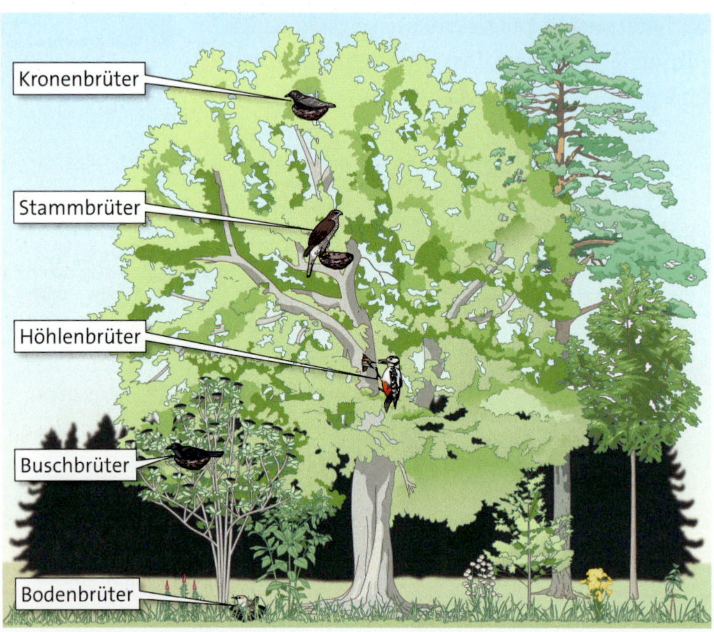

04 Brutplätze von Waldvögeln

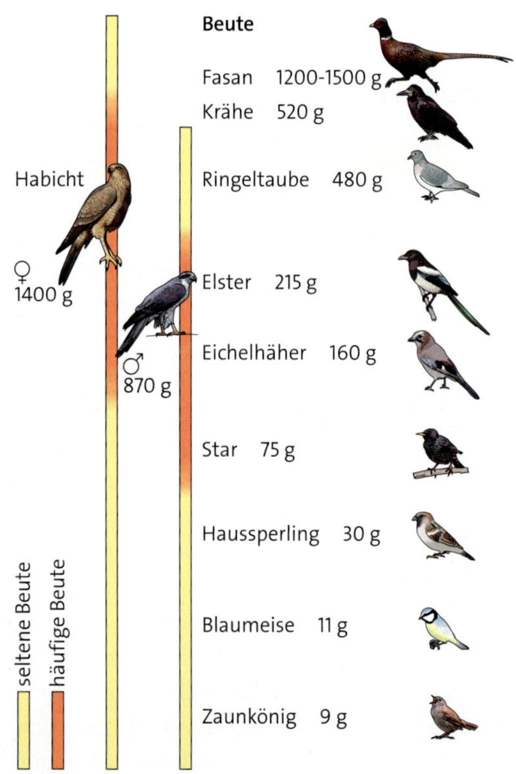

05 Beutetiere des Habichts

Material A ▸ Beutefang bei Meisen

X Blaumeise X Sumpfmeise X Kohlmeise

Ort des Beutefangs	Größe der gefangenen Beute in Millimeter		
Blätter	1–8	–	–
Zweige	1–5	2–8	–
Äste	1–3	2–8	6–8
Sträucher	–	2–6	4–8
Boden	–	–	2–8
Meisenart	 Blaumeise	 Sumpfmeise	 Kohlmeise
Körpermasse	11 Gramm	12 Gramm	22 Gramm

Für drei Meisenarten wurden die bevorzugten Fangorte und die Größe ihrer Beutetiere bestimmt.

A1 Beschreibe die dargestellten Ergebnisse!

A2 Erläutere den Zusammenhang zwischen eigener Körpermasse, Beutegröße und bevorzugtem Fangort der drei Meisenarten im Hinblick auf ihre Konkurrenz!

Material B ▸ Konkurrenz zwischen Raubvögeln

	Waldohreule	Waldkauz	Habicht
Aufenthaltsort	Rand von Misch- und Nadelwäldern mit angrenzenden Wiesen und Feldern	Laub- und Mischwälder mit angrenzenden Wiesen und Feldern	Laub- und Mischwälder mit angrenzenden Wiesen und Feldern
Brutplatz	verlassene Nester von Greifvögeln, Krähen oder Elstern	Baumhöhlen	Kronen hoher alter Bäume
Ernährungsweise (selten)	Feld- und Rötelmäuse (kleine Vögel)	Feld- und Rötelmäuse (Wanderratten, Eichhörnchen, Kaninchen, kleine Vögel)	kleine bis mittelgroße Vögel (Feld- und Rötelmäuse, Kaninchen)
Aktivitätszeit	Dämmerung, Nacht	Dämmerung, Nacht	Tag
Körperbau	 bis 370 g, bis 36 cm	 bis 630 g, bis 42 cm	 bis 1500 g, bis 63 cm

Die Tabelle enthält neben Angaben zu Körperbau und -größe Informationen zu wichtigen Wechselwirkungen der drei Vogelarten mit ihrer Umwelt.

B1 Stelle die Umweltwechselwirkungen „Aufenthaltsort“, „Ernährungsweise“, „Aktivitätszeit“ und „Brutplatz“ von Waldkauz und Habicht in einer Grafik entsprechend der Abbildung 03 auf Seite 189 dar!

B2 Beschreibe die theoretische Konkurrenzsituation zwischen diesen drei Vogelarten!

B3 Stelle eine Vermutung an, ob diese drei Arten in einem Gebiet dauerhaft koexistieren könnten!

01 Grillplatz

Energiefluss und Stoffkreisläufe im Wald

Für ein Grillfeuer verwendet man Holz aus dem Wald. Beim Verbrennen des Holzes wird Energie in Form von Wärme frei. Wie ist diese Energie ins Holz gekommen?

ENERGIEUMWANDLUNG · Die Pflanzen des Waldes benötigen für die Fotosynthese *Lichtenergie*. In Mitteleuropa liefert die Sonne im Jahresdurchschnitt täglich etwa 120 000 Kilojoule Energie pro Quadratmeter. Davon können selbst die am stärksten bestrahlten Bäume höchstens fünf Prozent zur Fotosynthese nutzen. Mithilfe der aufgenommenen Lichtenergie stellen diese Produzenten aus den energiearmen anorganischen Stoffen, Wasser und Kohlenstoffdioxid, den energiereichen organischen Stoff Glukose her. Dabei wird die Lichtenergie in *chemische Energie* umgewandelt. Etwa 50 Prozent dieser chemischen Energie benötigen die Pflanzen für ihre Lebensvorgänge. Sie wird zum großen Teil als *Wärmeenergie* bei der Zellatmung abgegeben. Etwa zehn Prozent der chemischen Energie wird in den Aufbau anderer organischer Stoffe wie der *Zellulose* gesteckt. Zellulose dient Pflanzen als Baustoff und ist der Hauptbestandteil von Holz. Verbrennt man Holz, wird Zellulose wieder in energiearme anorganische Stoffe zerlegt, und die darin gebundene chemische Energie wird als Wärme frei.

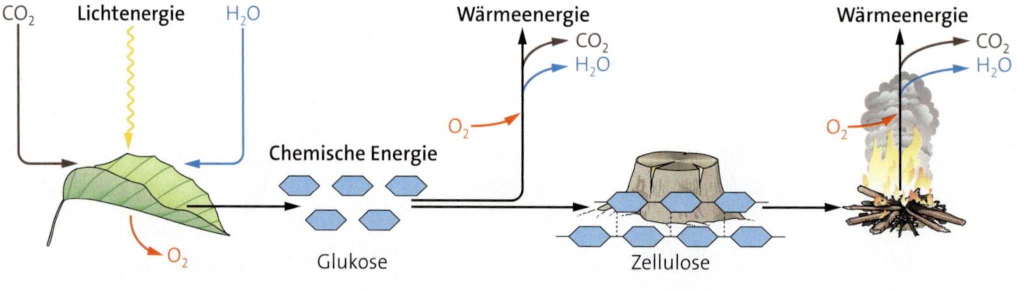

02 Energieumwandlung

ENERGIEFLUSS · Nur maximal ein Prozent der von den Produzenten chemisch gebundenen Energie nehmen Pflanzenfresser auf, die lebende Pflanzenteile fressen, wie Schmetterlingsraupen oder Rehe. Sie bilden als Konsumenten 1. Ordnung dieser *Weidegänger-Nahrungskette* die auf die Produzenten folgende nächsthöhere Ernährungsebene. Auch sie benötigen den Großteil der aufgenommenen Energie für ihre Lebensvorgänge, sodass davon nur zehn Prozent, also 0,1 Prozent der chemischen Energie der Produzenten, an die Konsumenten 2. Ordnung weitergegeben werden. Die restliche Energie gelangt in Ausscheidungen und toten Tieren auf den Waldboden. Auch beim Übergang zur folgenden Ernährungsebene, den Konsumenten 3. Ordnung, wiederholt sich diese Energieaufteilung.

Die noch verbleibenden 39 Prozent chemische Energie der Produzenten gelangt gebunden in abgestorbenen Pflanzenteilen wie Falllaub auf den Waldboden. Diese Streuschicht ist die Nahrungsgrundlage für viele kleine und kleinste Lebewesen wie Asseln, Hornmilben und Würmer. Sie sind die Konsumenten 1. Ordnung der *Laubstreuzersetzer-Nahrungskette,* die für das Ökosystem Wald eine große Bedeutung hat. Von diesen Konsumenten 1. Ordnung ernähren sich wiederum Hundertfüßer und Raubmilben, die ihrerseits die Beute von Laufkäfern sind. Diese Nahrungskette steht in enger Wechselwirkung mit den eigentlichen Destruenten, den Bakterien und Pilzen, und ist auch mit der Weidegänger-Nahrungskette zu einem Nahrungsnetz verknüpft. Von den etwa neun Prozent chemische Energie, die von den Konsumenten 1. Ordnung der Laubstreuzersetzer aufgenommen wird, gelangt wiederum nur ein Zehntel zur folgenden Ernährungsebene. Man spricht deshalb bei der Energieweitergabe in Nahrungsketten von der **Zehn-Prozent-Regel.** Der Rest der gebundenen Energie sowie die in toten Tieren und Ausscheidungen noch enthaltene Energie wird schließlich beim Abbau zu anorganischen Stoffen durch die Destruenten freigesetzt. Die von den Produzenten aufgenommene Energie verlässt also letztendlich das Ökosystem Wald in Form von Wärmeenergie. Da die Energie von Ernährungsebene zu Ernährungsebene weitergegeben wird und das Ökosystem sozusagen durchfließt, nennt man diesen Prozess **Energiefluss.**

1 Beschreibe die Zehn-Prozent-Regel des Energieflusses im Ökosystem Wald!

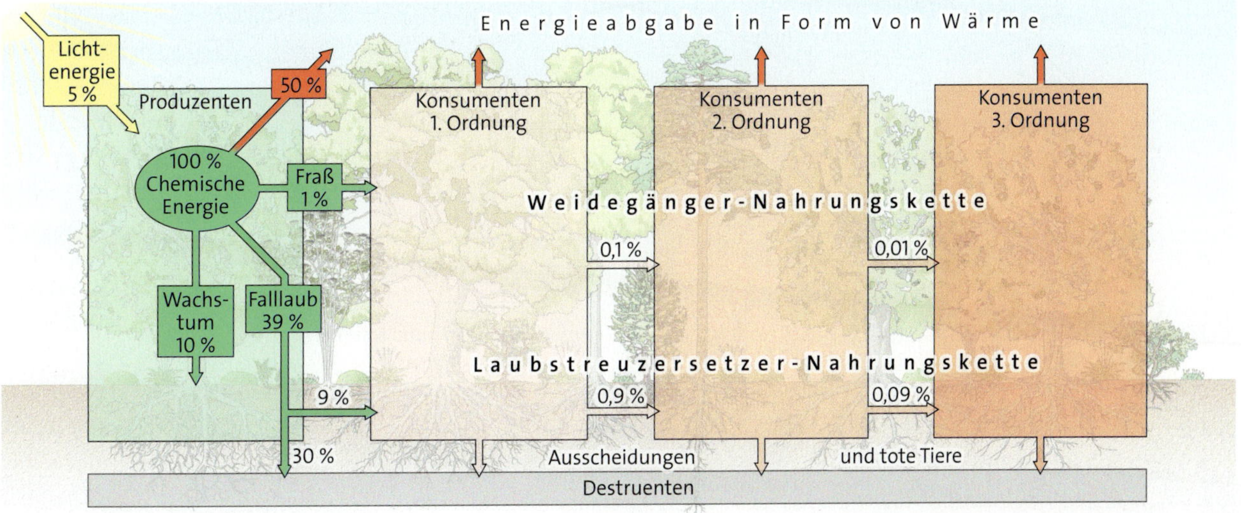

03 Energiefluss im Ökosystem Wald

STOFFKREISLÄUFE · Die Masse organischer Stoffe, die in Lebewesen gebunden ist, nennt man **Biomasse.** Sie besteht vor allem aus den Elementen *Kohlenstoff, Wasserstoff* und *Sauerstoff.* Bei der Fotosynthese bilden die Produzenten zunächst das Kohlenhydrat Glukose. Der dazu erforderliche Kohlenstoff und Sauerstoff wird mit dem Kohlenstoffdioxid der Luft aufgenommen. Wasserstoff wird bei der Fotosynthese aus Wasser gewonnen. Dabei wird Sauerstoff frei und entweicht in die Luft. Aus Glukose bauen die Produzenten weitere energiereiche organische Stoffe wie Stärke, Zellulose und Fette auf. Die Konsumenten nehmen diese mit ihrer Nahrung auf und bauen sie durch Zellatmung zu energieärmeren Stoffen ab. Dafür benötigen sie Sauerstoff aus der Luft und geben Kohlenstoffdioxid und Wasser ab. Auch die Destruenten, die totes organisches Material durch Zellatmung zu anorganischen Stoffen abbauen, benötigen Sauerstoff und geben Wasser und Kohlenstoffdioxid ab. Übrig bleiben noch Mineralstoffe, die die Produzenten wieder aufnehmen. Da alle Ausgangsstoffe, die zum Aufbau von Biomasse gebraucht werden, bei deren Abbau wieder frei werden, spricht man von **Stoffkreisläufen.**

STICKSTOFFKREISLAUF · Zum Aufbau organischer Stickstoffverbindungen kann der in der Luft reichlich vorhandene *elementare Stickstoff* von Pflanzen und Tieren nicht genutzt werden. Pflanzen, die Produzenten, sind auf die Aufnahme der anorganischen Verbindungen *Nitrat* und *Ammonium* angewiesen. Tiere, die Konsumenten, müssen organische N-Verbindungen, vor allem Proteine, mit ihrer Nahrung aufnehmen und diese in ihre körpereigenen Stoffe umbauen. Beim Abbau dieser Stoffe entstehen energieärmere organische N-Verbindungen wie *Harnstoff* oder *Harnsäure*, die ausgeschieden werden. Die Destruenten bauen die organischen N-Verbindungen des toten organischen Materials zu Ammonium ab. Dieses nehmen die Produzenten teilweise wieder auf. Der größere Teil wird aber von Bakterien zunächst zu *Nitrit* und dann zu *Nitrat* abgebaut, das den Produzenten zum erneuten Aufbau organischer N-Verbindungen dient. Bestimmte Bakterien entziehen dem Nitrat im Boden Sauerstoff, wodurch Luftstickstoff entsteht. Manche Pflanzen können aber den Luftstickstoff nutzen. Besondere Bakterien in ihren Wurzeln, die *Knöllchenbakterien,* binden den Luftstickstoff und überführen ihn in Ammonium.

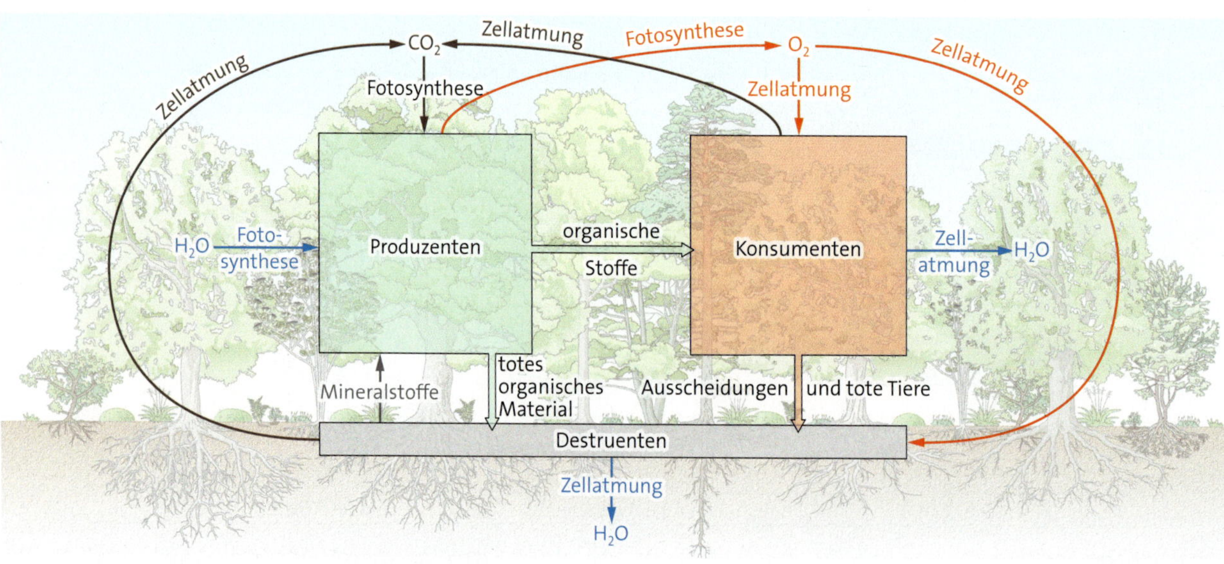

04 Kohlenstoff- und Sauerstoffkreislauf im Ökosystem Wald

Material A ▸ Biomasse und Energiefluss

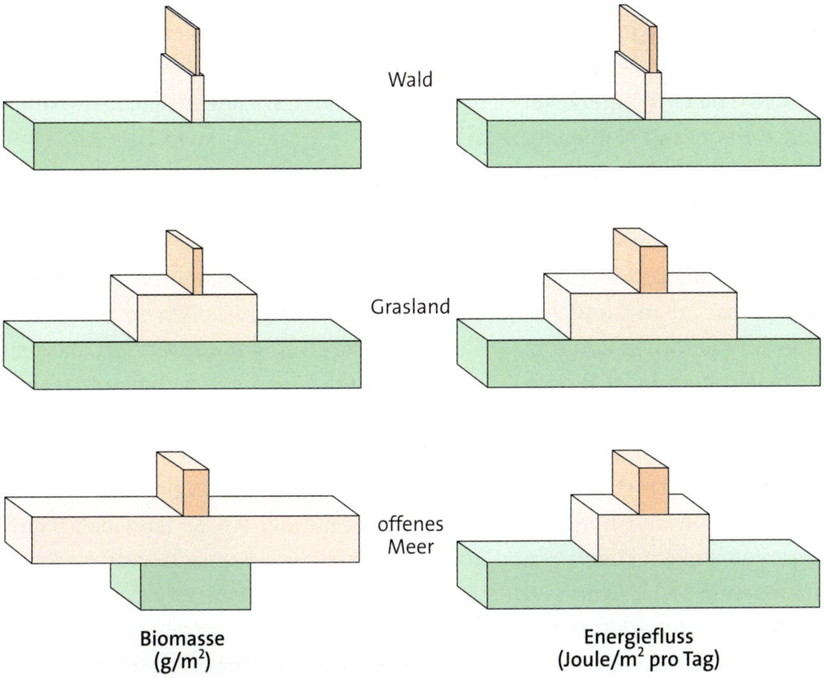

A1 Beschreibe, was in den Biomassen- und Energieflusspyramiden dargestellt ist!

A2 Vergleiche die Biomassen von Wald und Grasland sowie deren Energieflusspyramiden!

A3 Stelle Vermutungen an, worauf die in A2 festgestellten Unterschiede zurückzuführen sind!

A4 Nenne wichtige Produzenten und Konsumenten 1. Ordnung im offenen Meer!

A5 Stelle Vermutungen über die Abweichungen der Biomassenpyramide der Lebewesen im offenen Meer an!

Material B ▸ Stickstoffkreislauf

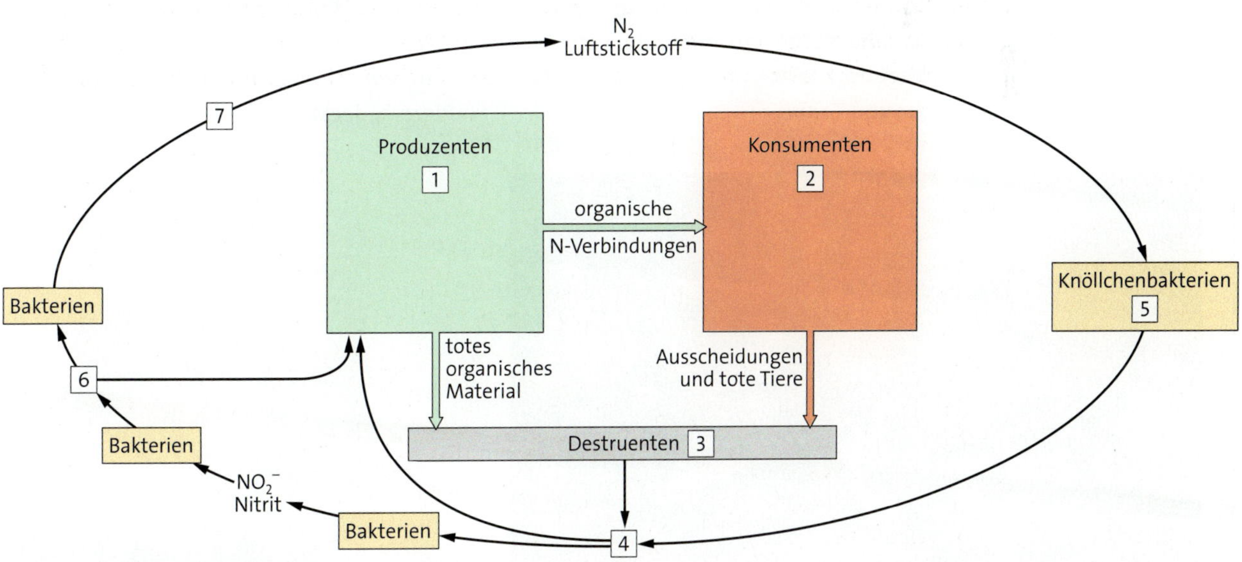

B1 Beschreibe die mit Zahlen markierten Stellen des Stickstoffkreislaufs!

B2 Nenne zwei organische Stoffe in Lebewesen, die Stickstoff enthalten und deren jeweilige Funktion!

B3 Erkläre, weshalb das Anpflanzen von Pflanzen mit Knöllchenbakterien das Wachstum anderer Pflanzen fördert!

IM BLICKPUNKT GESCHICHTE

Vom Urwald zum Nutzwald

ENTSTEHUNG DER URWÄLDER · Während der letzten großen Eiszeit, die vor etwa 12 000 Jahren zu Ende ging, waren große Flächen Europas von Eis bedeckt. Auf den wenigen eisfreien Flächen konnten aufgrund der extremen Kälte nur Gräser und Sträucher wachsen. Mit dem Anstieg der Temperaturen und dem damit verbundenen Rückgang der Gletscher konnten sich erste Bäume ansiedeln, die zunächst noch einzeln oder in kleinen Gruppen standen. Im Tiefland handelte es sich dabei vor allem um *Birke*, *Weide* und *Kiefer*, die das trockene und kühle Klima gut vertragen. In den höheren, noch kälteren, aber niederschlagsreicheren Mittelgebirgslagen siedelten sich *Fichte* und *Tanne* an. Die jahrhundertelang weiter steigenden Temperaturen führten nun dazu, dass sich im Tiefland lichte Eichenmischwälder aus *Eiche*, *Ulme* und *Linde* immer stärker verbreiteten. Durch den weiteren Anstieg der Temperaturen kamen auch noch *Ahorn* und *Esche* hinzu. Das zunehmend feuchtere Klima ermöglichte schließlich die Ausbreitung der *Rotbuche*, *Hainbuche* und *Tanne*.

Die Rotbuche verbreitete sich immer weiter und stellte schließlich in vielen der immer dichter werdenden Wälder die häufigste Baumart dar.

Ob und wann eine Baumart in einer bestimmten Region innerhalb der letzten 12 000 Jahre vorkam, konnte durch Grabungen in alten Schichten torfhaltiger Böden bestimmt werden. Dort wurden ihre Pollen in den säurehaltigen Mooren so gut konserviert, dass sie noch heute einzelnen Arten zugeordnet werden können.

Bevor Menschen vor etwa 5000 Jahren begannen, in das Ökosystem Wald einzugreifen, bestanden die meisten Wälder aus vielen Baumarten. Die Bäume wuchsen auf engstem Raum in allen Altersklassen, von jungen Keimlingen über niedrige, wenige Jahrzehnte alte Exemplare bis zu mehrere Jahrhunderte alten Baumgiganten. Dazwischen war der Waldboden von herabgefallenen Ästen und dem toten Holz abgestorbener alter Stämme übersät. Ein solcher unberührter Wald wird als **Urwald** bezeichnet. Vor 5000 Jahren war Mitteleuropa fast vollständig von solchen undurchdringlichen Urwäldern bedeckt.

01 Wald früher:
A Mitteleuropäischer Urwald,
B Waldfläche vor 5000 Jahren

ENTSTEHUNG DER NUTZWÄLDER · Bereits vor etwa 5000 Jahren, in der Jungsteinzeit, griff der Mensch zum ersten Mal durch Rodungen in den Lebensraum Wald ein. Holz wurde als *Baumaterial*, *Brennstoff* und zur Herstellung von *Werkzeugen* und *Waffen* eingesetzt. Auch zur Gewinnung von *Weideflächen* und für den *Ackerbau* wurden Wälder abgeholzt. Man begann sogar, in Köhlereien *Holzkohle* herzustellen.

Vor etwa 1500 Jahren, etwa mit Beginn des Mittelalters, wurden immer größere Waldflächen gerodet, um den steigenden Holzbedarf der ständig wachsenden Bevölkerung zu decken. Holz wurde nun auch in Glashütten zur *Glasschmelze* und in Hochöfen zur *Eisenerzverhüttung* genutzt. Im *Bergbau* wurden große Mengen an Balken für den Stollenausbau benötigt. Haustiere wurden auf *Waldweiden* gemästet, wo sie große Mengen an Samen fraßen und die Bäume durch das Verbeißen junger Triebe schädigten. Bis ins 17. Jahrhundert wurden die Wälder vom Menschen immer intensiver genutzt und dabei immer stärker verändert oder sogar zerstört. Durch solche Eingriffe wurden nahezu alle mitteleuropäischen Urwälder in Nutzwälder, **Forste** genannt, umgewandelt.

Dramatischer Holzmangel führte vor rund 300 Jahren zu einem Umdenken. Hans Carl von CARLOWITZ formulierte 1713 erstmals Regeln zur langfristigen Planung der Waldnutzung. Er forderte, nach jeder Holzernte sofort wieder junge Bäume nachzupflanzen. Bis heute gilt seitdem in der Forstwirtschaft das Prinzip der *Nachhaltigkeit*. Es besagt, dass dem Wald pro Jahr nur so viel Holz entnommen werden darf, wie in einem Jahr nachwachsen kann. Dadurch soll die langfristig stabile Nutzung eines Forstes gesichert werden.

Um den immer größer werdenden Holzbedarf zu decken, wurde bis Mitte des 20. Jahrhunderts nach Rodungen statt natürlich vorkommender Baumarten überwiegend die besonders schnellwüchsige Fichte angepflanzt. Um sie schneller und einfacher maschinell ernten zu können, wurden häufig altersgleiche **Monokulturen** angelegt. Fichtenmonokulturen sind gegenüber Stürmen, Trockenheit und Schadinsekten jedoch besonders empfindlich. Deshalb pflanzt man heute mit dem Ziel einer nachhaltigen Bewirtschaftung immer häufiger naturnähere Mischwälder an, die aus am jeweiligen Standort natürlich vorkommenden Baumarten bestehen.

02 Wald heute:
A Waldfläche 2010,
B Altersgleiche Fichtenmonokultur

01 Großflächige Waldschäden im Mittelgebirge

Waldschäden

Einzelne abgestorbene Bäume gehören zum natürlichen Erscheinungsbild eines Waldes. In den 1970er Jahren begannen jedoch ganze Waldflächen in Mitteleuropa abzusterben. Was sind die Ursachen für diese Schäden?

NATÜRLICHE WALDSCHÄDEN · Wenn einzelne Äste dürr werden und schließlich der ganze Baum abstirbt, ist das häufig ein natürlicher **Alterungsprozess.** Extreme Wetterverhältnisse, zum Beispiel lange **Frost-, Hitze-** und **Trockenperioden,** können aber auch junge Bäume schädigen. Deren Blätter oder Nadeln verfärben sich dann zunächst gelb oder braun, vertrocknen und fallen schließlich ab. Dadurch werden die Bäume dauerhaft geschwächt. Sie produzieren deshalb oft weniger Harz und können sich so kaum noch gegen **Insektenbefall** wehren. In ihrem Holz können sich diese Insekten dann so stark vermehren, dass extrem große Populationen entstehen, die nun sogar völlig gesunde Bäume schädigen können. *Borkenkäfer* legen ihre Eier unter die Baumrinde. Die geschlüpften Larven legen dort Fraßgänge an und zerstören so lebenswichtige Gewebe. Sie bringen vor allem Fichten dadurch zum Absterben. Auch im noch frischen Holz von Bäumen, die durch **Stürme** abgebrochen oder entwurzelt worden sind, können sich Borkenkäfer sehr stark vermehren.

Manche Schmetterlingsraupen, zum Beispiel von *Schwammspinner* und *Eichenspanner*, ernähren sich von jungen Blättern und können dadurch nach Massenvermehrungen Laubbäume wie Eichen stark schädigen.

Schließlich können auch verschiedene **Pilze** einzelne Bäume schädigen. Zum Beispiel befällt der *Blasenrost* einige Kiefernarten.

Allen diesen natürlichen Waldschäden ist gemeinsam, dass sie kleinräumig begrenzt bleiben und nur für wenige Jahre, vor allem nach Wetterextremen, auftreten.

Zustand der Baumkrone:

Benadelung:	100–90 %	89–75 %	74–40 %	39–1 %	0 %
Vergilbung:	0–10 %	11–25 %	26–60 %	>60 %	–
Schadstufe:	ungeschädigt 0	schwach geschädigt 1	mittelstark geschädigt 2	stark geschädigt 3	abgestorben 4

02 Einteilung der Schadstufen am Beispiel der Fichte

NEUE WALDSCHÄDEN · In den 1970er Jahren beobachteten Förster erstmals in vielen Gebieten Mitteleuropas ein großflächiges Absterben von Bäumen, das mit natürlichen Ursachen nicht erklärt werden konnte. Es breitete sich immer weiter aus und wurde daher als **Waldsterben** bezeichnet. Anfangs waren vor allem *Tannen* betroffen, nach einigen Jahren zeigten auch *Fichten* deutliche Schäden. Bei diesen Schädigungen verfärben sich die Nadeln zunächst fleckig gelb bis braun und fallen schließlich ab. Durch den Nadelverlust werden die Kronenbereiche immer kahler und schließlich sterben die Bäume ab. Seit den 1990er Jahren sind auch Laubbäume, vor allem *Buchen* und *Eichen*, von ähnlichen Schäden betroffen. Auch bei ihnen kommt es zu Blattverfärbungen, Blattverlusten und langsamem Absterben.

ZUSTAND DES WALDES · Um den aktuellen Stand und die Entwicklung dieser Schäden zuverlässig einschätzen zu können, wird seit 1984 der Gesamtzustand des Waldes in Deutschland jährlich überprüft. Die Ergebnisse werden im **Waldzustandsbericht** veröffentlicht. In einem aufwendigen Verfahren beurteilen hierfür Fachleute den Zustand der Bäume. Das Ausmaß der Vergilbung der Nadeln und Blätter sowie die Dichte der Benadlung und Belaubung der Kronen erlauben sichere Rückschlüsse auf den Gesundheitszustand eines Baumes. Diese Symptome entscheiden, in welche der fünf **Schadstufen** ein Baum eingeordnet wird. Vergleicht man die Einzelergebnisse der jährlichen Waldzustandsberichte über mehrere Jahrzehnte, kann man kurz- und langfristige Trends in der Entwicklung der Waldschäden erkennen.

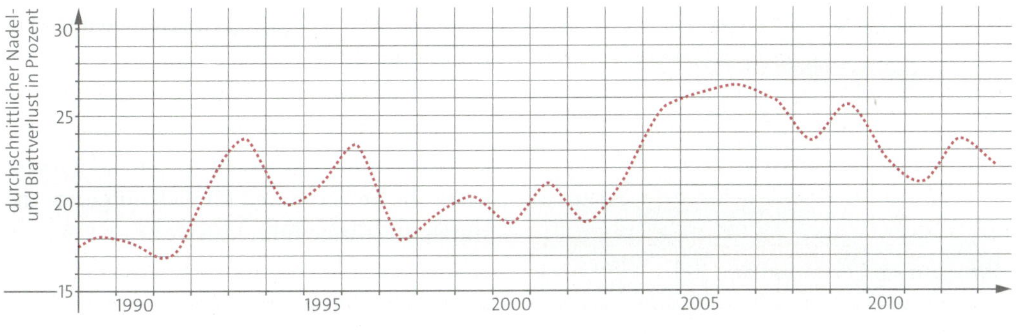

03 Durchschnittlicher Nadel- und Blattverlust der häufigsten Baumarten in Baden-Württemberg

URSACHEN DER NEUEN WALDSCHÄDEN · Die Nadeln und Blätter der geschädigten Bäume weisen Verätzungen auf, die auch fotosynthetisch aktive Gewebe beschädigen. Außerdem ist ihr symbiontisches Mykorrhiza-Wurzelsystem gestört. Durch diese Beeinträchtigungen der Versorgung mit Nähr- und Mineralstoffen kommt es zu einer massiven Schwächung der Bäume, die sich gegen natürliche Schädlinge, zum Beispiel *Borkenkäfer* oder Pilze, kaum noch wehren können und vor allem auf Trockenheit besonders empfindlich reagieren.
Verursacher der Verätzungen und Wurzelschäden sind Säuren, die über den Regen verbreitet werden. Sie gehen auf Abgase von Industrie, Verkehr und Haushalten zurück, die vor allem bei der Verbrennung von Kohle und Erdöl entstehen. Dort freigesetztes Schwefeldioxid reagiert in der Atmosphäre mit Wasserdampf zu Schwefelsäure. Stickoxide reagieren auf ähnlichem Weg zu Salpetersäure. Gelangt dieser **saure Regen** ins Erdreich, sinkt der pH-Wert im Boden. Neben den direkten Schäden am Mykorrhiza-Wurzelsystem führt dies auch zur Freisetzung giftiger Schwermetalle, die für alle Lebewesen eine erhebliche Gefahr darstellen. Außerdem kommt es zur Auswaschung wichtiger Mineralsalze, die den Bäumen dann nicht mehr zur Verfügung stehen.
Stickoxide führen außerdem zur Entstehung von bodennahem Ozon, das Nadeln und Blätter ebenfalls schädigen kann.

Schwefeldioxid = SO_2
Schwefelsäure = H_2SO_4
Stickoxide = NO_X
Salpetersäure = HNO_3
Ozon = O_3

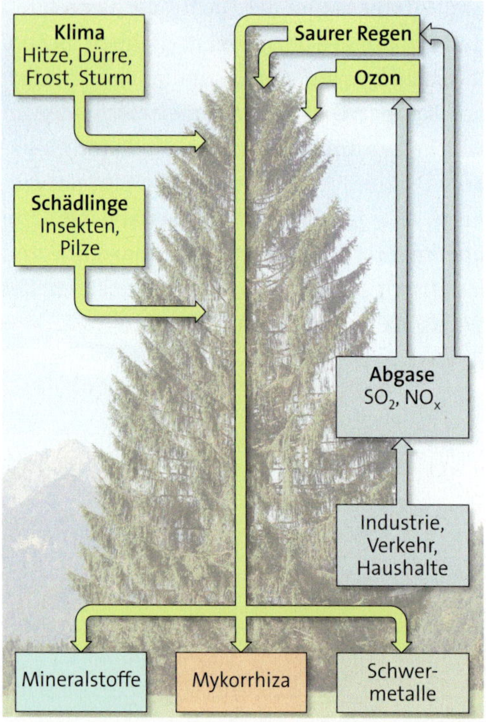

04 Natürliche und anthropogene Ursachen von Waldschäden

MASSNAHMEN · Zur Begrenzung der Waldschäden werden abgestorbene Bäume möglichst rasch gefällt und aus dem Wald entfernt, um eine Massenvermehrung von Borkenkäfern zu vermeiden. Außerdem werden Waldgebiete großflächig gekalkt, um den pH-Wert der versauerten Böden wieder anzuheben. Damit werden jedoch lediglich Symptome bekämpft, ohne die Ursachen zu beseitigen. Dies geschieht, indem der Anteil von Schwefeldioxid und Stickoxiden in Abgasen durch den Einsatz von Entschwefelungsanlagen und speziellen Filtern in Industrieanlagen und Katalysatoren in Fahrzeugen reduziert wird. Auf diese Weise konnte der Schwefeldioxidausstoß von Industrie und Haushalten in den letzten 30 Jahren so weit verringert werden, dass es nicht zum befürchteten Absterben des gesamten Ökosystems Wald gekommen ist. Durch den ständig steigenden Verkehr ist die Belastung mit Stickoxiden jedoch annähernd gleich geblieben. Aus dem aktuellen Waldzustandsbericht wird deutlich, dass noch immer keine stabile Erholung der Baumbestände eingetreten ist.

PROGNOSEN · Der aktuelle rasche Klimawandel scheint zu weiteren Belastungen des Waldes zu führen. Die erwarteten längeren Trockenheiten im Sommer schwächen die Bäume. Wärmere Winter und trockenere Frühjahre begünstigen Massenvermehrungen der Borkenkäfer. Die im wärmeren Klima häufigeren und stärkeren Stürme führen zu weiteren Schäden.

1 Beschreibe die Ursachen von Waldschäden!

Material A ▸ Regionale Verteilung der Schadstufen in Baden-Württemberg

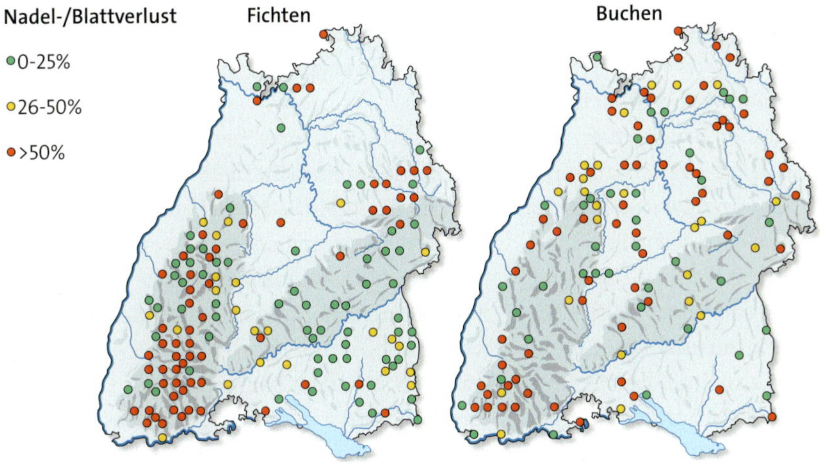

A1 Beschreibe die regionale Verteilung der Schadstufen bei Fichten!

A2 Vergleiche die regionale Verteilung der höchsten Schadstufe bei Fichten und Buchen!

A3 Formuliere eine Hypothese über mögliche Ursachen der Unterschiede zwischen den beiden Verteilungsmustern der höchsten Schadstufe!

Material B ▸ Schäden bei jüngeren und älteren Fichten

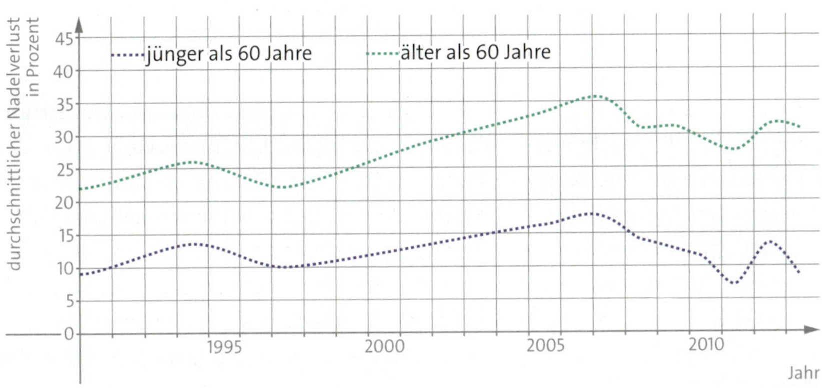

B1 Beschreibe die Entwicklungen des Nadelverlusts bei jüngeren Fichten!

B2 Vergleiche die Entwicklungsverläufe des Nadelverlusts bei jüngeren und älteren Fichten!

B3 Stelle Vermutungen über die Ursachen der Gemeinsamkeiten und Unterschiede zwischen beiden Altersklassen an!

Material C ▸ Infrarotaufnahmen

Eine Waldfläche mit See wurde aus dem Helikopter mit einer Infrarotkamera aufgenommen. In ihrem Bild sind warme Oberflächen in Rottönen und kalte Oberflächen in Blautönen dargestellt. Schatten bleiben schwarz.

C1 Beschreibe die Aufnahme!

C2 Beurteile den Nutzen dieser Technik für die Einschätzung des Waldzustands!

IM BLICKPUNKT GEOGRAFIE

Tropischer Regenwald in Gefahr

Die Klimazone der Tropen erstreckt sich von etwa 23,5 Grad nördlicher Breite über den Äquator bis etwa 23,5 Grad südlicher Breite. Die Sonneneinstrahlung und die Temperatur sind das ganze Jahr über sehr hoch. Es gibt in den Tropen keine Jahreszeiten wie bei uns. Neben der Temperatur ist der Niederschlag ein wichtiger Faktor zur Abgrenzung von Klimazonen und zur Einteilung in Bereiche mit gleichartiger natürlicher Vegetation, den *Vegetationszonen*. Innerhalb der Tropenzone unterscheidet man mehrere Vegetationszonen. In der innersten, von etwa 10 Grad nördlicher bis 10 Grad südlicher Breite, fällt gleichmäßig über das Jahr verteilt mehr als 2000 Millimeter Niederschlag. Man bezeichnet diese Zone daher als *immerfeuchte Tropen*. Ihre charakteristische Vegetationsform ist der **tropische Regenwald.** Er macht zurzeit etwa 10 Prozent der Vegetation der Erde aus. Das Kongo-Becken in Afrika, das Amazonas-Gebiet in Südamerika und Teile Südostasiens sind mit zusammen etwa 13 Millionen Quadratkilometern die größten zusammenhängenden Regenwaldregionen der Erde.

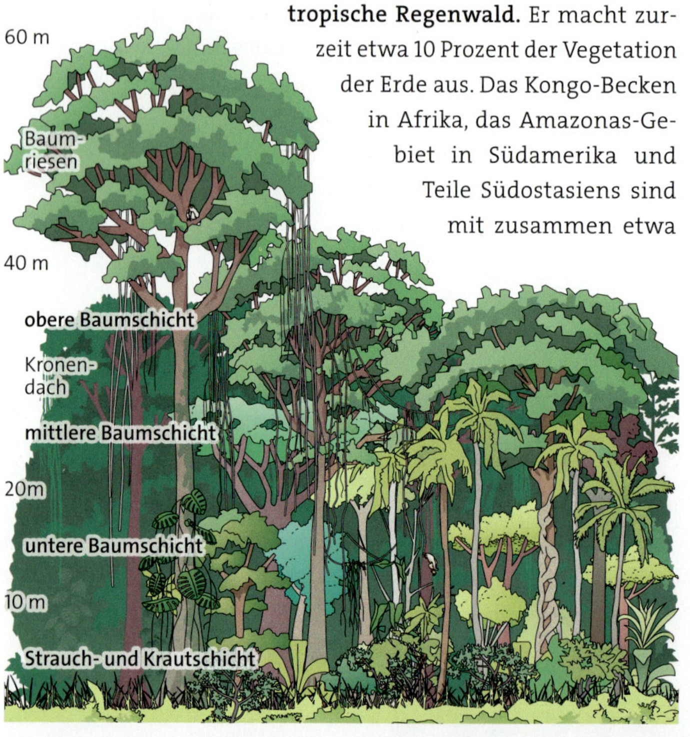

01 Stockwerkbau des tropischen Regenwalds

Der Bau eines tropischen Regenwalds lässt sich stark vereinfacht in Form von Stockwerken beschreiben. Die *Strauch-* und *Krautschicht* erstreckt sich vom Boden bis in etwa zehn Meter Höhe. Moose, krautige Pflanzen und junge Bäume wachsen hier bis in das nächste Stockwerk hinein, die *untere Baumschicht*. Dort wachsen niedrige Bäume. Dieses Stockwerk reicht bis etwa 20 Meter und geht dann in die mittlere Baumschicht über. Sie wird durch ein fast geschlossenes *Kronendach* in etwa 40 Meter Höhe begrenzt. Einzelne *Baumriesen* ragen über diese Kronenschicht heraus bis in eine Höhe von über 60 Metern. In jedem Stockwerk herrschen spezifische ökologische Bedingungen. So nehmen der Lichteinfall und die Temperatur von oben nach unten stark ab, die Luftfeuchtigkeit hingegen steigt stark an. Viele verschiedene Pflanzen und Tiere sind an diese vielen unterschiedlichen Lebensbedingungen angepasst. Daraus ergibt sich eine außerordentlich große Artenvielfalt von Pflanzen und Tieren. Fast zwei Millionen Arten sind im tropischen Regenwald bekannt, geschätzt werden etwa 20 Millionen. Der Regenwald hat damit eine sehr große Bedeutung für die biologische Vielfalt der Lebewesen.

Die klimatischen Bedingungen führen zu einem schnellen Wachstum der Pflanzen und einer sehr schnellen Zersetzung der toten organischen Materialien durch Destruenten. Die Mineralstoffe werden von den Pflanzen schnell wieder aus der obersten Bodenschicht aufgenommen. Man spricht von kurzen und schnellen Stoffkreisläufen. Der Boden hat nur eine dünne Humusschicht und speichert im Gegensatz zu einem mitteleuropäischen Waldboden kaum Mineralstoffe. Er ist deshalb recht unfruchtbar.

Die im Regenwald lebenden Menschen versuchen traditionell, den Wald so zu nutzen, dass er nicht zerstört wird. Um Felder für den Ackerbau im dichten Regenwald zu gewinnen, werden Bäume gefällt und nach dem Trocknen verbrannt. Lässt der Ernteertrag aufgrund des Mineralstoffmangels im Boden nach, wird eine neue Fläche für den Ackerbau vorbereitet. Dieser **Brandrodungsfeldbau** kann allerdings nur eine begrenzte Anzahl von Menschen ernähren. Siedlungsflächen für die stark wachsende Bevölkerung und neue Felder für Bauern benötigen viele offene Landflächen. Die dadurch notwendigen großflächigen Rodungen und der Bau von Straßen zerstören den Regenwald im Gegensatz zur kleinflächigen Brandrodung so stark, dass eine Erholung der natürlichen Vegetation nicht mehr möglich ist. Für Viehweiden, Plantagen und die Gewinnung von Rohstoffen, wie Erze und Erdöl, werden ebenfalls große Flächen gerodet.

In der Konkurrenz um Licht wachsen die Bäume des Regenwalds sehr schnell in die Höhe. Dabei bilden sie kaum Äste aus. Die Einlagerung von Stoffen, die der Abwehr von Parasiten und Pilzen dienen, machen das Holz einiger Baumarten hart und widerstandsfähig. Diese Holzeigenschaften sind für die Produktion von beispielsweise Gartenmöbeln, Terrassen- und Bodenbelägen für den Weltmarkt von großer Bedeutung. Teak, Mahagoni und Bangkirai sind beliebte Tropenholzarten. Durch den großflächigen Holzeinschlag und den weitläufigen Straßenbau für den Abtransport von Baumstämmen wird der tropische Regenwald zusätzlich in weiten Teilen zerstört. Die Auswertung von Satellitenbildern lässt darauf schließen, dass die Gesamtfläche der Vernichtung tropischer Regenwälder bei etwa 100 000 Quadratkilometern pro Jahr liegt. Dies hat Folgen für das regionale Klima, da der Wald den Wasserhaushalt reguliert und ohne Bäume sein Boden austrocknet. Hohe Niederschläge spülen den vegetationsfreien, ohnehin dünnen Boden weg. Bei der Brandrodung werden zusätzlich sehr große Mengen des treibhauswirksamen Kohlenstoffdioxids in die Atmosphäre abgegeben. Gleichzeitig stehen viel weniger Bäume für die Aufnahme von Kohlenstoffdioxid aus der Atmosphäre zur Verfügung. Die Zerstörung des tropischen Regenwalds ist daher eine der Ursachen für die steigende globale Erderwärmung. Durch den Verlust an Lebensraum sterben viele Pflanzen- und Tierarten des tropischen Regenwalds aus, sodass die Artenvielfalt auf der Erde sinkt. Zurzeit sind viele Staaten bestrebt, den Regenwald zu schützen oder ihn wenigstens nachhaltig zu nutzen.

02 Brandrodung

03 Gartenmöbel und Terrassenboden aus Tropenholz

01 Seeufer

Zonierung eines Sees

Die Ufer naturnaher, im Flachland vorkommender Seen zeigen oft eine typische Abfolge verschiedener Pflanzen. Während am Uferrand Bäume und Büsche wachsen, erstrecken sich in den See hinein Flächen mit Schilf und Seerosen. Wie lässt sich dies erklären?

ÖKOSYSTEM SEE · Kleine stehende Gewässer natürlichen Ursprungs, die ganzjährig mit Wasser gefüllt sind, nennt man *Weiher*. Stehende Kleingewässer, die von Zeit zu Zeit austrocknen, bezeichnet man als *Tümpel* und künstlich angelegte stehende Kleingewässer als *Teiche*. Ein stehendes Binnengewässer mit einer Mindestfläche von etwa 10 000 Quadratmetern, das tiefer als zwei Meter ist, nennt man **See**. Viele Seen in Deutschland bildeten sich nach der Eiszeit in vom Gletschereis geformten Becken. Einige entstanden in Kratern von Vulkanen, wie die Eifelmaare. Daneben gibt es zahlreiche künstliche, vom Menschen geschaffene Seen wie Stauseen oder Baggerseen. Wie alle Ökosysteme besteht auch ein See aus einem Lebensraum, dem *Biotop*, und einer Lebensgemeinschaft, der *Biozönose*. Der Lebensraum See umfasst den Seeboden und das Freiwasser. Mit zunehmender Tiefe verändern sich die abiotischen Umweltfaktoren. Deshalb unterteilt man den Seeboden in eine *Uferzone*, die bis in etwa acht Meter Tiefe reicht, und eine *Tiefenzone*. Ebenso wird das Freiwasser in eine vom Licht durchflutete *Oberflächenwasserzone* und eine dunkle *Tiefenwasserzone* gegliedert.

Neben klimatischen Faktoren, wie Lufttemperatur, Sonneneinstrahlung, Niederschläge und Wind, kennzeichnen vor allem Form und Tiefe des Seebeckens, die Beschaffenheit des Seebodens sowie die Wasserzufuhr und der Wasserabfluss dieses Biotop. Diese Faktoren beeinflussen weitere abiotische Umweltfaktoren wie Wassertemperatur, Sauerstoffgehalt, Mineralstoffgehalt und pH-Wert des Wassers.

1 Beschreibe die in Abbildung 02 dargestellte Einteilung eines Sees!

PFLANZENZONEN · Bei naturnahen Seen mit flach abfallenden Ufern zeigt sich mit zunehmender Tiefe eine Abfolge typischer Pflanzengesellschaften, die **Pflanzenzonen.** Die oberste Zone wird bei starkem Hochwasser überschwemmt und weist auch sonst einen sehr hohen Grundwasserspiegel auf. Weil sich in den Böden dieser Zone das Wasser staut, sind sie sauerstoffarm. Die Pflanzen sind an diese Bedingungen durch flache Wurzeln und zusätzliche Einrichtungen zur Sauerstoffversorgung der Wurzeln angepasst. Da in dieser Pflanzenzone vor allem Waldpflanzen vorkommen, nennt man sie **Bruchwaldzone.** An diese Bedingungen sind auch die Pflanzen der folgenden Zone angepasst. Sie fällt nur bei Niedrigwasser trocken. Nach den hier häufigen Sauergräsern, den Seggen, wird sie als **Seggenzone** bezeichnet. Dauerhaft in bis zu einem Meter tiefen Wasser wachsen Schilfrohr und Rohrkolben. Mit biegsamen Halmen und einer festen Verankerung im Seegrund sind sie an Wind und Wellenschlag angepasst. Sie sind die typischen Pflanzen der **Röhrichtzone.** Auch die mit ihren Blättern auf der Wasseroberfläche schwimmenden See- und Teichrosen sitzen mit kräftigen Wurzeln fest im Untergrund. Ihre Wurzeln sind über lange, elastische Stängel mit den Blättern verbunden. So können die

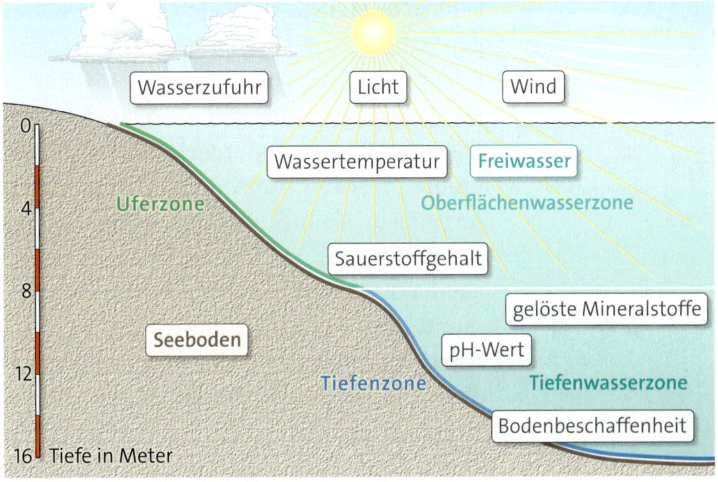

02 Abiotische Umweltfaktoren im See

Pflanzen dieser **Schwimmblattzone** unterschiedliche Wasserstände ausgleichen. Vollständig untergetaucht und nur locker verwurzelt ist die Wasserpest. Diese Pflanze und weitere untergetauchte Pflanzen nehmen sowohl das Kohlenstoffdioxid als auch die Mineralstoffe mit den Blättern direkt aus dem Wasser auf. Sie bilden die **Tauchblattzone.** Nur in sehr klaren Seen findet man in Tiefen von acht bis zehn Metern Armleuchteralgen. In dieser **Armleuchteralgenzone** sind nur noch wenige Pflanzen an die geringe Lichteinstrahlung und den hohen Wasserdruck angepasst.

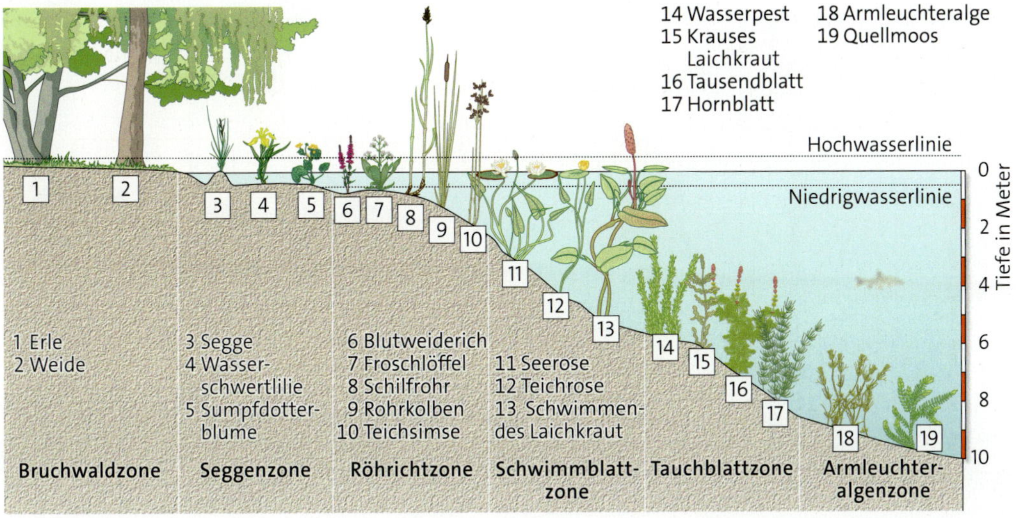

03 Pflanzenzonen eines Seeufers

LEBENSGEMEINSCHAFTEN IM SEE · Neben den zahlreichen Pflanzenarten umfasst die Lebensgemeinschaft der Uferzone viele Arten der Tiergruppen Einzeller, Platt- und Ringelwürmer, Schnecken, Muscheln, Wassermilben, Krebse, Insekten und ihre Larven sowie Amphibien. In der deutlich artenärmeren Tiefenzone des Seebodens findet man vor allem Schalenamöben, Schlammwürmer, Erbsenmuscheln und Zuckmückenlarven.

Arten, die auf oder direkt unter der Wasseroberfläche leben, und solche, die sich im Wasser aufhalten, bilden die Lebensgemeinschaft des Freiwassers. Zum Beispiel können die zu den Wanzen gehörenden Wasserläufer auf der Wasseroberfläche laufen, ohne unterzugehen, und Stechmückenlarven hängen kopfunter mit ihren Atemröhren an der Wasseroberfläche. Bei den im Freiwasser vorkommenden Arten unterscheidet man zwischen mikroskopisch kleinen, im Wasser schwebenden Arten, dem *Plankton,* und sich aktiv im Wasser bewegenden Arten wie Fische. Das Plankton umfasst einzellige Algen und Algenkolonien, das *Pflanzenplankton,* sowie Wimpertierchen, Rädertierchen, Wasserflöhe und Hüpferlinge, das *Tierplankton.* Während die Oberflächenwasserzone sehr artenreich ist, findet man in der dunklen Tiefenwasserzone nur einige Arten des Tierplanktons und vereinzelt Fische. Man kann also die Gesamtheit der Lebewesen eines Sees, die Biozönose, vergleichbar dem Biotop in verschiedene Lebensgemeinschaften unterteilen.

NAHRUNGSBEZIEHUNGEN · Die Lebewesen der Biozönose See sind durch vielfältige Nahrungsbeziehungen miteinander verbunden. Die Grundlage dafür bilden die Pflanzen der Uferzone und die Algen des Pflanzenplanktons, die durch Fotosynthese Nährstoffe produzieren. Von diesen *Produzenten* ernähren sich die *Konsumenten erster Ordnung* wie das Tierplankton. Dieses wird wiederum von *Konsumenten zweiter Ordnung,* zum Beipiel von Fischen wie der Plötze, gefressen. Die Plötze ist wieder ein Beutetier des Hechts, der als *Konsument dritter Ordnung* am Ende dieser **Nahrungskette** steht. Da die Plötze wie viele Tierarten nicht nur eine Nahrungsquelle nutzt, sondern beispielsweise auch Pflanzen frisst, sind mehrere Nahrungsketten zu einem **Nahrungsnetz** verknüpft. Tierkot und tote Lebewesen werden schließlich von Bakterien und Pilzen, den *Destruenten,* so abgebaut, dass nur noch Mineralstoffe übrig bleiben.

2 Vergleiche tabellarisch die verschiedenen Lebensgemeinschaften des Freiwassers!

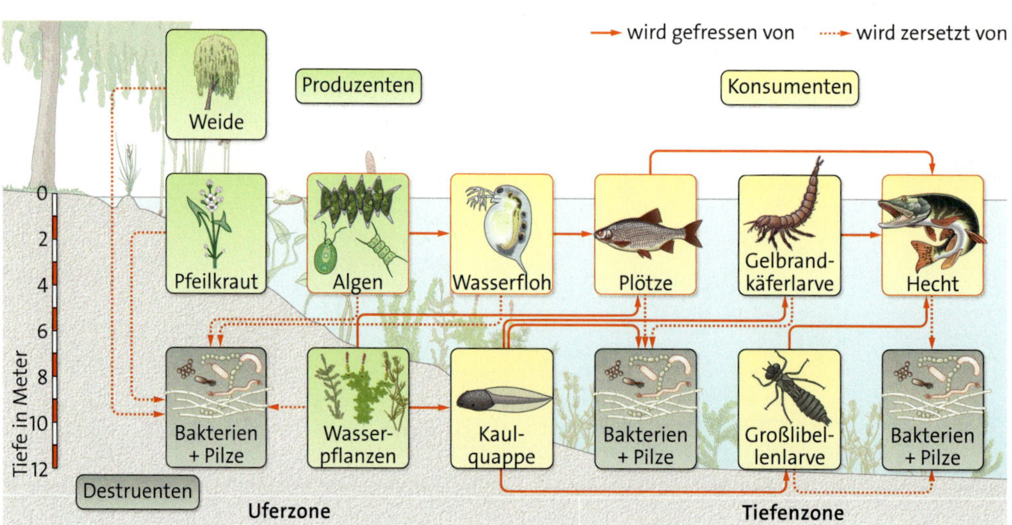

04 Nahrungsbeziehungen im Ökosystem See

Material A ▸ Seezonierung

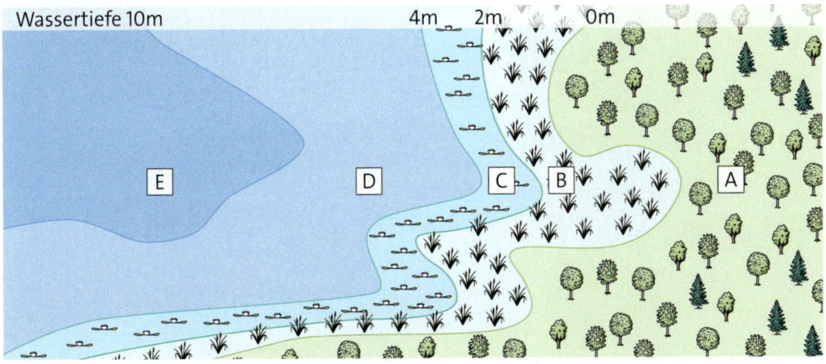

A1 Nenne die mit A bis C bezeichneten Bereiche und ordne jedem Bereich zwei typische Pflanzen zu!

A2 Beschreibe die abiotischen Umweltfaktoren im Bereich B!

A3 Begründe das Vorkommen von Pflanzen in D und E!

Material B ▸ Wasserpflanzen

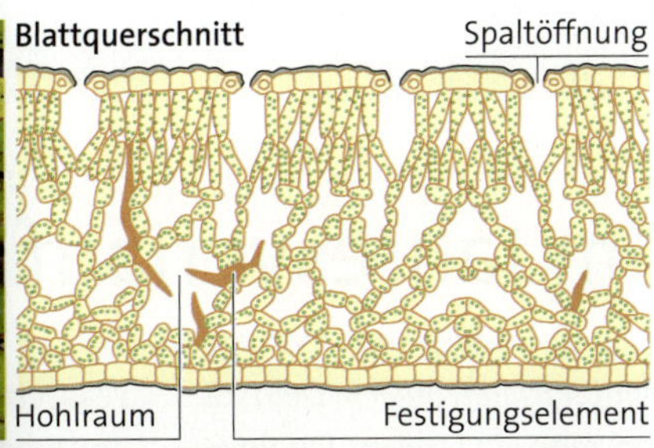

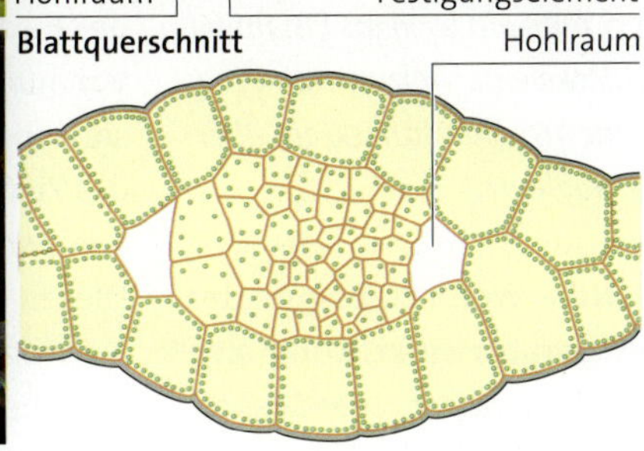

B1 Vergleiche tabellarisch den Bau der Laubblätter von Landpflanzen, Seerosen und der Wasserpest!

B2 Erläutere den Zusammenhang von Struktur und Funktion am Beispiel des Baus der abgebildeten Blätter!

B3 Stelle Vermutungen an, aus welchem Stoff die bei der Wasserpest sichtbaren Gasbläschen bestehen, und beschreibe, wie es zu ihrer Bildung kommt!

Material C ▸ Nahrungsbeziehungen

C1 Fertige eine beschriftete Skizze eines Seebeckens an und ordne die abgebildeten Arten den Seezonen zu!

C2 Entwirf durch Einfügen von Pfeilen ein Schema der vermutlichen Nahrungsbeziehungen dieser Arten!

01 Zugefrorener See

Der See im Jahresverlauf

In einem kalten Winter frieren auch in Deutschland Seen zu. Bohrt man ein Loch ins Eis, findet man unter der Eisdecke eine Vielzahl von Lebewesen, die auch die frostige Jahreszeit überleben. Wie ist das möglich?

WINTERSCHICHTUNG · Wenn zu Beginn des Winters die Lufttemperatur sinkt, kühlt sich zunächst das Oberflächenwasser eines Sees ab. Bei vier Grad Celsius hat Wasser seine größte Dichte. Deshalb sammelt es sich im Tiefenbereich des Sees. Sinkt die Lufttemperatur unter null Grad, bildet sich an der Wasseroberfläche Eis. Im Unterschied zu anderen Stoffen, die im festen Zustand eine höhere Dichte haben als im flüssigen Zustand, hat Eis eine geringere Dichte als flüssiges Wasser. Es sinkt deshalb nicht auf den Seeboden, sondern schwimmt oben. Bei anhaltender Kälte bildet sich eine geschlossene und zunehmend dicker werdende Eisdecke. Diese verhindert, dass das darunterliegende Wasser weiter abkühlt. Im Winter kann man deshalb häufig eine Schichtung des Wassers im See beobachten. Unmittelbar unter der Eisdecke hat das Wasser eine Temperatur von null bis einem Grad Celsius. Zwischen dieser Schicht und dem vier Grad kühlen Wasser des Tiefenbereichs folgen Wasserschichten mit Temperaturen zwischen einem und vier Grad. Diesen Zustand nennt man **Winterschichtung.** Da wegen der Eisdecke eine Durchmischung des Oberflächenwassers durch den Wind nicht möglich ist und auch die von null nach vier Grad zunehmende Dichte des Wassers einen Austausch zwischen den Schichten verhindert, spricht man auch von der **Winterstagnation.**

lateinisch stagnare = still stehen

Wegen der besonderen Dichteeigenschaften des Wassers steht den Lebewesen eines Sees auch im Winter unter der Eisdecke flüssiges Wasser zur Verfügung, in dem sie überleben können. Zu einem begrenzenden Faktor kann jedoch der Sauerstoffgehalt des Wassers werden. Da im Winter keine Durchmischung des Wassers stattfindet und auch kaum Sauerstoff durch Fotosynthese entsteht, nimmt vor allem im Tiefenbereich der Sauerstoffgehalt ab.

FRÜHJAHRSZIRKULATION · Im Frühjahr wird die Sonneneinstrahlung stärker, die den See bedeckende Eisdecke schmilzt. Wenn sich das Oberflächenwasser auf eine Temperatur von vier Grad erwärmt, sinkt es aufgrund seiner höheren Dichte nach unten. Da nun das gesamte Wasser im See die gleiche Temperatur und Dichte besitzt, durchmischt es sich vollständig. Wind, der das Oberflächenwasser bewegt, verstärkt diesen kreisförmigen Wasseraustausch zwischen Oberflächenwasser und Wasser des Tiefenbereichs. Man nennt diesen Prozess **Frühjahrszirkulation.** Durch die Frühjahrszirkulation gelangt wieder sauerstoffreiches Wasser aus der oberen Schicht in den Tiefenbereich.

SOMMERSCHICHTUNG · Im Sommer kann sich das Oberflächenwasser auf über 20 Grad erwärmen. Da die Dichte des Wassers mit zunehmender Erwärmung über vier Grad abnimmt, bildet das erwärmte Wasser eine obere Wasserschicht, die *Deckschicht.* In ihr kann das vom Wind bewegte Wasser zirkulieren. Ein Austausch mit dem kühleren Wasser darunter findet nicht statt, da dieses Wasser eine höhere Dichte hat. Zwischen der Deckschicht und der aus vier Grad kühlem Wasser bestehenden *Tiefenschicht* liegt eine Schicht, in der sich das Wasser sprunghaft abkühlt. Sie wird als *Sprungschicht* bezeichnet. Im Sommer bildet sich also wieder eine Abfolge unterschiedlich warmer Wasserschichten, zwischen denen kein Austausch stattfindet. Man spricht deshalb von der **Sommerschichtung** oder **Sommerstagnation.** Während die Deckschicht gut mit Sauerstoff versorgt wird, nimmt der Sauerstoffgehalt in der Sprungschicht stark ab und ist in der Tiefenschicht sehr gering.

HERBSTZIRKULATION · Kühlt sich im Herbst das Oberflächenwasser bis auf die Temperatur des Tiefenwassers ab, findet erneut eine vollständige Durchmischung statt, die **Herbstzirkulation.** Dabei gelangt wieder sauerstoffreiches Wasser von oben in den Tiefenbereich.

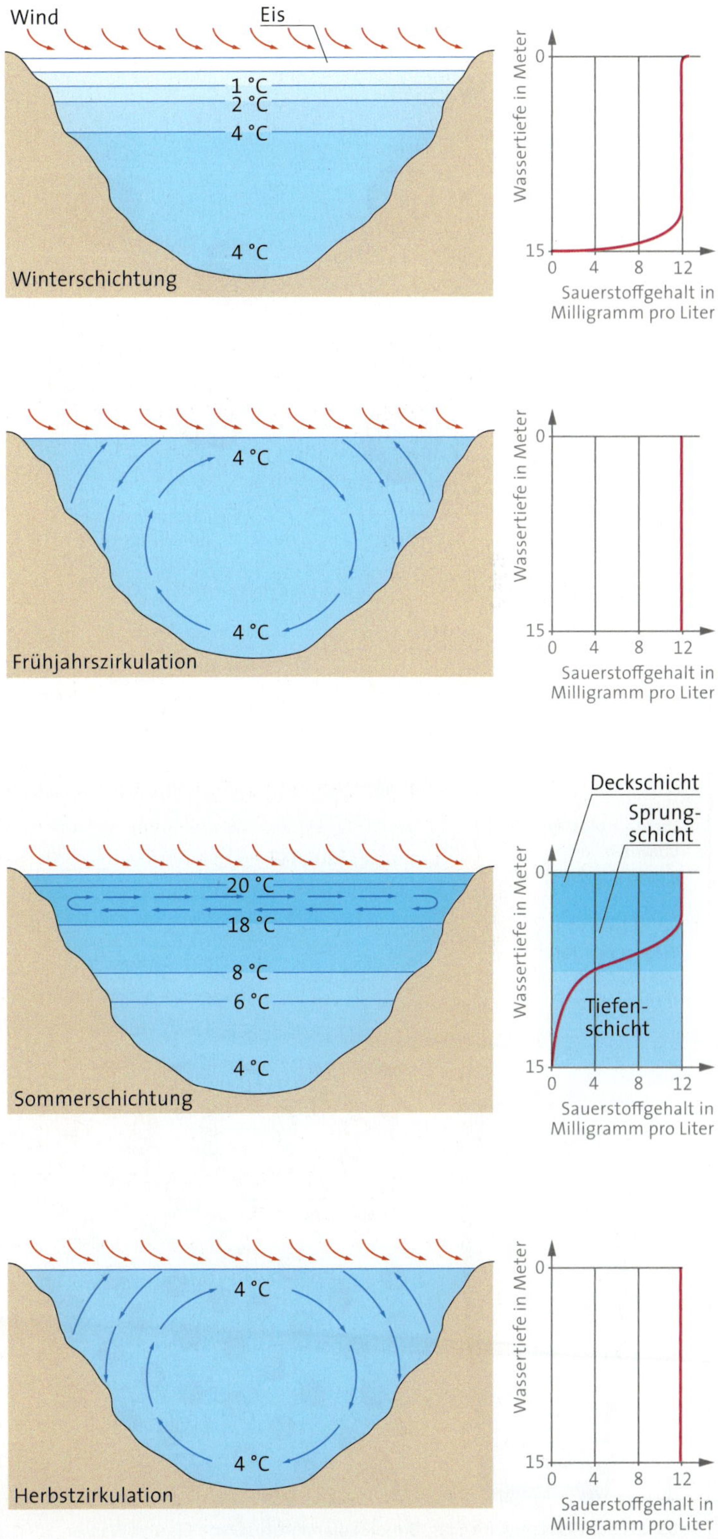

02 Wassertemperatur und Sauerstoffgehalt eines Sees im Jahresverlauf

IM BLICKPUNKT PHYSIK

Wasser

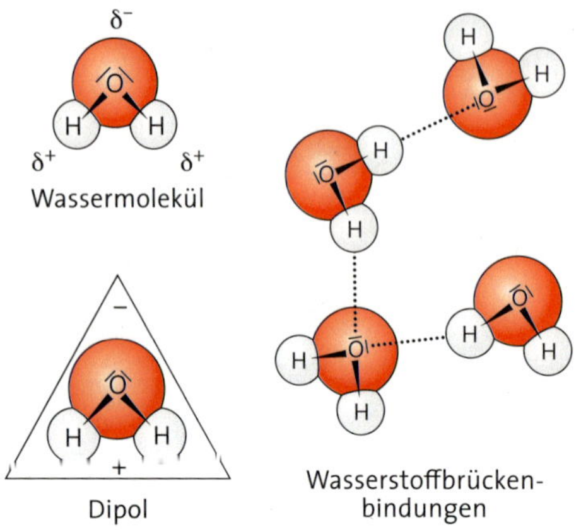

01 Wassermolekül und Wasserstoffbrückenbindungen

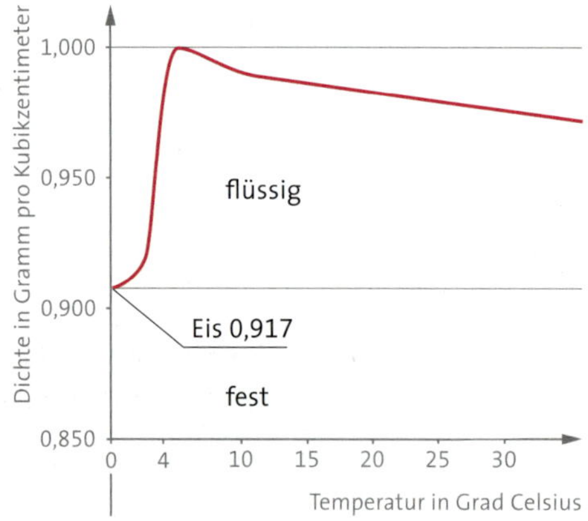

Dichte = Masse/Volumen, $\rho = m/V$ [g/cm³]

02 Dichte von Wasser bei unterschiedlichen Temperaturen

03 Eis auf Wasser: **A** im Glas, **B** molekularer Aufbau von Eis und Wasser

BAU DES WASSERMOLEKÜLS · Ein Wassermolekül besteht aus zwei Wasserstoffatomen, die mit einem Sauerstoffatom durch Elektronenpaarbindungen verbunden sind. Die beiden Bindungselektronenpaare werden vom Sauerstoffatom etwas stärker angezogen. Deshalb besitzt dort das Wassermolekül eine negative Teilladung und an den Wasserstoffatomen positive Teilladungen. Die unterschiedlichen Teilladungen befinden sich wegen des gewinkelten Baus an den entgegengesetzten Enden des Moleküls und bilden so einen *Dipol.* Weil Wassermoleküle Dipole sind, treten sie miteinander in Wechselwirkung. Die positiv teilgeladenen Wasserstoffatome eines Moleküls und die freien Elektronenpaare des Sauerstoffatoms eines anderen Moleküls ziehen sich an. Dabei bilden sich *Wasserstoffbrückenbindungen.*

DICHTEANOMALIE DES WASSERS · Normalerweise haben Stoffe im festen Zustand ihre höchste Dichte. Im flüssigen Zustand nimmt die Dichte mit steigender Temperatur ab. Wasser hat seine höchste Dichte im flüssigen Zustand bei vier Grad Celsius. Kühlt man es weiter ab, sinkt die Dichte stark und erreicht im festen Zustand, als Eis, den geringsten Wert. Erwärmt man es über vier Grad, nimmt die Dichte langsam ab. Diesen Verlauf bezeichnet man als **Dichteanomalie.** Im Eis sind die Wassermoleküle über Wasserstoffbrückenbindungen zu einem weitmaschigen Gitter mit großen Hohlräumen verbunden. Deshalb ist die Dichte gering. Beim Schmelzen brechen Gruppen von Molekülen, *Cluster* genannt, aus diesem Gitter heraus. Diese füllen bei vier Grad die Hohlräume noch vorhandener Gitterreste. Dadurch ergibt sich die hohe Dichte. Bei Erwärmung bricht das Gitter weiter auf, die Cluster werden kleiner und entfernen sich voneinander. Die Dichte nimmt ab.

Material A ▸ Dichteanomalie des Wassers

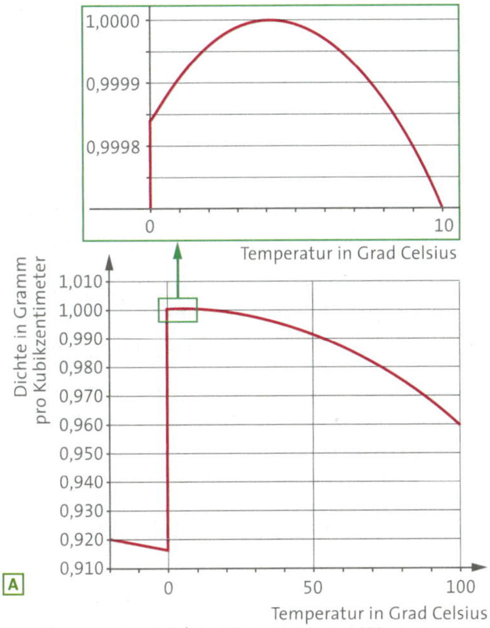

A
Temperatur-Dichte-Diagramm von Wasser

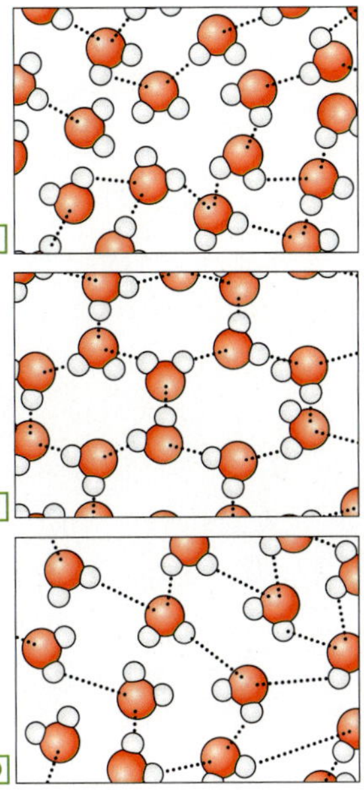

Molekulare Darstellungen von Wasser

A1 Ordne die drei molekularen Darstellungen von Wasser, B, C und D, den Temperaturen, 0 °C, 4 °C und 90 °C zu und begründe!

A2 Nenne jeweils den genauen Dichtewert zu den drei Temperaturen!

A3 Erläutere mithilfe des Diagramms, worin die Dichteanomalie des Wassers besteht!

A4 Begründe, wodurch das Überleben von Tieren in einem zugefrorenen See gewährleistet ist!

A5 Berechne das Volumen von einem Kilogramm Eis!

Material B ▸ Jahresverlauf im See

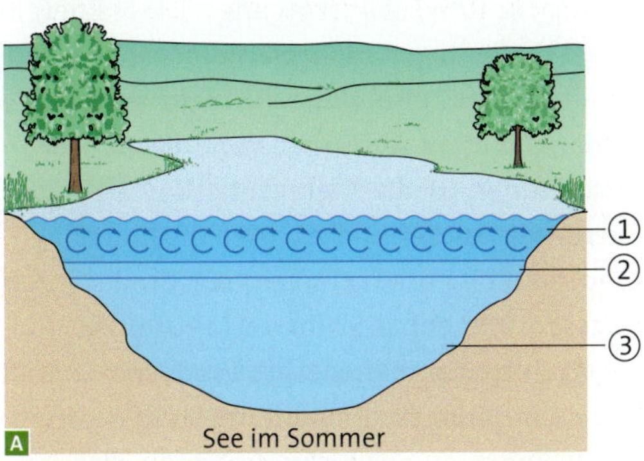

A
See im Sommer

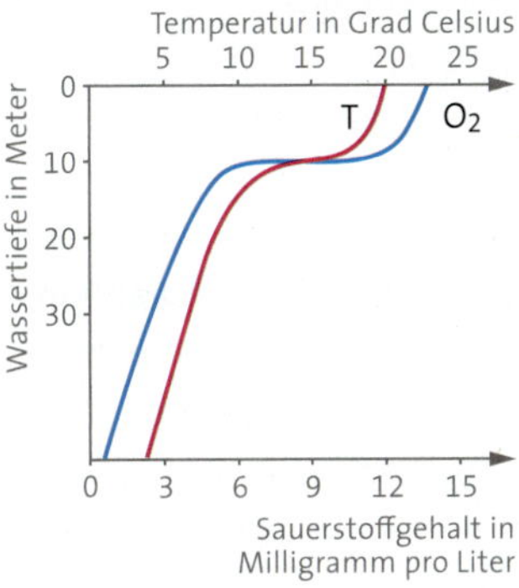

B
See im Winter

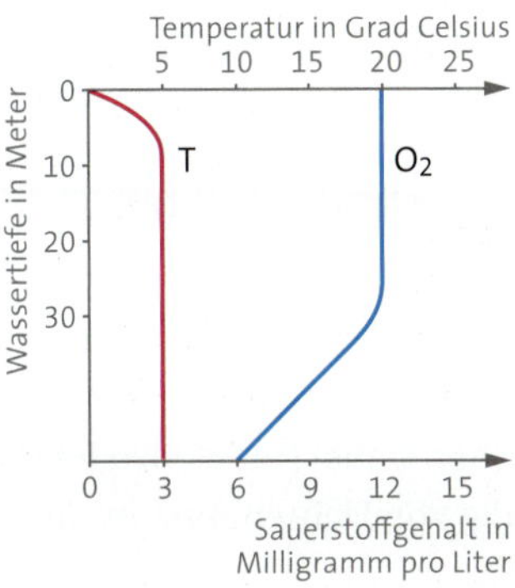

B1 Benenne die Schichten 1 bis 3 der Abbildung A!

B2 Nenne die Wassertemperaturen der Schichten 1 bis 3 sowie im See der Abbildung B!

B3 Erkläre, weshalb im Sommer nur eine teilweise Durchmischung des Wassers stattfindet und im Winter keine!

B4 Vergleiche die Veränderung des Sauerstoffgehalts mit der Wassertiefe im Sommer und im Winter!

B5 Stelle Vermutungen über die Temperaturverhältnisse in einem Gartenteich im Sommer und im Winter an!

01 Sonneneinstrahlung auf einen See

Energiefluss und Stoffkreisläufe im See

Für das Ökosystem See ist die Sonne die wichtigste Energiequelle. Wie wird diese Energie von den Lebewesen des Sees genutzt?

ENERGIEFLUSS · Das Ökosystem See ist ein offenes System, das auf Energiezufuhr von außen angewiesen ist. Die meisten Seen beziehen ihre Energie vor allem durch das Sonnenlicht. In Mitteleuropa liefert die Sonne im Jahresdurchschnitt täglich etwa 120 000 Kilojoule Energie pro Quadratmeter. Der größte Teil dieser Energie wird von der Wasseroberfläche reflektiert oder vom Wasser aufgenommen. Nur maximal fünf Prozent der eingestrahlten Energie kann von Wasserpflanzen und Pflanzenplankton, den Produzenten des Sees, genutzt werden. Mithilfe der *Lichtenergie* stellen die Produzenten durch Fotosynthese aus den energiearmen Stoffen, Wasser und Kohlenstoffdioxid, energiereiche organische Stoffe wie Glukose her. Dabei findet also eine Energieumwandlung von Lichtenergie in *chemische Energie* statt.

Etwa fünf Zehntel der so gespeicherten Energie nutzen die Produzenten selbst durch Zellatmung für ihre Lebensvorgänge. Diese Energie wird schließlich als *Wärmeenergie* abgegeben. Weitere vier Zehntel der chemischen Energie gelangen beim Absterben von Pflanzenteilen oder Algen in die Tiefenzone des Sees. Das verbleibende Zehntel erhalten die Konsumenten erster Ordnung, wenn sie Produzenten fressen. Dies entspricht nur 0,5 Prozent der eingestrahlten Sonnenenergie. Produzenten und Konsumenten erster Ordnung stellen aufeinanderfolgende Ernährungsebenen dar. Die Konsumenten erster Ordnung nutzen von der aufgenommenen Energie etwa sechs Zehntel für ihre Lebensvorgänge, und drei Zehntel sinken in Ausscheidungen oder beim Absterben dieser Konsumenten auf den Seeboden. Wieder bleibt nur ein Zehntel der Energie für die folgende Ernährungsebene, die Konsumenten zweiter Ordnung, übrig. Diese Vorgänge wiederholen sich auch beim Übergang zu den Konsumenten dritter Ordnung, sodass dort nur noch

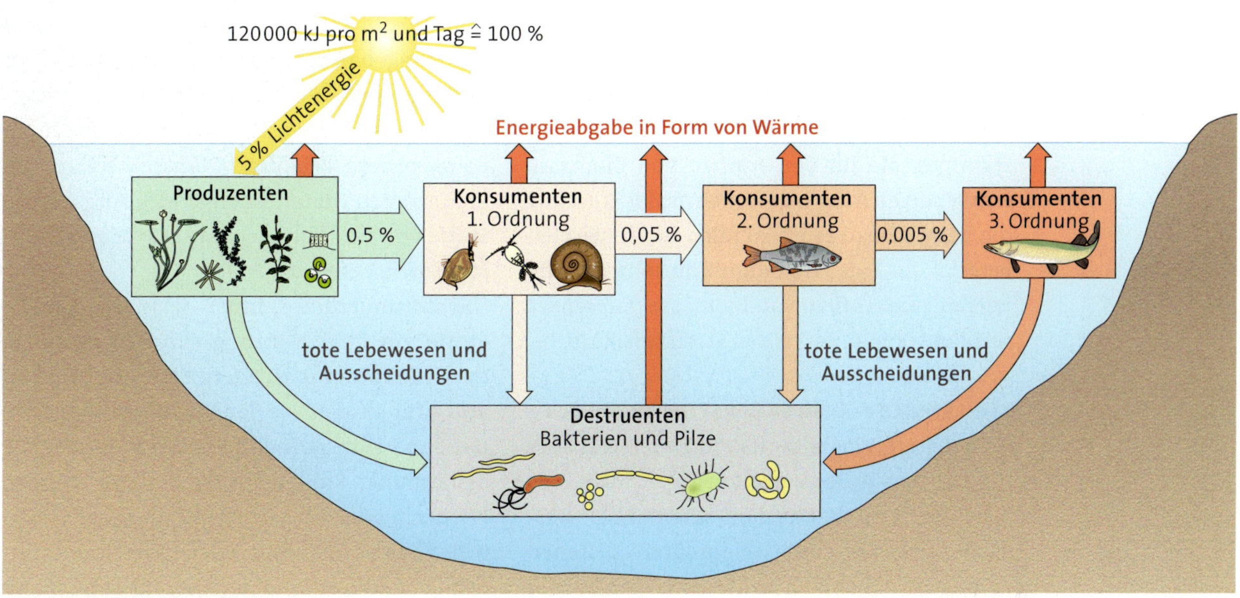

02 Energiefluss im Ökosystem See

0,005 Prozent der eingestrahlten Energie ankommen. Da also jeweils nur ein Zehntel oder zehn Prozent der Energie von einer Ernährungsebene zur nächsthöheren weitergegeben werden, spricht man von der **Zehn-Prozent-Regel.**

Die in den toten Lebewesen und Ausscheidungen noch gebundene Energie wird von den Destruenten beim Abbau zu anorganischen, energiearmen Stoffen freigesetzt. Diese Weitergabe von Energie von Ernährungsebene zu Ernährungsebene nennt man **Energiefluss.**

BIOMASSEPRODUKTION · Der Energiefluss ist mit dem Auf- und Abbau organischer Stoffe verbunden. Die Masse der organischen Stoffe, die in Lebewesen gebunden ist, bezeichnet man als **Biomasse.** Bestimmt man die Biomassen der Lebewesen der verschiedenen Ernährungsebenen auf der Basis von gleich großen Flächen- oder Volumeneinheiten, erhält man eine *Biomassenpyramide.* Bei den meisten Ökosystemen besitzen die Produzenten die größte Biomasse und bilden eine breite Pyramidenbasis. Die Biomassen nehmen aufgrund der Zehn-Prozent-Regel von Ebene zu Ebene stark ab, sodass die Konsumenten dritter Ordnung die Pyramidenspitze bilden. Beim Ökosystem See ergibt sich aber für die Produzenten und Konsumenten erster Ordnung eine umgekehrte Pyramide. Dieser angebliche Widerspruch zur Zehn-Prozent-Regel des Energieflusses lässt sich mit der raschen Vermehrung des Pflanzen- und Tierplanktons erklären. Die Neubildung von Biomasse, die **Produktion,** erfolgt in diesen beiden Ernährungsebenen in sehr kurzer Zeit. Vergleicht man die Biomassen der Ernährungsebenen eines Sees, die in einer bestimmten Zeit aufgebaut werden, also die **Biomasseproduktion,** ergibt sich auch hier eine Pyramide, die der allgemeinen Biomassenpyramide entspricht.

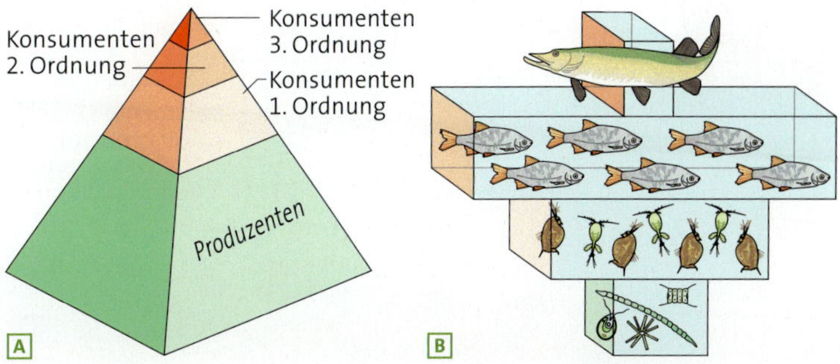

03 Biomassenpyramide: **A** Ökosysteme allgemein, **B** Ökosystem See

STOFFKREISLÄUFE · Die Energie, die im Ökosystem See weitergegeben wird, kommt als Sonnenenergie aus dem Weltall und entweicht als Wärmeenergie wieder ins Weltall. Dagegen stammen die für den Aufbau von Biomasse notwendigen Ausgangsstoffe von der Erde, und die beim Abbau entstehenden Stoffe verbleiben auf der Erde. Weil damit dieselben Stoffe wieder zum Aufbau von Biomasse verwendet werden können, entstehen **Stoffkreisläufe.**

KOHLENSTOFF- UND SAUERSTOFFKREISLAUF · Kohlenstoff, Wasserstoff und Sauerstoff sind die für den Aufbau organischer Stoffe entscheidenden chemischen Elemente. Ausschließlich aus diesen Elementen bestehen zum Beispiel Kohlenhydrate und Fette. Bei der Fotosynthese bilden die Produzenten zunächst das Kohlenhydrat Glukose. Der dazu erforderliche Kohlenstoff und Sauerstoff wird mit dem Kohlenstoffdioxid aufgenommen. Dieses ist in der Luft mit etwa 0,04 Prozent enthalten. Es löst sich in Wasser, sodass die Produzenten es direkt aus dem Wasser aufnehmen können. Der Wasserstoff stammt aus dem Wasser, das bei der Fotosynthese aufgenommen wird. Dabei bleibt Sauerstoff übrig, der ins Seewasser abgegeben wird. Ist dieses mit Sauerstoff gesättigt, entweicht er in die Luft. Dort liegt sein Anteil bei etwa 20 Prozent. Aus der durch Fotosynthese gebildeten Glukose bauen die Produzenten weitere energiereiche organische Stoffe wie die Kohlenhydrate Stärke und Zellulose sowie Fette auf.

Die Konsumenten nehmen diese organischen Stoffe mit ihrer Nahrung auf und bauen sie durch Zellatmung zu energieärmeren Stoffen ab. Dafür müssen sie den im Seewasser gelösten Sauerstoff aufnehmen. Die Produkte der Zellatmung, Kohlenstoffdioxid und Wasser, werden ins Seewasser abgegeben. Diese Schritte des *Kohlenstoff-* und *Sauerstoffkreislaufs* finden in der Oberflächenwasserzone statt. In der Tiefenwasserzone bauen die Destruenten die organischen Stoffe abgestorbener Pflanzen, toter Tiere und Ausscheidungen durch Zellatmung zu anorganischen Stoffen ab. Sie nehmen dazu Sauerstoff auf, und als Produkte entstehen Wasser, Kohlenstoffdioxid und Mineralstoffe. Da diese Stoffe wieder den Produzenten als Ausgangsstoffe dienen, sind damit die Stoffkreisläufe geschlossen.

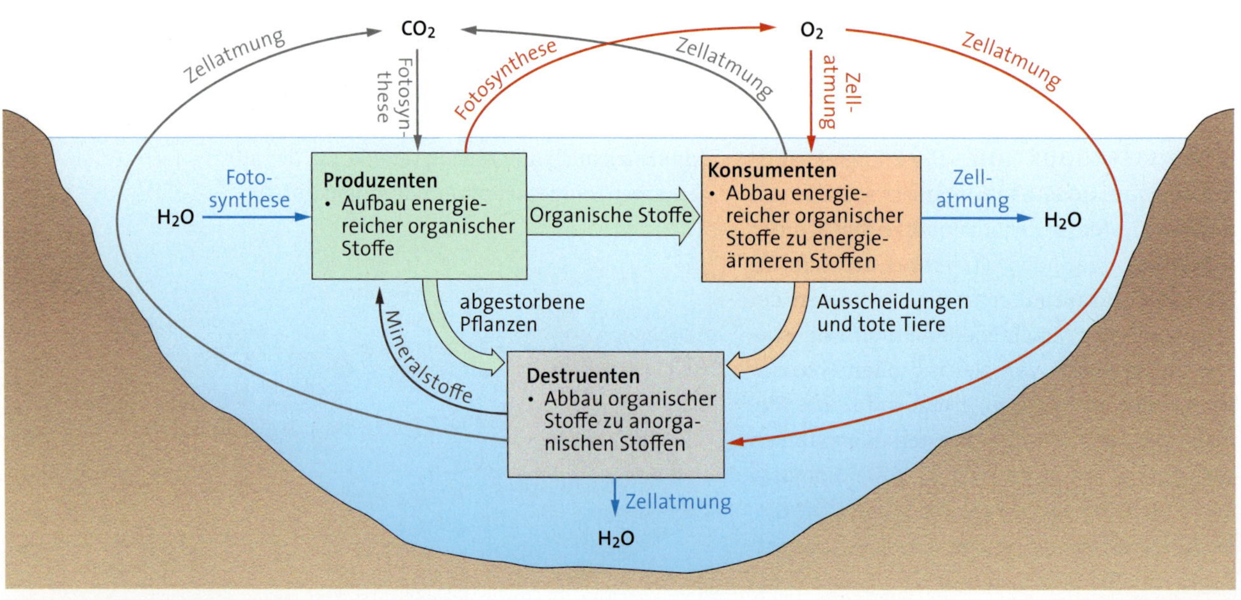

04 Kohlenstoff- und Sauerstoffkreislauf im Ökosystem See

STICKSTOFFKREISLAUF · Für den Aufbau organischer Stickstoffverbindungen wie Proteine und DNA benötigen Lebewesen Stickstoff. In der Luft ist Stickstoff mit 78 Prozent das häufigste Element. Dieser *elementare Stickstoff* ist aber chemisch so stabil und reaktionsträge, dass ihn Pflanzen und Tiere nicht nutzen können. Pflanzen, die Produzenten, sind deshalb auf die Aufnahme der anorganischen Stickstoffverbindungen *Nitrat* und *Ammonium* angewiesen, die im Wasser gelöst vorkommen. Nur mithilfe dieser Salze können sie organische Stickstoffverbindungen aufbauen. Tiere, die Konsumenten, können dies nicht. Sie müssen organische Stickstoffverbindungen, vor allem Proteine, mit ihrer Nahrung aufnehmen und diese in ihre körpereigenen Stoffe umbauen. Beim Abbau dieser Stoffe entstehen energieärmere organische Stickstoffverbindungen wie *Harnstoff* oder *Harnsäure*, die ausgeschieden werden. Ein entscheidender Faktor für den weiteren Kreislauf des Stickstoffs ist der Sauerstoffgehalt in der Tiefenwasserzone. Ist ausreichend Sauerstoff vorhanden, werden die mit den abgestorbenen Pflanzen, toten Tieren und Ausscheidungen in die Tiefenwasserzone gelangten organischen Stickstoffverbindungen von den Destruenten zu Ammonium abgebaut. Dieses kann zum Teil wieder von den Produzenten aufgenommen werden. Der größere Teil des Ammoniums wird von Bakterien, die auf Sauerstoff angewiesen sind, den *aeroben* Bakterien, zunächst zu *Nitrit* und dann zu Nitrat oxidiert. Nitrat wird von den Produzenten zum erneuten Aufbau organischer Stickstoffverbindungen aufgenommen. Herrscht dagegen Sauerstoffmangel, stoppt der Abbau von organischen Stickstoffverbindungen durch die Destruenten, und es kommt zur Ablagerung dieser Stoffe. Außerdem reduzieren *anaerobe* Bakterien das vorhandene Nitrat und Nitrit zu Ammonium und elementarem Stickstoff. Dadurch geht nutzbarer Stickstoff für die Produzenten verloren. Eine Anreicherung des Ökosystems See mit anorganischen Stickstoffverbindungen kann auch durch Eintrag von Nitrat, zum Beispiel Dünger, über Zuflüsse erfolgen. Ebenso erhöhen die bei Gewittern aus Luftstickstoff durch die chemische N_2-Fixierung entstehenden Stickoxide den Nitratgehalt im Seewasser. Außerdem sind *Cyanobakterien* in der Lage, durch die biologische N_2-Fixierung Luftstickstoff in Ammonium zu überführen.

N_2 = elementarer Stickstoff

NH_4^+ = Ammonium

NO_3^- = Nitrat

NO_2^- = Nitrit

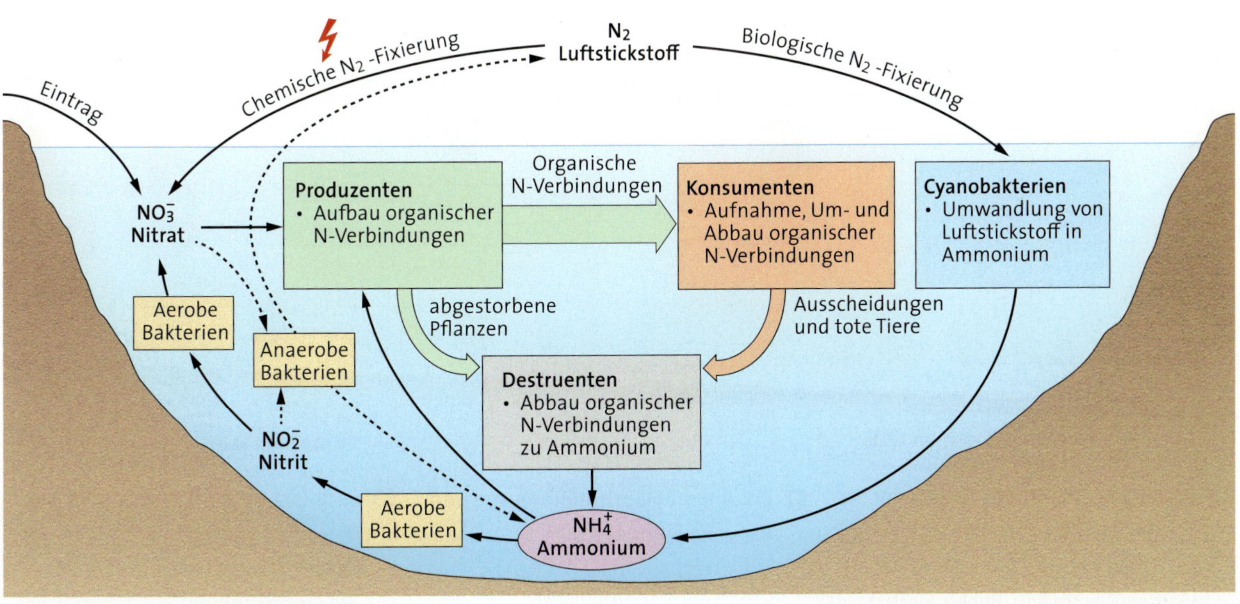

05 Stickstoffkreislauf im Ökosystem See

Material A ▸ Energieflussmodelle

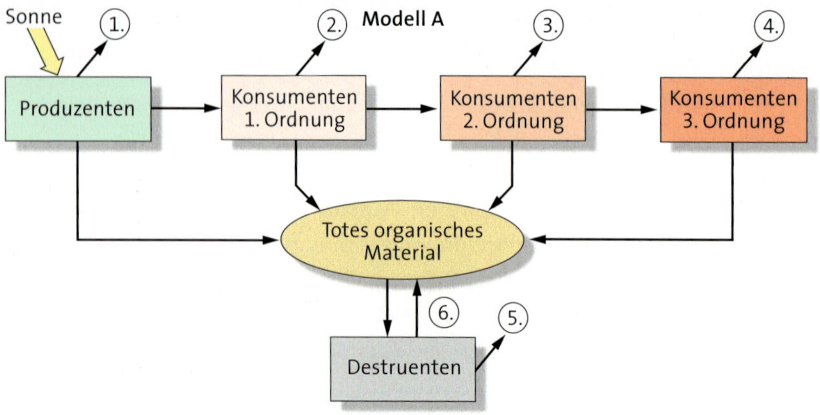

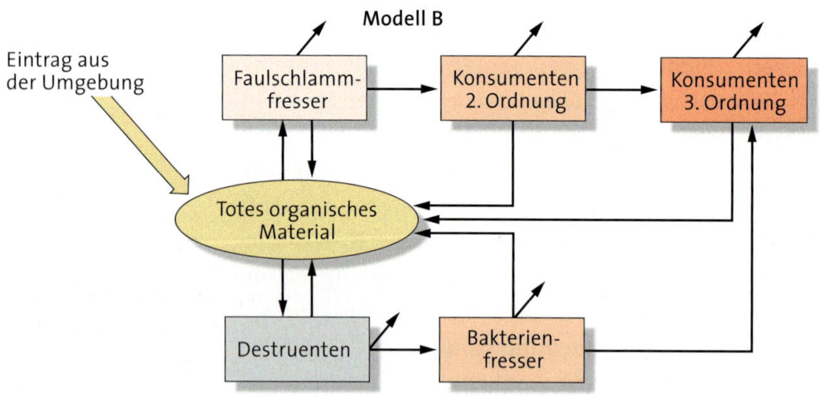

In Energieflussmodellen lassen sich die Verknüpfungen der Lebewesen verschiedener Ernährungsebenen und der Energiefluss im Ökosystem See darstellen. Die Modelle A und B sind vereinfachte Darstellungen mit unterschiedlicher Energiequelle.

A1 Nenne für jede Ernährungsebene von Modell A jeweils ein charakteristisches Lebewesen!

A2 Erkläre die Bedeutung der Pfeile 1 bis 6!

A3 Vergleiche die Modelle A und B!

A4 Stelle Vermutungen zur Lage und Umgebung von Seen an, die ausschließlich Modell A oder B entsprechen!

A5 Zeichne ein Energieflussmodell, das beide Aspekte des Energieeintrags vereinigt!

Material B ▸ Biomassenpyramiden

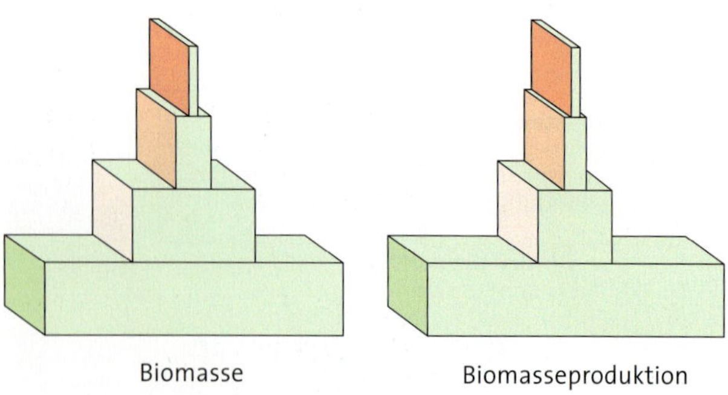

Ökosystem Wald

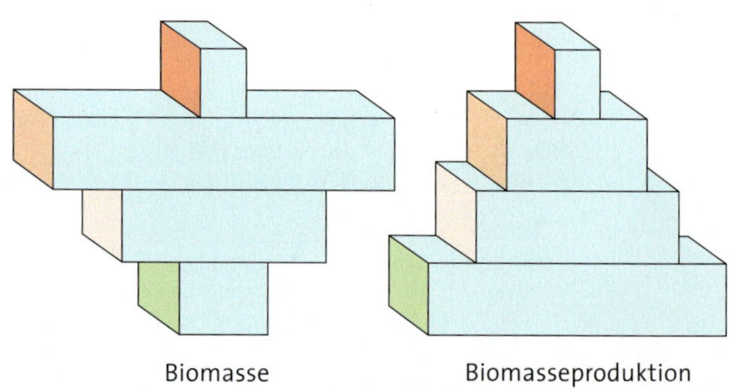

Ökosystem See

B1 Ordne den Ernährungsebenen der beiden Ökosysteme folgende Lebewesen zu: Grünalgen, Buchfink, Eule, Plötze, Marder, Wasserfloh, Buche, Hecht!

B2 Erkläre die Begriffe Biomasse und Biomasseproduktion!

B3 Vergleiche die Biomasse- und Biomasseproduktionspyramiden der beiden Ökosysteme, und erkläre die Unterschiede!

Material C ▸ Phosphorkreislauf

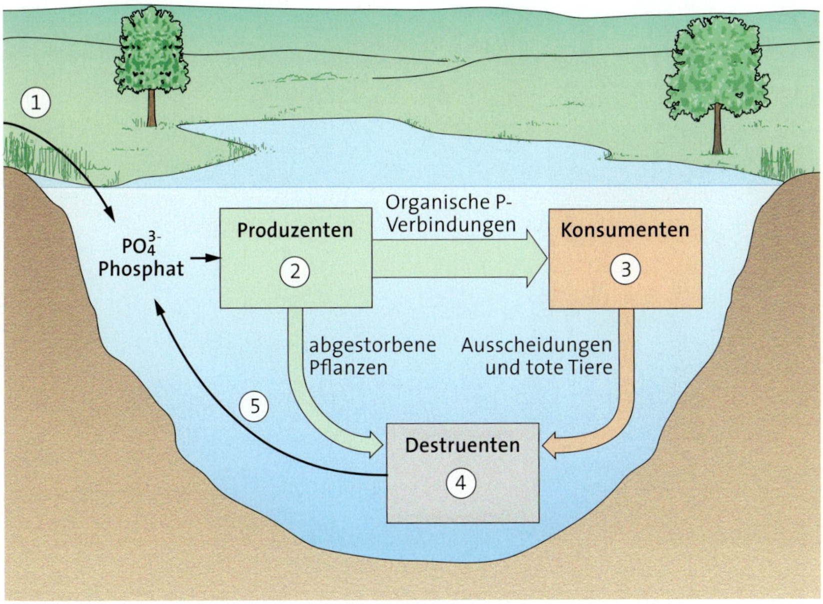

C1 Beschreibe die mit Zahlen markierten Stellen des Phosphorkreislaufs in einem See!

C2 Vergleiche den Phosphorkreislauf mit dem Stickstoffkreislauf!

C3 Recherchiere, wozu Lebewesen eines Sees die Elemente S, Ca, Fe und K benötigen und in welchen chemischen Verbindungen sie aufgenommen werden!

C4 Nenne die Stoffe in Lebewesen, die Phosphor enthalten!

Material D ▸ Abiotische Umweltfaktoren

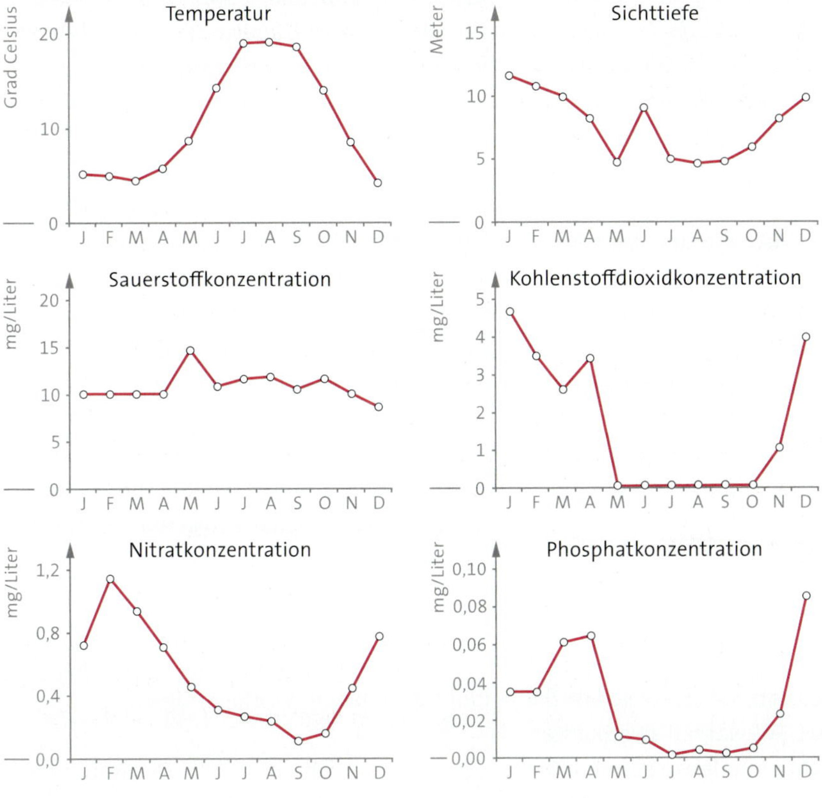

Die Abbildungen zeigen den Jahresverlauf einiger abiotischer Umweltfaktoren im Bodensee.

D1 Stelle mithilfe des Temperaturverlaufs Vermutungen an, in welcher Wasserschicht die abiotischen Umweltfaktoren gemessen wurden!

D2 Vergleiche den Jahresverlauf der Sauerstoff- und Kohlenstoffdioxidkonzentration!

D3 Stelle Vermutungen an, weshalb die Sichttiefe in den Sommermonaten geringer ist!

D4 Erkläre den Rückgang der Kohlenstoffdioxid-, Nitrat- und Phosphatkonzentration in den Monaten Mai bis Oktober!

01 Durch Abwässer eines Kupferbergwerks verschmutzter See

Gefährdung des Ökosystems See

In einem See, in den die Abwässer eines Kupferbergwerks eingeleitet wurden, findet man keine Lebewesen mehr – das Ökosystem ist zerstört. Seen sind aber auch zahlreichen weniger drastischen Gefährdungen ausgesetzt. Welche sind das?

GEFÄHRDUNGEN · Durch die Einleitung ungeklärter *Industrieabwässer* gelangen Giftstoffe in den See, die Lebewesen sofort schädigen. Die Abwässer eines Kupferbergwerks enthalten unter anderem Schwermetalle. Diese blockieren Enzyme, die für alle Lebensvorgänge notwendig sind. Andere Gefährdungen können eine schrittweise Schädigung des Ökosystems See bewirken. Durch eine zu große *Wasserentnahme* aus einem See oder seinem Zufluss schrumpft die Seefläche. Das ist zum Beispiel beim ehemals viertgrößten See der Erde, dem Aralsee in Kasachstan, der Fall. Dabei erhöht sich auch der Salzgehalt des Wassers, sodass die meisten der an das Süßwasser angepassten Lebewesen dort nicht mehr leben können. Die Artenvielfalt des Sees nimmt stark ab. Dies ist auch der Fall beim *Einsetzen fremder Lebewesen* in einen See, die ursprünglich nicht zu dieser Biozönose gehören. So hat sich zum Beispiel die außergewöhnliche Vielfalt an Buntbarschen im Victoriasee in Afrika stark verringert, nachdem dort der Nilbarsch eingesetzt wurde, der Buntbarsche frisst. Die *Nutzung der Seeufer* durch Strandbäder, Campingplätze oder Bebauung zerstört die natürliche Pflanzenzonierung. Auch *Wassersport* wie Surfen, Segeln oder Rudern kann die Wasserpflanzen der Uferzone und die darin brütenden Vogelarten schädigen. Mit der Einleitung ungeklärter *Haushaltsabwässer* und der *Einschwemmung von Düngemitteln* aus landwirtschaftlich genutzten Flächen gelangen oft auch Giftstoffe, zum Beispiel Insektizide, in den See, die viele Lebewesen schädigen. Vor allem werden aber zu viele organische Stoffe und Mineralstoffe wie Phosphat und Nitrat in den See eingetragen.

1 Nenne Gefährdungen des Ökosystems See!

OLIGOTROPHER SEE · Neu entstandene Seen haben meistens sehr klares Wasser mit einer großen Sichttiefe und nur schwach ausgebildeten Pflanzenzonen. Sie enthalten nur sehr wenig Biomasse und Mineralstoffe. Tiefe Seen, in die aus dem Umland wenig organisches Material und Mineralstoffe eingetragen werden, bleiben sehr lange Zeit in diesem mineralstoffarmen oder **oligotrophen** Zustand. Oligotrophe Seen findet man zum Beispiel in den Alpen und dem Alpenvorland. Da den Produzenten dieser Seen nur eine begrenzte Menge an Mineralstoffen zur Verfügung steht, können sie auch bei viel Sonnenlicht nur wenig Biomasse aufbauen. Damit bleibt auch die Biomasse der Konsumenten gering, und es gelangt nur wenig totes organisches Material in die Tiefe. Dieses kann von den Destruenten unter geringem Sauerstoffverbrauch vollständig zu anorganischen Stoffen abgebaut werden. Der Sauerstoffgehalt bleibt deshalb das ganze Jahr über in allen Schichten hoch. Wegen des vollständigen Stoffkreislaufs weisen auch die Mineralstoffe Nitrat und Phosphat im Tiefenprofil konstant geringe Konzentrationen auf.

EUTROPHER SEE · Seen mit ausgeprägten Pflanzenzonen enthalten mehr Biomasse und Mineralstoffe. Ihr Wasser ist in den Sommermonaten wegen großer Mengen an Pflanzenplankton oft grün gefärbt, und die Sichttiefe ist gering. Zeitweise kann das Algenwachstum so stark sein, dass man von *Algenblüten* spricht. Solche Seen sind oft flach und erhalten aus dem Umland viel organisches Material und Mineralstoffe. Man bezeichnet sie als **eutroph**. Die Produzenten eutropher Seen bauen im Sommer viel Biomasse auf. Den Konsumenten steht somit viel Nahrung zur Verfügung, weshalb auch ihre Biomasseproduktion hoch ist. Dadurch gelangen sehr große Mengen an totem organischem Material in die Tiefe. Als Folge vermehren sich auch die Destruenten stark und verbrauchen viel Sauerstoff. Da im Sommer der Sauerstoffgehalt in der Tiefenwasserzone begrenzt ist, können die Destruenten diese Mengen an organischem Material nicht vollständig abbauen. Es kommt zu einem Mangel an Sauerstoff, der *Sauerstoffzehrung*. Unter solchen anaeroben Bedingungen reichert sich Ammonium an, weil der Sauerstoff für die Oxidation zu Nitrat fehlt. Auch der Phosphatgehalt erhöht sich, da unter anaeroben Bedingungen überdies das im Bodenschlamm gebundene Phosphat freigesetzt wird. Beim Abbau schwefelhaltiger Stoffe wie Proteinen durch anaerobe Bakterien entsteht giftiger Schwefelwasserstoff, H_2S. Werden weiterhin zu viele Mineralstoffe eingetragen, verstärken sich diese Prozesse der *Eutrophierung*. Breitet sich schließlich der giftige Schwefelwasserstoff im gesamten See aus, sterben alle auf Sauerstoff angewiesene Lebewesen ab. Man bezeichnet dies als **Umkippen** des Sees.

griechisch eu = gut, griechisch trophe = Nahrung

griechisch oligos = wenig

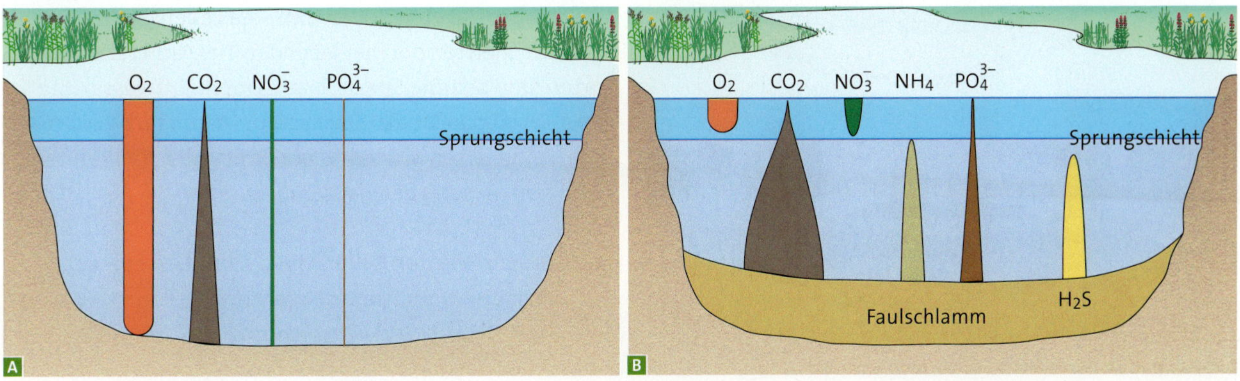

02 Tiefenverteilung von Sauerstoff, Kohlenstoffdioxid, Mineralstoffen und Schwefelwasserstoff im Sommer: **A** oligotropher, **B** eutropher See

IM BLICKPUNKT GEOGRAFIE

Entstehung von Mooren

Ohne menschliche Einflüsse verläuft die Eutrophierung eines Sees allmählich. Sie ist ein natürlicher Prozess, der nicht zum plötzlichen Umkippen des Ökosystems See führt. Im Laufe von Jahrtausenden werden oligotrophe Seen zu eutrophen. Diese verlanden schrittweise und bilden **Moore.**

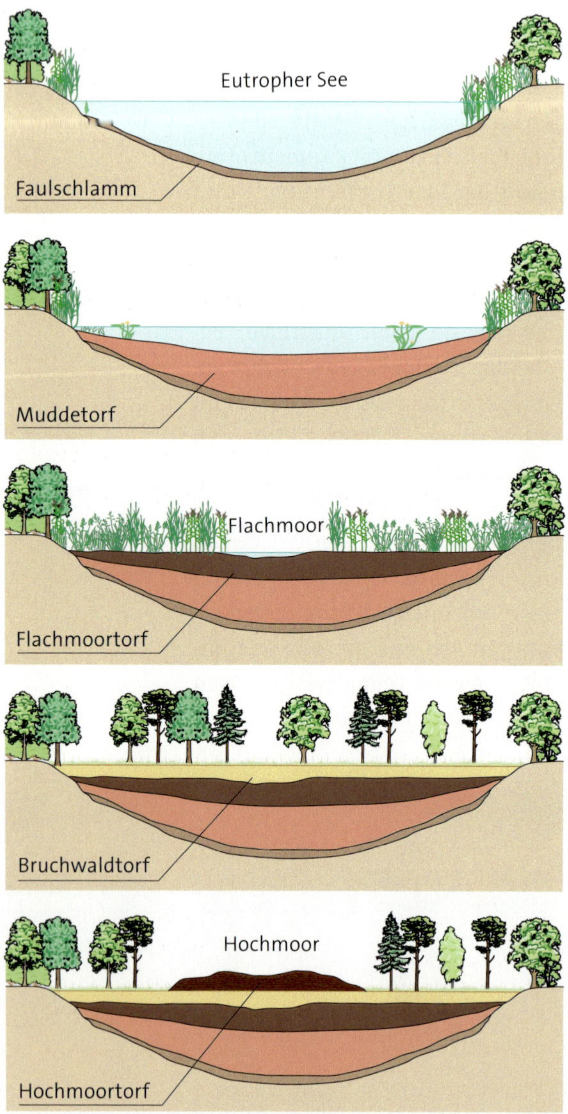

01 Stadien der Entstehung von Mooren

BILDUNG VON MOOREN · Im Laufe der Eutrophierung fällt mehr totes organisches Material an, das nicht vollständig abgebaut werden kann. Im **eutrophen See** lagert es sich als *Faulschlamm* am Seegrund ab.
Der See wird dadurch flacher und Uferpflanzen wie Schilf und Seggen breiten sich in Richtung Seemitte aus. Ihre absinkenden toten Reste lagern sich als *Muddetorf* ab. Unter anaeroben Bedingungen und niedrigen Temperaturen wird der bakterielle Abbau weiter gehemmt, wodurch sich Kohlenstoff anreichert. Aus Muddetorf wird dunkler *Flachmoortorf*. Dieser verdrängt zunehmend das Wasser. Der See verlandet und wird zum **Flach-** oder **Niedermoor.**
Bei geringen Niederschlagsmengen breiten sich in der Folge Bäume wie *Moorbirken, Schwarzerlen* und Weiden im Flachmoor aus. Ihre toten Reste bilden eine weitere Torfschicht, den *Bruchwaldtorf*. Sind die Niederschlagsmengen aber hoch, breiten sich Torfmoose aus. Sie sind nicht auf Grundwasser angewiesen, sondern speichern Regenwasser. Deshalb können sie in Schichten übereinanderwachsen. Dabei überwuchern und ersticken sie andere Pflanzen und bewirken eine Ansäuerung des Bodens. Dies hemmt die Tätigkeit der Destruenten. Mit der Zeit wölben sich die Torfmoosschichten immer stärker über dem ursprünglichen Seespiegel auf. Die tote Masse der Torfmoose, der *Hochmoortorf*, bildet ein **Hochmoor.**

In Hochmooren herrschen aufgrund ihrer sauren und mineralstoffarmen Böden extreme Lebensbedingungen. Die meisten der hier lebenden Tier- und Pflanzenarten sind seltene Spezialisten. Durch Entwässerung und Torfabbau ist das Ökosystem Moor stark gefährdet. Seine Arten wie der *Sonnentau* oder *Birkhühner* sind vom Aussterben bedroht.

1 Beschreibe den Unterschied zwischen einem Flachmoor und einem Hochmoor!

Material A ▸ Seentypen

	Schalkenmehrener Maar	Weinfelder Maar
Wasserfläche	219.000 m²	159.000 m²
Wasservolumen	2,46 Millionen m³	4,31 Millionen m³
Tiefe: max./durchschnittlich	21 m/11,2 m	52 m/27,1 m
Einzugsgebiet	1,30 km²	0,35 km²
Uferlänge	1,7 km	1,5 km
Seeufer	Flach, landschaftlich genutzt, bebaut	Steil, kahl oder mit Bäumen bewachsen

Die beiden Eifelmaare, Weinfelder Maar, links, und Schalkenmehrener Maar, rechts, sind vor etwa 25 000 Jahren entstanden. Der Seenforscher August THIENEMANN beschrieb an diesen nur 400 Meter voneinander entfernten Seen 1915 die Seentypen: oligotropher und eutropher See.

A1 Vergleiche tabellarisch die Biomasse sowie den Sauerstoff- und Mineralstoffgehalt eines oligotrophen und eutrophen Sees!

A2 Stelle mithilfe der abgebildeten Tabelle Vermutungen an, welches Maar eutroph ist!

A3 Nenne mögliche Ursachen für die Eutrophierung dieses Maars!

Material B ▸ Sanierungsverfahren

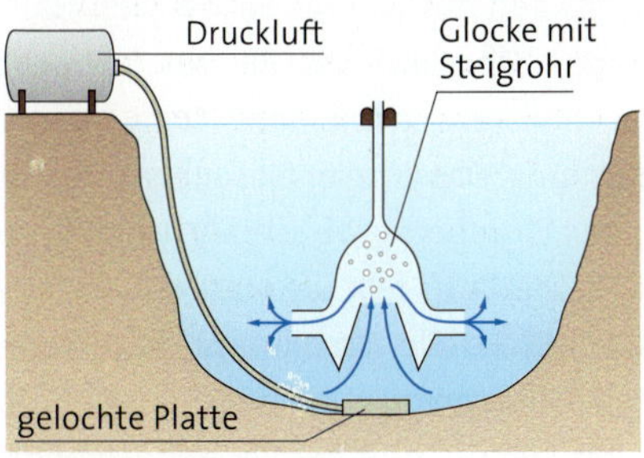

A Belüftungsverfahren

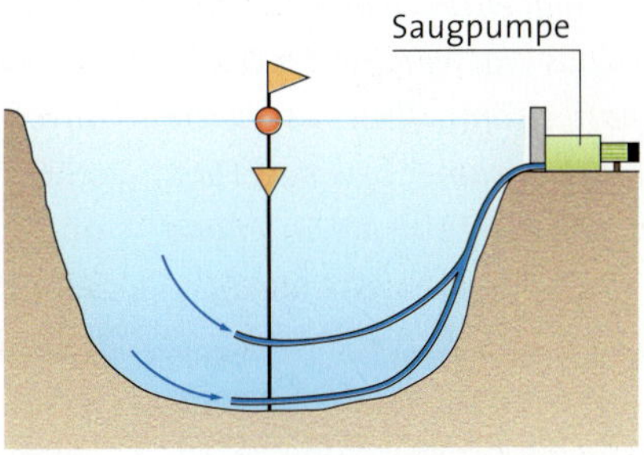

B Tiefenwasserableitungsverfahren

B1 Beschreibe mithilfe der Abbildungen die beiden Maßnahmen zur Sanierung eutropher Seen!

B2 Begründe, welche der beiden Maßnahmen eine nachhaltigere Wirkung hat!

Material C ▸ Aralsee und Tschadsee

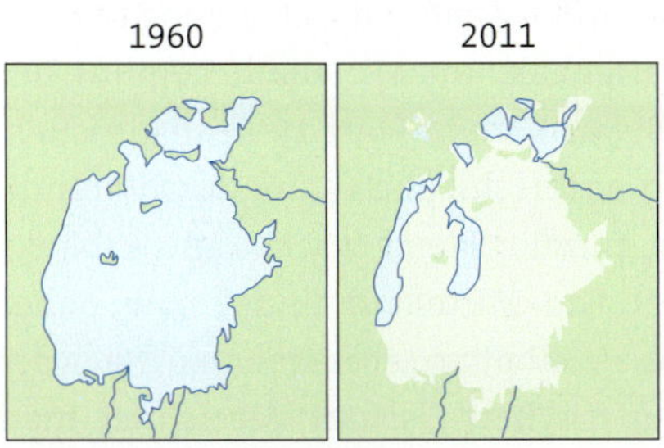

A Aralsee

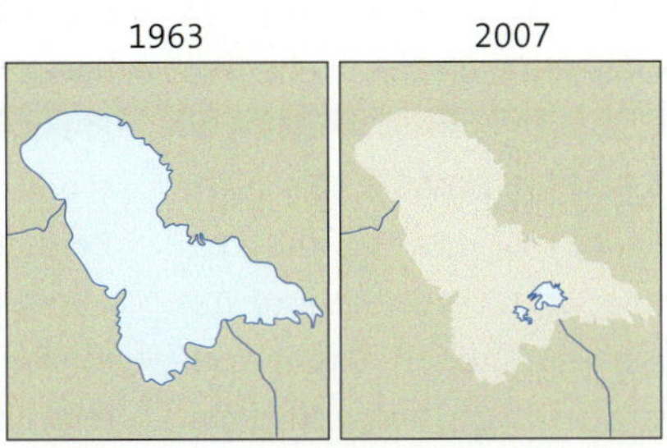

B Tschadsee

C1 Recherchiere über die beiden Seen zu folgenden Punkten: Lage, Klima, Größe, Tiefe, Ursachen der Veränderungen, Auswirkungen auf das Ökosystem See und sein Umland! Stelle die Ergebnisse in einer Tabelle zusammen!

01 Gebirgsbach

Von der Quelle zur Mündung

In den Bergen entspringt ein Bach und fließt talabwärts. Während das Wasser nahe der Quelle schnell und lebhaft strömt, fließt es weiter flussabwärts immer langsamer, bevor der Fluss ins Meer mündet. Wie wirkt sich die Strömung auf das Leben in einem Fließgewässer aus?

FLIESSGEWÄSSER · Im Verlauf des Fließgewässers von seiner Quelle bis zur Mündung verändern sich die abiotischen Faktoren wie beispielsweise *Temperatur* und *Sauerstoffgehalt* des Wassers. Durch die kontinuierliche Änderung vieler Faktoren kann man ein Fließgewässer von der Quelle bis zur Mündung in verschiedene nahtlos ineinanderübergehende Zonen gliedern.

ZONIERUNG EINES FLIESSGEWÄSSERS · Nahe der **Quelle** eines Baches ist das Gefälle groß. Die starke Strömung und Verwirbelung des Wassers führt zu einem hohen Sauerstoffgehalt, wozu auch die niedrige Temperatur beiträgt. Im felsigen Bachbett und in der starken Strömung finden nur wenige Lebewesen Halt. Im folgenden **Oberlauf** des Flusses herrscht durch das meistens noch hohe Gefälle eine starke Strömung. Das Wasser ist sauerstoffreich und kalt, das Flussbett grob steinig. Im oberen Bereich des Oberlaufs lebt die stark sauerstoffbedürftige Bachforelle. Man nennt diese Zone daher auch *Forellenregion*. Weiter flussabwärts nehmen das Gefälle und der Sauerstoffgehalt ab. Hier sind häufig Äschen zu finden, weshalb dieser Bereich *Äschenregion* heißt.
Im **Mittellauf** tritt der nun breiter gewordene Fluss in flachere Landschaften ein. Das Gefälle nimmt ab, mit ihm auch die Strömung und der Sauerstoffgehalt. Im Mittellauf beginnt der Fluss seitwärts mehr Platz zu beanspruchen, wodurch unterschiedlich stark durchströmte Bereiche, einzelne kleine Inseln und Kiesbänke entstehen. Im Mittellauf findet man daher eine große Vielfalt an Lebensräumen. Nach der charakteristischen Fischart bezeichnet man diesen Flussabschnitt als *Barbenregion*.

Im **Unterlauf** des Flusses fließt das Wasser nur noch langsam und wärmt sich durch die Sonne leichter auf. Wegen der geringen Strömungsgeschwindigkeit können sich auf dem Boden Sand und feiner Kies absetzen, sodass Wasserpflanzen Halt finden. Der Fluss fließt in flacheren Landschaften mit vielen Windungen, den *Mäandern*. Die typische Fischart, die mit dem hier deutlich sauerstoffärmeren Wasser zurechtkommt, ist der Brachsen. Diese Zone wird deshalb *Brachsenregion* genannt.

In der Nähe der **Mündung** des Flusses ins Meer wird der Einfluss des Meerwassers immer stärker erkennbar, sogar Salz lässt sich im Flusswasser nachweisen. Der Fluss fließt im flachen Gefälle nur noch sehr langsam und ist vergleichsweise warm und sauerstoffarm. Der Bodengrund besteht aus Sand und Schlamm. Hier leben Fischarten, die an den schwankenden Salzgehalt des Wassers angepasst sind, zum Beispiel der Kaulbarsch oder die Flunder. Der Mündungsbereich eines Flusses heißt daher auch *Kaulbarsch-Flunder-Region*.

Im Gegensatz zum Ökosystem See sind die abiotischen Faktoren Sauerstoffgehalt und Temperatur des Ökosystems Fließgewässer also wesentlich von der *Strömung* abhängig. Auch das Flussbett wird von der Strömung bestimmt. Je langsamer der Fluss fließt, desto feineres Material kann sich am Grund als *Sediment* absetzen.

LEBENSRAUMVIELFALT · Neben dieser Grobgliederung gibt es auch eine kleinräumige Gliederung eines Fließgewässers, die ebenfalls von der Strömung abhängig ist. Schnell und langsam durchströmte Bereiche oder tiefe und flache Bereiche wechseln sich ab. Kleine Inselchen oder Totholz unterbrechen stellenweise seinen Lauf. Neben dieser *Strukturvielfalt* eines Fließgewässers gibt es auch noch jahreszeitliche Veränderungen wie Hoch- und Niedrigwasser oder Eisbildung. Diese Vielfalt an Lebensbedingungen und Lebensräumen in Fließgewässern führt zu einer besonders artenreichen Tier- und Pflanzenwelt.

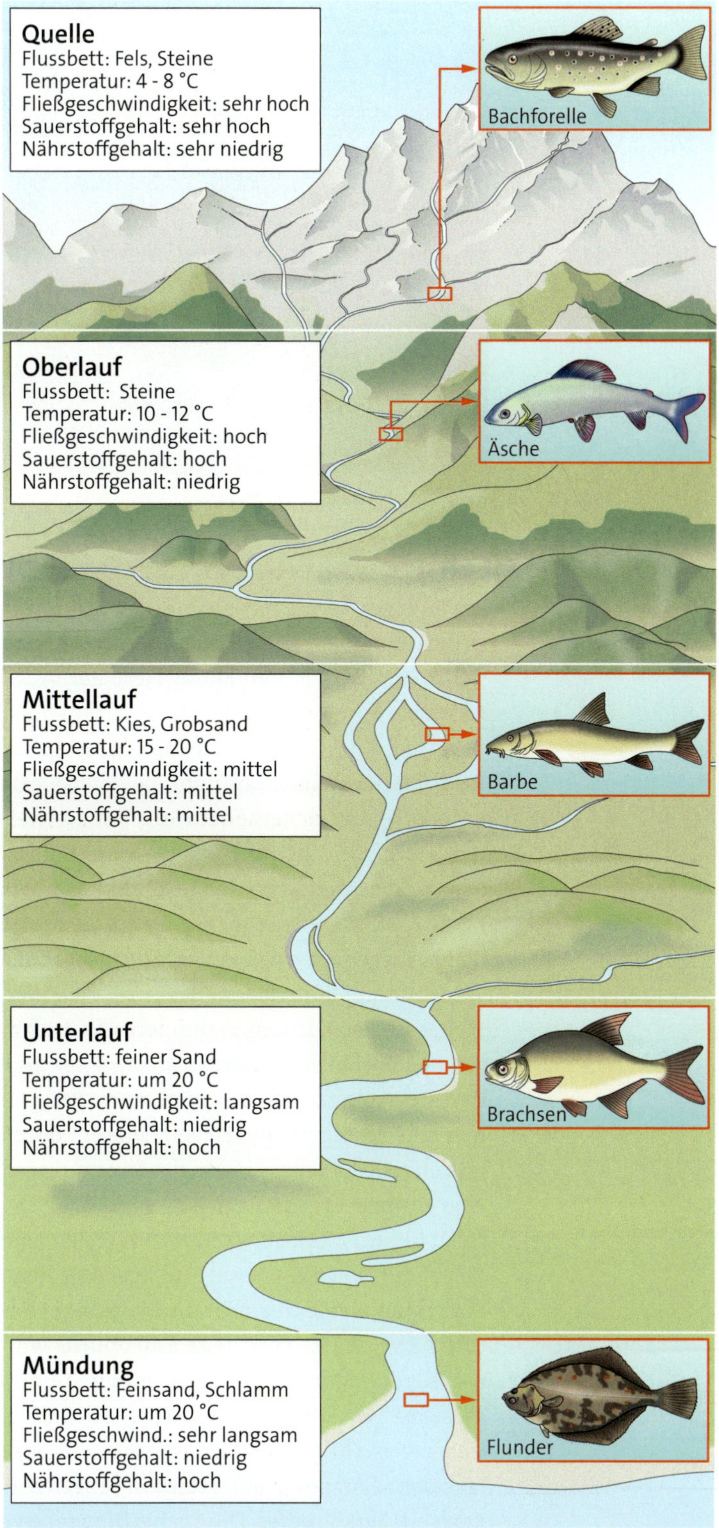

02 Zonierung eines Fließgewässers

03 Eintagsfliegenlarve *Ecdyonurus*

04 Netz der Köcherfliegenlarve *Hydropsyche*

LEBEN IN DER STRÖMUNG · Alle Lebewesen des Fließgewässers müssen mit der Strömung zurechtkommen. Direkt in der Strömung halten sich außer Fischen kaum Tiere auf. Auch Pflanzen können sich in stark strömenden Gewässern nur selten ansiedeln. Die meisten Tierarten leben in Grundnähe, beispielsweise unter oder hinter Steinen im Strömungsschatten. Tiere, die sich mithilfe von Saugnäpfen oder Haken am Untergrund festhalten können, nennt man *Anhefter* oder *Klammerer.* Manche Köcherfliegenlarven bauen sich köcherförmige Wohnröhren, in denen sie leben. Die kleinen Steine auf den Köchern verhindern das Abdriften der Köcherfliegenlarve. Solche Tiere heißen *Beschwerer.* Andere Tiere, zum Beispiel manche Eintagsfliegenlarven, bieten durch ihre abgeflachte Körperform der Strömung nur eine geringe Angriffsfläche.

Auch für ihren Nahrungserwerb verfolgen die Tiere der Fließgewässer unterschiedliche Strategien. Schnecken oder die stark abgeplattete Larve der Eintagsfliege *Ecdyonurus* weiden Algen- oder Bakterienrasen von Steinen ab, sie heißen **Weidegänger.** Dagegen ernährt sich der Bachflohkrebs *Gammarus* von Falllaub oder anderen Grobresten von Lebewesen. Er ist ein **Zerkleinerer.** Die Köcherfliegenlarve *Hydropsyche* spinnt ein feines Netz, mit dem sie kleinste Nahrungspartikel aus der Strömung aussieben kann. Tiere mit dieser Ernährungsweise nennt man Filtrierer. Auch die meisten Mückenlarven ernähren sich auf diese Weise. Andere Lebewesen, beispielsweise manche Steinfliegenlarven oder Eintagsfliegenlarven, fressen Nahrungsteilchen des Untergrunds, des Sediments. Sie werden daher als **Sedimentfresser** bezeichnet. Dagegen ernähren sich die Larven von Libellen oder Schlammfliegen von lebenden Tieren, sie sind **Räuber.**

Weil sich mit der Strömung auch weitere abiotische Faktoren ändern, leben in den einzelnen Bereichen eines Fließgewässers Tierarten mit unterschiedlichen Lebensweisen. So setzt sich beispielsweise im Oberlauf eines Flusses wegen der stärkeren Strömung nur wenig feines Material am Grund ab. Sedimentfresser sind daher im Oberlauf eher selten zu finden, während sich im langsamer strömenden Unterlauf eines Flusses viele Tiere auf diese Weise ernähren können.

1 Beschreibe die ökologischen Bedingungen in zwei Zonen eines Fließgewässers!

2 Erläutere das biologische Prinzip *Angepasstheit* am Beispiel der Köcherfliegenlarve und der Eintagsfliegenlarve!

Material A ▸ Bewohner von Fließgewässern

STECKBRIEF

Bachflohkrebs
(Gammarus fossarum)

Größe: bis 21 Millimeter
Vorkommen: Bäche
Lebensweise: Zerkleinerer, frisst abgestorbene Grobreste wie Falllaub und tote Insekten. Kann mithilfe seines muskulösen Hinterleibs auch gegen die Strömung schwimmen. Stellt hohe Ansprüche an Sauerstoffgehalt und Wasserqualität.

STECKBRIEF

Groppe
(Cottus gobio)

Größe: bis 15 Zentimeter
Vorkommen: Bäche
Lebensweise: nachtaktiver Räuber, frisst wirbellose Kleintiere. Besitzt keine Schwimmblase und hält sich daher in Bodennähe auf. Lebt meistens zwischen Steinen und Wurzeln. Benötigt sauberes Wasser mit hohem Sauerstoffgehalt. Wichtiger Beutefisch für Forellen.

STECKBRIEF

Köcherfliegenlarve
(Anabolia nervosa)

Größe: bis 23 Millimeter
Vorkommen: Flüsse und Seen
Lebensweise: Sedimentfresser. Baut einen bis zu 40 Millimeter langen Köcher aus Sandkörnern und kleinen Ästen, in dem sie lebt. Verpuppt sich unter Steinen. Die geschlüpften Köcherfliegen leben nur wenige Tage und sterben nach der Eiablage.

A1 Vergleiche die Lebensweise von zwei der abgebildeten Arten!

A2 Ordne die Tiere jeweils einer Zone eines Fließgewässers zu! Begründe deine Zuordnung!

A3 Stelle Vermutungen an, weshalb Köcherfliegen zur Eiablage immer flussaufwärts fliegen!

Material B ▸ Abiotische Faktoren in Fließgewässern

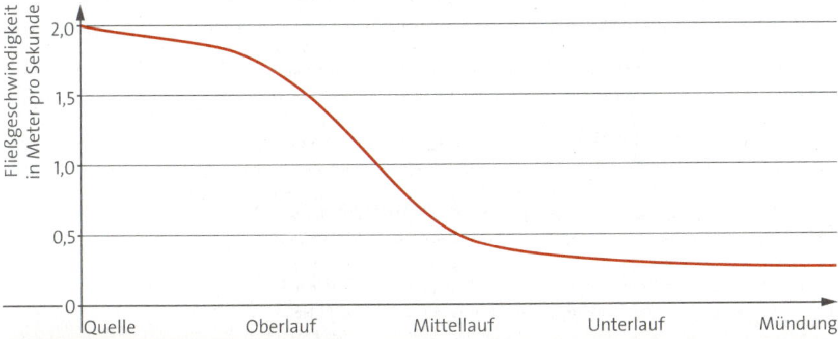

	Quelle	Oberlauf	Mittellauf	Unterlauf	Mündung
Temperatur in Grad Celsius	8	13	17	20	22
Sauerstoffgehalt in Milligramm O_2 pro Liter	12	9	8	6	5

B1 Erläutere das Diagramm!

B2 Beschreibe den Zusammenhang zwischen Temperatur und Sauerstoffgehalt des Wassers!

B3 Übertrage das abgebildete Diagramm zweimal in dein Heft! Zeichne in ein Diagramm die Temperatur, in das andere den Sauerstoffgehalt ein!

B4 Stelle Vermutungen an, wie der jeweilige Kurvenverlauf zustande kommt!

01 Veränderter und belasteter Fluss

Gefährdung von Fließgewässern

Viele Flüsse und Bäche sind vom Menschen stark verändert worden. Häufig wird ihr natürlicher Lauf begradigt oder es werden Abwässer eingeleitet. Wie kann dieser Lebensraum geschützt und erhalten werden?

BELASTUNG VON FLIESSGEWÄSSERN · Seit der Mensch begann sesshaft zu werden, hat er Fließgewässer verändert. Flüsse und Bäche dienten neben der Trinkwassergewinnung auch dazu, Abfälle und Ausscheidungen der Menschen und ihrer Nutztiere auf bequeme Weise aus den Siedlungen zu entfernen. Zu diesen **Abwassereinleitungen** aus Siedlungen kamen mit Beginn der Industrialisierung im 19. Jahrhundert chemikalienhaltige Industrieabwässer hinzu. Durch die immer stärkere Intensivierung der Landwirtschaft entstehen düngemittelhaltige Abwässer. Abwassereinleitungen haben zur Folge, dass viele Lebewesen im Wasser geschädigt oder getötet werden und die Gewinnung von Trinkwasser aus Fließgewässern häufig nur noch schwer möglich ist.

Als die entsprechenden technischen Möglichkeiten vorhanden waren, begann der Mensch, viele Fließgewässer zu verändern. Dämme und Stauwehre wurden gebaut. Die ehemals gewundenen Flussläufe wurden begradigt und ihre Ufer befestigt. Solche **Begradigungen** werden vor allem seit Mitte des 19. Jahrhunderts durchgeführt. Dabei werden auch die zwischen den Flusswindungen liegenden natürlichen Überschwemmungsflächen, die *Auen*, trockengelegt. Die Begradigungen dienen hauptsächlich zur Gewinnung weiterer Siedlungs- und Ackerflächen und zur leichteren Befahrbarkeit der Flüsse mit Schiffen. Begradigungen erhöhen jedoch die Fließgeschwindigkeit von Flüssen und tragen dadurch zur Zerstörung von Lebensräumen bei. Das schneller fließende Wasser vermindert die Hochwassergefahr im Oberlauf, erhöht sie jedoch im Mittel- und Unterlauf des Flusses.

Mit der Anlage von **Stauwehren** wird die Nutzung der Wasserkraft zur Energiegewinnung möglich. Stauwehre sind unüberwindliche

Barrieren für flussauf- oder -abwärts wandernde Tiere wie Lachse und Aale. Zur Belastung von Fließgewässern können aber auch **Freizeitnutzungen** wie der Wassersport beitragen.

SELBSTREINIGUNG · In jedem Gewässer entstehen natürliche Verunreinigungen durch Ausscheidungen von Lebewesen, durch abgestorbene Pflanzenreste und durch tote Tiere. Die Lebewesen in einem intakten Fließgewässer können diese Verunreinigungen verarbeiten und beseitigen. Diesen Vorgang nennt man **Selbstreinigung.**

Je stärker ein Fließgewässer belastet und vom Menschen verändert worden ist, desto schlechter laufen diese natürlichen Reinigungsvorgänge ab. Bei besonders stark belasteten Gewässern kann es dazu kommen, dass fast alle Lebewesen im Wasser sterben. Man spricht dann vom Umkippen des Gewässers.

GEWÄSSERGÜTE · Viele in Fließgewässern lebende Tierarten kommen unterschiedlich gut mit Gewässerbelastungen zurecht. So sind *Steinfliegenlarven* oder *Köcherfliegenlarven* auf einen hohen Sauerstoffgehalt und eine gute Wasserqualität angewiesen, während *Zuckmückenlarven* oder *Schlammröhrenwürmer* auch in sehr stark verschmutzten Gewässern überleben können. Solche Tierarten werden als *Zeigerarten* bezeichnet. Mithilfe dieser Zeigerarten lässt sich die Qualität eines Fließgewässers, die **Gewässergüte,** bestimmen und bewerten. Die Gewässergüte wird in unterschiedliche Güteklassen eingeteilt: von „unbelastet" bis hin zu „übermäßig verschmutzt". Je stärker ein Gewässer verschmutzt ist, desto kleiner ist in der Regel die Anzahl der Tierarten, die dort leben können.

1 Beschreibe Ursachen für die Gefährdung von Fließgewässern!

Güteklasse	Grad der organischen Belastung	Beispiele wichtiger Zeigerarten	Ökologischer Zustand nach EU-Richtlinie (2000)
I	unbelastet bis sehr gering belastet	Larven von Eintagsfliegen, Steinfliegen	1 (sehr gut)
I – II	gering belastet	Strudelwurm *Dugesia*, Eintagsfliegen – *Ecdyonurus*, Hakenkäfer	2 (gut)
II	mäßig belastet	Posthornschnecke, Flussnapfschnecke	
II – III	kritisch belastet	Eiförmige Schlammschnecke, Plattegel, Flussflohkrebs	3 (mäßig)
III	stark verschmutzt	Spitze Blasenschnecke, Rollegel, Wasserassel	4 (unbefriedigend)
III – IV	sehr stark verschmutzt	Zuckmückenlarve *Chironumus*	5 (schlecht)
IV	übermäßig verschmutzt	Schlammröhrenwurm *Tubifex*	

A

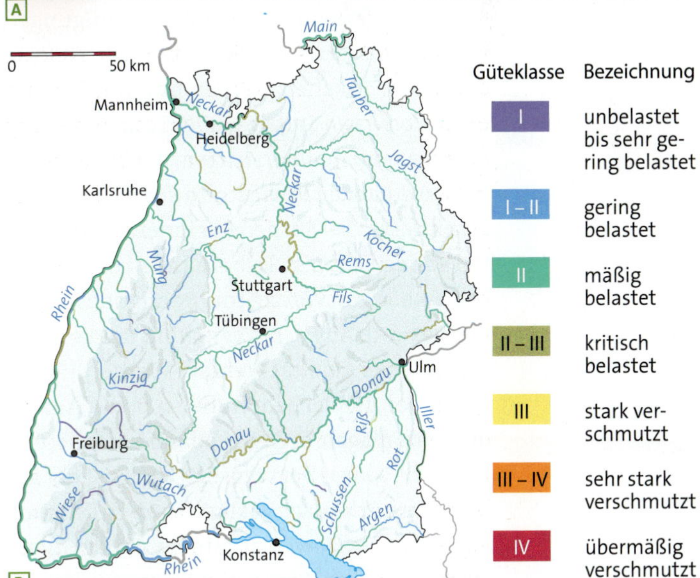

B

02 Gewässergüte: A Gewässergüteklassen, B Gewässergüte in Baden-Württemberg 2004

03 Renaturierung eines Fließgewässers: **A** Planung einer Renaturierung, **B** renaturierter Flussabschnitt nach drei Monaten

GEWÄSSERSCHUTZ · Um die Belastung von Fließgewässern zu verringern, können verschiedene Maßnahmen durchgeführt werden. Die Reinigung von Abwässern, die **Abwasserklärung,** ist dabei besonders wichtig. In einer Kläranlage werden Abwässer durch unterschiedliche Verfahren gereinigt. In der *mechanischen Stufe* werden grobe Verunreinigungen wie Abfall und Essensreste entfernt. Gelöste Stoffe wie Fäkalien werden anschließend in der *biologischen Stufe* vor allem durch Bakterien abgebaut. In einer dritten, der *chemischen Stufe* werden die Schadstoffe aus dem Abwasser entfernt, die von den Bakterien nicht beseitigt werden können. Dabei handelt es sich beispielsweise um Wasch- und Reinigungsmittel. Das geklärte Abwasser kann nun in das Fließgewässer eingeleitet werden. Von den 1960er bis zu den 1980er Jahren hat sich die Anzahl der Kläranlagen in Deutschland beinahe verdreifacht, sodass heute fast 100 Prozent der anfallenden Abwässer geklärt werden. Dadurch hat sich die Gewässergüte in Deutschland stark verbessert. Bäche und Flüsse sind heute wesentlich sauberer als noch Ende des 20. Jahrhunderts.

RENATURIERUNG · Auch die durch Begradigungen verursachten Belastungen von Fließgewässern werden heute teilweise korrigiert, indem man den Lauf eines begradigten Fließgewässers wieder in einen möglichst natürlichen Zustand mit Biegungen und Windungen versetzt. Durch eine solche **Renaturierung** können sich in einem Fließgewässer wieder viele Arten von Lebewesen ansiedeln, die im begradigten Gewässer nur wenig Lebensräume fanden. Die größere Artenanzahl und die vielfältige Aktivität der Lebewesen erhöht die Selbstreinigungskraft des renaturierten Fließgewässers. Auch Hochwassergefahren können durch Renaturierungsmaßnahmen reduziert werden. Die Fließgeschwindigkeit des Flusses wird reduziert und durch die hinzugewonnenen Biegungen steht mehr Raum für die Aufnahme von Hochwasser zur Verfügung.

2 Beschreibe die Folgen menschlicher Eingriffe auf das Ökosystem Fließgewässer!

3 Erläutere Maßnahmen, mit denen die Folgen dieser Eingriffe abgeschwächt werden können!

Material A ▸ Gewässergüte in Baden-Württemberg von 1968 bis 2004

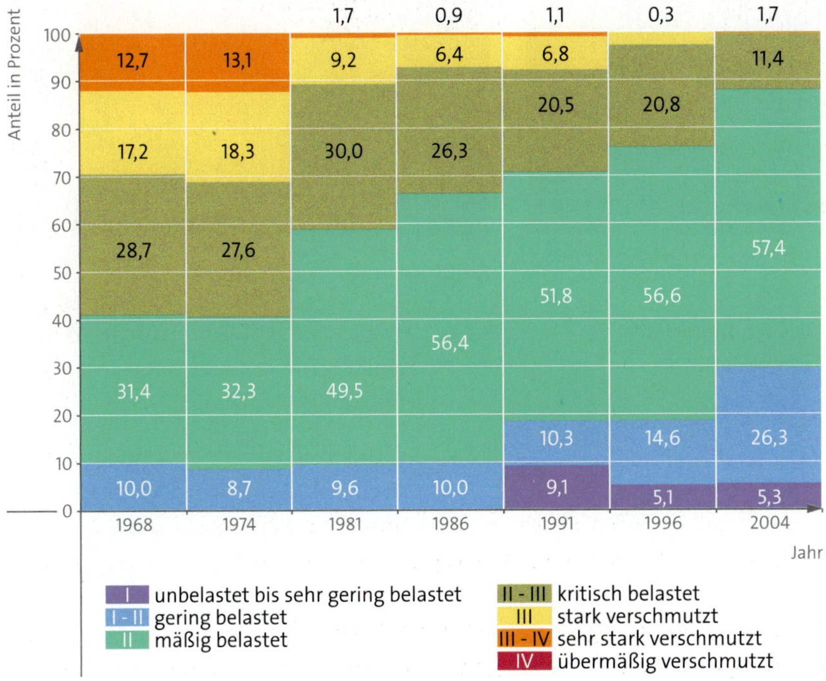

A1 Beschreibe, wie sich der Anteil der Gewässergüte I – II und III von 1968 bis 2004 verändert hat!

A2 Stelle Vermutungen an, weshalb sich diese Werte veränderten!

A3 Stelle Vermutungen an, welche Flussabschnitte der Gewässergüte I – II zugeordnet werden könnten!

A4 Begründe, in welchen Regionen Baden-Württembergs besonders zahlreiche gering belastete Fließgewässer zu finden sind! Nimm dazu die Karte auf Seite 227 zu Hilfe!

Material B ▸ Abwassereinleitung in ein Fließgewässer

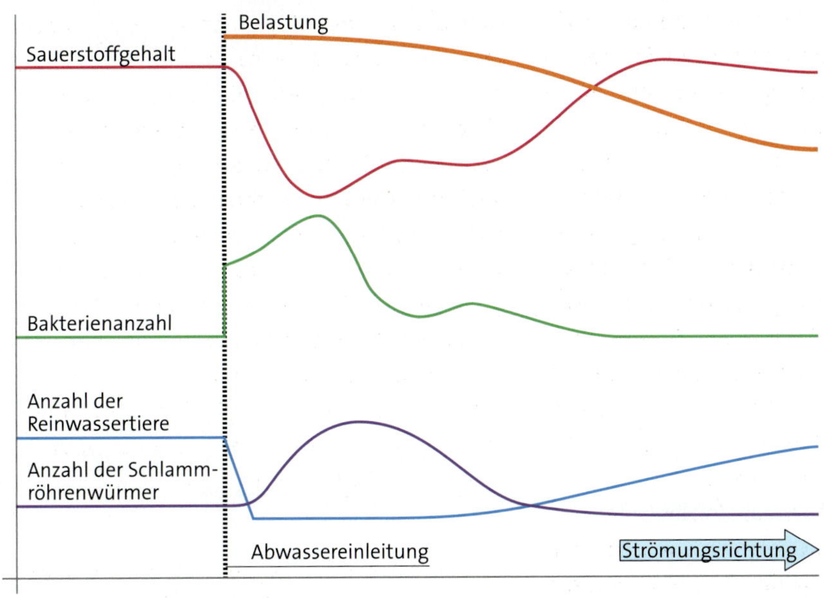

In ein Fließgewässer werden an einer Stelle Abwässer eingeleitet. Flussabwärts von der Einleitungsstelle wird der Fluss in seinem weiteren Verlauf auf den Gehalt an gelösten Stoffen und die Anzahl der vorkommenden Lebewesen untersucht. Das Ergebnis der Untersuchung ist im Diagramm dargestellt.

B1 Beschreibe den Verlauf aller Kurven!

B2 Stelle Vermutungen an, wie der Verlauf der Kurven zu erklären sein könnte!

B3 Stelle Vermutungen an, weshalb in manche Becken einer Kläranlage Luft eingeblasen wird!

A ▸ Ökosystem mehr als ein Lebensraum

Kann ich ...

1. beschreiben, was ein Biotop ist? *(Seite 166)*
2. fünf Beispiele für abiotische Umweltfaktoren nennen? *(Seite 166)*
3. beschreiben, was man unter einer Population versteht? *(Seite 166 und 167)*
4. die Begriffe Fauna und Flora definieren? *(Seite 167)*
5. anhand von Beispielen beschreiben, was man unter biotischen Umweltfaktoren versteht? *(Seite 167)*
6. die Begriffe Biotop, Biozönose und Ökosystem miteinander vergleichen? *(Seite 166 und 167)*
7. die Nahrungsbeziehungen in einem Ökosystem am Beispiel der Trockenmauer beschreiben? *(Seite 168)*
8. einen Zusammenhang zwischen den Begriffen Nahrungskette und Nahrungsnetz herstellen? *(Seite 168)*
9. die Begriffe Produzent, Konsument und Destruent mithilfe von Beispielen erläutern? *(Seite 168)*
10. Beschreiben, wie man bei der Untersuchung eines Ökosystems vorgehen kann? *(Seite 170 und 171)*

B ▸ Ökosystem Wald

Kann ich ...

1. verschiedene mitteleuropäische Waldtypen beschreiben und deren Entstehung erläutern? *(Seite 172 und 173)*
2. den Unterschied zwischen einem physiologischen und einem ökologischen Optimum erklären? *(Seite 174)*
3. die Stockwerke eines mitteleuropäischen Mischwalds nennen? *(Seite 176)*
4. die Umweltbedingungen verschiedener Stockwerke eines Mischwalds beschreiben? *(Seite 176 und 177)*
5. die Unterschiede zwischen einem Sonnenblatt und einem Schattenblatt beschreiben? *(Seite 177)*
6. die Bedeutung des Lichts für die Vegetation eines Waldes im Jahresverlauf erläutern? *(Seite 181)*
7. die Sukzession in einem Mischwald beschreiben? *(Seite 182)*
8. die Lotka-Volterra-Regeln beschreiben? *(Seite 184)*
9. die Ebenen und Kreisläufe in einem Nahrungsnetz erläutern? *(Seite 185)*
10. Symbiose und Parasitismus miteinander vergleichen? *(Seite 186)*
11. den Begriff „ökologische Nische“ erläutern? *(Seite 188)*

12 das Konkurrenzausschlussprinzip an einem Beispiel beschreiben? *(Seite 189)*

13 interspezifische und intraspezifische Konkurrenz miteinander vergleichen? *(Seite 190)*

C ▸ Ökosystem See und Fließgewässer

Kann ich ...

1 die abiotischen Umweltfaktoren eines Sees nennen? *(Seite 205)*

2 die Abfolge der Pflanzenzonen an einem Seeufer beschreiben? *(Seite 205)*

3 eine Nahrungsbeziehung im Ökosystem See darstellen? *(Seite 206)*

4 die Schichtungen und die Wasserzirkulation eines Sees während eines Jahres miteinander vergleichen? *(Seite 208 und 209)*

5 Gefährdungen des Ökosystems See beschreiben? *(Seite 218)*

6 einen oligotrophen See mit einem eutrophen See vergleichen? *(Seite 219)*

7 die Zonen eines Fließgewässers beschreiben? *(Seite 222 und 223)*

8 an Beispielen beschreiben, wie Lebewesen an die Strömung eines Fließgewässern angepasst sind? *(Seite 224)*

9 die Gefährdung von Fließgewässern beschreiben? *(Seite 226 und 227)*

D ▸ Energiefluss und Stoffkreisläufe

Kann ich ...

1 die Energieumwandlung an einem Beispiel erläutern? *(Seite 192 und 212)*

2 an einem Beispiel beschreiben, was man unter dem Energiefluss in einem Ökosystem versteht? *(Seite 193, 212 bis 215)*

3 die Zehn-Prozent-Regel des Energieflusses erklären? *(Seite 193, 212 und 213)*

4 erläutern, was man unter einer Biomassenpyramide versteht? *(Seite 213)*

5 den Kohlenstoff-, Stickstoff- und Sauerstoffkreislauf in See und Wald mithilfe von Grafiken erklären? *(Seite 194, 214 und 215)*

Kann ich aus dem Kapitel „Ökologie“ Beispiele erläutern für das biologische Prinzip:

- Angepasstheit?
- Energieumwandlung?
- Variabilität?
- Reproduktion?
- Wechselbeziehungen zwischen Lebewesen?
- Regulation?
- Struktur und Funktion?

Mensch und Umwelt

In diesem Kapitel beschäftigst du dich mit

- den Folgen, die dadurch auftreten, dass der Mensch die Erde nutzt und verändert. Du erfährst etwas über die Verschmutzung der Luft und des Bodens, über die Abfallbeseitigung und über die Veränderung der Landschaft. Außerdem lernst du etwas über den Treibhauseffekt.

- der Vielfalt der Lebewesen und der Lebensräume auf der Erde. Du erfährst, welche Vorteile die Vielfalt bietet, aber auch wodurch sie heute bedroht ist. Außerdem lernst du Möglichkeiten kennen, Lebensräume und die darin lebenden Tier- und Pflanzenarten zu schützen.

Bassin de
l'Angola
Dorsale Medio Atlantique
Dorsale de Walvis

01 Überbevölkerung

Der Mensch belastet die Umwelt

Seit Beginn des 19. Jahrhunderts hat sich die Bevölkerung der Erde versiebenfacht. Welche Auswirkungen hat diese Zunahme auf die Umwelt, in der wir leben?

RESSOURCEN · Der enorme Anstieg der Erdbevölkerung in den letzten zweihundert Jahren stellt uns vor große Herausforderungen. Die große Anzahl an Menschen auf der Erde braucht zum Leben nicht nur ausreichend unbelastete Nahrung und sauberes Trinkwasser, sondern auch Wohnraum, Energie, saubere Luft und weitere Güter des täglichen Bedarfs wie Kleidung.

Zur Aufrechterhaltung des menschlichen Lebens werden vor allem Boden, Wasser, Pflanzen und Tiere benötigt. Diese bezeichnet man als **natürliche Ressourcen.** Manche dieser Ressourcen sind praktisch unerschöpflich, wenn weniger von ihnen verbraucht werden, als neu entstehen können. Diese Ressourcen wie Boden oder Wasser zählen zu den *erneuerbaren Ressourcen.* Im Gegensatz dazu werden andere, *nicht erneuerbare Ressourcen* zu einem bestimmten Zeitpunkt restlos verbraucht sein. Dies gilt für Bodenschätze oder *fossile Energieträger* wie Kohle und Erdöl. Sonnenlicht steht als Energieträger dagegen unbegrenzt zur Verfügung.

Damit eine grundlegende Versorgung für die steigende Anzahl an Menschen gewährleistet ist, muss mit den zur Verfügung stehenden natürlichen Ressourcen verantwortungsvoll umgegangen werden. Ein solches Verhalten bezeichnet man als **nachhaltig.**

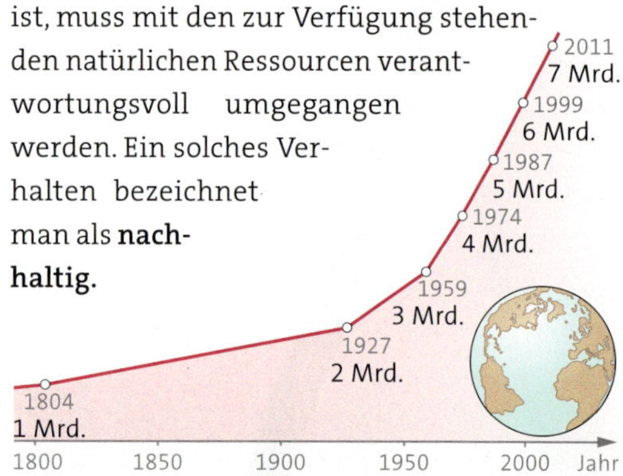

02 Anzahl der Menschen auf der Erde

Durch ihre Aktivitäten beeinflusst die wachsende Anzahl der Menschen die Umwelt, in der sie lebt, immer stärker. So werden beispielsweise für Landwirtschaft, Siedlungen und Energiegewinnung immer mehr natürliche Ressourcen verbraucht. Auch die industrielle Produktion von Waren und Gütern und die Mobilität des Menschen greift in die Umwelt ein. Diese Aktivitäten belasten die Umwelt auf unterschiedliche Art und Weise.

LUFTVERSCHMUTZUNG · Durch Rohstoffgewinnung, Energieumwandlung, industrielle und landwirtschaftliche Produktion sowie den Verkehr entstehen Stoffe wie Feinstaub, Schwefeldioxid, Stickstoffoxide, Kohlenstoffmonooxid und Kohlenwasserstoffe. Diese **Luftschadstoffe** wirken sich direkt auf die menschliche Gesundheit aus. Die Weltgesundheitsorganisation schätzt, dass weltweit rund zwei Millionen Menschen pro Jahr an durch Luftverschmutzung verursachten Erkrankungen sterben. Neben der Gesundheit des Menschen ist auch seine Umwelt von Luftverschmutzung betroffen. Viele Ökosysteme werden belastet oder geschädigt.

ABFÄLLE · Vor allem in den Industrieländern entstehen große Mengen an verschiedenen Abfallstoffen. In Deutschland fallen pro Einwohner im Jahr ungefähr 170 Kilogramm an Hausmüll an, bei einem US-Amerikaner sind es fast 700 Kilogramm pro Jahr. Im Gegensatz dazu produziert ein Einwohner eines weniger entwickelten Landes nur 20 bis 50 Kilogramm Müll pro Jahr.

Manche dieser Abfälle wie Papier oder organische Reste können durch Bodenlebewesen zersetzt werden, wenn sie in die Umwelt gelangen. Andere Abfälle wie Kunststoffe, Metall oder Glas sind dagegen in der Umwelt praktisch unzersetzbar.

Metalle, Glas und Papier können jedoch als Ausgangsstoffe für neue Produkte verwertet werden. Da sich diese Stoffe dann wieder in einem Stoffkreislauf befinden, nennt man diesen Prozess **Recycling.** Organische Abfälle können zu Kompost verarbeitet werden. Kunststoffe dagegen können nur schwer recycelt werden.

Abfälle werden häufig in großen **Mülldeponien** gelagert oder in Müllheizkraftwerken verbrannt. Mülldeponien müssen dabei besonders aufwendig gesichert werden, damit keine Schadstoffe in die Umwelt gelangen können. In Müllheizkraftwerken sind Filter eingebaut, welche die Luftverschmutzung durch Abgase verringern sollen. Dennoch gelangen sehr viele Abfälle und Schadstoffe unkontrolliert in die Umwelt und verschmutzen und vergiften Meer, Flüsse, Grundwasser und Boden.

03 Abgase

04 Müll

05 Landschaftsveränderung

06 Bodenerosion

LANDSCHAFTSVERÄNDERUNG · In dicht besiedelten Ländern wie Deutschland werden große Flächen für Siedlungen, Verkehrswege und Landwirtschaft benötigt. Wenn unbebaute Flächen in Siedlungs- oder Verkehrsflächen umgewandelt werden und damit das natürliche Versickern von Regenwasser verhindert wird, spricht man von **Versiegelung.** Pro Tag werden in Deutschland rund 100 Hektar versiegelt, was der Fläche von ungefähr 100 Fußballfeldern entspricht.

Diese Versiegelung von Flächen führt zu einer Veränderung des Lokalklimas und zerstört den Boden. Durch die fehlende Speicherfunktion des Bodens fließen Niederschläge schnell und oberflächlich ab und erhöhen damit die Überschwemmungsgefahr. Versiegelung vernichtet auch viele Lebensräume von Tieren und Pflanzen.

Die zunehmende **Intensivierung** der Landwirtschaft trägt ebenfalls zum Lebensraumverlust bei. Riesige Äcker oder Weiden bieten nur wenig Lebensmöglichkeiten für Lebewesen wie den Insekten oder Vögeln. Diese negativen Auswirkungen der industriellen Landwirtschaft auf die Umwelt werden zusätzlich durch den Einsatz von Schädlingsbekämpfungsmitteln und Kunstdüngern verstärkt.

BELASTUNG DER BÖDEN · Der Boden ist die wichtigste Grundlage für die Nahrungsmittelproduktion. Intensive Landwirtschaft kann dazu führen, dass die oberen Bodenschichten durch den Einsatz schwerer Landmaschinen zusammengepresst werden. Diesen Vorgang nennt man **Verdichtung.** In einem zu stark verdichteten Boden ist ein natürliches und artenreiches Bodenleben, das für die Fruchtbarkeit des Bodens wichtig ist, nur schwer möglich.

Offene Ackerböden können leicht durch den Regen weggeschwemmt oder durch den Wind weggeblasen werden, man spricht von **Bodenerosion.** Dieser Verlust der fruchtbaren oberen Bodenschicht verringert die Bodenfruchtbarkeit. Die Regenerierung eines durch Erosion geschädigten Bodens dauert sehr lange, da die Bildung eines Bodens mehrere Tausend Jahre benötigt.

1 Nenne Beispiele für „natürliche Ressourcen"!

2 Nenne ein Beispiel für nachhaltiges Verhalten!

3 Erläutere anhand von drei Beispielen, welche schädlichen Einflüsse menschliche Aktivitäten auf die Umwelt haben können!

IM BLICKPUNKT GEOGRAFIE

Treibhauseffekt

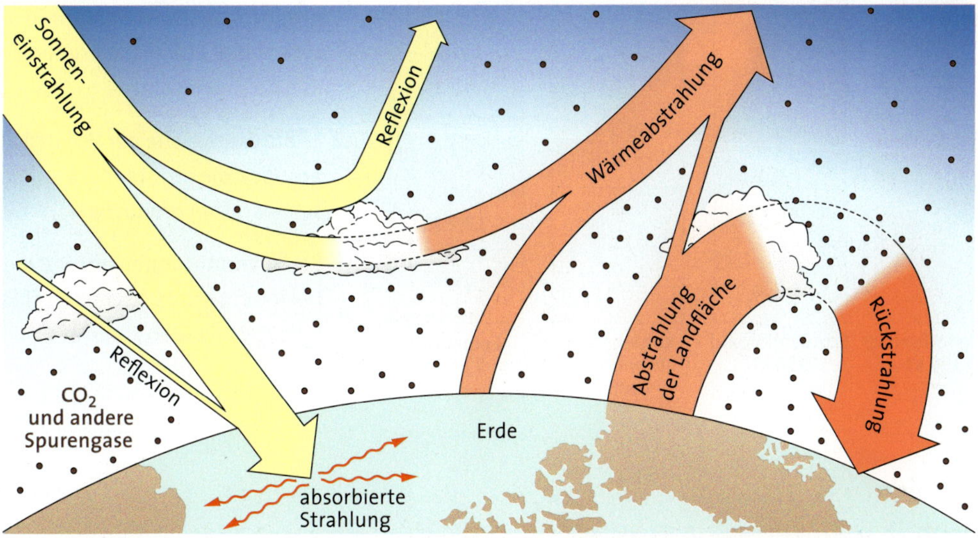

01 Treibhauseffekt

In ein Treibhaus fällt *energiereiche Sonnenstrahlung* ein. Dadurch erwärmen sich Luft und Boden im Inneren des Gewächshauses und geben *Wärmestrahlung* ab. Diese Abstrahlung kann das Glas des Gewächshauses jedoch nur langsam nach außen durchdringen. Als Resultat entstehen im Inneren eines Gewächshauses deutlich höhere Temperaturen als außerhalb.

Die Atmosphäre der Erde wirkt ähnlich wie das Glas eines Treibhauses. Der größte Teil der von der Sonne eintreffenden energiereichen Strahlung dringt durch die Atmosphäre und erwärmt die Erdoberfläche. Die Oberfläche gibt diese Energie als energieärmere Wärmestrahlung ab. Die in der Erdatmosphäre enthaltenen Gase Wasserdampf und Kohlenstoffdioxid bewirken, dass der Großteil der Wärmestrahlung zur Oberfläche reflektiert wird und nur ein kleiner Teil in das Weltall entweichen kann. Die Erdatmosphäre heizt sich auf, ähnlich wie in einem Treibhaus. Dieser Effekt wird deshalb **natürlicher Treibhauseffekt** genannt. Er bewirkt, dass die durchschnittliche Temperatur auf der Erdoberfläche rund 15 Grad Celsius beträgt. Ohne ihn läge diese Temperatur bei −18 Grad Celsius. Leben auf der Erde wäre nicht möglich.

Durch die wachsende Erdbevölkerung und ihre Nutzung von *fossilen Energieträgern* wie Erdöl und Kohle werden seit rund 150 Jahren große Mengen an Gasen wie Kohlenstoffdioxid oder Methan frei. Diese zusätzlichen Treibhausgase verstärken den natürlichen Treibhauseffekt und werden wahrscheinlich zu einer deutlichen **Klimaerwärmung** führen, die gravierende Auswirkungen auf die Menschen haben kann. Mögliche Folgen sind Meeresspiegelanstieg, Überschwemmungen, Stürme oder Dürren.

1 Erläutere den Zusammenhang zwischen der steigenden Kohlenstoffdioxidkonzentration in der Atmosphäre und dem Anstieg des Meeresspiegels!

Material A ▸ Luftverschmutzung in Deutschland (2006)

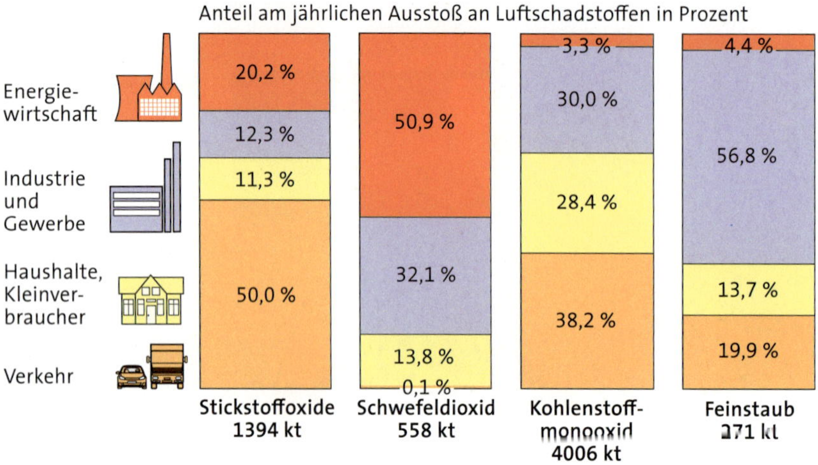

A1 Berechne, wie viele Kilotonnen Luftschadstoffe jede Verursachergruppe insgesamt pro Jahr in die Luft abgibt! Trage die Ergebnisse in eine Tabelle ein!

A2 Erläutere, welche der Verursachergruppen die größte Masse an Luftschadstoffen produziert!

A3 Stelle Vermutungen an, wie die Belastung mit Luftschadstoffen reduziert werden könnte!

Material B ▸ Bodenerosion

	Bodenbedeckung durch Bewuchs in Prozent	Bodenabtrag durch Wasser in Prozent	Abfluss des Niederschlags in Prozent
Buchenwald, Grünland	>70	<1	<30
Maisfeld	50	8	<30
Kartoffelacker	30	25	40
vegetationslose Offenlandfläche	0	100	45
asphaltierte Fläche	0	0	100

B1 Beschreibe den Zusammenhang zwischen Bodenbedeckung durch Bewuchs und Bodenerosion!

B2 Erkläre, weshalb in einem Buchenwald deutlich weniger Niederschlag abfließt als von einem Kartoffelacker!

Material C ▸ Bevölkerungsentwicklung

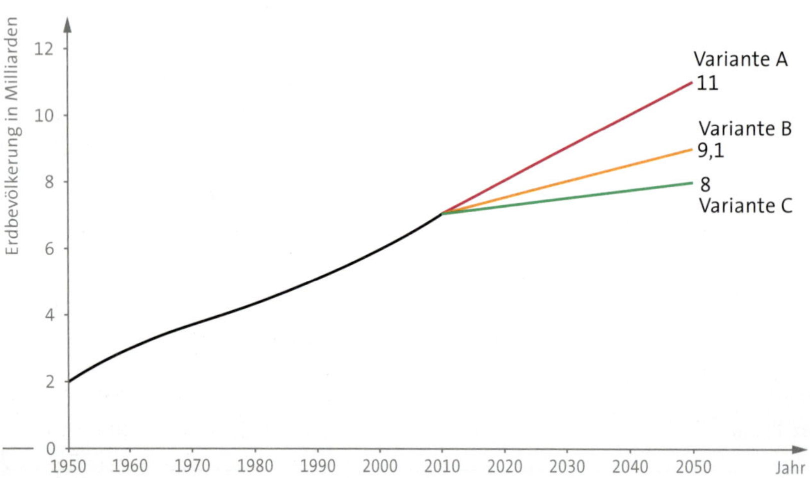

C1 Beschreibe die Kurven der Bevölkerungsentwicklung!

C2 Stelle Vermutungen an, weshalb die Weltbevölkerung seit 1950 stark angestiegen ist!

C3 Stelle Vermutungen an, welche Bedingungen zu den unterschiedlichen Kurvenverläufen geführt haben könnten!

Material D ▸ Ökologischer Fußabdruck

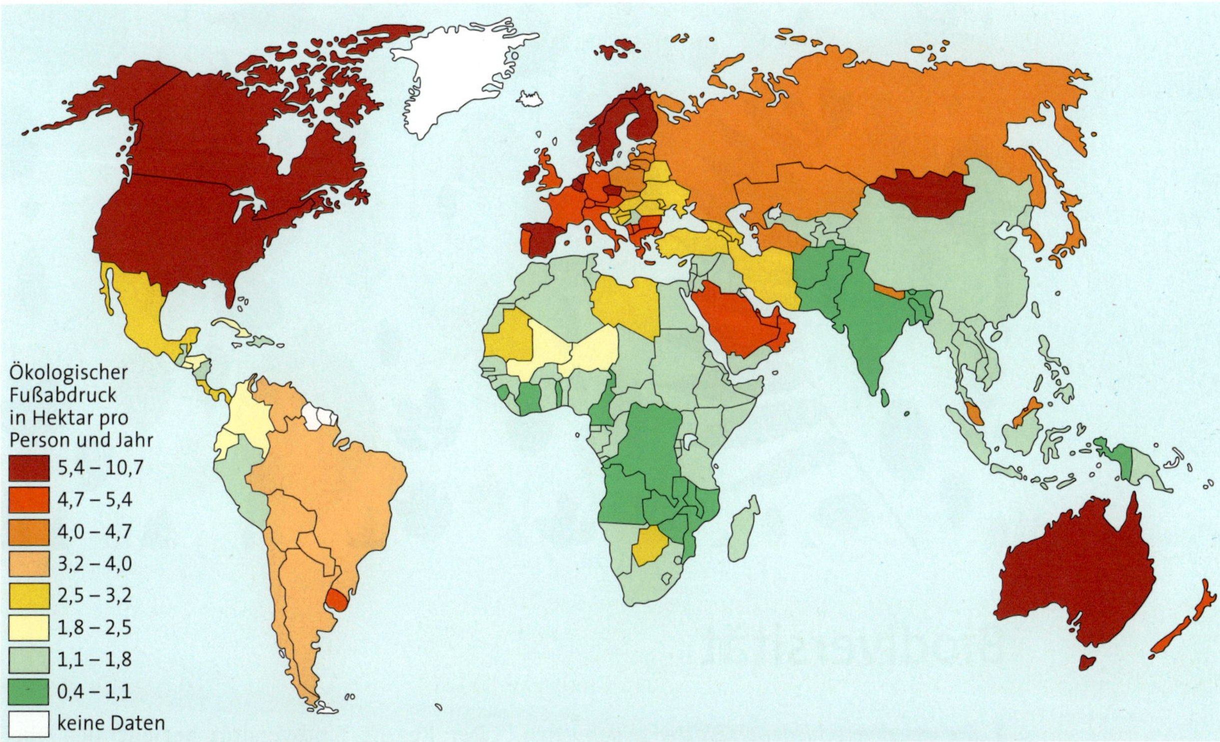

Der **ökologische Fußabdruck** ist ein Begriff, der Mitte der 1990er Jahre geprägt wurde. Der ökologische Fußabdruck eines Menschen umfasst die Fläche, die er zur Aufrechterhaltung seines Lebensstandards benötigt. Darin eingeschlossen sind beispielsweise Flächen, die zur Produktion seiner Nahrung, Kleidung und Wohnung benötigt werden, sowie Flächen für die Bereitstellung der dazu notwendigen Energie. Auch Flächen für die Entsorgung der dabei entstehenden Abfallstoffe und die Flächen, die zum Binden des durch seine Aktivitäten frei gewordenen Kohlenstoffdioxids nötig sind, werden miteinbezogen. Der ökologische Fußabdruck ist somit ein Maß für den Ressourcenverbrauch eines Menschen und wird in Hektar angegeben.

Der ökologische Fußabdruck eines Menschen in einem Industrieland ist weitaus größer als der eines Menschen in einem nur wenig entwickelten Land. So hat ein Deutscher einen fünfmal größeren ökologischen Fußabdruck als ein Inder. Das bedeutet, dass er pro Jahr die fünffache Menge an Ressourcen eines Inders benötigt. Vergleicht man den ökologischen Fußabdruck aller Menschen einer Region mit der Regenerationsfähigkeit der natürlichen Ressourcen in dieser Region, erhält man ein Maß für den menschlichen Nutzungsdruck auf diese Region. Wenn die Menschen einer Region mehr Ressourcen verbrauchen, als diese zur Verfügung stellen kann, ergibt sich ein **ökologisches Defizit.**

Bezogen auf die gesamte Menschheit wurde im Jahr 2013 das Anderthalbfache dessen verbraucht, was uns die Erde an Ressourcen zur Verfügung stellen kann. Man könnte auch sagen, dass die Erde anderthalb Jahre benötigt, um die Ressourcen zu regenerieren, welche die Menschheit in diesem Jahr verbraucht hat.

D1 Berechne deinen persönlichen Fußabdruck mithilfe eines Fußabdruckrechners im Internet!

D2 Vergleiche deinen persönlichen Fußabdruck mit dem deiner Freunde und mit dem Fußabdruck eines Menschen aus einem wenig entwickelten Land!

D3 Beschreibe mögliche Maßnahmen, mit der sich dein ökologischer Fußabdruck verkleinern ließe!

01 Artenvielfalt

Biodiversität

Die vielen verschiedenen Blätter zeigen einen Ausschnitt der Pflanzenvielfalt. Auf der Erde gibt es eine nahezu unüberschaubare Anzahl an Arten von Lebewesen. Welche Bedeutung hat diese Vielfalt für die Menschen?

ARTENVIELFALT · Heute kennen Wissenschaftler ungefähr 1,5 Millionen verschiedene Arten von Bakterien, Pilzen, Pflanzen und Tieren. Viele Arten sind jedoch noch nicht entdeckt worden, sodass man davon ausgeht, dass insgesamt mindestens drei Millionen verschiedene Arten an Lebewesen die Erde bevölkern. Manche Forscher rechnen sogar mit einer zweistelligen Millionenanzahl an Arten. Alleine der Anteil an Insektenarten könnte dabei bis zu acht Millionen betragen. Auch bei den sehr artenreichen Pilzen ist vermutlich nur ein kleiner Bruchteil der Arten bekannt.

lateinisch diversitas = Verschiedenheit

BIODIVERSITÄT · Die Vielfalt des Lebens bezeichnet man als **Biodiversität.** Häufig wird darunter nur die Artenvielfalt verstanden. Der Begriff Biodiversität bezieht sich aber neben der Artenvielfalt auch auf die Vielfalt auf der Ebene der Erbinformation, auf die der Gemeinschaften von Lebewesen oder die Vielfalt von Lebensräumen. Biodiversität ist daher die *Vielfalt des Lebens auf allen Ebenen.*

NUTZEN DER BIODIVERSITÄT · Viele Lebewesen haben vor allem als *Nahrungsressource* einen direkt messbaren Nutzen für die Menschen. Aber auch Rohstoffe für Kleidung und viele weitere Güter wie Öle, Fette, Farbstoffe oder Harze stammen von Lebewesen. Neben diesem direkten Nutzen hat eine große Artenvielfalt jedoch auch einen indirekten Nutzen. Insekten tragen zum Beispiel als *Bestäuber* zur Ernährung des Menschen bei. Lebewesen sichern als *Schädlingsbekämpfer* die Ernten. Arzneistoffe aus der Natur helfen gegen Krankheiten. Ungefähr 40 Prozent aller *Arzneimittel* enthalten wirksame Inhaltsstoffe natürlichen Ursprungs. Einige *industrielle Anwendungen* gehen auf Vorbilder aus der Natur zurück, beispielsweise der Lotoseffekt

oder die nach dem Vorbild der Haihaut zur Treibstoffeinsparung konstruierte Außenhülle moderner Flugzeuge oder Schiffe.
Artenvielfalt und intakte Natur haben weiterhin einen hohen *Erholungs-* und *Freizeitwert* für den Menschen, bieten aber auch Schutz vor Naturereignissen wie Überschwemmungen und Lawinen.
Nahrungsnetze und ökologische Beziehungen sind bei hoher Artenvielfalt dicht und führen damit zu *Stabilität.* Bei geringer Vielfalt kann das Aussterben nur einer Art die übrigen Arten einer Lebensgemeinschaft stark beeinträchtigen.
Nicht zuletzt sprechen *ethische Gründe* für den Erhalt der Biodiversität.

BEDROHUNG DER BIODIVERSITÄT · Die globale Vielfalt wird durch menschliche Aktivitäten entscheidend beeinflusst. Wenn pflanzliche oder tierische Populationen so stark durch den Menschen genutzt werden, dass sie sich nicht mehr erholen können und im Extremfall aussterben, spricht man von *Übernutzung.* Ein Beispiel hierfür ist die Überfischung der Meere. Durch Überbauung, Abholzung, intensive Agrarnutzung oder Verschmutzung werden *Lebensräume zerstört,* beispielsweise im tropischen Regenwald. So gingen der Erde seit dem Jahr 2000 rund 150 000 Quadratkilometer Wald pro Jahr verloren, was knapp der Hälfte der Fläche Deutschlands entspricht. Populationen von Lebewesen können durch Zerstörung ihres Lebensraums verkleinert oder vereinzelt werden. Dies erhöht das Aussterberisiko. Auch vom Menschen zufällig oder absichtlich *eingeführte Arten* verdrängen häufig einheimische Arten aus ihren Lebensräumen. Die aktuell stattfindende *Klimaveränderung* trägt ebenfalls zur Bedrohung der Artenvielfalt bei. Lebewesen, die Klimaveränderungen nicht ausweichen können, sind dabei besonders stark bedroht. Dies gilt beispielsweise für Pflanzen, aber auch für Korallen. Alle diese Faktoren werden durch die *wachsende Erdbevölkerung* und ihre Bedürfnisse weiter verstärkt.

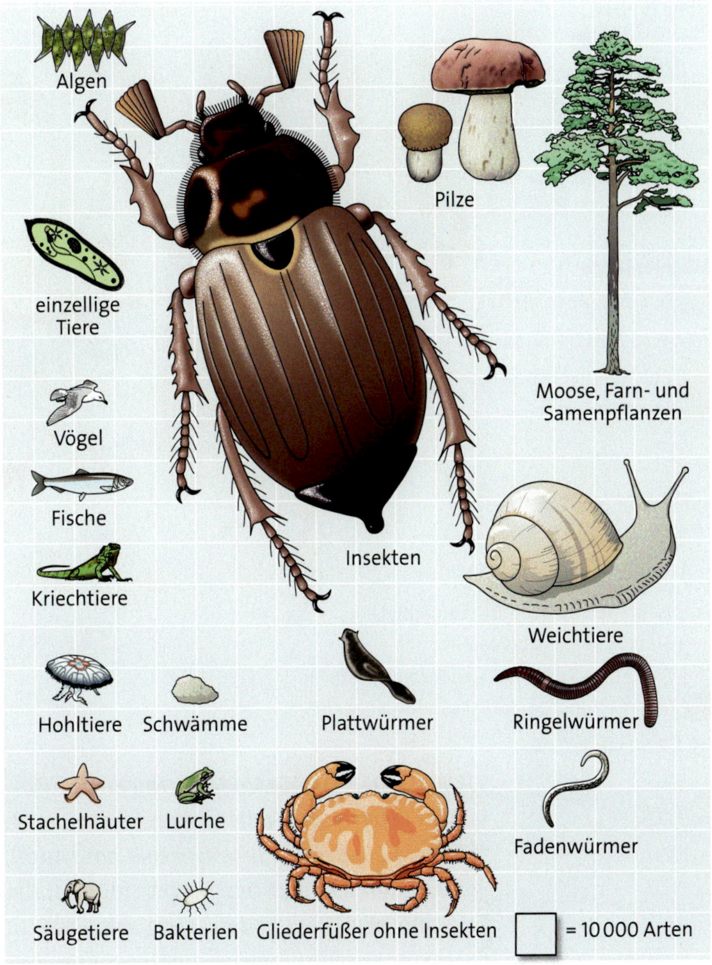

02 Artenzahl verschiedener Gruppen von Lebewesen

03 Lebensraumzerstörung in einem Regenwald

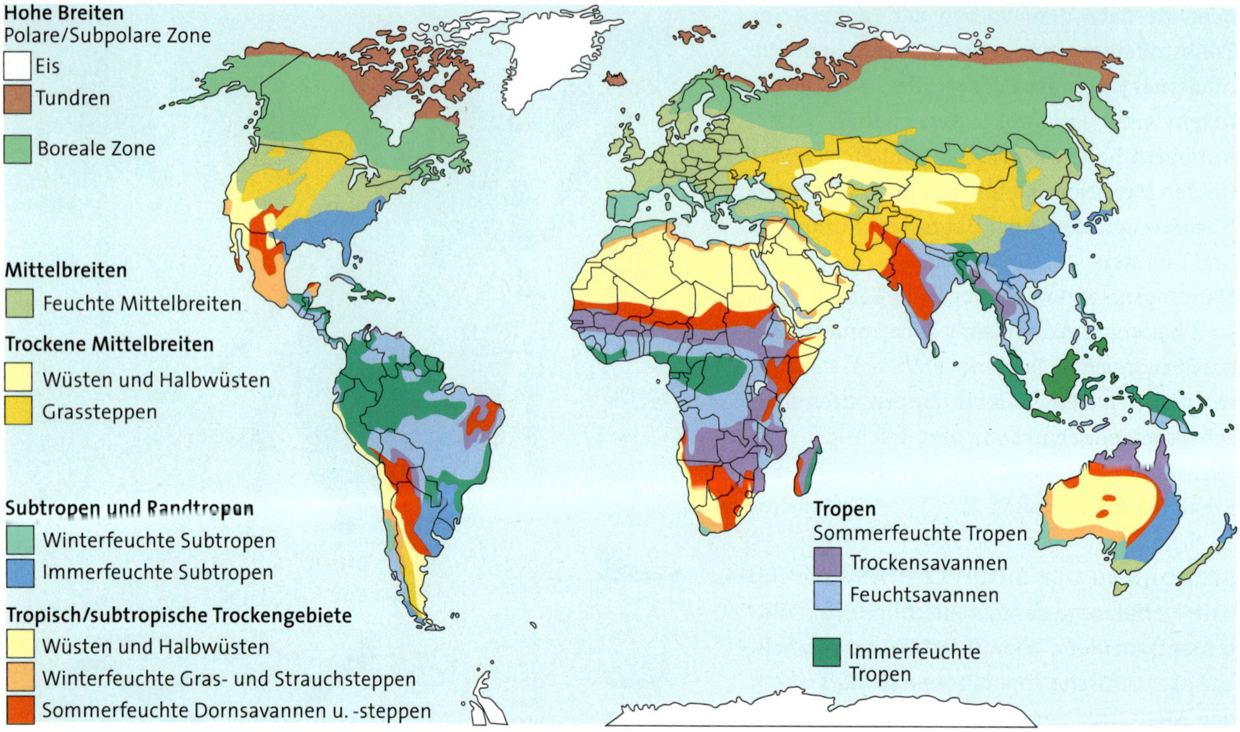

04 Ökozonen der Erde

VIELFALT DER ÖKOSYSTEME · Neben der Vielfalt der Lebewesen ist die globale Vielfalt auch auf der Ebene ihrer *Lebensräume* sehr groß. Bedingt durch klimatische Gegebenheiten, die Gesteine und den Boden kann die Erde in charakteristische Bereiche, die **Ökozonen,** eingeteilt werden. Jeder Ökozone kann eine typische Vegetationsform zugeordnet werden. In den mittleren Breiten herrscht beispielsweise der *sommergrüne Laubwald* vor, während in den immerfeuchten Tropen der *immergrüne tropische Regenwald* wächst.

Die polaren Zonen und die boreale Zone nehmen dabei knapp ein Drittel der Landoberfläche der Erde ein, die mittleren Breiten, in denen wir leben, ungefähr 10 Prozent. Die Wüsten der Subtropen und Tropen bedecken knapp 21 Prozent der Landfläche und die sommer- und immerfeuchten Tropen ungefähr ein Viertel. Vor allem in den immerfeuchten Tropen ist die Artenvielfalt besonders hoch, ungefähr 70 Prozent aller bekannten Arten an Lebewesen kommen nur hier vor.

BEDROHUNG DER ÖKOSYSTEME · Lebensräume werden durch ähnliche Faktoren bedroht wie einzelne Arten. *Übernutzung* und *Klimaveränderung* sind dabei die entscheidenden Faktoren. Besonders stark durch Übernutzung bedrohte Lebensräume sind der tropische und subtropische Regenwald oder der mediterrane Hartlaubwald. Auch die Meere sind von Übernutzung, aber auch von *Verschmutzung* stark betroffen. Die tropischen Korallenriffe werden dagegen vor allem durch die Klimaveränderung bedroht. Auwälder und Feuchtgebiete in Europa werden durch *Flächenverbrauch* für Landwirtschaft, Verkehr und Siedlungen gefährdet.

1 Erkläre den Begriff Biodiversität!

2 Erläutere anhand von drei Beispielen den Nutzen der Biodiversität!

3 Erläutere anhand von drei Beispielen, welche schädlichen Einflüsse menschliche Aktivitäten auf die Biodiversität haben können!

IM BLICKPUNKT GEOGRAFIE

Arten- und Biotopschutz

ARTEN- UND BIOTOPSCHUTZ · Vor allem durch dichte Besiedlung, starke Bebauung und intensive landwirtschaftliche Nutzung geht die Artenvielfalt in Deutschland seit Jahren kontinuierlich zurück. Um diesen Rückgang zu verlangsamen oder aufzuhalten, werden bedrohte Pflanzen- und Tierarten gesetzlich unter *Artenschutz* gestellt. Bei unter Schutz stehenden Pflanzen ist es beispielsweise verboten, sie zu pflücken. Unter Schutz stehende Tierarten dürfen weder gefangen noch getötet werden.
Artenschutz alleine kann aber nur begrenzt zum Schutz bedrohter Lebewesen beitragen. Viel wichtiger ist ein Schutz ihrer Lebensräume, der *Biotopschutz*. Der Naturschutz strebt daher eine Kombination aus Artenschutz und Biotopschutz an.

SCHUTZKATEGORIEN · In Deutschland existieren verschiedene Schutzkategorien für Lebensräume. Wichtigste und zugleich strengste Schutzkategorien sind der *Nationalpark*, das *Naturschutzgebiet* und das *Biosphärenreservat*. In diesen Gebieten ist die menschliche Nutzung stark eingeschränkt oder untersagt und der Großteil der Flächen darf nicht betreten werden. Einzelne kleinflächige Besonderheiten wie alte Bäume oder Felsen können unter die Kategorie *Naturdenkmal* fallen und sind so vor schädlichen Veränderungen geschützt.
Die Kriterien für die Kategorien *Landschaftsschutzgebiet* und *Naturpark* sind deutlich weniger streng. Nutzung durch Landwirtschaft und Tourismus sind hier weiterhin möglich, beispielsweise bei Streuobstwiesen. Lediglich gravierende Eingriffe ins Landschaftsbild wie Straßenbau oder Wohnbebauung sind nicht gestattet.

1 Erläutere den Zusammenhang zwischen Artenschutz und Biotopschutz!

01 Streuobstwiese

02 Nationalparks in Deutschland

Material A ▸ Biodiversität von Pflanzen

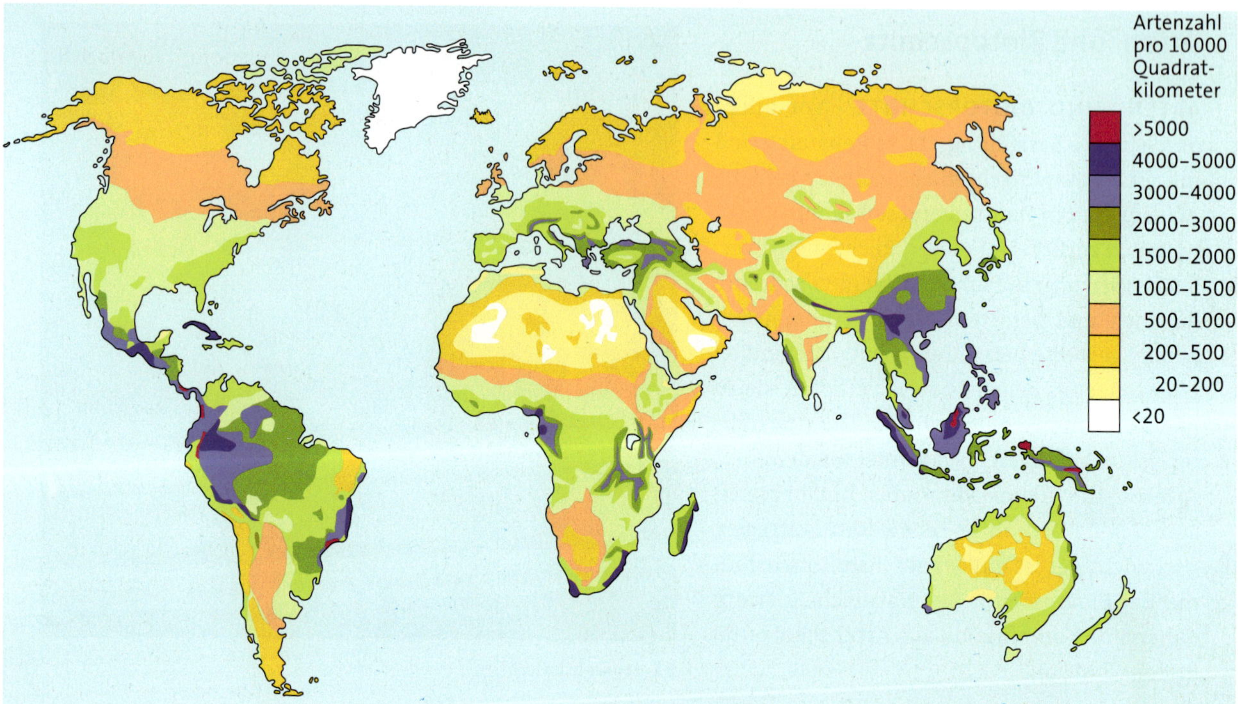

A1 Beschreibe, in welchen Gebieten der Erde die Pflanzenvielfalt besonders hoch ist!

A2 Nenne die Ökozonen der in A1 genannten Gebiete!

A3 Stelle Vermutungen an, weshalb gerade in Gebieten mit hoher Pflanzenvielfalt der Schutz der Diversität häufig besonders schwierig ist!

Material B ▸ Artensterben

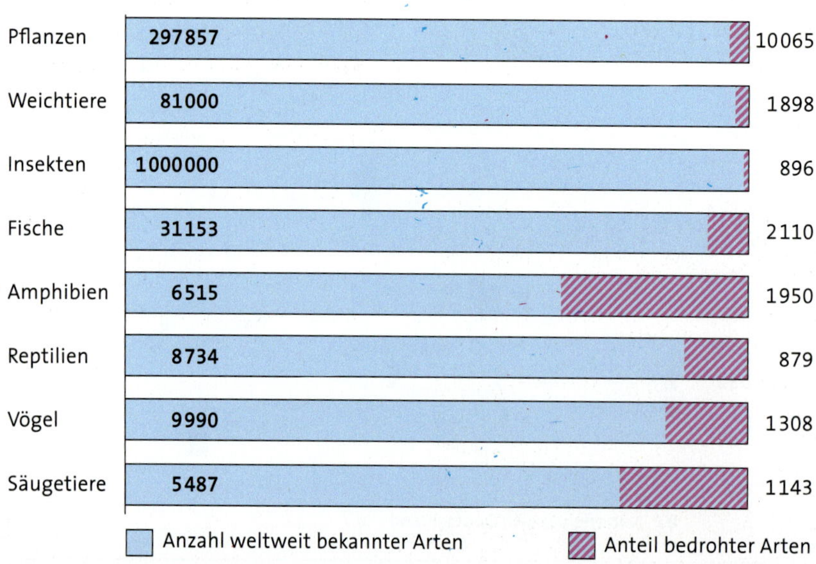

B1 Berechne den Anteil bedrohter Arten jeder Gruppe in Prozent! Trage die Ergebnisse in eine Tabelle ein!

B2 Nenne die vier Tiergruppen, bei denen der Anteil bedrohter Arten besonders hoch ist!

B3 Stelle Vermutungen an, durch welche Bedrohungen diese hohen Anteile zustande kommen!

Material C ▸ Schutz von Lebensräumen in Deutschland

A

B

C

Im Jahr 2012 wurden in Deutschland rund 52 Prozent der Landesfläche landwirtschaftlich genutzt, rund 30 Prozent sind Wälder. Der verbleibende Flächenanteil wird hauptsächlich für Verkehr, Wohnungen, Gewerbe und Industrie genutzt.
Natürliche oder naturnahe Lebensräume wie Wacholderheiden, Hochmoore oder ursprüngliche Buchenwälder werden in Deutschland immer seltener und sind stark bedroht. Auch die in diesen Lebensräumen vorkommenden Pflanzen- und Tierarten sind daher häufig gefährdet.
Insgesamt nehmen natürliche oder naturnahe Lebensräume knapp zehn Prozent der Fläche Deutschlands ein. Viele dieser Flächen stehen unter Naturschutz, um sie als Lebensraum, aber auch zur Erholung für den Menschen zu erhalten.

C1 Informiere dich über einen der drei Lebensräume mithilfe von Fachliteratur und Internet. Erstelle einen Steckbrief des Lebensraums mit folgenden Punkten: Vorkommen in Deutschland, Nutzung durch den Menschen, Besonderheit des Lebensraums, besondere Tier- und Pflanzenarten!

C2 Erläutere, weshalb der von dir gewählte Lebensraum bedroht ist!

C3 Erläutere, welche Maßnahmen zum Schutz des gewählten Lebensraums ergriffen werden!

A ▸ Umweltbelastungen

Kann ich ...

1. Beispiele für erneuerbare und nicht erneuerbare natürliche Ressourcen nennen? *(Seite 236)*
2. Ursachen für den steigenden Verbrauch an natürlichen Ressourcen erklären? *(Seite 237)*
3. vier Beispiele für Luftschadstoffe nennen? *(Seite 237)*
4. die Ursachen beschreiben, durch die Schadstoffe in die Luft gelangen? *(Seite 237)*
5. die Möglichkeiten der Abfallbeseitigung beschreiben? *(Seite 237)*
6. Beispiele für Abfallstoffe nennen, die sich recyceln lassen? *(Seite 237)*
7. beschreiben, wodurch es zu einer Versiegelung der Landschaft kommen kann? *(Seite 238)*
8. die Folgen der Intensivierung der Landwirtschaft an Beispielen erläutern? *(Seite 238)*
9. die Belastung und Gefährdung des Bodens durch die Landwirtschaft erläutern? *(Seite 238)*

B ▸ Natur- und Umweltschutz

Kann ich ...

1. den Begriff Biodiversität erläutern? *(Seite 240)*
2. Beispiele nennen, wie der Mensch die Vielfalt der Lebewesen direkt und indirekt nutzt? *(Seite 240 und 241)*
3. den Zusammenhang zwischen Artenvielfalt und Stabilität von Nahrungsketten beschreiben? *(Seite 241)*
4. die verschiedenen Formen der Bedrohung der Artenvielfalt an Beispielen erläutern? *(Seite 241)*
5. erklären, weshalb bestimmte Arten von Lebewesen durch den Klimawandel besonders bedroht sind? *(Seite 241)*
6. den Ökozonen der Erde Vegetationsformen zuordnen? *(Seite 242)*
7. Ökosysteme nennen, die durch Klimaänderung, Verschmutzung oder Übernutzung besonders bedroht sind? *(Seite 242)*

Kann ich aus dem Kapitel „Mensch und Umwelt" Beispiele erläutern für das biologische Prinzip:

- Struktur und Funktion
- Angepasstheit
- Variabilität
- Reproduktion
- Wechselwirkung zwischen Lebewesen?

Aufgaben sind ein wichtiger Bestandteil deines Biologiebuchs „Biosphäre 3" und unterstützen auf vielfältige Weise das Lernen. Um Aufgaben lösen zu können, müssen sie richtig verstanden werden. Hierbei ist es wichtig, verschiedene Typen von Aufgaben unterscheiden zu können. Der Operator, das Verb der Aufgabenstellung, gibt dir die Anweisung, welche Form der Aufgabenbearbeitung gefordert ist. Im Folgenden findest du zu den verschiedenen Operatoren jeweils eine Beschreibung und Beispielaufgaben mit Lösungen.

NENNEN · Aufgaben mit dem Verb „Nennen" fordern lediglich dazu auf, bestimmte Sachverhalte, Begriffe oder Daten ohne Erläuterungen, aufzuzählen. Auch das Beschriften einer Abbildung gehört dazu.

Beispielaufgabe: Nenne wichtige Produzenten und Konsumenten erster Ordnung im offenen Meer!

Lösung: Produzenten im offenen Meer = Pflanzenplankton, einzellige Algen;
Konsumenten 1. Ordnung im offenen Meer = Tierplankton, zum Beispiel Kleinkrebse, die einzellige Algen fressen

BESCHREIBEN · Aufgaben mit dem Verb „Beschreiben" zielen darauf ab, wichtige Eigenschaften von Strukturen, Sachverhalten oder Zusammenhängen mit eigenen Worten strukturiert und mithilfe der Fachsprache in ganzen Sätzen wiederzugeben.

Beispielaufgabe: Beschreibe die Nahrungsbeziehungen im Ökosystem Trockenmauer!

Lösung: Die Grundlage für die Nahrungsbeziehungen im Ökosystem Trockenmauer stellen die Pflanzen der Trockenmauer dar. Sie bauen durch Fotosynthese Nährstoffe auf und werden deshalb als Produzenten bezeichnet. Pflanzenfresser, wie Asseln und Schnecken, die sich sowohl von den lebenden Pflanzen als auch von abgestorbenen Pflanzenresten ernähren, sind Konsumenten erster Ordnung. Asseln werden zum Beispiel von den räuberisch lebenden Steinläufern gefressen, die man als Konsumenten zweiter Ordnung bezeichnet. Räuberische Tiere, die sich wiederum von anderen Räubern ernähren, wie die Mauereidechse, stehen am Ende dieser Nahrungskette und sind Konsumenten dritter Ordnung. Bakterien und Pilze bauen die Nährstoffe abgestorbener Pflanzenreste, toter Tiere und Tierkot zu Mineralstoffen ab, die Pflanzen wieder aufnehmen können. Sie sind die Destruenten oder Mineralisierer des Biotops.

VERGLEICHEN · Bei Aufgaben mit dem Verb „Vergleichen" sollen Gemeinsamkeiten und Unterschiede von Merkmalen, den Vergleichskriterien, festgestellt werden. Die Ergebnisse lassen sich in Textform oder zum Beispiel in Form einer Tabelle darstellen.

Beispielaufgabe: Vergleiche das Vorkommen von Organellen in Pflanzen- und Tierzellen miteinander!

Lösung:

	Tierzelle	Pflanzenzelle
Zellkern	+	+
Mitochondrien	+	+
Chloroplasten	-	+
Endoplasmatisches Retikulum	+	+
Golgi-Apparat	+	+
Vesikel	+	+
Vakuole	-	+
Ribosomen	+	+
Zellwand	-	+

+ = vorhanden; - = nicht vorhanden

ERKLÄREN · Aufgaben mit dem Verb „Erklären“ verlangen, dass die Ursachen und Zusammenhänge zu einem bestimmten Sachverhalt verständlich gemacht werden.

Beispielaufgabe: Erkläre, weshalb das Anpflanzen von Pflanzen mit Knöllchenbakterien das Wachstum anderer Pflanzen fördert!

Lösung: Die Knöllchenbakterien binden den Luftstickstoff und überführen ihn in Ammonium. Beim Anpflanzen von Pflanzen mit Knöllchenbakterien wird deshalb der Boden mit Ammonium angereichert. Pflanzen ohne Knöllchenbakterien können Luftstickstoff zum Aufbau von organischen Stickstoffverbindungen nicht nutzen. Enthält aber der Boden reichlich Ammonium, das auch von diesen Pflanzen genutzt werden kann, wird damit auch deren Wachstum gefördert.

ERLÄUTERN · Aufgaben mit dem Verb „Erläutern“ fordern dazu auf einen Sachverhalt veranschaulichend und durch zusätzliche Informationen verständlich darzustellen. Hilfreich ist die Verwendung weiterer Beispiele, Vergleiche oder auch Bezüge zu den biologischen Prinzipien.

Beispielaufgabe: Erläutere Maßnahmen, mit denen die Folgen menschlicher Eingriffe in das Ökosystem Fließgewässer abgeschwächt werden können!

Lösung: Durch Abwasserreinigung oder Abwasserklärung kann die Wasserqualität eines Fließgewässers verbessert werden und als Trinkwasser erhalten bleiben. Hierbei wird zunächst Abfall entfernt, bevor Bakterien gelöste Stoffe und Fäkalien abbauen. In einer chemischen Bearbeitung werden Schadstoffe entfernt. Das so gewonnene, sauberere Wasser kann wieder vielen Wasserorganismen als Lebensraum dienen, wenn es zurück in das Fließgewässer geleitet wird.
Durch Renaturierungsmaßnahmen können Lebensräume für Wasserorganismen geschaffen werden und die Hochwassergefahr verringert werden. Dadurch erhöht sich die Artenanzahl der Lebewesen, wodurch die Selbstreinigungskraft eines Fließgewässers erhöht wird.

BEURTEILEN · Bei Aufgaben mit dem Verb „Beurteilen“ soll zu einem bestimmten Sachverhalt ein selbstständiges Urteil abgegeben und unter Verwendung der Fachsprache sachlich begründet werden.

Beispielaufgabe: Beurteile, ob bei der Genommutation „Trisomie 21“ die Ultraschalluntersuchung für die pränatale Diagnose geeignet ist!

Lösung: Da die Ultraschalluntersuchung mehrfach während der Schwangerschaft durchgeführt wird, kann man das Wachstum des Embryos beobachten. Die im Verhältnis zum Rumpf längeren Arme und Beine müssten auffallen, ob das jedoch als sichere Diagnose ausreicht ist eher fraglich. Denn auch bei gesunden Kindern könnten solche körperlichen Auffälligkeiten auftreten.

EINE VERMUTUNG UND EINE HYPOTHESE AUFSTELLEN · Bei diesem Aufgabentyp soll zu einer bestimmten Frage eine begründete Vermutung als Antwort formuliert werden. Erst wenn eine Vermutung mithilfe von Beobachtungen oder Sachinformationen begründet wird, nennt man sie eine Hypothese. Sie kann durch eine Überprüfung bestätigt oder verworfen werden.

Beispielaufgabe: Stelle Vermutungen an, weshalb ein Arzt bei einer Untersuchung den Kniesehnenreflex prüft!

Lösung: Vermutlich prüft der Arzt, ob die motorischen Nervenzellen im Rückenmark richtig arbeiten. Ebenso kann er mit dem Reflex prüfen, ob die Rückenmarksnerven funktionstüchtig sind.

Beispielaufgabe: Stelle eine Hypothese auf, welche die unterschiedliche Verteilung von Stäbchen und Zapfen erklärt!

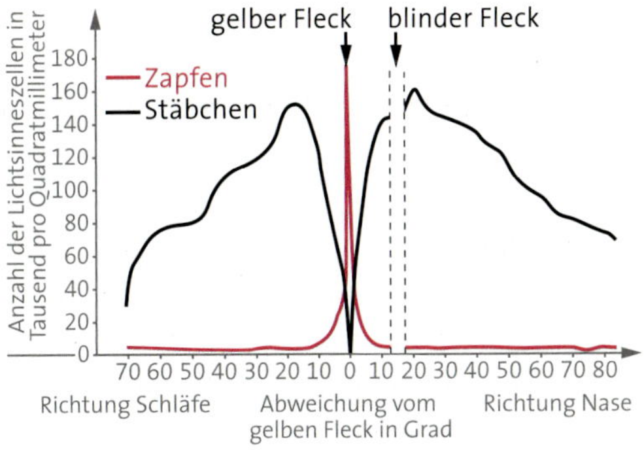

01 Verteilung der Lichtsinneszellen in der Netzhaut

Lösung: Hypothese: *„Stäbchen und Zapfen sind unterschiedlich lichtempfindlich."*
Die sehr lichtempfindlichen Stäbchen, die für das Dämmerungssehen zuständig sind, befinden sich deshalb eher am Rand des Auges, wo der Lichteinfall gering ist. Da auf die Stelle des schärfsten Sehens das meiste Licht trifft befinden sich hier die Zapfen, welche nicht so lichtempfindlich sind wie die Stäbchen. Sie sind für das Tages- und Farbsehen zuständig.

EIN DIAGRAMM ERSTELLEN UND AUSWERTEN · Bei der Bearbeitung einer solchen Aufgabe ist es wichtig, ein zum Inhalt passendes Diagramm auszuwählen. Überschrift, Achsenbeschriftungen oder eine Legende sind immer Bestandteil eines Diagramms.
Grundlage für die Auswertung eines Diagramms ist seine Beschreibung. Die Auswertung oder Deutung erfordert nicht nur eine Schlussfolgerung aus dem Diagramm zu nennen, sondern auch zu begründen, weshalb sie aus den Ergebnissen hervorgeht.

Beispielaufgabe: Stelle den Temperaturverlauf der beiden Messpunkte in einem Diagramm dar!

Temperaturen in Grad Celsius		
Uhrzeit	**Messpunkt 1**	**Messpunkt 2**
15.30 Uhr	19,4	16,0
16.30 Uhr	18,2	15,3
17.30 Uhr	13,9	13,7
18.30 Uhr	12,9	13,0
19.30 Uhr	10,2	12,6

Lösung: Messung des Temperaturverlaufs

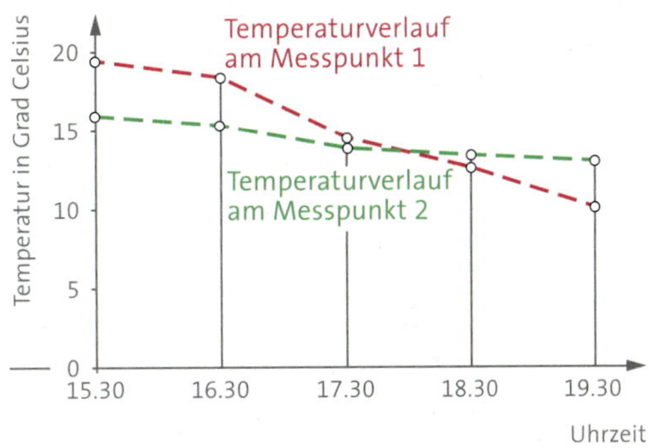

02 Messung des Temperaturverlaufs

Beispielaufgabe: Beschreibe das Kurvendiagramm und werte es aus!

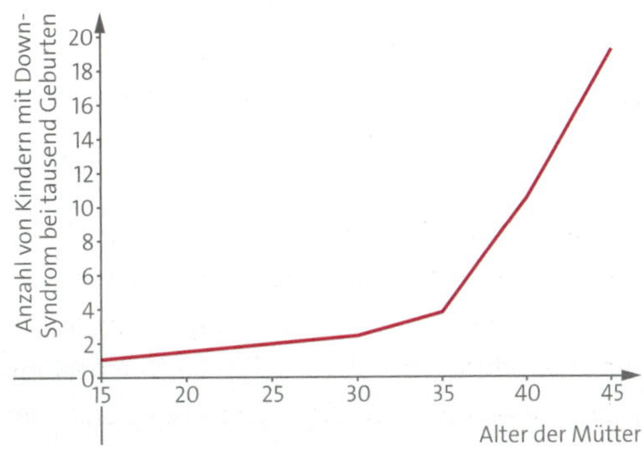

03 Kinder mit Down-Syndrom

Lösung: In dem Kurvendiagramm ist der Anteil der Kinder mit Down-Syndrom an der Gesamtheit der Kinder in Abhängigkeit zum Alter der Mütter dargestellt. Die Y-Achse gibt den Anteil der Kinder in Promille an, während auf der X-Achse das Alter der Mütter in Abständen von fünf Jahren aufgetragen ist. Bis zum Alter von 35 Jahren steigt die Kurve nur flach an und erreicht den Wert von circa 4 Promille der Kinder mit Down-Syndrom. Im Alter zwischen 35 und 45 Jahren steigt dagegen die Kurve steil an. Die Wahrscheinlichkeit, Kinder mit Down-Syndrom zu bekommen, erhöht sich auf 19 Promille bei 45 Jahre alten Müttern. Da die Bildung der späteren Eizellen schon während der Embryonalentwicklung beginnt, steigt das Risiko einer Fehlverteilung mit zunehmendem Alter der Mutter.

A

B

C

D

U

V

W

X

Y

Z

Titel: Getty images / Adegsm **3 links oben:** mauritius images / Science Photos Library **3 rechts oben:** Shutterstock / Andrii Muzyka **4 links oben:** Corbis GmbH / 3D4Medical.com **4 rechts oben:** mauritius images / imagebroker / Marko König **5 links oben:** Shutterstock / auremar **6 links oben:** mauritius images / Sciene Photos Library **6 oben links:** Imago Stock & People GmbH, Berlin **6 oben rechts:** mauritius images / Sciene Photos Library **6 rechts:** Corbis / Ocean / 68 **6 unten rechts:** Minkus V. / Isernhagen **6 unten mitte:** mauritius images / Photo Alto **7 mitte:** Höner, G., Lass I., Fischhaus Zepkow **7 oben:** Imago Stock & People GmbH, Berlin **7 unten:** Corbis GmbH / Joe McDonald **8 mitte:** djd / Weleda / Jürg Buess – Verein für Krebsforschung **8 oben:** Shutterstock / r.martens **8 unten:** Mauritius images / Christine Steimer **9 mitte oben:** Corbis GmbH / Carolina Biological / Visuals Unlimited **9 mitte unten:** iStockphoto / Leonsbox **9 oben:** Wissenschaftliche Bildagentur Karly **9 unten:** picture alliance / dpa / dpaweb **11.1:** mauritius images / Science Photos Library **12.1:** Agentur Focus / SPL / (c) Steve Gschmeissner **14.4:** Agentur Focus / SPL / Dr David Furness, Keele University **16.1:** Agentur Focus / SPL / James King-Holmes **20.1.:** 123RF **20.2:** mauritius images / Biophoto Associates / Photo researchers, Inc. **23 Mat. A-A:** Mauritius images / Phototake, Inc / Carolina Biological Supply Company **23 Mat. A-B:** Mauritius images / Phototake, Inc / Carolina Biological Supply Company **23 Mat. A-C:** Mauritius images / Phototake, Inc / Carolina Biological Supply Company **24.1:** Mauritius images / Minden Pictures **28 A:** Agentur Focus / SPL / Steve Gschmeissner **29 C:** Mauritius images / Phototake, Inc. / Carolina Biological Supply Company **30.1:** Shutterstock / Andrii Muzyka **32.1:** Corbis GmbH / Corbis / Menelaos Mich / Demotix **33.2:** iStockphoto / Aldo Murillo **35 Mat. A:** Imago Stock & People GmbH, Berlin **36.1:** Shutterstock / Serg Zastavkin **38.3 A:** Minkus V. / Isernhagen **38.3 B:** Minkus V. / Isernhagen **39 Mat. A:** Mauritius images / Alamy **42.1:** Minkus V. / Isernhagen **42.2:** Minkus V. / Isernhagen **43.3:** Minkus V. / Isernhagen **44.1:** Action Press / MAGICSaction press; Shutterstock / rangizzz / CSV **45.4:** Action Press / Müller Cathrin; Shutterstock / rangizzz / CSV **46.5:** Shutterstock / Anton Vakhlachev **47 Mat. A:** Minkus V. / Isernhagen **47 Mat. B:** Shutterstock / eveleen / CSV **48 Mat. D links:** Minkus V. / Isernhagen **48 Mat. D rechts:** Minkus V. / Isernhagen **49 Mat. F_B:** Minkus V. / Isernhagen **50.1:** Timo Schemer-Reinhard, Medienwissenschaftliches Seminar d. Uni Siegen **50.2:** Agentur Focus / SPL / Roberts **55 Mat. B:** Minkus V. / Isernhagen **56.1:** Shutterstock / Vitalinka **58.1 C:** Mauritius images / Alamy **58.1 A:** 123RF / Uros Zunic **58.1 B:** Mauritius images / age **60.1:** picture alliance / dpa **61.2 A:** picture alliance / Arco Images GmbH **61.3 A:** Okapia / Norbert Probst / SeaTops **62.4 A:** F1online / Design Pics RF **63 Mat. A links:** Okapia / Dr. F. Sauer **64.1:** picture alliance / dpa **66.3 A:** picture alliance / Science Photo Library **67 Mat. A:** Minkus V. / Isernhagen **67 Mat. B:** picture alliance / M. i. S. -Sportpressephoto **68.1:** 123RF / Renjith Krishnan **72.1:** picture alliance / dpa / ASA **76.1:** Mauritius images / Cultura **78.1:** Mauritius images / urbanlip **81 Mat. AA:** picture alliance / ZB **81 Mat. AB:** Fotolia / Igor Mojzes **82.1:** Mauritius images / United Archives **84.4:** Mauritius images / Science Photos Library **84.5:** Shutterstock / Dmitry Lobanov **88.1:** Shutterstock / Monkey Business Images **92.1:** Mauritius images / Uwe Umstätter **92.2:** Mauritius images / Orédia **92.3:** mauritius images / imagebroker / Ottfried Schreiter **92.4:** Superbild / Your Photo Today **93.1:** Mauritius images / imagebroker **93.2:** Shutterstock / El Choclo **93.3:** Mauritius images / age **94.1:** Minkus V. / Isernhagen **95.3:** Shutterstock / Kzenon **97 Mat. A links:** Shutterstock / Ollyy **97 Mat. A mitte:** Fotolia / Marco2811 **97 Mat. B:** Okapia / NAS / Tom McHugh **100 A:** Shutterstock / Serg Zastavkin **100 B:** picture alliance / ASA / Natascha Haupt **101 C:** Shutterstock / Monkey Business Images **103.1:** Corbis GmbH / 3d4Medical.com **104.1:** Shutterstock / wavebreakmedia **105.3:** Schiek, Dr. Ulrike **107 Mat. A-A:** Schiek, Dr. Ulrike **107 Mat. A-B:** Schiek, Dr. Ulrike **107 Mat. B-A:** Shutterstock / Andrey Arkusha **107 Mat. B-B:** Mauritius images / Onoky **108.1:** Corbis GmbH / Hank Morgan - Rainbow / Science Faction **112.1:** Fotolia / Franz Pfluegl **118.1:** Mauritius images / Phototake **122.1-A:** picture alliance / akg-images **122.1 B:** Okapia / Christian Grzimek **125 Mat. A-links:** picture alliance / Arco Images GmbH **125 Mat. A rechts:** Mauritius images / Alamy **125 Mat. B:** Minkus V. / Isernhagen **126.1 links:** Theuerkauf, H., Gotha **126.1 rechts:** Theuerkauf, H., Gotha **128.4 links:** Mauritius images / Alamy **128.4 mitte:** Mauritius images / Garden World Images **128.4 rechts:** Mauritius images / CuboImages / ParoliGalperti **129 Mat. A links:** Fotolia / Ralf Gosch **129 Mat. A rechts:** Mauritius images / Alamy **129 Mat. C links:** picture alliance / Udo Bernhart **132.1 rechts:** Cornelsen Schulverlage GmbH **132.1 links:** 123RF / Tyler Olson **133.3 A:** 123RF / Dan Kosmayer **133.3 C:** Fotolia / ninell **133.3 B:** 123RF / Shao-Chun Wang **133.3 D:** 123RF / Tono Balagauer **136.1:** picture alliance / dpa **140.1:** Minkus V. / Isernhagen **144.1:** Mauritius images / Science Source **146.3:** iStockphoto / Isabelle Limbach **148.1:** Mauritius images / Alamy **149.2:** Aubert, Serge., Grenoble **151 Mat. A links:** Okapia / Chris Mattison / FLPA **151 Mat. B links:** Okapia / Raimund Cramm **151 Mat. B mitte:** Mauritius images / imageBROKER / Marko König **152.1:** Mauritius images / imagebroker / Jürgen & Christine Sohns **152.2 A:** Mauritius images / Roland T. Frank **152.2 B:** Okapia / Ramona Richter / Tierfotoagentur **153.3 A:** Okapia / Marc de Clerck **153.3 B:** Okapia / Karl Gottfried Vock **154.4:** F1online / dst Imagebroker RM **155 Mat. B oben links:** Mauritius images / imagebroker / Reinhard Hölzl **155 Mat. B unten rechts:** Mauritius images / imagebroker / Reinhard Hölzl **156.1:** Shutterstock / Shots Studio **158.3:** Okapia / Holt Studios / Nigel Cattlin **158.4:** Okapia / Holt Studios / Nigel Cattlin **160.1:** Shutterstock / Jason Benz Bennee **161.2:** Mauritius images / imagebroker / Jochen Tack **162 A:** Corbis GmbH / 3D4Medical.com **162 B links:** Theuerkauf, H., Gotha **162 B rechts:** Theuerkauf, H., Gotha **163 C:** Mauritius images / Science Source **163 D:** Shutterstock / Jason Benz Bennee **165.1:** mauritius images / imagebroker / Marko König **166.1:** Janz, Dr. H., Tübingen **169 Mat. A unten rechts:** Imago Stock & People GmbH, Berlin **169 Mat. A mitte links:** iStockphoto / Israel Hervás Bengochea **169 Mat. A mitte rechts:** picture alliance / WILDLIFE / P.Hartmann **169 Mat. A oben links:** Okapia / Winfried Wisniewski **169 Mat. A oben rechts:** Nowak, Dr. R., Bad Saulgau **169 Mat. A unten links:** Imago Stock & People GmbH, Berlin **169 Mat. B mitte links:** panthermedia / Frank Schröer **169 Mat. B mitte rechts:** Imago Stock & People GmbH, Berlin **169 Mat. B oben links:** EHEIM GmbH & Co. KG **169 Mat. B oben rechts:** Corel Photos Inc. **169 Mat. B unten links:** Bossek, H., Hoppegarten **169 Mat. B-unten rechts.:** Imago Stock & People GmbH, Berlin **170.1:** Okapia / Nils Reinhard **172.1:** Imago Stock & People GmbH, Berlin **173.2:** Mauritius images / Peter Lehner **173.3:** Mauritius images / Layer **176.1:** iStockphoto / AVTG **180.1 A:** Mauritius images / Udo Siebig **180.1 B:** Mauritius images / imagebroker **180 C:** mauritius images / A. Vittin **180.1 D:** mauritius images / imagebroker **184.1:** Superbild / Your Photo Today **186.6:** BMC Bioinformatics CC-2.5-BY **188.1:** Mauritius images / imagebroker / Manfred Bail **189.2 A:** Okapia / FLPA / imagebroker / Phil McLean **189.2 B:** Okapia / Robert Maier **192.1:** Shutterstock / Pavel L Photo and Video **196 A:** shutterstock / Aleksander Bolbot **197 B:** mauritius images / David & Micha Sheldon **198.1:** Okapia / imagebroker / Stefan Arendt **199.2 E:** mauritius images / imagebroker / Michael Schellinger **199.2 a:** Forschungsanstalt für Waldökologie und Forstwirtschaft Rheinland-Pfalz **199.2 b:** Forschungsanstalt für Waldökologie und Forstwirtschaft Rheinland-Pfalz **199.2 C:** Forschungsanstalt für Waldökologie und Forstwirtschaft Rheinland-Pfalz **199.2 D:** Forschungsanstalt für Waldökologie und Forstwirtschaft Rheinland-Pfalz **200.4:** mauritius images / imagebroker / Christian Hütter / CSV **201 Mat. C:** mauritius images / Alamy **203.2:** Mauritius images / Alamy **203.3:** Mauritius images / Garden World Images **204.1:** Imago Stock & People GmbH, Berlin **207 Mat. B oben links:** Mauritius images / imagebroker **207 Mat. B unten links:** picture alliance / NHPA / photoshot **208.1:** picture alliance / dpa **210.3 A:** Fotolia / Robert Neumann **212.1:** Shutterstock / Suto Norbert Zsolt **218.1:** Shutterstock / Ferencz Teglas **221 Mat. A:** picture alliance / euroluftbild.de / Hans Blossey **222.1:** mauritius images / Ludwig Mallaun **224.3:** König, Marko, Bad Hersfeld **224.4:** waldzeit.ch / Jakob Forster **225 Mat. A links:** Imago Stock & People GmbH, Berlin / imagebroker **225 Mat. A mitte:** Imago Stock & People GmbH, Berlin / blickwinkel **225 Mat. A rechts:** Imago Stock & People GmbH, Berlin **226.1 links:** Mauritius images / Alamy **226.1 rechts:** Mauritius images / Alamy **228.3 A:** Wasserverband Obere Lippe / NZO-GmbH / Luftbild: Geobasis NRW **228.3 B:** Wasserverband Obere Lippe / NZO-GmbH / Luftbild: Geobasis NRW **230 A:** Janz, Dr. H., Tübingen **230.-B:** Mauritius images / imagebroker / Manfred Bail **231 C:** Imago Stock & People GmbH, Berlin **231 D:** Shutterstock / Pavel L Photo and Video **233.1:** Shutterstock / auremar **234.1:** F1online / Stefan Auth Imagebroker RM **235.3:** Fotolia / Stefan Redel **235.4:** picture alliance / dpa / dpaweb **236.5:** picture alliance / ZB **236.6:** Okapia / Berthold Singler **240.1:** Okapia / Michael Peuckert / imageBROKER **241.3:** Mauritius images / Photoshot Creative **243.1:** F1online / Reinhard Hölzl Imagebroker RM **245 Mat. C-B:** Mauritius images / Steffen Beuthan **245 Mat. C-A:** Mauritius images / imagebroker / Frank Sommariva **245 Mat. C-C:** Mauritius images / imagebroker / Martin Siepmann **246 links oben:** F1online / Stefan Auth Imagebroker RM **246 rechts oben:** Okapia / imagebroker / Michael Peuckert